큐브 유형 동영상 강의

학습 효과를 높이는 응용 유형 강의

무료 스마트 러닝

1초 만에 바로 강의 시청

QR코드를 스캔하여 동영상 강의를 바로 볼 수 있습니다. 응용 유형 문항별로 필요한 부분을 선택할 수 있도록 강의 시간과 강의명을 클릭할 수 있습니다.

친절한 문제 동영상 강의

수학 전문 선생님의 응용 문제 강의를 보면서 어려운 문제의 해결 방법 및 풀이 전략을 체계적으로 배울 수 있습니다.

나의 목표와 다짐을 적어 주세요.

큐브 유형
초등 수학 **3·1**

2주	1회차	2회차	3회차	4회차 (2단원)	5회차	이번 주 스스로 평가
	유형책 029~033쪽	유형책 034~036쪽	유형책 037~039쪽	유형책 042~045쪽	유형책 046~050쪽	매우 잘함 / 보통 / 노력 요함
	월 일	월 일	월 일	월 일	월 일	

3주	1회차	2회차	3회차	4회차	5회차 (3단원)	이번 주 스스로 평가
	유형책 051~055쪽	유형책 056~061쪽	유형책 062~064쪽	유형책 065~067쪽	유형책 070~074쪽	매우 잘함 / 보통 / 노력 요함
	월 일	월 일	월 일	월 일	월 일	

6주	1회차 (5단원)	2회차	3회차	4회차	5회차	이번 주 스스로 평가
	유형책 118~122쪽	유형책 123~127쪽	유형책 128~130쪽	유형책 131~135쪽	유형책 136~139쪽	매우 잘함 / 보통 / 노력 요함
	월 일	월 일	월 일	월 일	월 일	

7주	1회차	2회차	3회차 (6단원)	4회차	5회차	이번 주 스스로 평가
	유형책 140~142쪽	유형책 143~145쪽	유형책 148~152쪽	유형책 153~157쪽	유형책 158~162쪽	매우 잘함 / 보통 / 노력 요함
	월 일	월 일	월 일	월 일	월 일	

수학의 기본

큐브 시리즈

큐브 연산 | 1~6학년 1, 2학기(전 12권)

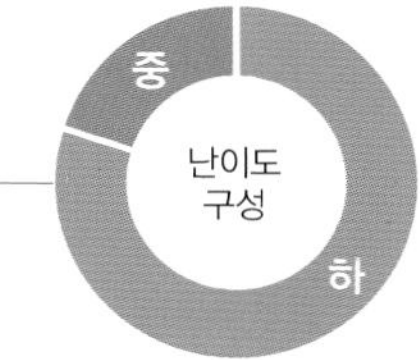

전 단원 연산을 다잡는 기본서

- 교과서 전 단원 구성
- 개념–연습–적용–완성 4단계 유형 학습
- 실수 방지 팁과 문제 제공

큐브 개념 | 1~6학년 1, 2학기(전 12권)

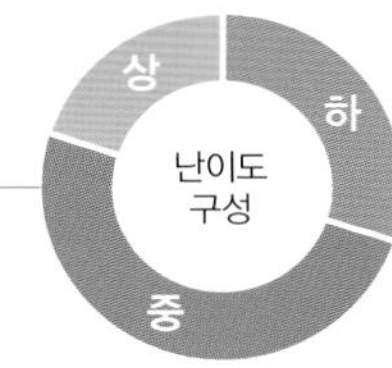

교과서 개념을 다잡는 기본서

- 교과서 개념을 시각화 구성
- 수학익힘 교과서 완벽 학습
- 기본 강화책 제공

큐브 유형 | 1~6학년 1, 2학기(전 12권)

모든 유형을 다잡는 기본서

- 기본부터 응용까지 모든 유형 구성
- 대표 예제로 유형 해결 방법 학습
- 서술형 강화책 제공

학습 진도표

사용 설명서

❶ 공부할 날짜를 빈칸에 적습니다.
❷ 한 주가 끝나면 스스로 평가합니다.

1단원

1주	1회차	2회차	3회차	4회차	5회차	이번 주 스스로 평가
	유형책 008~011쪽	유형책 012~015쪽	유형책 016~019쪽	유형책 020~023쪽	유형책 024~028쪽	매우 잘함 / 보통 / 노력 요함
	월 일	월 일	월 일	월 일	월 일	

4단원

4주	1회차	2회차	3회차	4회차	5회차	이번 주 스스로 평가
	유형책 075~079쪽	유형책 080~083쪽	유형책 084~086쪽	유형책 087~089쪽	유형책 092~095쪽	매우 잘함 / 보통 / 노력 요함
	월 일	월 일	월 일	월 일	월 일	

5주	1회차	2회차	3회차	4회차	5회차	이번 주 스스로 평가
	유형책 096~100쪽	유형책 101~105쪽	유형책 106~109쪽	유형책 110~112쪽	유형책 113~115쪽	매우 잘함 / 보통 / 노력 요함
	월 일	월 일	월 일	월 일	월 일	

총정리

8주	1회차	2회차	3회차	4회차	5회차	이번 주 스스로 평가
	유형책 163~167쪽	유형책 168~173쪽	유형책 174~176쪽	유형책 177~179쪽	유형책 180~183쪽	매우 잘함 / 보통 / 노력 요함
	월 일	월 일	월 일	월 일	월 일	

큐브 유형

유형책

초등 수학

3·1

큐브 유형

구성과 특징

큐브 유형은 기본 유형, 플러스 유형, 응용 유형까지 모든 유형을 담은 유형 기본서입니다.

유형책

1STEP 개념 확인하기

교과서 핵심 개념을 한눈에 익히기

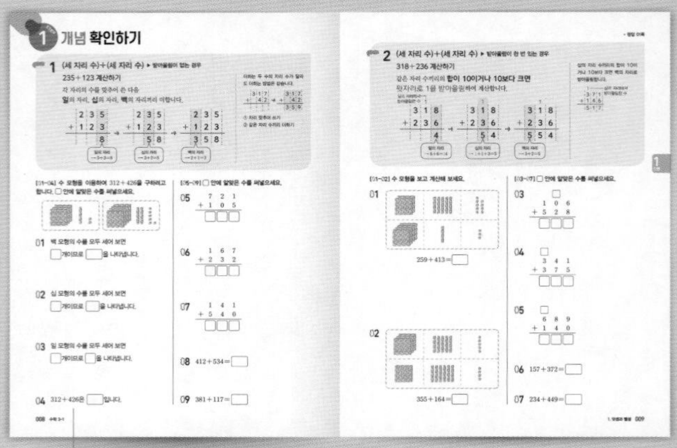

• 기본 문제로 배운 개념을 확인

2STEP 유형 다잡기

유형별 대표 예제와 해결 방법으로 유형을 쉽게 이해하기

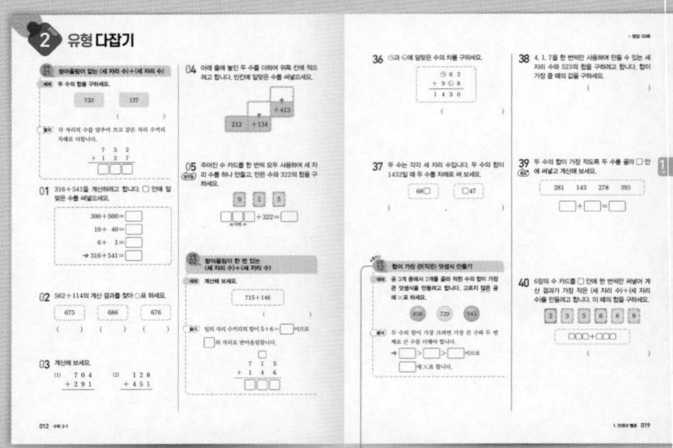

• 플러스 유형
학교 시험에 꼭 나오는 틀리기 쉬운 유형

서술형 강화책

서술형 다지기

대표 문제를 통해 단계적 풀이 방법을 익힌 후 유사/발전 문제로 서술형 쓰기 실력을 다지기

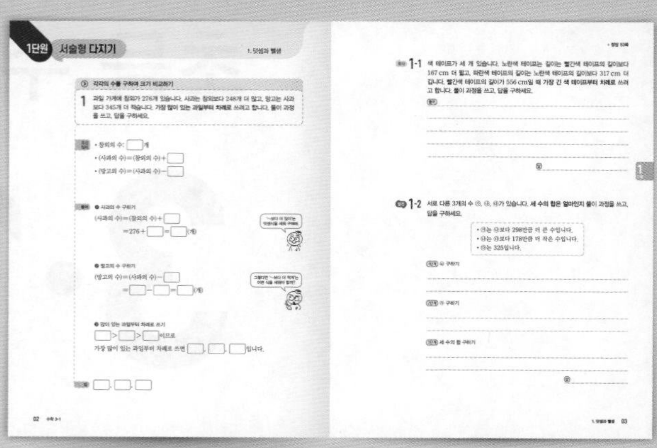

서술형 완성하기

서술형 다지기에서 연습한 문제에 대한 실전 유형 완성하기

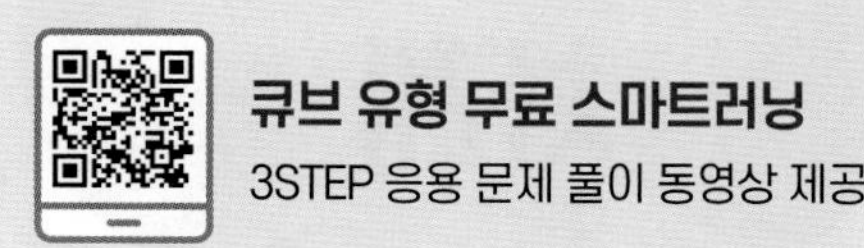

큐브 유형 무료 스마트러닝
3STEP 응용 문제 풀이 동영상 제공

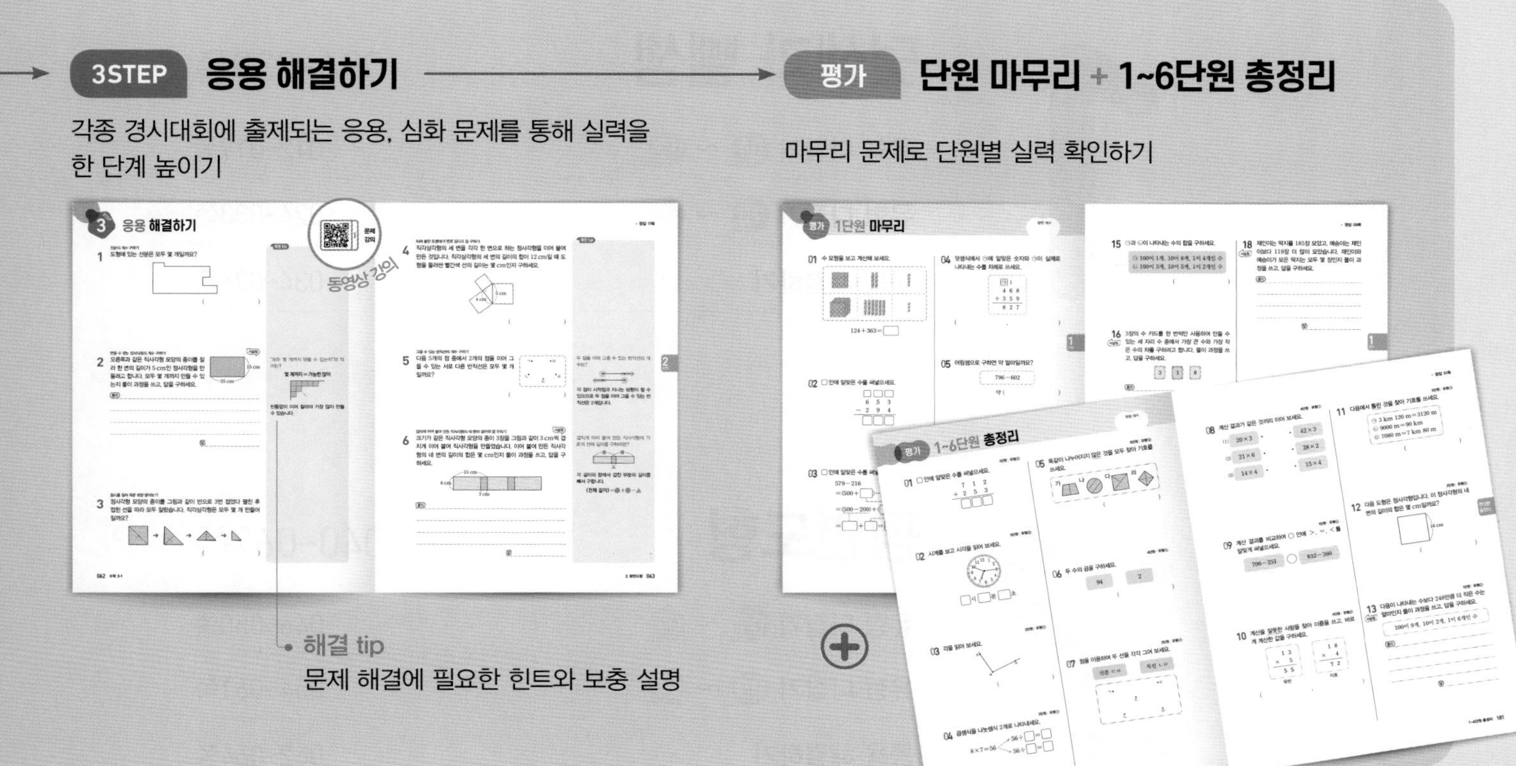

3STEP 응용 해결하기
각종 경시대회에 출제되는 응용, 심화 문제를 통해 실력을 한 단계 높이기
평가 단원 마무리 + 1~6단원 총정리
마무리 문제로 단원별 실력 확인하기
해결 tip
문제 해결에 필요한 힌트와 보충 설명

큐브 유형은 모든 문제를 모아 **단원별 → 개념별 → 난이도별 → 유형별**로 세분화하였습니다.

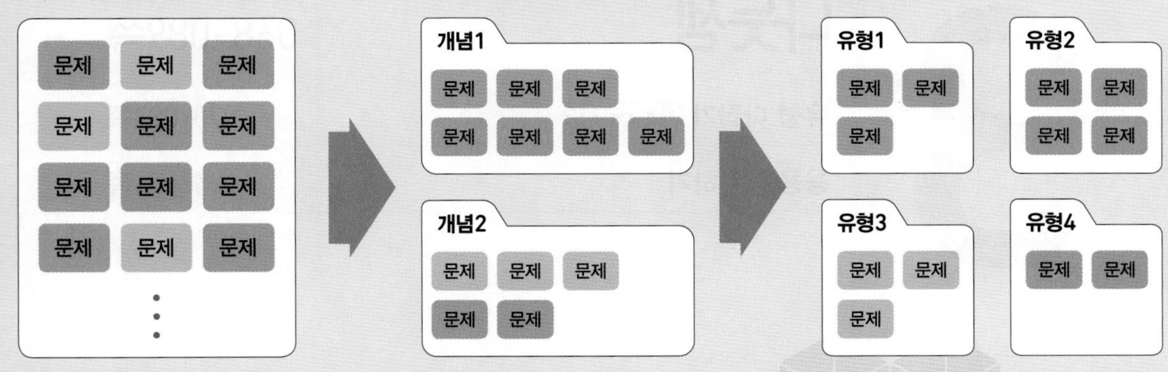

큐브 유형

차례

1

덧셈과 뺄셈

학습을 끝낸 후 색칠하세요.

개념 확인하기

유형 다잡기
유형 01~12

★ 중요 유형

03 받아올림이 여러 번 있는 (세 자리 수)+(세 자리 수)

07 덧셈 결과의 크기 비교하기

10 합이 ■인 덧셈식 만들기

12 합이 가장 큰(작은) 덧셈식 만들기

이전에 배운 내용

[2-1] 덧셈과 뺄셈

받아올림이 있는 두 자리 수의 덧셈

받아내림이 있는 두 자리 수의 뺄셈

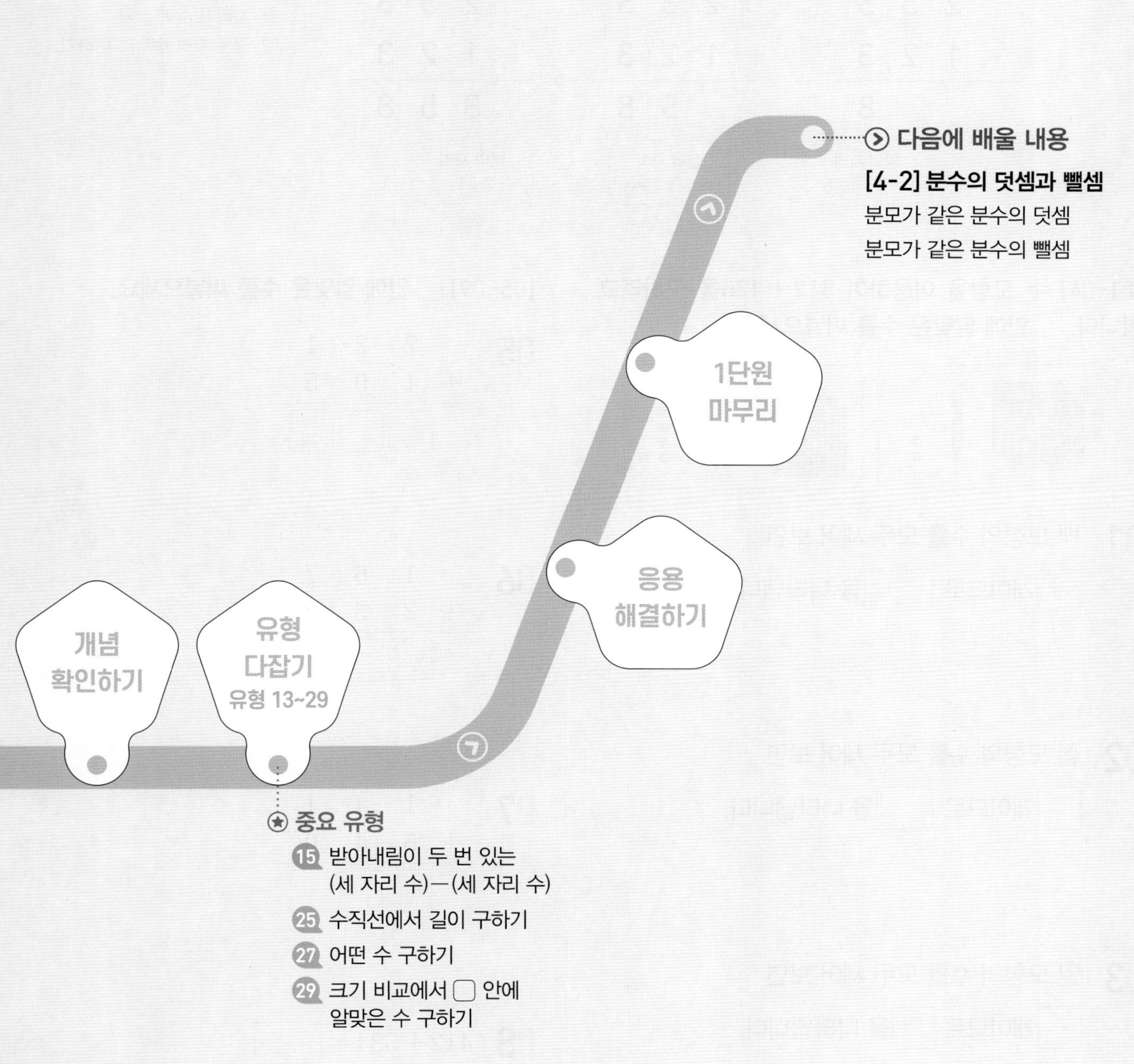
다음에 배울 내용
[4-2] 분수의 덧셈과 뺄셈
분모가 같은 분수의 덧셈
분모가 같은 분수의 뺄셈
1단원 마무리
응용 해결하기
개념 확인하기
유형 다잡기
유형 13~29
중요 유형
15 받아내림이 두 번 있는 (세 자리 수)−(세 자리 수)
25 수직선에서 길이 구하기
27 어떤 수 구하기
29 크기 비교에서 ▢ 안에 알맞은 수 구하기

STEP 1 개념 확인하기

1 (세 자리 수)+(세 자리 수) ▶ 받아올림이 없는 경우

235+123 계산하기

각 자리의 수를 맞추어 쓴 다음
일의 자리, **십**의 자리, **백**의 자리끼리 더합니다.

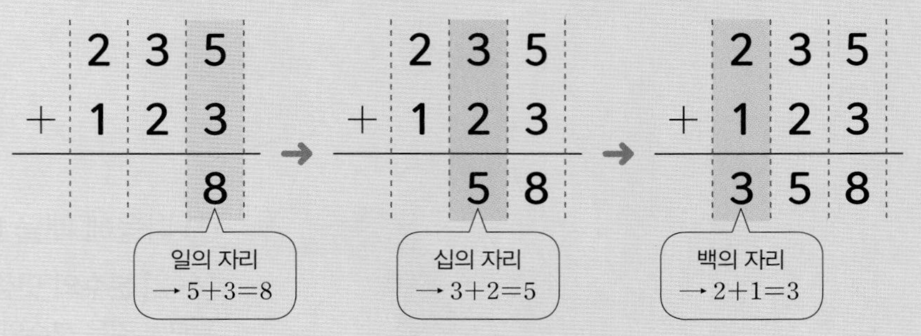

더하는 두 수의 자리 수가 달라도 더하는 방법은 같습니다.

$$\begin{array}{r} 317 \\ +\ \ 42 \\ \hline \end{array} \rightarrow \begin{array}{r} 317 \\ +\ \ 42 \\ \hline 359 \end{array}$$

① 자리 맞추어 쓰기
② 같은 자리 수끼리 더하기

[01~04] 수 모형을 이용하여 $312+426$을 구하려고 합니다. ☐ 안에 알맞은 수를 써넣으세요.

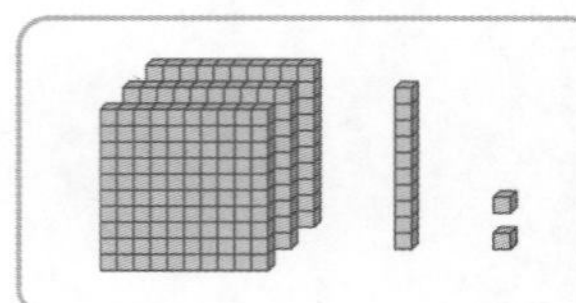

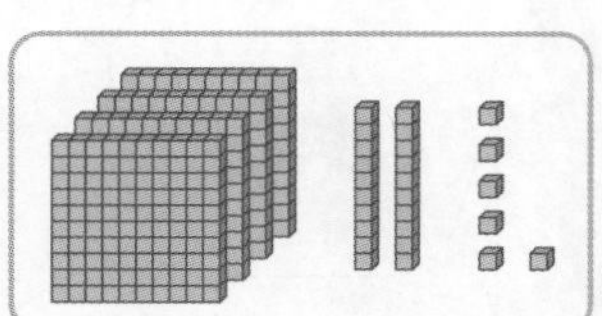

01 백 모형의 수를 모두 세어 보면 ☐개이므로 ☐을 나타냅니다.

02 십 모형의 수를 모두 세어 보면 ☐개이므로 ☐을 나타냅니다.

03 일 모형의 수를 모두 세어 보면 ☐개이므로 ☐을 나타냅니다.

04 $312+426$은 ☐입니다.

[05~09] ☐ 안에 알맞은 수를 써넣으세요.

05
$$\begin{array}{r} 7\ 2\ 1 \\ +\ 1\ 0\ 5 \\ \hline \square\square\square \end{array}$$

06
$$\begin{array}{r} 1\ 6\ 7 \\ +\ 2\ 3\ 2 \\ \hline \square\square\square \end{array}$$

07
$$\begin{array}{r} 1\ 4\ 1 \\ +\ 5\ 4\ 0 \\ \hline \square\square\square \end{array}$$

08 $412+534=$ ☐

09 $381+117=$ ☐

2 (세 자리 수)+(세 자리 수) ▶ 받아올림이 한 번 있는 경우

318+236 계산하기

같은 자리 수끼리의 **합이 10이거나 10보다 크면 윗자리로 1을 받아올림**하여 계산합니다.

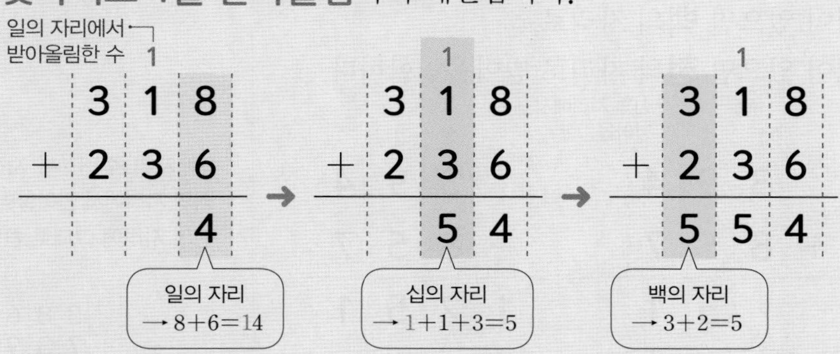

십의 자리 수끼리의 합이 10이거나 10보다 크면 백의 자리로 받아올림합니다.

```
  1      → 십의 자리에서 받아올림한 수
  3 7 1
+ 1 4 6
  5 1 7
```

1 단원

[01~02] 수 모형을 보고 계산해 보세요.

01

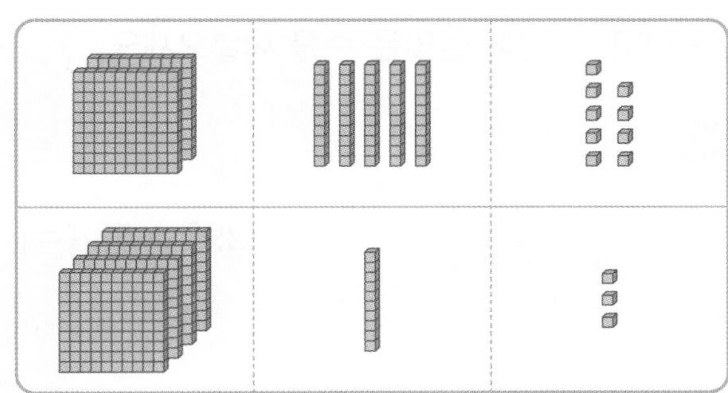

$259+413=\square$

02

$355+164=\square$

[03~07] □ 안에 알맞은 수를 써넣으세요.

03

$$\begin{array}{r} \square \\ 1\ 0\ 6 \\ +\ 5\ 2\ 8 \\ \hline \square\square\square \end{array}$$

04

$$\begin{array}{r} \square \\ 3\ 4\ 1 \\ +\ 3\ 7\ 5 \\ \hline \square\square\square \end{array}$$

05

$$\begin{array}{r} \square \\ 6\ 8\ 9 \\ +\ 1\ 4\ 0 \\ \hline \square\square\square \end{array}$$

06 $157+372=\square$

07 $234+449=\square$

STEP 1 개념 확인하기

3 (세 자리 수)+(세 자리 수) ▶ 받아올림이 여러 번 있는 경우

394+857 계산하기

일의 자리에서 받아올림이 있으면 **십**의 자리로,
십의 자리에서 받아올림이 있으면 **백**의 자리로,
백의 자리에서 받아올림이 있으면 **천**의 자리로 받아올림합니다.

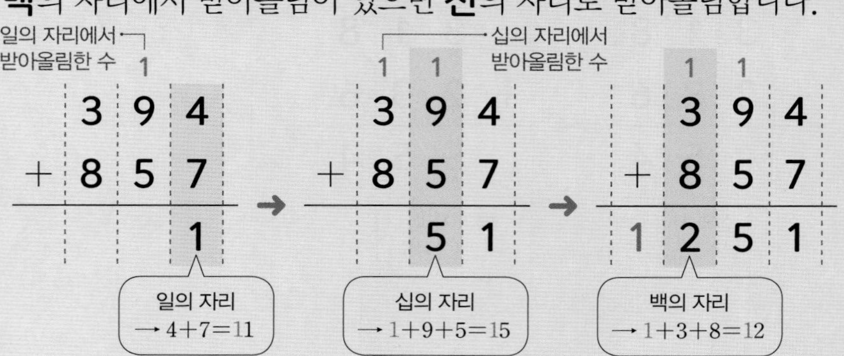

(세 자리 수)+(세 자리 수)에서 백의 자리에서 받아올림한 수 1은 천의 자리에 그대로 씁니다.

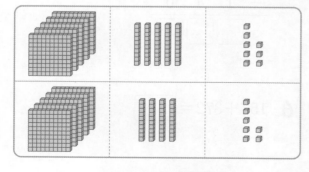

$$\begin{array}{r} {}^{1}\,{}^{1} \\ 586 \\ +\,739 \\ \hline 1325 \end{array}$$

[01~02] 수 모형을 보고 계산해 보세요.

01

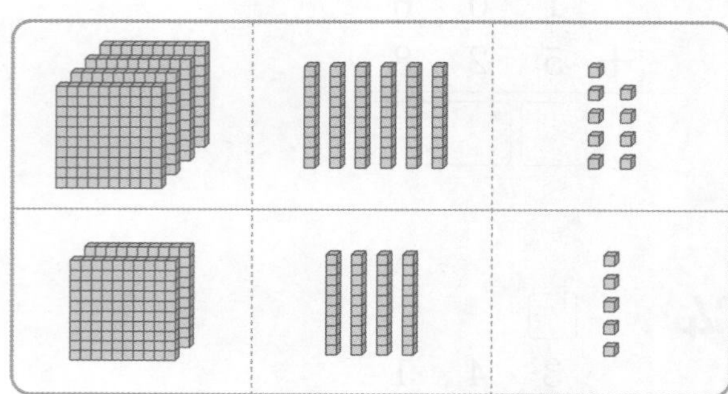

469+245=□

02

558+547=□

[03~05] □ 안에 알맞은 수를 써넣으세요.

03

$$\begin{array}{r} \square\;\square \\ 2\;9\;7 \\ +\;5\;3\;8 \\ \hline \square\;\square\;\square \end{array}$$

297+538=□

04

$$\begin{array}{r} \square\;\square \\ 5\;6\;4 \\ +\;3\;7\;9 \\ \hline \square\;\square\;\square \end{array}$$

564+379=□

05

$$\begin{array}{r} \square\;\square \\ 6\;9\;8 \\ +\;7\;2\;4 \\ \hline \square\;\square\;\square\;\square \end{array}$$

698+724=□

4 덧셈의 어림셈

어제와 오늘 딴 사과는 모두 몇 개인지 어림셈으로 구하기

어제 딴 사과: 297개
오늘 딴 사과: 402개

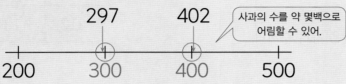

297 402

사과의 수를 약 몇백으로 어림할 수 있어.

200 300 400 500

297개 → **약 300개**
402개 → **약 400개**
→ 어림셈 300+400=700

어제와 오늘 딴 사과는 모두 **약 700개**입니다.

실제로 계산하면 297+402=699(개)이므로 어림한 결과와 비슷합니다.

1 단원

[01~03] 301+596이 약 얼마인지 어림셈으로 구하려고 합니다. 물음에 답하세요.

01 301과 596을 각각 어림하여 그림에 ○표로 나타내세요.

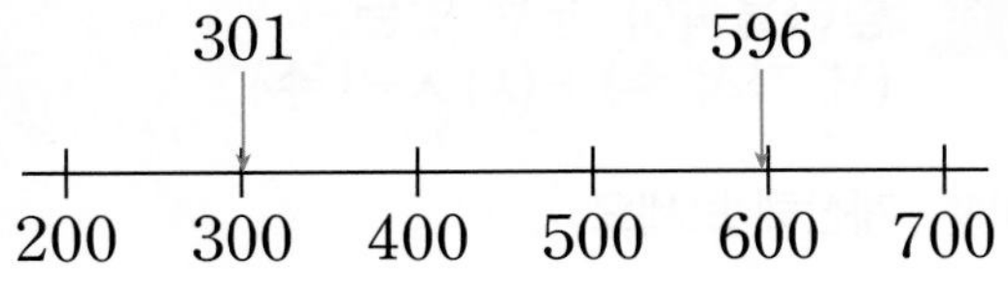

02 □ 안에 알맞은 수를 써넣으세요.

두 수를 각각 어림하면 301은 약 □, 596은 약 □입니다.

03 02에서 어림한 수로 어림셈을 해 보세요.

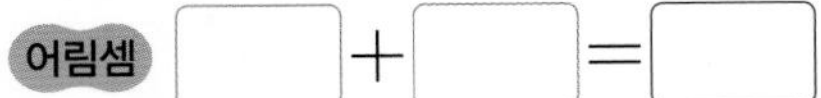

□+□=□

[04~07] 어림셈을 하기 위한 식에 색칠해 보세요.

04 514+295

500+200	500+300	600+300

05 426+781

400+800	400+700	500+800

06 292+394

200+300	300+300	300+400

07 706+611

800+700	700+500	700+600

STEP 2

유형 다잡기

유형 01 받아올림이 없는 (세 자리 수)+(세 자리 수)

예제 두 수의 합을 구하세요.

732　　127

(　　　　)

풀이 각 자리의 수를 맞추어 쓰고 같은 자리 수끼리 차례로 더합니다.

$$\begin{array}{r} 7\ \ 3\ \ 2 \\ +\ 1\ \ 2\ \ 7 \\ \hline \square\ \square\ \square \end{array}$$

01 316+541을 계산하려고 합니다. □ 안에 알맞은 수를 써넣으세요.

300+500=□

10+ 40=□

6+ 1=□

➜ 316+541=□

02 562+114의 계산 결과를 찾아 ○표 하세요.

675	686	676
(　　)	(　　)	(　　)

03 계산해 보세요.

(1) $\begin{array}{r} 7\ 0\ 4 \\ +\ 2\ 9\ 1 \\ \hline \end{array}$　　(2) $\begin{array}{r} 1\ 2\ 8 \\ +\ 4\ 5\ 1 \\ \hline \end{array}$

04 아래 줄에 놓인 두 수를 더하여 위쪽 칸에 적으려고 합니다. 빈칸에 알맞은 수를 써넣으세요.

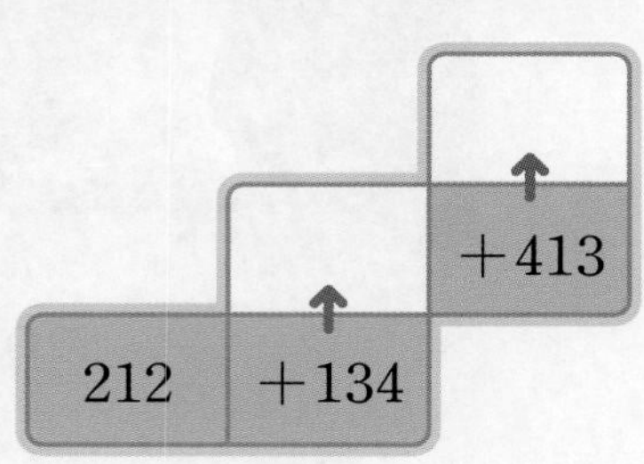

05 창의형 주어진 수 카드를 한 번씩 모두 사용하여 세 자리 수를 하나 만들고, 만든 수와 322의 합을 구하세요.

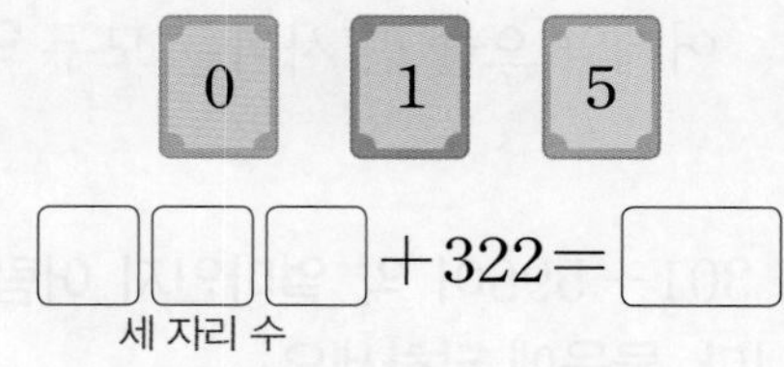

유형 02 받아올림이 한 번 있는 (세 자리 수)+(세 자리 수)

예제 계산해 보세요.

715+146

(　　　　)

풀이 일의 자리 수끼리의 합이 5+6=□이므로 □의 자리로 받아올림합니다.

$$\begin{array}{r} \square\ \ \ \\ 7\ \ 1\ \ 5 \\ +\ 1\ \ 4\ \ 6 \\ \hline \square\ \square\ \square \end{array}$$

06 수 카드를 보고 계산해 보세요.

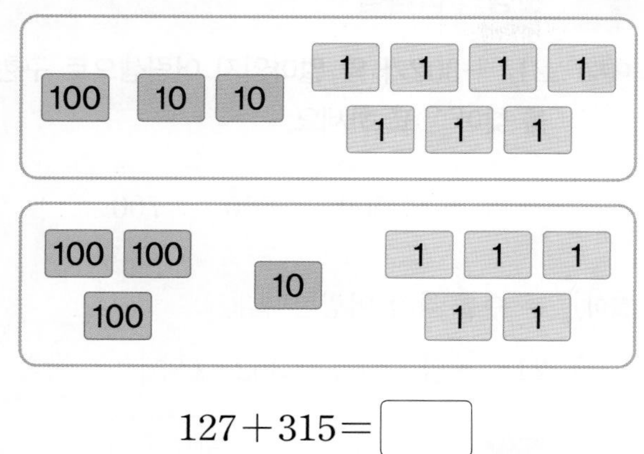

$127+315=$ □

07 오른쪽 덧셈식에서 □ 안의 수 1이 실제로 나타내는 수는 얼마일까요? (　　　)

중요★

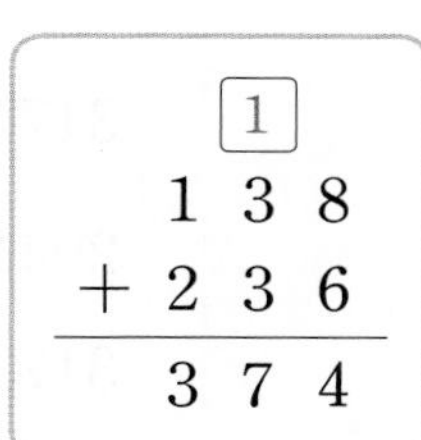

① 1　② 3
③ 10　④ 14
⑤ 100

08 빈칸에 알맞은 수를 써넣으세요.

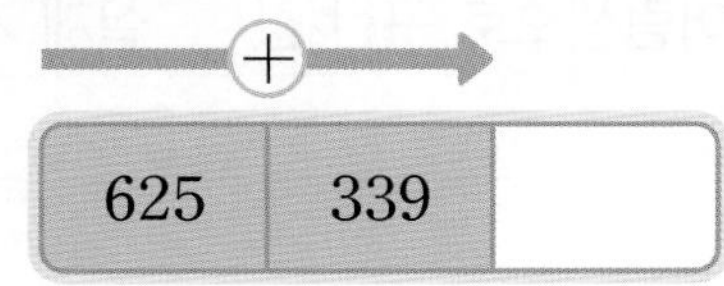

09 다음이 나타내는 수를 구하세요.

375보다 192만큼 더 큰 수

(　　　　　　　　)

10 삼각형 안에 있는 수의 합을 구하세요.

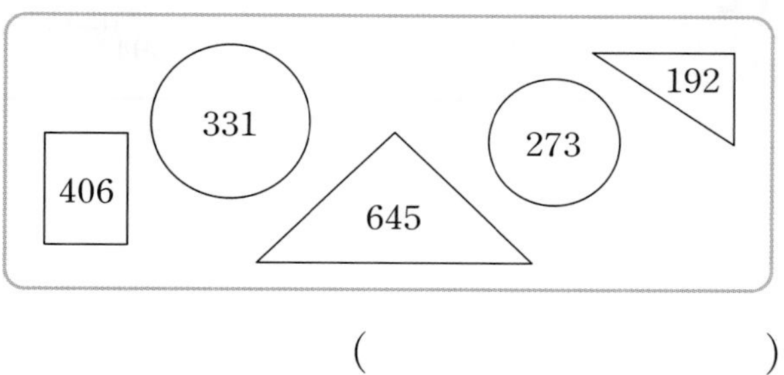

(　　　　　　　　)

유형 03 **받아올림이 여러 번 있는 (세 자리 수)+(세 자리 수)**

예제 빈칸에 알맞은 수를 써넣으세요.

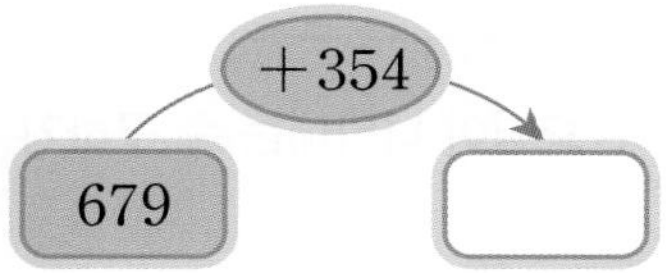

풀이 받아올림에 주의하여 더합니다.

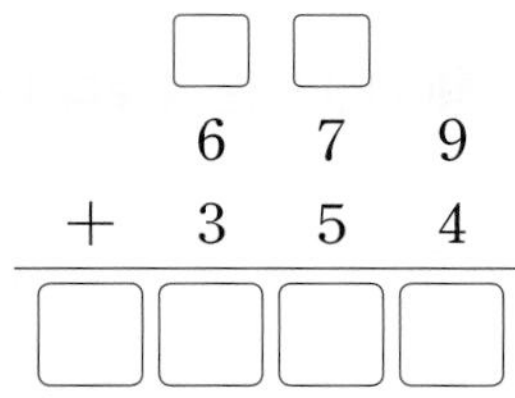

11 계산 결과를 찾아 이어 보세요.

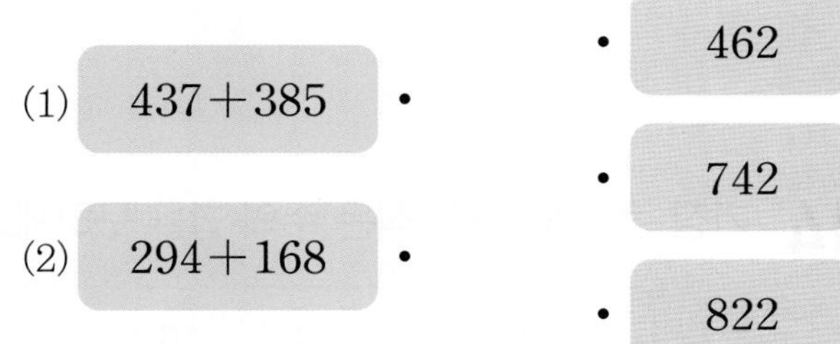

12 그림을 보고 ☐ 안에 알맞은 수를 써넣으세요.

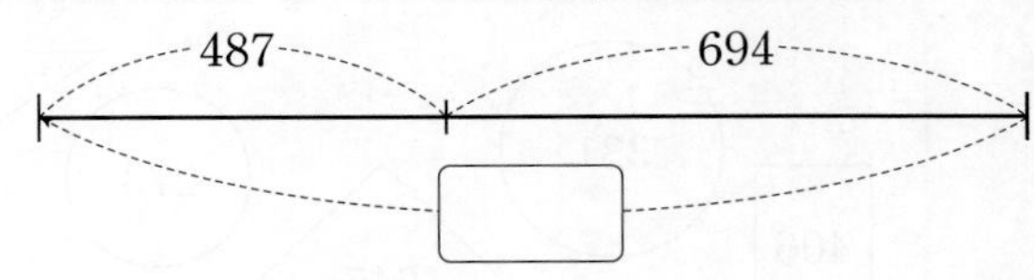
487
694

13 (서술형) 현우가 말하는 수를 구하려고 합니다. 풀이 과정을 쓰고, 답을 구하세요.

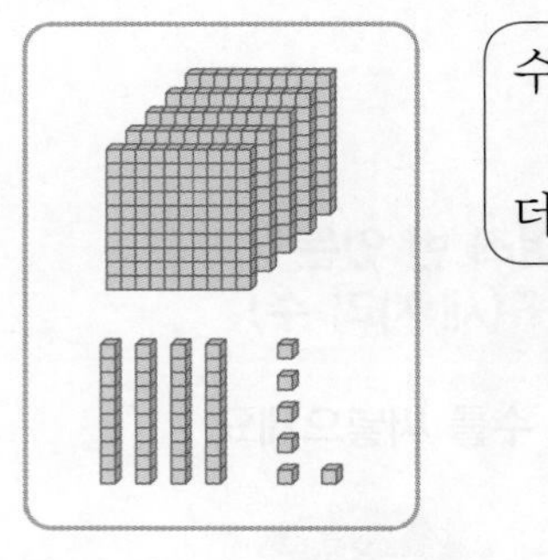

수 모형이 나타내는 수보다 185만큼 더 큰 수를 구해 봐.
현우

(1단계) 수 모형이 나타내는 수 구하기

(2단계) 수 모형이 나타내는 수보다 185만큼 더 큰 수 구하기

(답)

14 가장 큰 수와 가장 작은 수의 합을 구하세요.

294　658　469

(　　　　　　)

유형 04 덧셈의 어림셈

예제 214＋302가 약 얼마인지 어림셈으로 구한 값을 찾아 ○표 하세요.

500　600　700

풀이 두 수를 각각 어림합니다.

214 → 약 ☐, 302 → 약 ☐

어림셈 ☐＋☐＝☐

15 317＋294는 약 얼마인지 어림셈으로 구하려고 합니다. ☐ 안에 알맞은 수를 써넣으세요.

317을 어림하면 약 ☐,
294를 어림하면 약 ☐이므로
317＋294를 어림셈으로 구하면
약 ☐입니다.

16 (중요) 712＋203은 약 얼마인지 어림셈으로 구하고, 실제 계산 결과를 쓰세요.

어림셈으로 구한 값	실제 계산 결과

17 (서술형) 497＋184를 바르게 계산했는지 어림셈을 이용하여 설명해 보세요.

497＋184＝781

(설명)

18 재인이가 문구점에서 1000원으로 종류가 다른 학용품 2가지를 사려고 합니다. 어느 것을 살 수 있는지 모두 쓰세요.

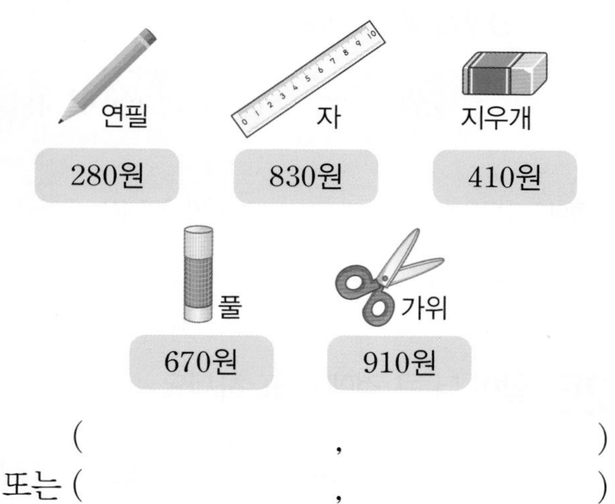

(,)
또는 (,)

유형 05 **실생활 속 (세 자리 수)+(세 자리 수)**

예제 **현규네 밭에서 작년에 수확한 배추는 856포기이고, 올해에는 작년보다 375포기 더 많이 수확하였습니다. 현규네 밭에서 올해 수확한 배추는 모두 몇 포기일까요?**

( )

풀이 (올해 수확한 배추의 수)
=(작년에 수확한 배추의 수)
+(작년보다 더 많이 수확한 배추의 수)
= ☐ + ☐ = ☐ (포기)

19 노란색 끈의 길이는 251 cm이고 빨간색 끈의 길이는 노란색 끈의 길이보다 164 cm 더 깁니다. 빨간색 끈의 길이는 몇 cm일까요?

( )

20 윤서네 학교 남학생은 297명, 여학생은 315명입니다. 윤서네 학교 전체 학생은 약 몇 명인지 어림셈으로 구한 값을 찾아 ○표 하고, 실제로 계산해 보세요.

500	600	700

( )

21 달콤빵집에서 오늘 만든 단팥빵은 398개이고 크림빵은 266개입니다. 이 빵집에서 오늘 만든 단팥빵과 크림빵은 모두 몇 개인지 식을 쓰고, 답을 구하세요.

식

답

22 어느 인형 공장에서 만든 토끼 인형은 416개이고, 곰 인형은 토끼 인형보다 132개 더 많이 만들었습니다. 이 인형 공장에서 만든 토끼 인형과 곰 인형은 모두 몇 개일까요?

( )

많음.
너무 많은데??
아무튼 많음.
내가 금방 해결해 줄게!

1 단원

유형 06 덧셈에서 잘못 계산한 것 찾기

예제 235+142를 잘못 계산한 것을 찾아 기호를 쓰세요.

㉠	㉡
$\begin{array}{r} {\scriptstyle 1\ 1}\ \ \\ 2\ 3\ 5 \\ +\ 1\ 4\ 2 \\ \hline 4\ 8\ 7 \end{array}$	$\begin{array}{r} 2\ 3\ 5 \\ +\ 1\ 4\ 2 \\ \hline 3\ 7\ 7 \end{array}$

(　　　　　)

풀이 같은 자리 수끼리의 합이 ☐ 이거나 ☐ 보다 클 때만 받아올림해야 합니다.

23 중요★ 연서와 준호는 수학 시험에서 각각 다음과 같이 계산하였습니다. 잘못 계산한 사람의 이름을 쓰고, 바르게 계산한 값을 구하세요.

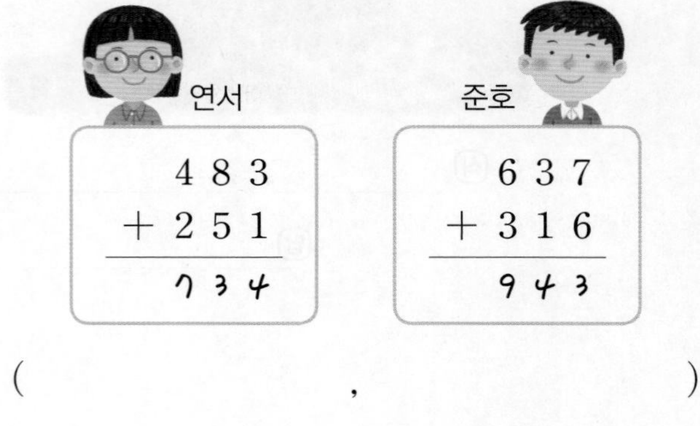

(　　　　　　,　　　　　　)

24 서술형 562+289를 계산한 것입니다. 계산이 잘못된 이유를 쓰고, 바르게 계산해 보세요.

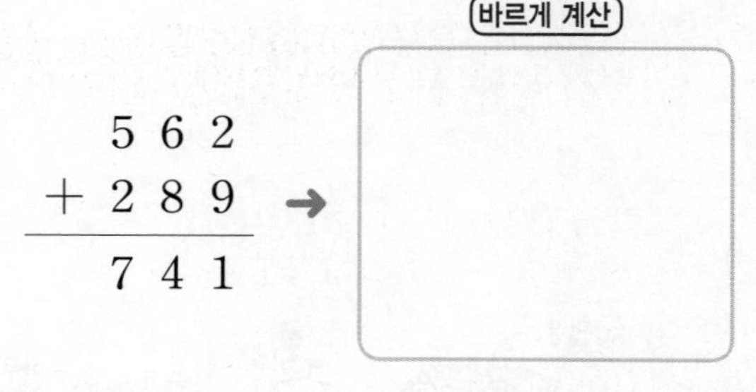

이유 ______________________

유형 07 덧셈 결과의 크기 비교하기

예제 계산 결과를 비교하여 ○ 안에 >, =, <를 알맞게 써넣으세요.

258+375 ○ 426+143

풀이 258+375=☐, 426+143=☐

→ ☐ ○ ☐

25 합이 더 큰 것에 ○표 하세요.

464+598	623+477
(　　)	(　　)

26 서술형 계산 결과가 작은 동물부터 차례로 쓰려고 합니다. 풀이 과정을 쓰고, 답을 구하세요.

호랑이	원숭이	하마
356+188	196+379	247+246

1단계 계산 결과 구하기

____

2단계 계산 결과가 작은 동물부터 차례로 쓰기

____

답 ______________________

27 민주는 입구에서 가장 짧은 길을 이용하여 분수대에 가려고 합니다. 식물원, 장미탑, 동물원 중 어디를 지나가야 할까요?

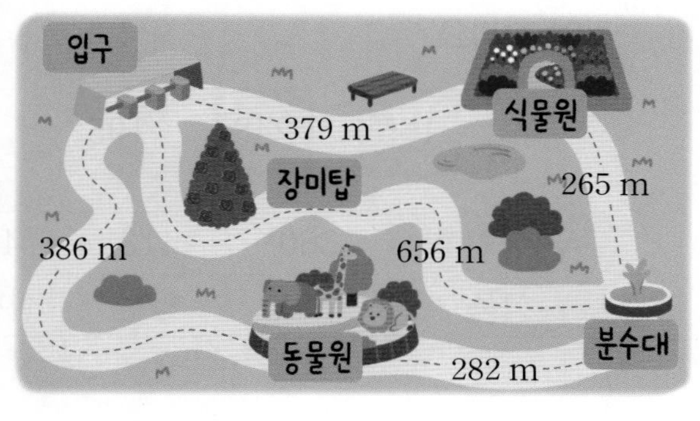

( )

29 중요 다음 삼각형의 세 변의 길이의 합은 몇 cm일까요?

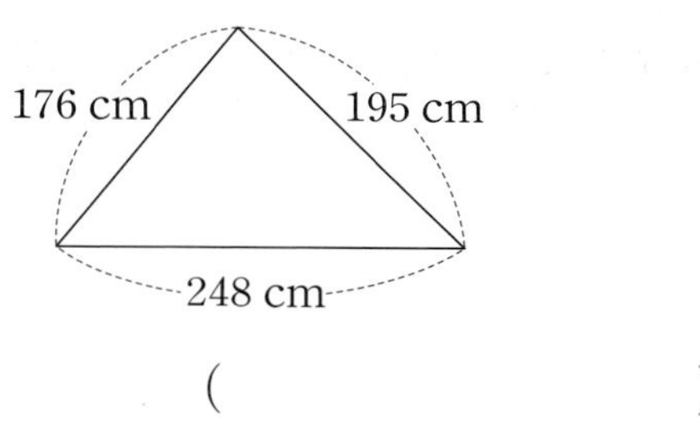

( )

30 줄넘기를 선미는 274번, 희진이는 482번, 예은이는 352번 넘었습니다. 세 사람이 넘은 줄넘기 횟수는 모두 몇 번일까요?

( )

1 단원

유형 08 세 수의 덧셈

예제 계산해 보세요.

$264+453+529$

( )

풀이 세 수의 덧셈은 앞에서부터 차례로 두 수씩 계산합니다.

$264+453+529=\square+529$
$=\square$

28 세 수의 합을 구하세요.

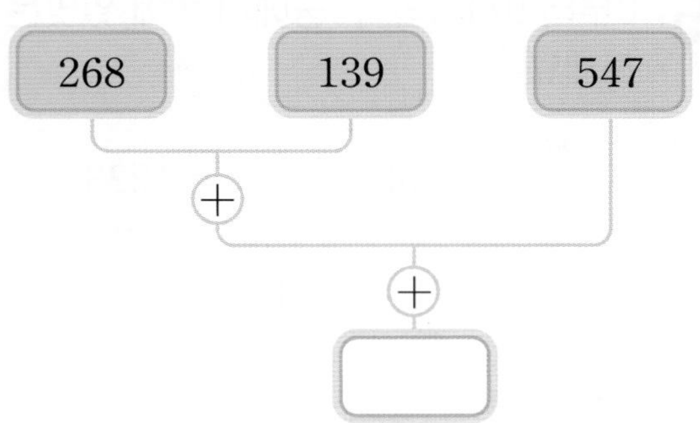

유형 09 나타내는 두 수의 합 구하기

예제 ㉠과 ㉡이 나타내는 수의 합을 구하세요.

㉠ 100이 4개, 10이 2개, 1이 8개인 수
㉡ 100이 3개, 10이 6개, 1이 4개인 수

( )

풀이 나타내는 수를 각각 구하면

㉠ $\square$, ㉡ $\square$ 입니다.

→ $\square+\square=\square$

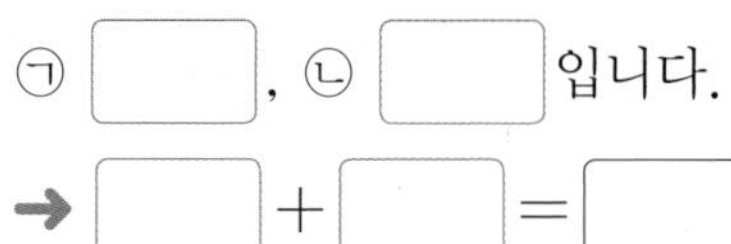

31 민선이와 윤주의 지갑에 각각 다음과 같이 동전이 들어 있습니다. 민선이와 윤주의 지갑에 들어 있는 동전은 모두 얼마일까요?

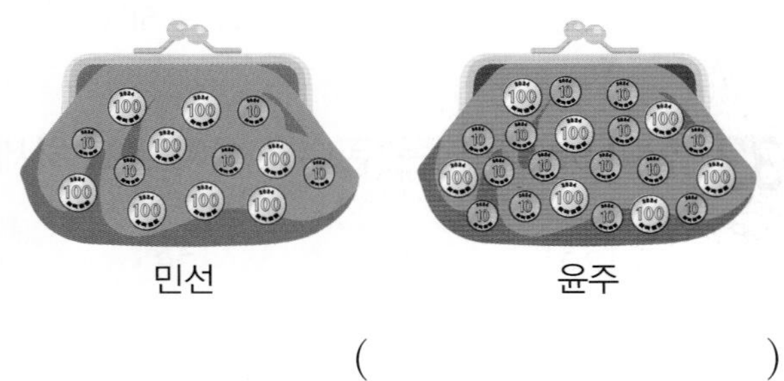

( )

32 서술형 두 사람이 설명하는 수의 합을 구하려고 합니다. 풀이 과정을 쓰고, 답을 구하세요.

십의 자리 숫자가 8인 가장 작은 세 자리 수
97과 88의 합
규민
리아

1단계 두 사람이 설명하는 수 각각 구하기

2단계 두 사람이 설명하는 수의 합 구하기

답

+플러스 유형 10 합이 ■인 덧셈식 만들기

예제 다음에서 두 수를 골라 합이 859가 되는 덧셈식을 만들려고 합니다. □ 안에 알맞은 수를 써넣으세요.

298 278 561

□+□=859

풀이 합의 일의 자리 수가 9가 되는 두 수는 (298, □), (278, □)입니다.

→ 298+561=□, 278+561=□

33 중요 합이 935가 되는 두 수를 찾아 ○표 하세요.

439	668	376	267
( )	( )	( )	( )

34 3장의 수 카드 중에서 2장을 골라 수 카드에 적힌 두 수의 합에 따라 상품을 받습니다. 실내화를 받으려면 어떤 수가 적힌 수 카드 2장을 골라야 할까요?

165 248 195

두 수의 합	360	413	443
상품	책가방	인형	실내화

(,)

+플러스 유형 11 덧셈식 완성하기

예제 ㉠과 ㉡에 알맞은 수를 각각 구하세요.

```
  5 4 ㉠
+ 3 ㉡ 4
--------
  9 2 0
```

㉠ ( ), ㉡ ( )

풀이 • 일의 자리 계산: ㉠+4=10 → ㉠=□

• 십의 자리 계산: 1+4+㉡=12 → ㉡=□

35 0부터 9까지의 수 중에서 ♥에 알맞은 수를 구하세요.

937+2♥6=1223

( )

36 ㉠과 ㉡에 알맞은 수의 차를 구하세요.

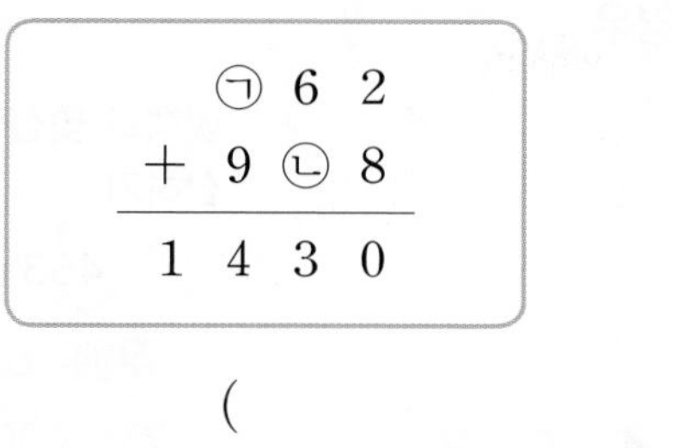

(　　　　　　　　)

37 두 수는 각각 세 자리 수입니다. 두 수의 합이 1432일 때 두 수를 차례로 써 보세요.

68□　　　□47

(　　　　　　,　　　　　　)

+플러스 유형 12 **합이 가장 큰(작은) 덧셈식 만들기**

예제 공 3개 중에서 2개를 골라 적힌 수의 합이 가장 큰 덧셈식을 만들려고 합니다. 고르지 않은 공에 ×표 하세요.

풀이 두 수의 합이 가장 크려면 가장 큰 수와 두 번째로 큰 수를 더해야 합니다.

➜ □ > □ > □ 이므로

□에 ×표 합니다.

38 4, 1, 7을 한 번씩만 사용하여 만들 수 있는 세 자리 수와 523의 합을 구하려고 합니다. 합이 가장 클 때의 값을 구하세요.

(　　　　　　　　)

39 중요 두 수의 합이 가장 작도록 두 수를 골라 □ 안에 써넣고 계산해 보세요.

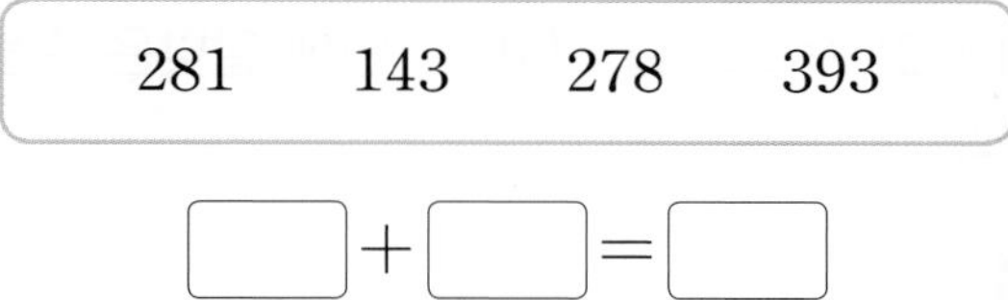

□ + □ = □

40 6장의 수 카드를 □ 안에 한 번씩만 써넣어 계산 결과가 가장 작은 (세 자리 수)+(세 자리 수)를 만들려고 합니다. 이 때의 합을 구하세요.

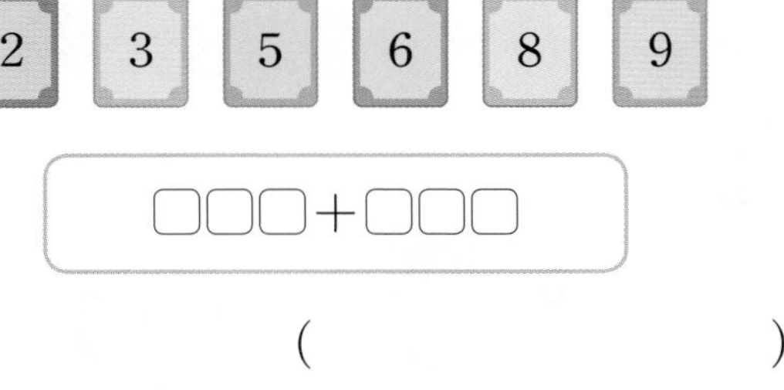

(　　　　　　　　)

1 단원

STEP 1

개념 확인하기

5 (세 자리 수)−(세 자리 수) ▶ 받아내림이 없는 경우

463−231 계산하기

각 자리의 수를 맞추어 쓴 다음
일의 자리, **십**의 자리, **백**의 자리끼리 뺍니다.

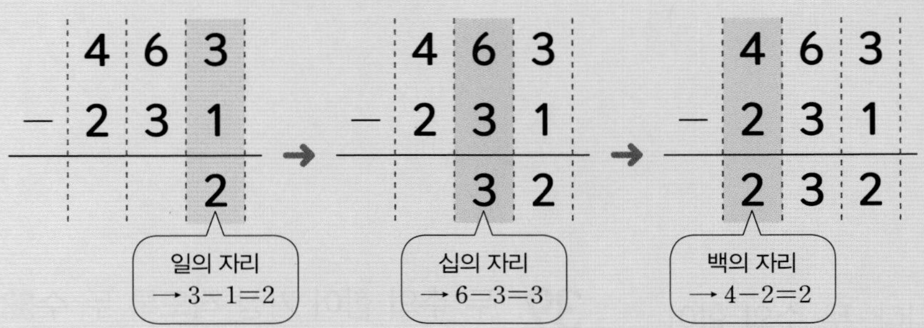

몇백과 몇십몇으로 나누어 계산하기

463 − 231

400 63 200 31

몇백: 400−200=200

몇십몇: 63− 31= 32

→ 463−231=232

[01~02] 수 모형을 보고 □ 안에 알맞은 수를 써넣으세요.

01

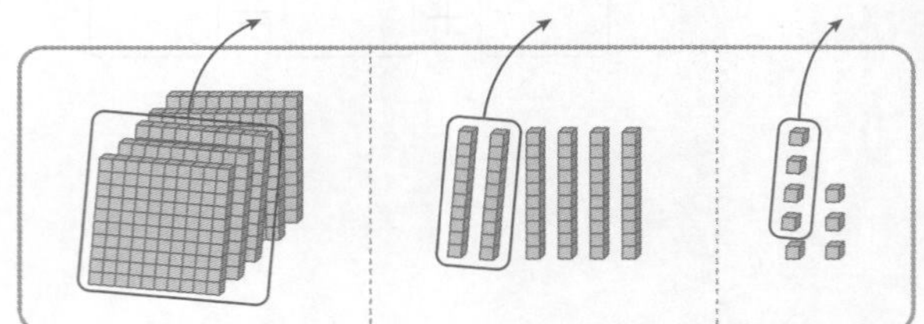

남은 수 모형은 백 모형 □개, 십 모형 □개, 일 모형 □개입니다.

→ 568−324=□

02

남은 수 모형은 백 모형 □개, 십 모형 □개, 일 모형 □개입니다.

→ 457−112=□

[03~07] □ 안에 알맞은 수를 써넣으세요.

03

$$\begin{array}{r} 925 \\ -\ 211 \\ \hline \square\square\square \end{array}$$

04

$$\begin{array}{r} 362 \\ -\ 202 \\ \hline \square\square\square \end{array}$$

05

$$\begin{array}{r} 877 \\ -\ 534 \\ \hline \square\square\square \end{array}$$

06 681−470=□

07 994−762=□

• 정답 04쪽

6 (세 자리 수)－(세 자리 수) ▶ 받아내림이 한 번 있는 경우

342－125 계산하기

같은 자리 수끼리 뺄 수 없으면
윗자리 수 1을 10으로 받아내림하여 계산합니다.

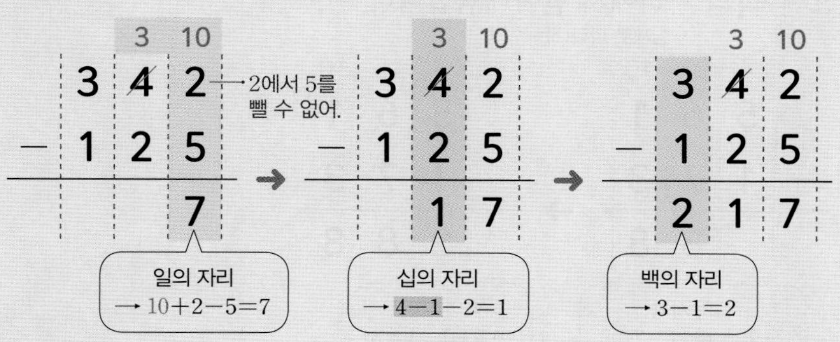

십의 자리 수끼리 뺄 수 없으면 백의 자리 수 1을 십의 자리 수 10으로 받아내림합니다.

	8	10	
	9	6	8
−	1	7	3
	7	9	5

1 단원

[01~03] 수 모형을 이용하여 684－258을 구하려고 합니다. ☐ 안에 알맞은 수를 써넣으세요.

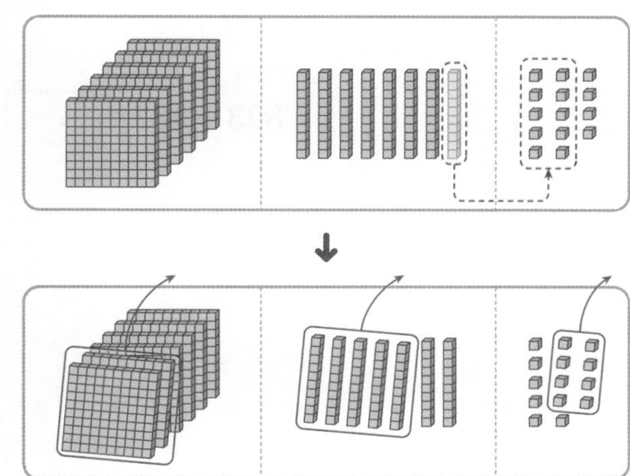

01 일의 자리 수 4에서 8을 뺄 수 없으므로 십 모형 ☐개를 일 모형 ☐개로 바꾸어 계산합니다.

02 684에서 258을 빼고 남은 수 모형은 백 모형 ☐개, 십 모형 ☐개, 일 모형 ☐개입니다.

03 684－258=☐

[04~08] ☐ 안에 알맞은 수를 써넣으세요.

04

		☐	10
	5	6	7
−	2	1	8
	☐	☐	☐

05

	☐	10	
	7	2	4
−	4	3	1
	☐	☐	☐

06

	☐	☐	
	8	1	5
−	1	6	3
	☐	☐	☐

07 308－125=☐

08 224－109=☐

7 (세 자리 수)－(세 자리 수) ▶ 받아내림이 두 번 있는 경우

561－173 계산하기

일의 자리끼리 뺄 수 없으면 **십**의 자리에서,
십의 자리끼리 뺄 수 없으면 **백**의 자리에서 받아내림합니다.

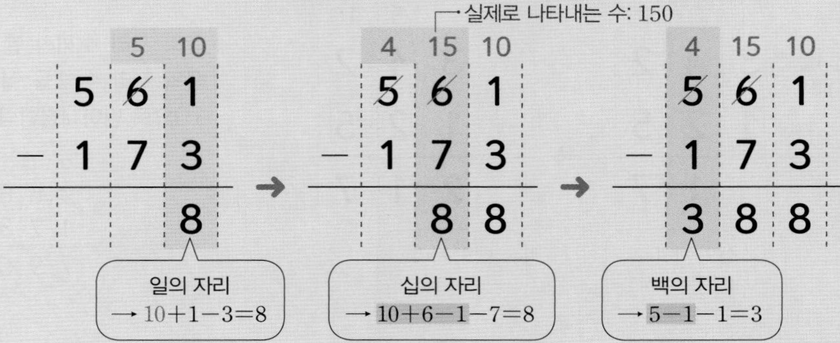

십의 자리에서 받아내림한 수 1은 10을, 백의 자리에서 받아내림한 수 1은 100을 나타냅니다.

[01~02] 수 모형을 보고 계산해 보세요.

01

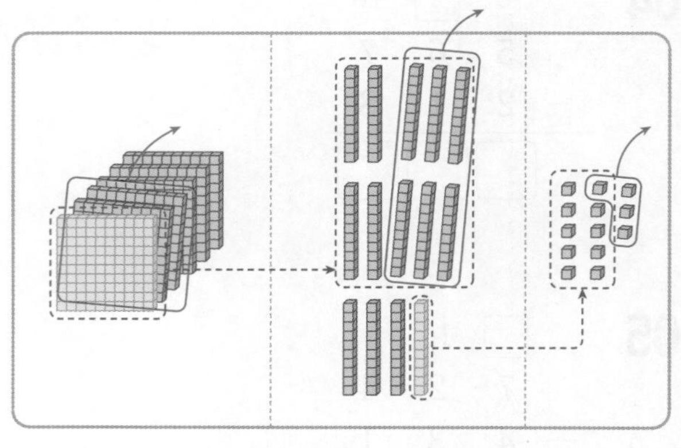

$643-264=$ □

02

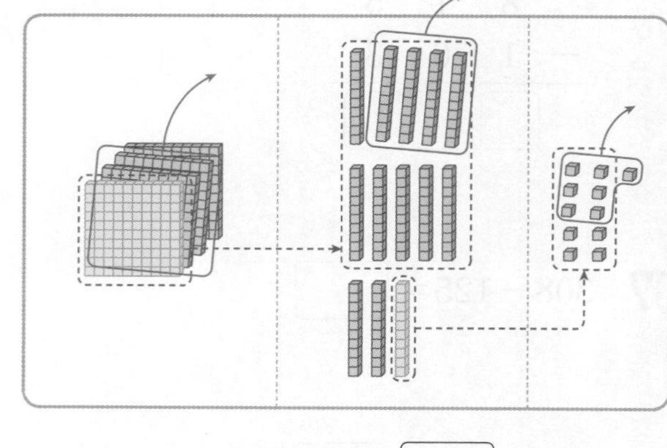

$431-247=$ □

[03~05] □ 안에 알맞은 수를 써넣으세요.

03

□ □ □
$\begin{array}{r} 8\ 2\ 3 \\ -\ 4\ 8\ 7 \\ \hline \end{array}$
□ □ □

$823-487=$ □

04

□ □ □
$\begin{array}{r} 6\ 5\ 1 \\ -\ 3\ 7\ 5 \\ \hline \end{array}$
□ □ □

$651-375=$ □

05

□ □ □
$\begin{array}{r} 7\ 3\ 0 \\ -\ 2\ 5\ 7 \\ \hline \end{array}$
□ □ □

$730-257=$ □

8 뺄셈의 어림셈

튤립은 장미보다 얼마나 더 많은지 어림셈으로 구하기

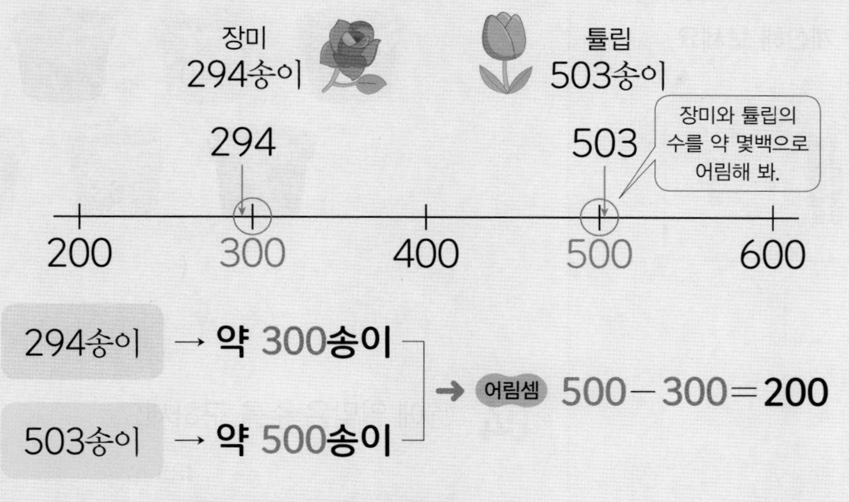

294송이 → 약 300송이
503송이 → 약 500송이
→ 어림셈 500－300＝200

튤립은 장미보다 **약 200송이** 더 많습니다.

실제로 계산하면 503－294＝209(송이)이므로 어림한 결과와 비슷합니다.

1 단원

[01~03] 798－405가 약 얼마인지 어림셈으로 구하려고 합니다. 물음에 답하세요.

01 798과 405를 각각 어림하여 그림에 ○표로 나타내세요.

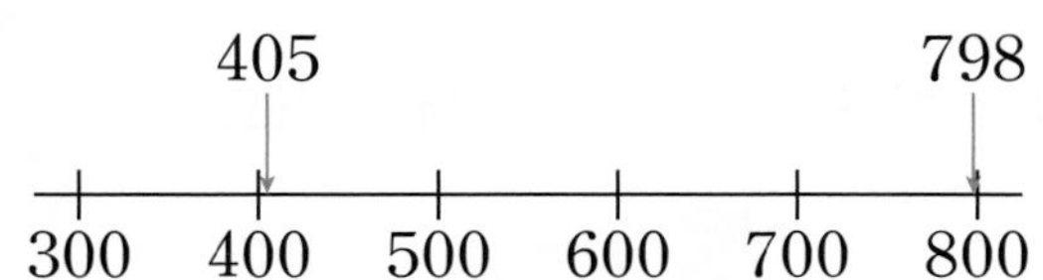

02 ☐ 안에 알맞은 수를 써넣으세요.

두 수를 각각 어림하면 798은 약 ☐, 405는 약 ☐입니다.

03 02에서 어림한 수로 어림셈을 해 보세요.

[04~07] 어림셈을 하기 위한 식에 색칠해 보세요.

04 387－299

300－300	400－200	400－300

05 714－513

700－500	700－600	800－500

06 692－115

600－200	700－100	700－200

07 603－196

600－200	700－200	500－200

STEP 2 유형 다잡기

유형 13 받아내림이 없는 (세 자리 수)−(세 자리 수)

예제 수 모형을 보고 453−212를 계산해 보세요.

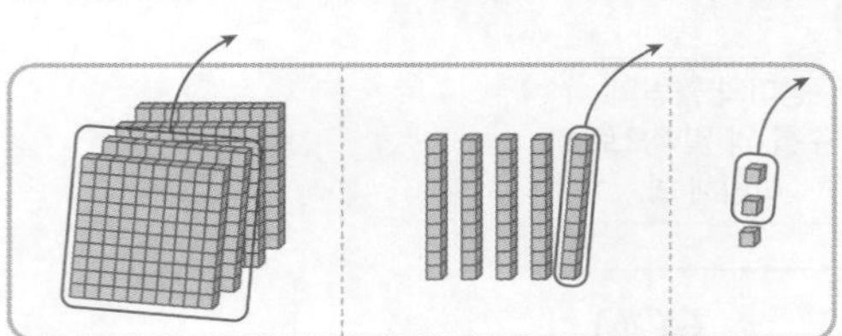

453−212=□

풀이
- 일 모형: 3−2=1(개)
- 십 모형: 5−1=□(개)
- 백 모형: 4−2=□(개)

➜ 453−212=□

01 빈칸에 두 수의 차를 써넣으세요.

974	852

02 (중요) 〈보기〉와 같은 방법으로 792−541을 계산해 보세요.

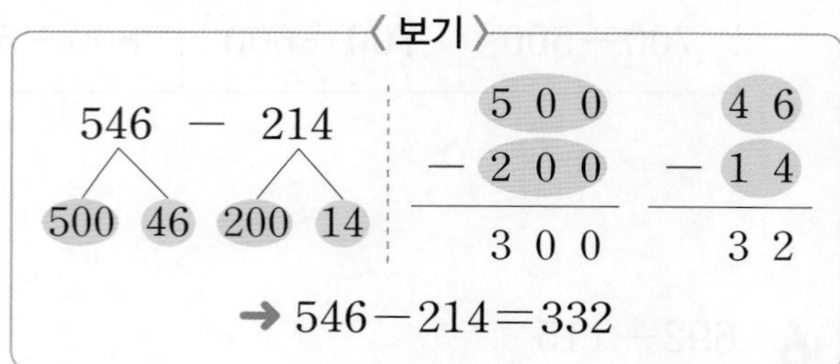

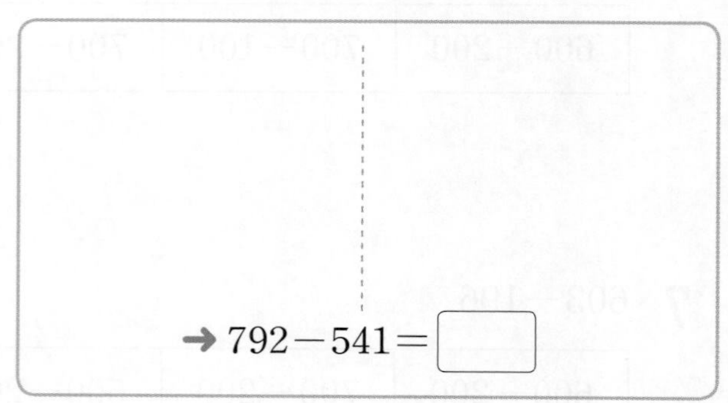

➜ 792−541=□

03 파란색 화분에 적힌 수의 차를 구하세요.

(　　　　　)

04 ㉠에 알맞은 수를 구하세요.

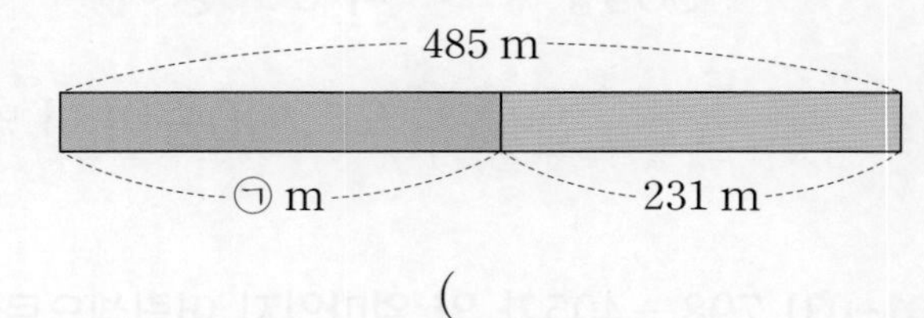

(　　　　　)

유형 14 받아내림이 한 번 있는 (세 자리 수)−(세 자리 수)

예제 빈 곳에 알맞은 수를 써넣으세요.

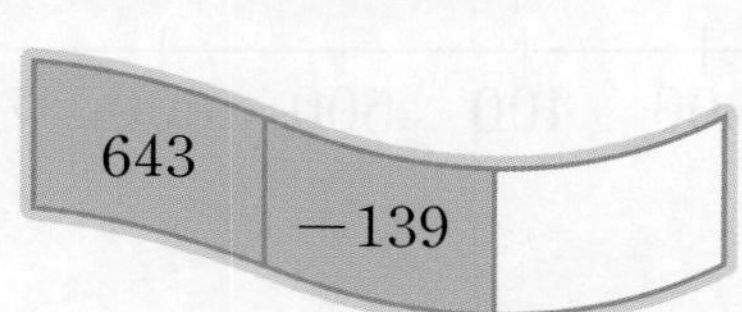

풀이 일의 자리끼리 뺄 수 없으므로 □의 자리에서 받아내림하여 계산합니다.

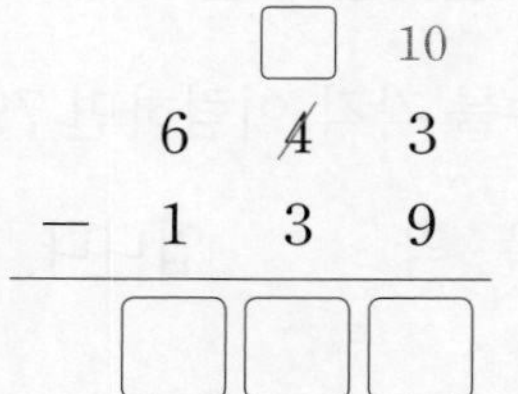

05 계산해 보세요.

(1) 761−219

(2) 518−325

06 가장 큰 수와 가장 작은 수의 차를 구하세요.

( )

07 다음이 나타내는 수보다 357만큼 더 작은 수를 구하세요.

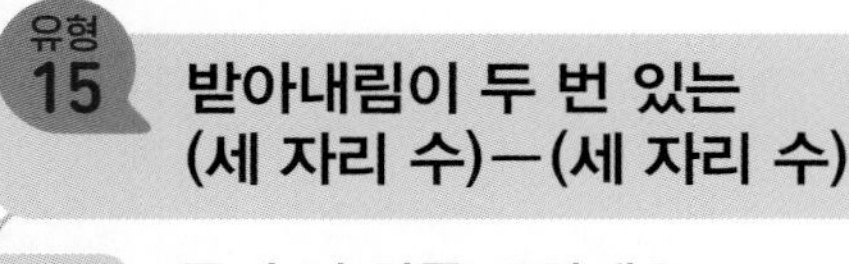

( )

유형 15 **받아내림이 두 번 있는 (세 자리 수)−(세 자리 수)**

예제 두 수의 차를 구하세요.

710 253

( )

풀이 710 ◯ 253

➜ ☐ − ☐ = ☐

08 뺄셈식에서 ☐ 안의 수 11이 실제로 나타내는 수를 구하세요.

중요

$$\begin{array}{r} 6\ \boxed{11}\ 10 \\ \not{7}\ \not{2}\ 4 \\ -\ 5\ 4\ 9 \\ \hline 1\ 7\ 5 \end{array}$$

( )

09 계산 결과를 찾아 이어 보세요.

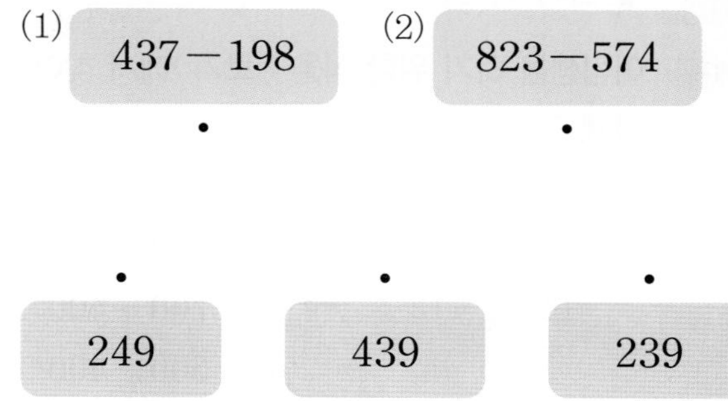

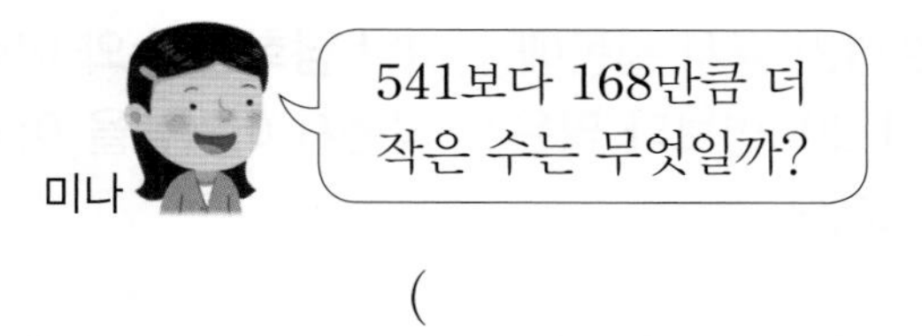

10 미나의 말에 답하세요.

미나: 541보다 168만큼 더 작은 수는 무엇일까?

( )

11 사각형의 네 변 중에서 가장 긴 변과 가장 짧은 변의 길이의 차는 몇 cm인지 풀이 과정을 쓰고, 답을 구하세요.

서술형

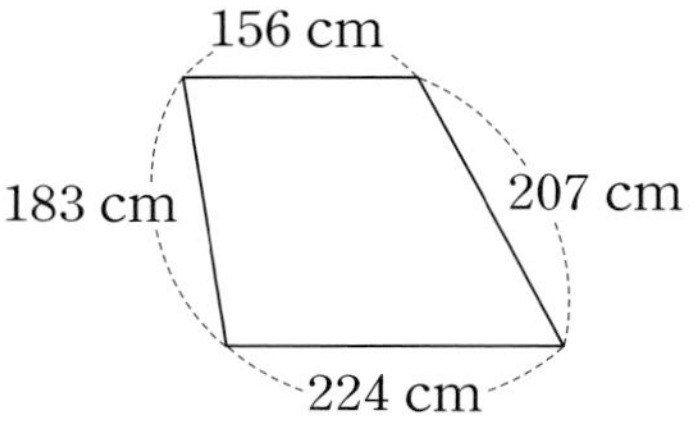

1단계 가장 긴 변과 가장 짧은 변의 길이 구하기

2단계 가장 긴 변과 가장 짧은 변의 길이의 차 구하기

답

1 단원

유형 16 뺄셈의 어림셈

예제 어림셈을 하기 위한 식을 〈보기〉에서 찾아 ○표 하세요.

689 − 412 ➜

〈보기〉
700 − 500
700 − 400
600 − 400

풀이 두 수를 각각 어림하여 식을 찾습니다.

689 → 약 ☐, 412 → 약 ☐

[12~13] 봉사 활동에 참여한 남학생 수와 여학생 수의 차가 200명보다 많은지 적은지 어림셈을 이용하여 알아보세요.

참여한 학생 수	
남학생	여학생
496명	316명

12 (몇백)−(몇백)의 어림셈으로 봉사 활동에 참여한 남학생 수와 여학생 수의 차를 구하세요.

13 중요 알맞은 말에 ○표 하세요.

남학생: 500명보다 (많은 , 적은) 496명
여학생: 300명보다 (많은 , 적은) 316명
따라서 봉사 활동에 참여한
남학생 수와 여학생 수의 차는
200명보다 (많습니다 , 적습니다).

14 바르게 어림한 사람의 이름을 쓰세요.

도영: 800 − 407은 400보다 클 것 같아.
예솔: 600 − 389는 200보다 클 것 같아.

( )

15 서술형 903 − 792가 약 얼마인지 어림셈으로 구하고, 어떻게 구했는지 설명해 보세요.

약 ( )

설명

유형 17 실생활 속 (세 자리 수) − (세 자리 수)

예제 기차에 816명이 타고 있었습니다. 이번 역에서 149명이 내렸다면 지금 기차에 타고 있는 사람은 몇 명일까요?

( )

풀이 (지금 기차에 타고 있는 사람 수)
=(처음 타고 있던 사람 수)−(내린 사람 수)
= ☐ − ☐ = ☐ (명)

16 다음과 같이 미술 시간에 사용할 색종이를 준비했습니다. 이 중에서 학생들이 175장을 사용하였다면 남은 색종이는 몇 장일까요?

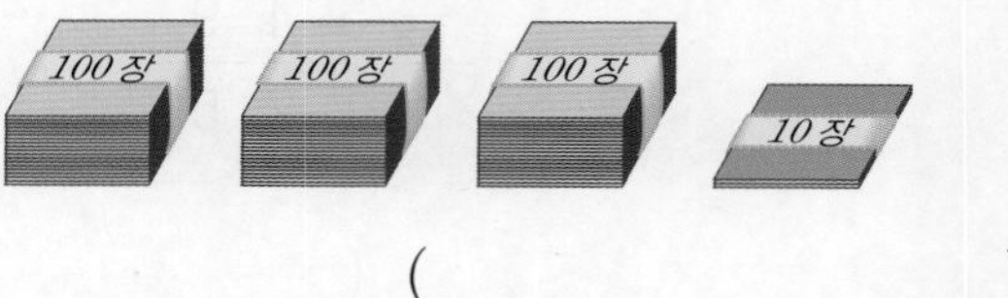

( )

17 정은이네 집에서 공원까지의 거리는 697 m입니다. 정은이가 집에서 출발하여 503 m만큼 갔다면 공원까지 가는 데 약 몇 m를 더 가야 하는지 어림셈으로 구하세요.

약 (　　　　　　)

18 전교 어린이 회장 선거에서 현성이는 271표, 은미는 456표 얻었습니다. 현성이와 은미 중에서 누가 몇 표 더 많이 얻었을까요?

(　　　　, 　　　　)

유형 18 뺄셈에서 잘못 계산한 것 찾기

예제 계산을 바르게 한 것의 기호를 쓰세요.

㉠ 364−117=247
㉡ 534−276=358

(　　　　　　)

풀이 ㉠ 364−117=□
㉡ 534−276=□

19 745−469를 계산한 것입니다. 계산이 잘못된 이유를 쓰고, 바르게 계산해 보세요.

서술형

$$\begin{array}{r} 745 \\ -\ 469 \\ \hline 324 \end{array}$$ → 바르게 계산 □

이유

20 800명이 입장할 수 있는 축제가 열렸습니다. 입장한 사람은 모두 592명이고, 이 중 355명이 여자입니다. 도율이와 주경이 중에서 잘못 설명한 사람은 누구일까요?

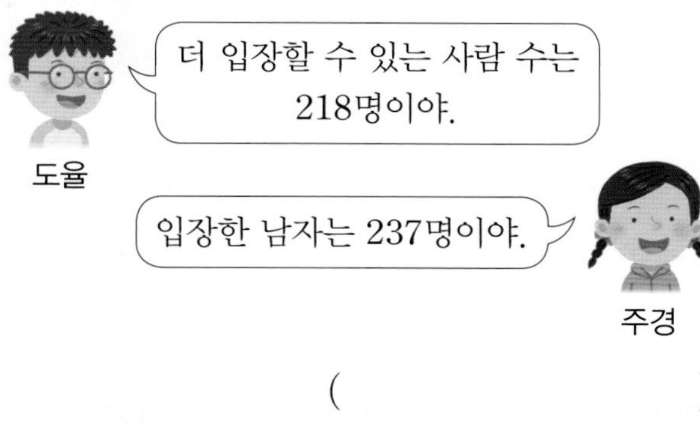

더 입장할 수 있는 사람 수는 218명이야.
도율
입장한 남자는 237명이야.
주경

(　　　　　　)

유형 19 계산 결과의 크기 비교하기

예제 계산 결과가 더 큰 것에 ○표 하세요.

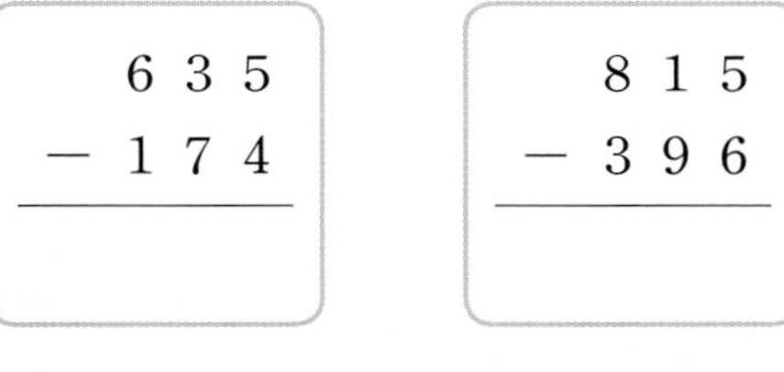

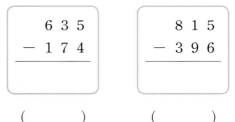

$$\begin{array}{r} 635 \\ -\ 174 \\ \hline \end{array}$$　　$$\begin{array}{r} 815 \\ -\ 396 \\ \hline \end{array}$$

(　　　)　　(　　　)

풀이 635−174=□
815−396=□
→ □ ○ □

21 ㉠과 ㉡ 중 더 작은 수를 찾아 기호를 쓰세요.

㉠ 823보다 358만큼 더 작은 수
㉡ 319와 193의 합

(　　　　　　)

1 단원

22 중요 계산 결과가 작은 것부터 ◯ 안에 1, 2, 3을 써넣으세요.

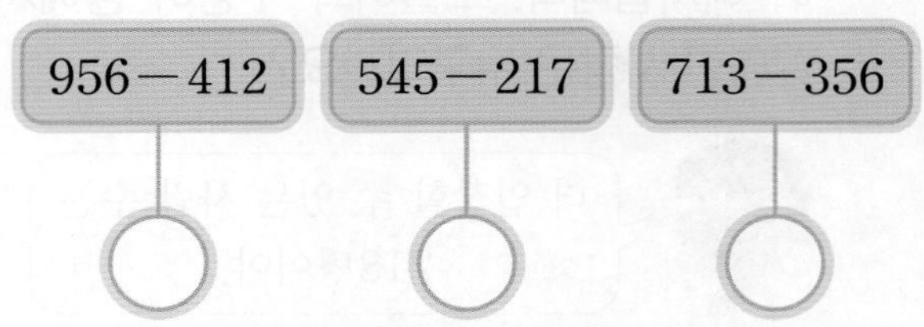

23 계산 결과가 400보다 큰 것을 모두 찾아 기호를 쓰세요.

㉠ 547－208	㉡ 656－399
㉢ 732－256	㉣ 533－107

( )

+플러스 유형 20 차가 ■인 뺄셈식 만들기

예제 다음에서 두 수를 골라 차가 443인 뺄셈식을 만들려고 합니다. □ 안에 알맞은 수를 써넣으세요.

758 961 315

□－□=443

풀이 차의 일의 자리 수가 3이 되는 두 수는 (758, □), (758, □)입니다.

➜ 758－315=□, 961－758=□

24 차가 341이 되는 두 수에 색칠해 보세요.

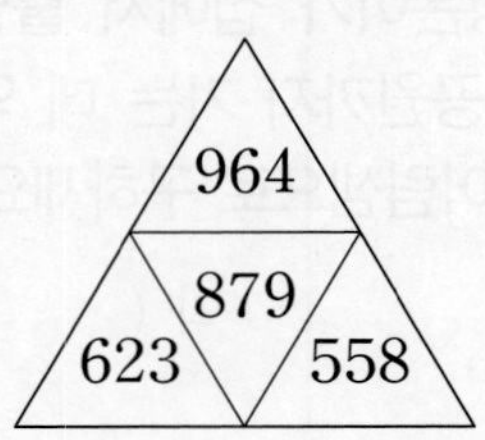

25 창의형 □ 안에 세 자리 수를 써넣어 조건을 정하고, 조건에 알맞은 뺄셈식을 만들어 계산해 보세요.

〈보기〉

562 379 403 681

조건 〈보기〉에서 두 수를 골라 차가 □보다 (큰 , 작은) 뺄셈식 만들기

뺄셈식 □－□=□

+플러스 유형 21 수 카드로 만든 수의 합(차) 구하기

예제 3장의 수 카드를 한 번씩만 사용하여 만들 수 있는 세 자리 수 중에서 가장 큰 수와 145의 차를 구하세요.

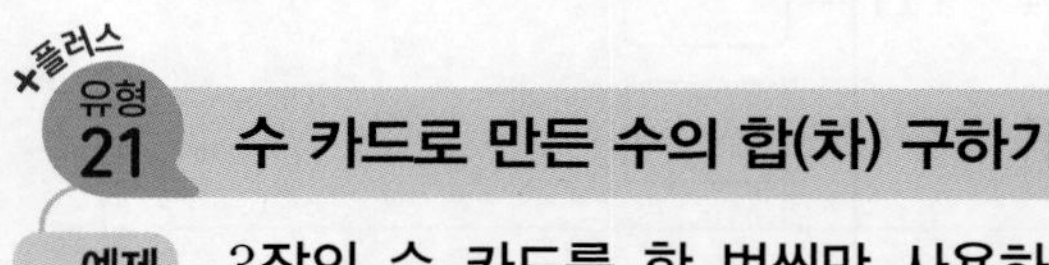

( )

풀이 만들 수 있는 가장 큰 수: □

➜ □－145=□

26 서술형 3장의 수 카드 [8], [4], [5]를 한 번씩 모두 사용하여 가장 큰 세 자리 수를 만들었습니다. 만든 세 자리 수보다 239만큼 더 큰 수는 얼마인지 풀이 과정을 쓰고, 답을 구하세요.

(1단계) 가장 큰 세 자리 수 만들기

(2단계) 만든 세 자리 수보다 239만큼 더 큰 수 구하기

(답)

27 중요 3장의 수 카드를 한 번씩만 사용하여 세 자리 수를 만들려고 합니다. 만들 수 있는 세 자리 수 중 가장 큰 수와 가장 작은 수의 합을 구하세요.

[4] [3] [6]

(　　　　　　)

28 4장의 수 카드 중 3장을 골라 한 번씩만 사용하여 만들 수 있는 세 자리 수 중에서 가장 큰 수와 가장 작은 수의 차를 구하세요.

[4] [0] [6] [9]

(　　　　　　)

+플러스 유형 22 **빼셈식 완성하기**

예제 ㉠과 ㉡에 알맞은 수를 각각 구하세요.

$$\begin{array}{r} 9\ ㉠\ 5 \\ -\ 4\ 8\ 3 \\ \hline ㉡\ 8\ 2 \end{array}$$

㉠ (　　　　　), ㉡ (　　　　　)

풀이
- 십의 자리 계산: 10+㉠−8=8
  → ㉠=□
- 백의 자리 계산: 9−1−4=㉡ → ㉡=□

29 은설이가 계산한 뺄셈식에 물감이 묻어 일부가 보이지 않습니다. 은설이가 뺄셈을 한 세 자리 수를 각각 구하세요.

(　　　　　,　　　　　)

30 ◆가 모두 같은 수를 나타낼 때 □ 안에 알맞은 수를 써넣으세요.

$$\begin{array}{r} ◆\ ◆\ ◆ \\ -\ 2\ ◆\ 9 \\ \hline □\ 9\ 8 \end{array}$$

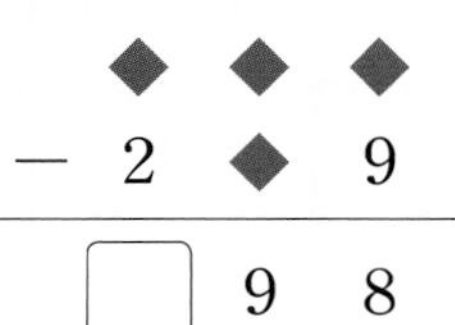

플러스 유형 23 차가 가장 큰 뺄셈식 만들기

예제 다음 수 중에서 2개를 골라 차가 가장 큰 뺄셈식을 만들려고 합니다. 골라야 하는 두 수가 아닌 것에 ×표 하세요.

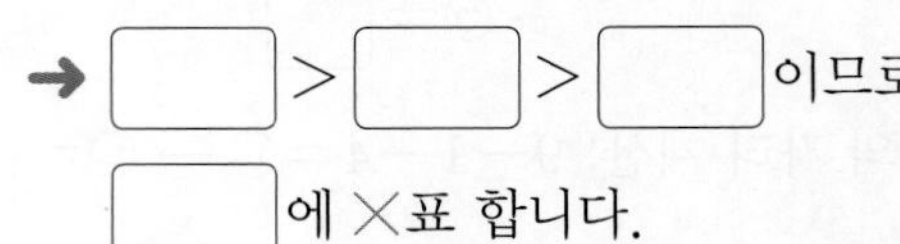

풀이 차가 가장 크려면 가장 큰 수에서 가장 작은 수를 빼야 합니다.

➜ ☐ > ☐ > ☐ 이므로

☐ 에 ×표 합니다.

31 (중요) 차가 가장 크게 되도록 두 수를 골라 계산하려고 합니다. 이 때의 차를 구하세요.

942 279 383

( )

32 6장의 수 카드를 ☐ 안에 한 번씩만 써넣어 (세 자리 수)−(세 자리 수)를 만들려고 합니다. 계산 결과가 가장 클 때의 차를 구하세요.

( )

플러스 유형 24 세 수의 덧셈과 뺄셈

예제 ☐ 안에 알맞은 수를 써넣으세요.

962−186−247=☐

풀이 세 수의 뺄셈은 앞에서부터 차례로 두 수씩 계산합니다.

962−186−247=☐−247

=☐

33 (중요) 빈칸에 알맞은 수를 써넣으세요.

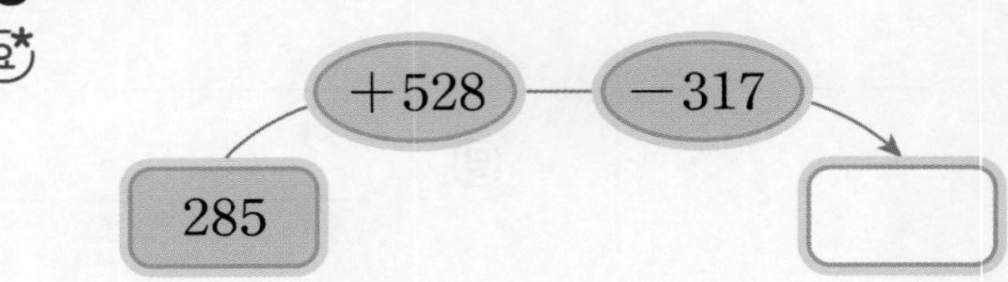

34 가장 큰 수에서 가장 작은 수를 뺀 값에 나머지 수를 더한 값을 구하세요.

( )

35 주차장에 자동차가 318대 있었습니다. 1시간 동안 132대가 나가고, 179대가 들어왔습니다. 지금 주차장에 있는 자동차는 몇 대일까요?

( )

36 지아네 할머니께서 옥수수를 어제 391개, 오늘 195개 따셨습니다. 그중에서 244개를 팔았다면 팔고 남은 옥수수는 몇 개일까요?

(　　　　　　　　　　　　)

+플러스 유형 25

수직선에서 길이 구하기

예제 수직선에서 ㉠의 길이는 몇 cm인지 구하세요.

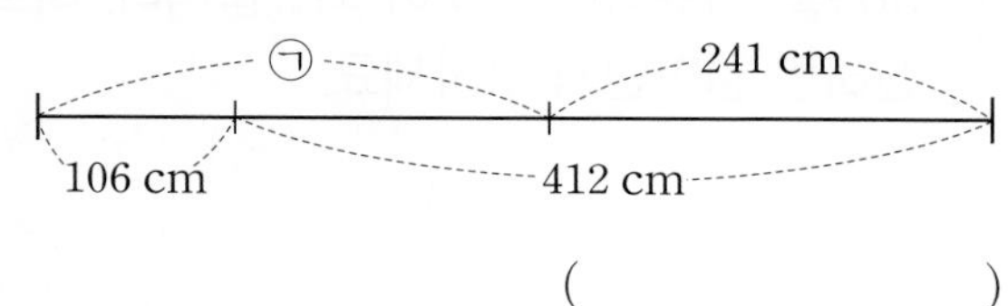

(　　　　　　　　　　　　)

풀이 ㉠+241=106+□

→ ㉠=106+□−241

=□−241=□(cm)

37 수직선을 보고 ㉡에서 ㉢까지의 길이를 구하려고 합니다. 잘못 말한 사람의 이름을 쓰고, ㉡에서 ㉢까지의 길이는 몇 m인지 구하세요.

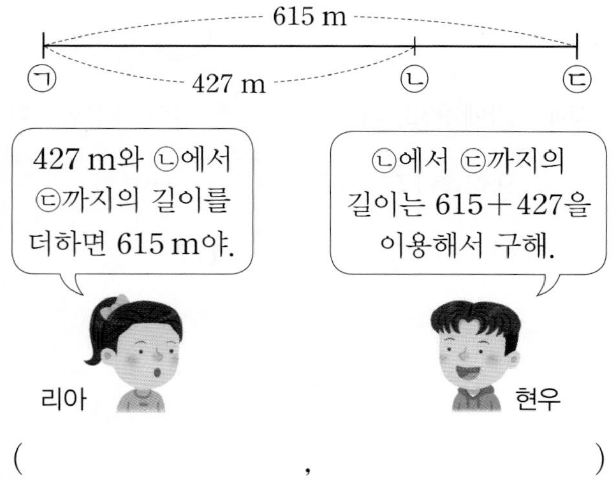

615 m
427 m
㉠
㉡
㉢
427 m와 ㉡에서 ㉢까지의 길이를 더하면 615 m야.
㉡에서 ㉢까지의 길이는 615+427을 이용해서 구해.
리아
현우

(　　　　　　　,　　　　　　　)

38 서술형 수직선을 보고 ㉡에서 ㉢까지의 길이는 몇 cm인지 풀이 과정을 쓰고, 답을 구하세요.

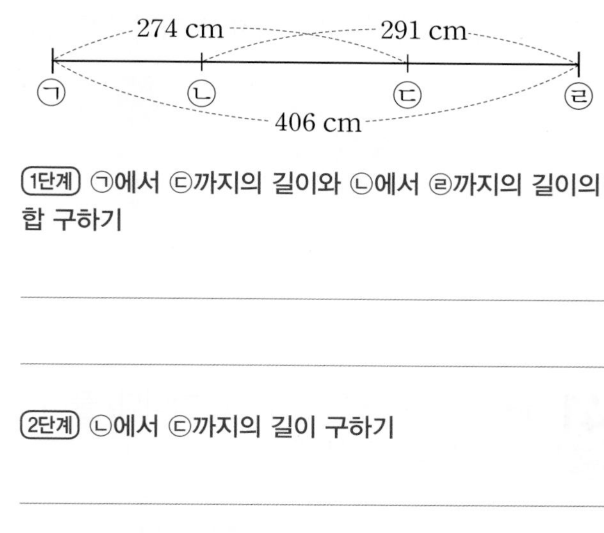

1단계 ㉠에서 ㉢까지의 길이와 ㉡에서 ㉣까지의 길이의 합 구하기

2단계 ㉡에서 ㉢까지의 길이 구하기

답

+플러스 유형 26

두 수의 합(차)을 알 때 모르는 수 구하기

예제 ★에 알맞은 수를 구하세요.

604−★=271

(　　　　　　　　　　　　)

풀이 604−★=271

→ ★=604−□=□

39 빈칸에 알맞은 수를 구하세요.

(　　　　　　　　　　　　)

1 단원

40 세 자리 수가 적힌 종이 2장 중 한 장이 찢어져 백의 자리 숫자만 보입니다. 두 수의 합이 821일 때 찢어진 종이에 적힌 세 자리 수를 구하세요.

485 | 3

( )

41 (서술형) ■와 ▲의 차를 구하려고 합니다. 풀이 과정을 쓰고, 답을 구하세요.

142+■=529
▲−758=165

(1단계) ■와 ▲의 수 각각 구하기

(2단계) ■와 ▲의 차 구하기

답

+플러스 유형 27 **어떤 수 구하기**

예제 511에서 어떤 수를 빼면 333과 같습니다. 어떤 수를 구하세요.

( )

풀이 어떤 수를 ●라고 하여 식을 만들면

511−●=☐입니다.

→ ●=511−☐=☐

42 대화를 읽고 어떤 수를 구하세요.

가은: 어진아, 내가 이 문제를 왜 틀렸는지 모르겠어.
어진: 풀이 과정을 살펴볼까? 어떤 수에서 296을 빼야 하는데 296을 더해서 675를 썼구나.

( )

43 (중요★) 어떤 수에서 369를 빼야 할 것을 잘못하여 369를 더했더니 827이 되었습니다. 바르게 계산하면 얼마인지 구하세요.

( )

+플러스 유형 28 **기호를 약속하여 계산하기**

예제 기호 ♣에 대하여 '가♣나=가−나−나'라고 약속할 때 다음을 계산해 보세요.

952♣177

( )

풀이 가에 952, 나에 ☐을 넣어 계산합니다.

952♣177=952−☐−☐
=☐−177
=☐

44 창의형 ○ 안에 +, −를 써넣어 기호 ★에 대해 약속하고, 396★149를 계산해 보세요.

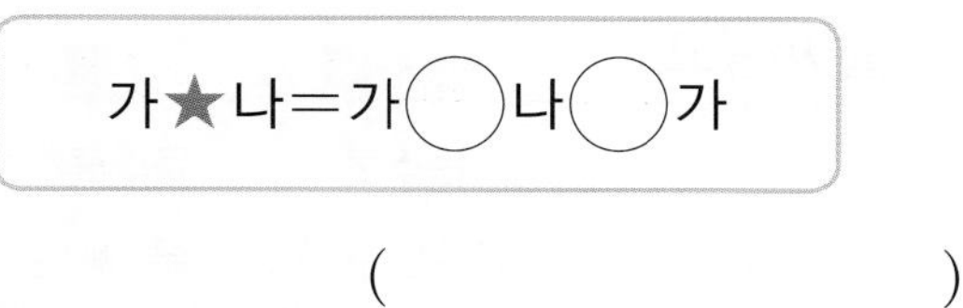

(　　　　　　　　)

45 기호 ◈에 대하여 ■◈▲=■+■−▲라고 약속할 때 계산 결과가 더 큰 것의 기호를 쓰세요.

㉠ 285◈266　　㉡ 423◈579

(　　　　　　　　)

+플러스 유형 29

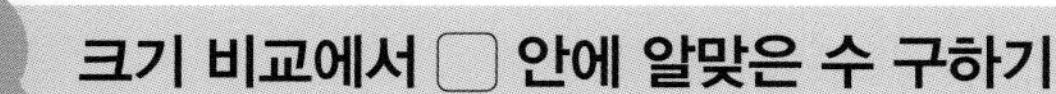

예제 주어진 수 중에서 ♥에 올 수 있는 수를 모두 찾아 ○표 하세요.

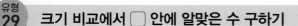

$415+345<$ ♥

(755 , 760 , 765 , 772)

풀이 $415+345=\square$

$\square<$ ♥이므로 ♥에 올 수 있는 수는 $\square$, $\square$입니다.

46 주어진 수 중에서 □ 안에 들어갈 수 있는 수를 모두 찾아 ○표 하세요.

$960-761>\square$

(181 , 195 , 198 , 200)

47 □ 안에 들어갈 수 있는 가장 작은 세 자리 수를 구하세요.

$932-\square<187$

(　　　　　　　　)

48 식이 적힌 종이의 일부가 찢어졌습니다. 찢어진 부분에 올 수 있는 가장 큰 세 자리 수를 구하세요.

$486+$ (찢어진 부분) $<943-255$

(　　　　　　　　)

49 1부터 9까지의 수 중에서 □ 안에 들어갈 수 있는 수를 모두 구하세요.

$164+\square90<490$

(　　　　　　　　)

1 단원

STEP 3 응용 해결하기

문제 강의

계산 결과가 가장 큰 식 만들기

1 주어진 수들을 한 번씩만 이용하여 다음과 같은 식을 만들려고 합니다. 계산 결과를 가장 크게 만들 때 ▢ 안에 알맞은 수를 써넣고, 계산 결과를 구하세요.

582 256 359

▢ + ▢ − ▢

( )

해결 tip

계산 결과가 가장 커지려면?

더하는 수가 클수록, 빼는 수가 작을수록 계산 결과는 커집니다.

더한 두 값 중에서 어느 것이 얼마만큼 더 큰지 구하기 서술형

2 어느 박물관의 토요일과 일요일의 입장객 수입니다. 토요일과 일요일 중에서 어느 요일에 몇 명 더 많이 입장하였는지 풀이 과정을 쓰고, 답을 구하세요.

	토요일	일요일
남자 수(명)	548	379
여자 수(명)	376	415

풀이

답 ,

삼각형에서 모르는 변의 길이 구하기

3 두 삼각형은 세 변의 길이의 합이 같습니다. ▢ 안에 알맞은 수를 구하세요.

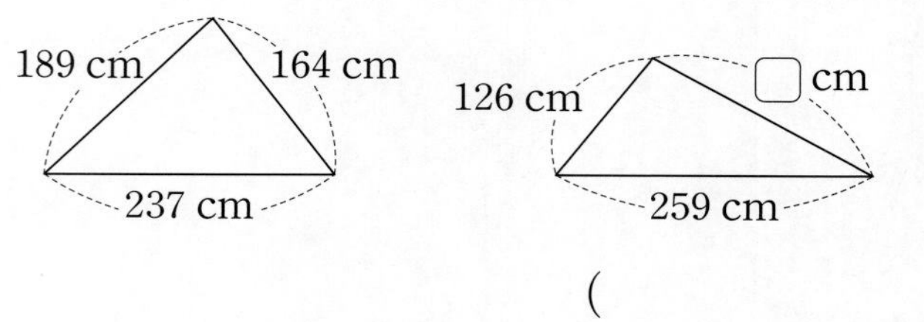

( )

합, 차를 이용하여 크기 비교하기

서술형

4 현주는 진우보다 책을 178쪽 더 많이 읽었고, 진우는 은성이보다 108쪽 더 적게 읽었습니다. 은성이가 279쪽을 읽었을 때 책을 많이 읽은 사람부터 차례로 이름을 쓰려고 합니다. 풀이 과정을 쓰고, 답을 구하세요.

풀이

답

두 양을 같게 만들기

5 왼쪽 바구니에는 콩이 281개, 오른쪽 바구니에는 콩이 529개 담겨 있습니다. 두 바구니에 담긴 콩의 수가 같아지려면 오른쪽 바구니에서 왼쪽 바구니로 콩을 몇 개 옮겨야 할까요?

(　　　　　　　　)

□ 안에 들어갈 수 있는 세 자리 수 구하기

6 □ 안에 들어갈 수 있는 세 자리 수 중에서 가장 큰 수와 가장 작은 수의 차를 구하세요.

476＜315＋□＜844

(　　　　　　　　)

해결 tip

읽은 책의 쪽수를 구하려면?

누구의 쪽수를 기준으로 더 많고 적은지 확인합니다.

더 많이

(현주)＝(진우)＋178

(진우)＝(은성)－108

더 적게

두 양이 같아지려면?

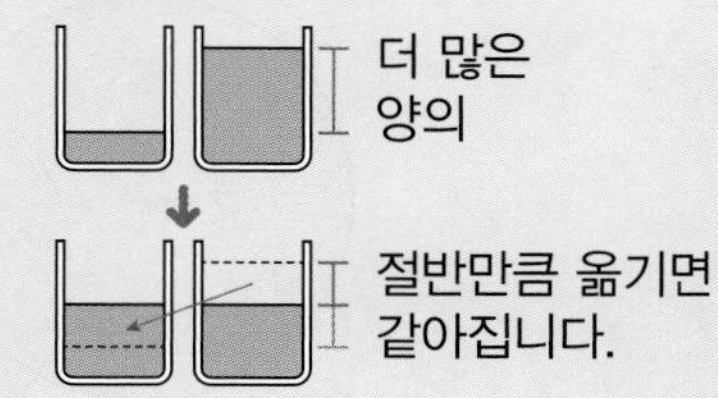

1 단원

• 정답 08쪽

처음 세 자리 수와 바꾼 세 자리 수의 합 구하기

7 세 자리 수 ㉮가 있습니다. ㉮의 십의 자리 숫자와 일의 자리 숫자를 서로 바꾸어 세 자리 수 ㉯를 만들었습니다. ㉯에 549를 더했더니 8270이 되었다면 ㉮와 ㉯의 합은 얼마인지 구하세요.

(1) 세 자리 수 ㉯를 구하세요.

( )

(2) 세 자리 수 ㉮를 구하세요.

( )

(3) ㉮와 ㉯의 합을 구하세요.

( )

원 안에 있는 수의 합이 같을 때 알맞은 수 구하기

8 세 개의 원에 수가 적혀 있습니다. 각 원 안에 있는 수의 합이 모두 같을 때 ㉡에 알맞은 수를 구하세요.

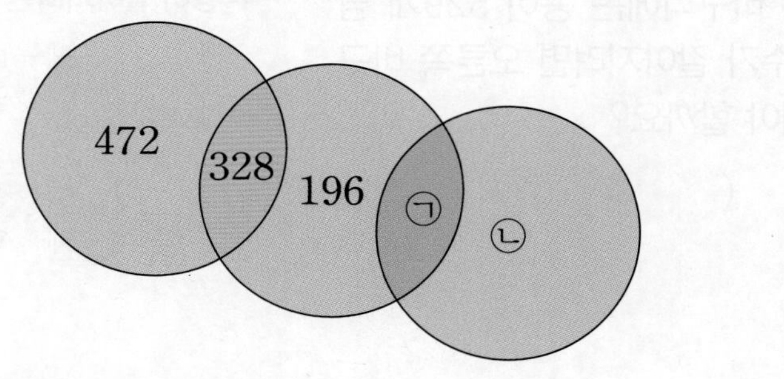

(1) 한 원 안에 있는 수의 합을 구하세요.

( )

(2) ㉠에 알맞은 수를 구하세요.

( )

(3) ㉡에 알맞은 수를 구하세요.

( )

해결 tip

각 원 안에 있는 수의 합이 모두 같다면?

수가 모두 주어진 원부터 계산하여 한 원 안의 수의 합을 구합니다.

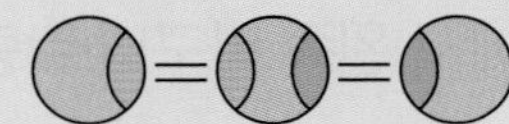

평가 1단원 마무리

맞힌 개수

01 수 모형을 보고 계산해 보세요.

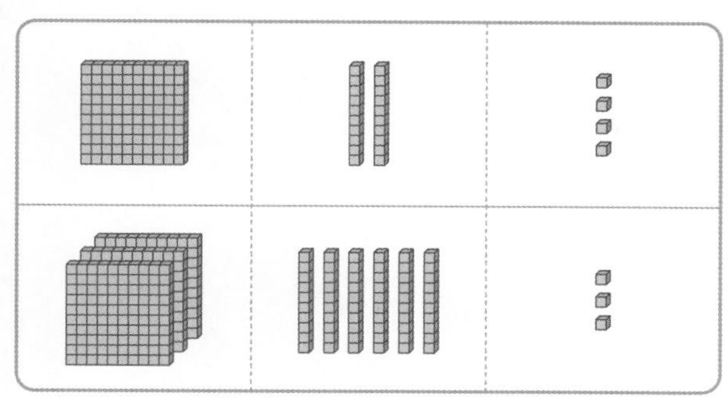

$124+363=$ □

02 □ 안에 알맞은 수를 써넣으세요.

$$\begin{array}{r} \square\ \square\ \square \\ \not{6}\ \ \not{5}\ \ 3 \\ -\ 2\ \ 9\ \ 4 \\ \hline \square\ \square\ \square \end{array}$$

03 □ 안에 알맞은 수를 써넣으세요.

$579-216$

$=(500+\square)-(200+\square)$

$=(500-200)+(\square-\square)$

$=\square+\square=\square$

04 덧셈식에서 ㉠에 알맞은 숫자와 ㉠이 실제로 나타내는 수를 차례로 쓰세요.

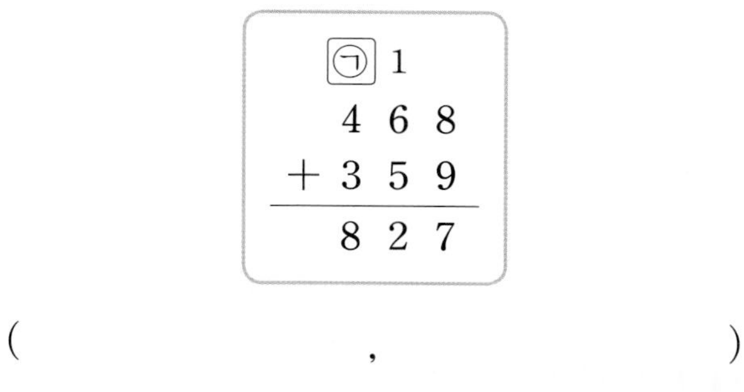

$$\begin{array}{r} ㉠\ 1\ \ \\ 4\ 6\ 8 \\ +\ 3\ 5\ 9 \\ \hline 8\ 2\ 7 \end{array}$$

(,)

05 어림셈으로 구하면 약 얼마일까요?

$796-602$

약 ( )

06 빈 곳에 알맞은 수를 써넣으세요.

07 $416+122$는 약 얼마인지 어림셈으로 구하고, 실제 계산 결과를 쓰세요.

어림셈으로 구한 값: 약 □

실제 계산 결과: □

1 단원

08 두 수의 합과 차를 각각 구하세요.

329　　516

합 (　　　　　　)
차 (　　　　　　)

09 빈칸에 알맞은 수를 써넣으세요.

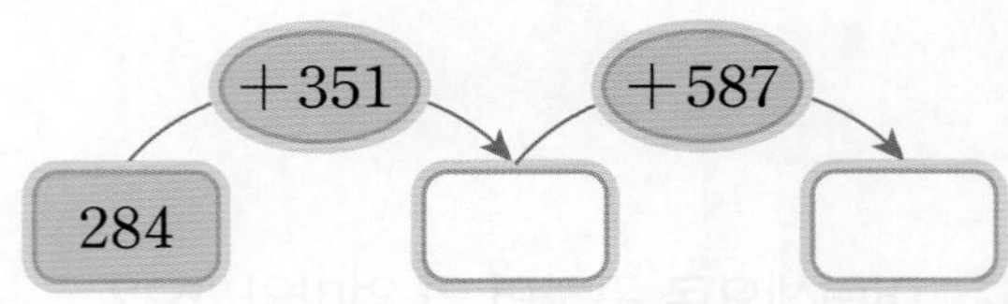

10 크기를 비교하여 ○ 안에 >, =, <를 알맞게 써넣으세요.

649+578 ○ 1230

11 집에서 소방서를 거쳐 공원까지 가는 거리는 약 몇 m인지 어림셈으로 구하세요.

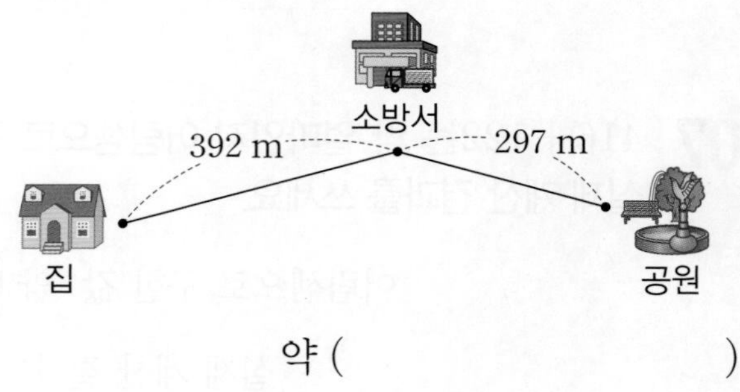

약 (　　　　　　)

12 가장 큰 수와 가장 작은 수의 차를 구하세요.

315　542　179

(　　　　　　)

13 825−174를 계산한 것입니다. 계산이 잘못된 이유를 쓰고, 바르게 계산해 보세요.
서술형

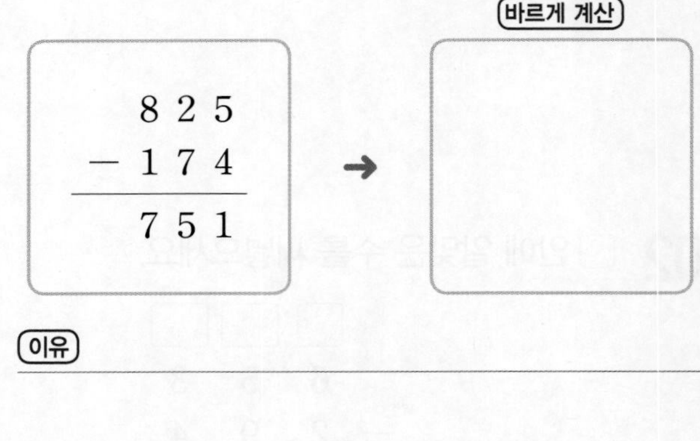

이유

14 바르게 어림한 사람의 이름을 쓰세요.

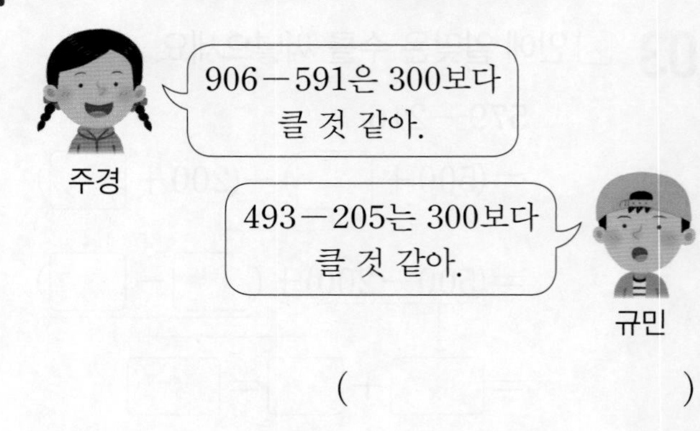

906−591은 300보다 클 것 같아.
주경
493−205는 300보다 클 것 같아.
규민

(　　　　　　)

15 ㉠과 ㉡이 나타내는 수의 합을 구하세요.

㉠ 100이 1개, 10이 8개, 1이 4개인 수
㉡ 100이 3개, 10이 5개, 1이 2개인 수

(　　　　　　　　)

16 서술형 3장의 수 카드를 한 번씩만 사용하여 만들 수 있는 세 자리 수 중에서 가장 큰 수와 가장 작은 수의 차를 구하려고 합니다. 풀이 과정을 쓰고, 답을 구하세요.

3  

풀이

답

17 □ 안에 알맞은 수를 써넣으세요.

$$\begin{array}{r} 7\ 5\ \square \\ -\ 2\ \square\ 9 \\ \hline \square\ 8\ 4 \end{array}$$

18 서술형 재인이는 딱지를 185장 모았고, 예승이는 재인이보다 119장 더 많이 모았습니다. 재인이와 예승이가 모은 딱지는 모두 몇 장인지 풀이 과정을 쓰고, 답을 구하세요.

풀이

답

19 세 자리 수가 적힌 종이 2장 중 한 장이 찢어져 백의 자리 숫자만 보입니다. 두 수의 합이 637일 때 찢어진 종이에 적힌 세 자리 수를 구하세요.

392　　2

(　　　　　　　　)

20 어떤 수에 394를 더해야 할 것을 잘못하여 394를 뺐더니 258이 되었습니다. 바르게 계산하면 얼마인지 구하세요.

(　　　　　　　　)

1 단원

2

평면도형

학습을 끝낸 후 색칠하세요.

개념 확인하기

유형 다잡기
유형 01~07

★ 중요 유형

01 선분, 직선, 반직선 알아보기

03 그을 수 있는
선분, 직선, 반직선의 수 구하기

04 각 알아보기

05 직각 알아보기

07 크고 작은 각의 수 구하기

이전에 배운 내용

[2-1] 여러 가지 도형

삼각형 알아보기

사각형 알아보기

원 알아보기

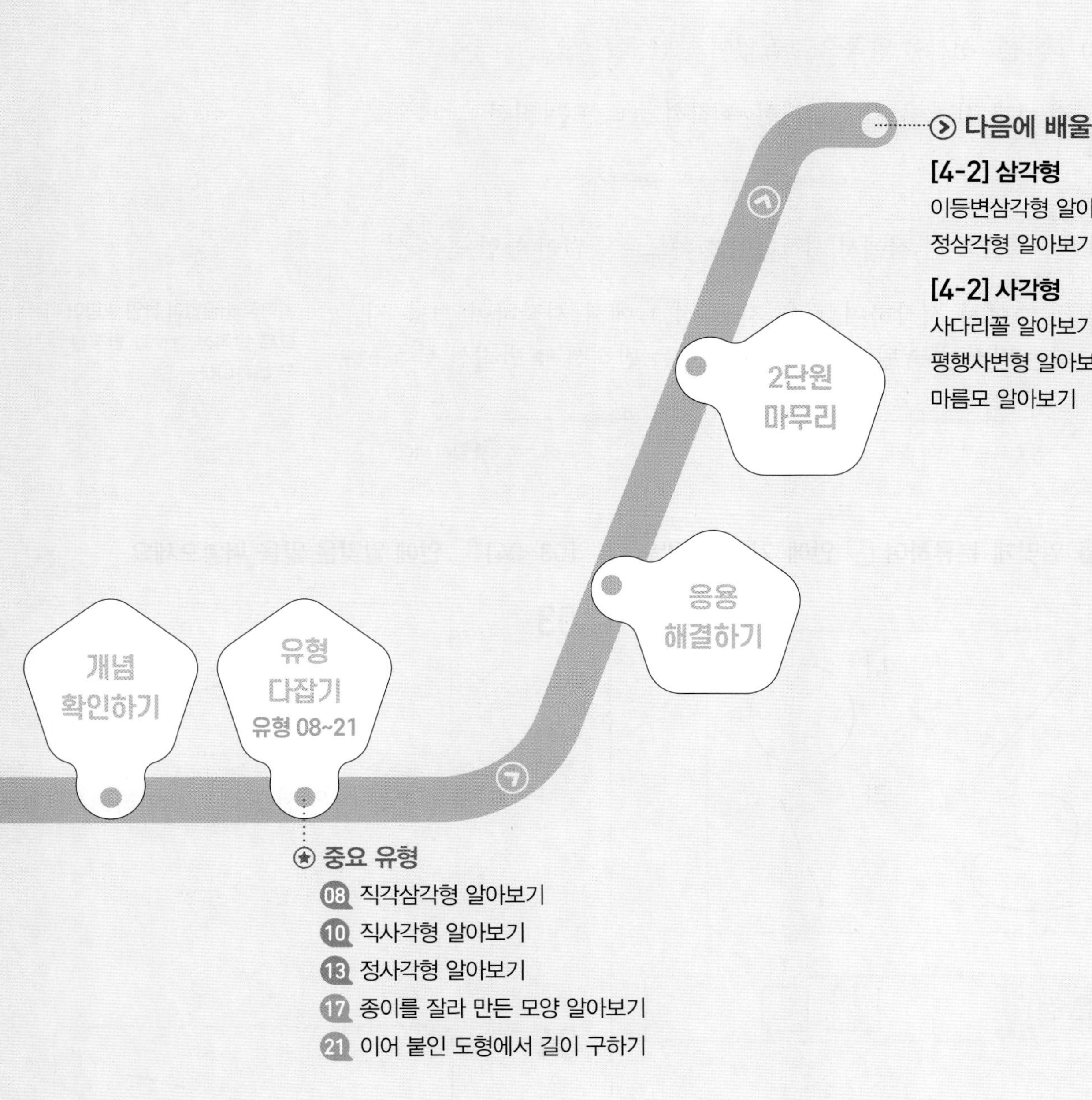

다음에 배울 내용

[4-2] 삼각형
이등변삼각형 알아보기
정삼각형 알아보기

[4-2] 사각형
사다리꼴 알아보기
평행사변형 알아보기
마름모 알아보기

중요 유형

08 직각삼각형 알아보기
10 직사각형 알아보기
13 정사각형 알아보기
17 종이를 잘라 만든 모양 알아보기
21 이어 붙인 도형에서 길이 구하기

STEP 1 개념 확인하기

1 선분, 직선, 반직선 알아보기

(1) **선분**: 두 점을 곧게 이은 선

점 ㄱ과 점 ㄴ을 이은 선분 ➜ 선분 ㄱㄴ 또는 선분 ㄴㄱ

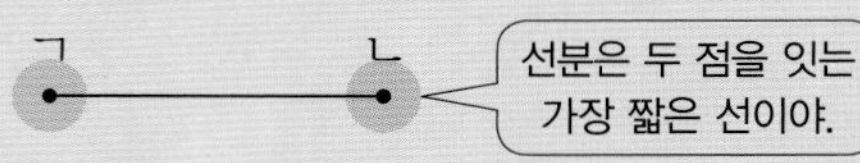

(2) **직선**: 선분을 양쪽으로 끝없이 늘인 곧은 선

점 ㄱ과 점 ㄴ을 지나는 직선 ➜ 직선 ㄱㄴ 또는 직선 ㄴㄱ

(3) **반직선**: 한 점에서 시작하여 한쪽으로 끝없이 늘인 곧은 선

점 ㄱ에서 시작하여 ㄴ을 지나는 반직선 ➜ 반직선 ㄱㄴ

점 ㄴ에서 시작하여 ㄱ을 지나는 반직선 ➜ 반직선 ㄴㄱ

곧은 선과 굽은 선

• 곧은 선: 반듯하게 뻗은 선

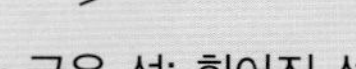

• 굽은 선: 휘어진 선

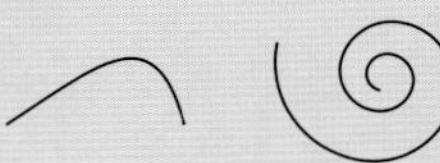

시작점과 끝없이 늘인 방향이 다르므로 반직선 ㄱㄴ과 반직선 ㄴㄱ은 다릅니다.

[01~02] 선을 알맞게 분류하여 ☐ 안에 기호를 써넣으세요.

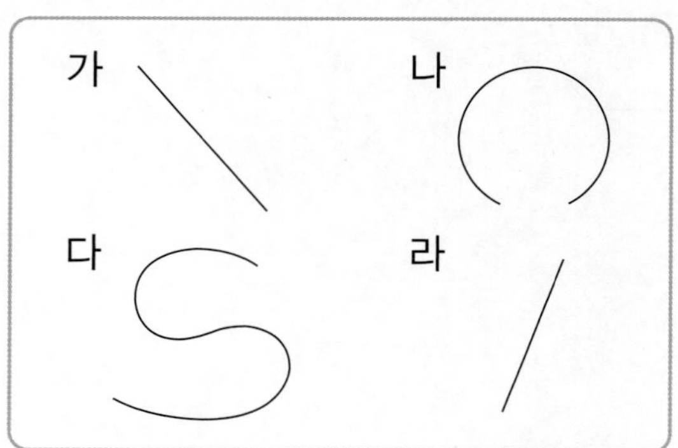

01

곧은 선	☐, ☐

02

굽은 선	☐, ☐

[03~04] ☐ 안에 알맞은 말을 써넣으세요.

03

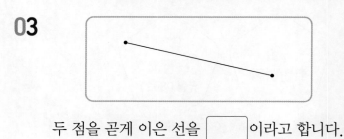

두 점을 곧게 이은 선을 ☐이라고 합니다.

04

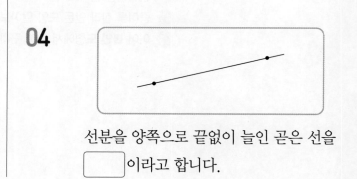

선분을 양쪽으로 끝없이 늘인 곧은 선을 ☐이라고 합니다.

[05~07] 알맞은 도형에 ○표 하세요.

05

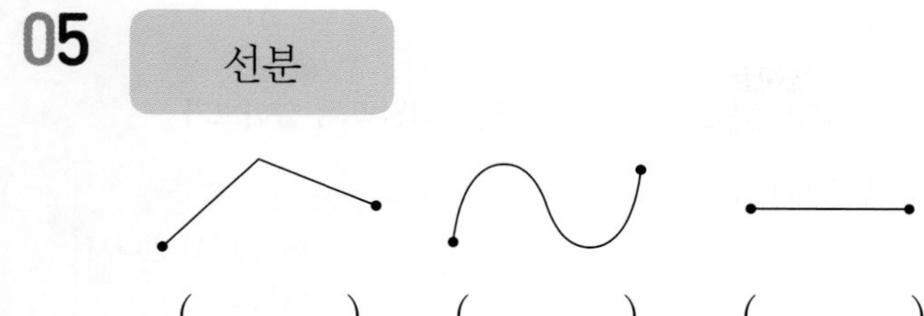

( ) ( ) ( )

06

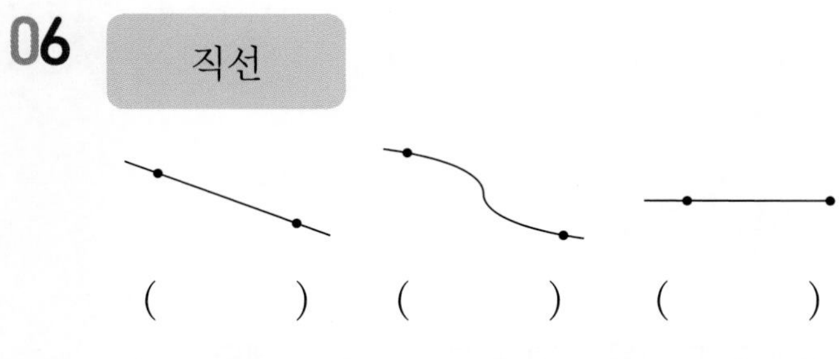

( ) ( ) ( )

07

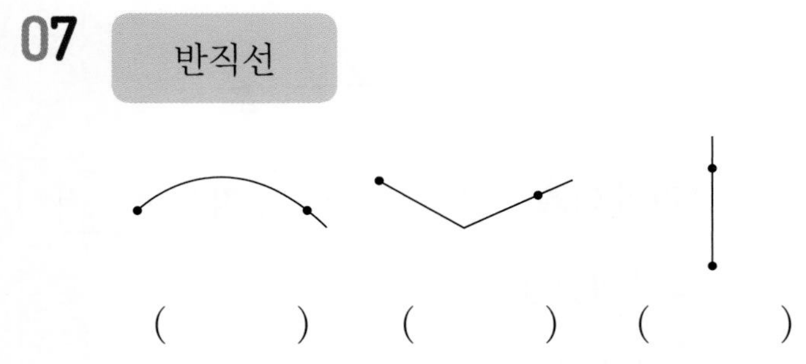

( ) ( ) ( )

[08~09] 도형의 이름으로 알맞은 것에 색칠해 보세요.

08

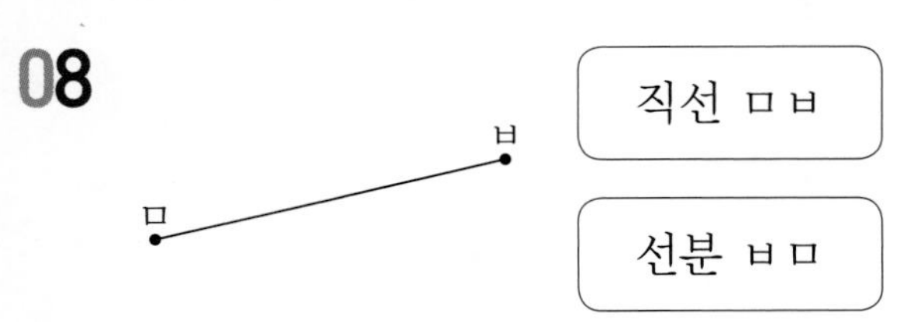

09

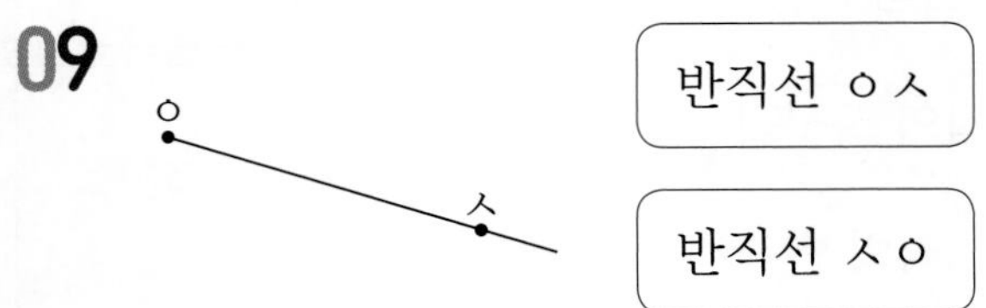

[10~12] 설명이 맞으면 ○표, 틀리면 ×표 하세요.

10

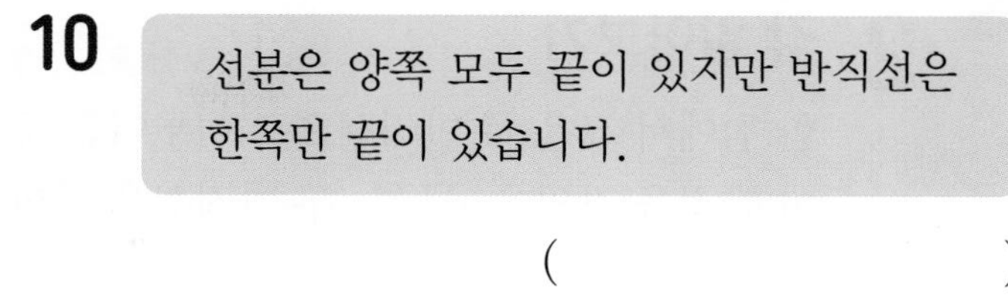

( )

11

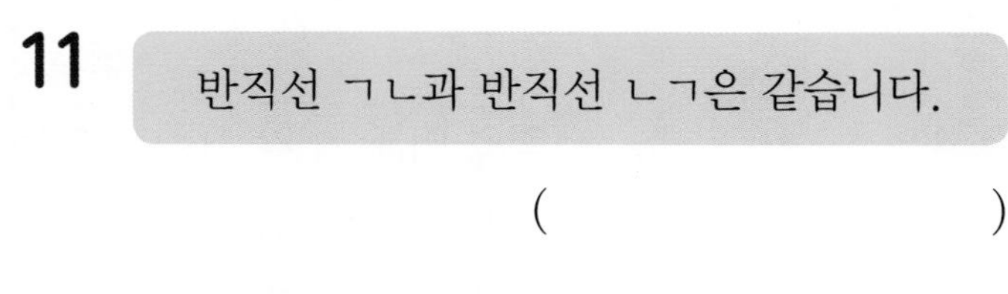

( )

12

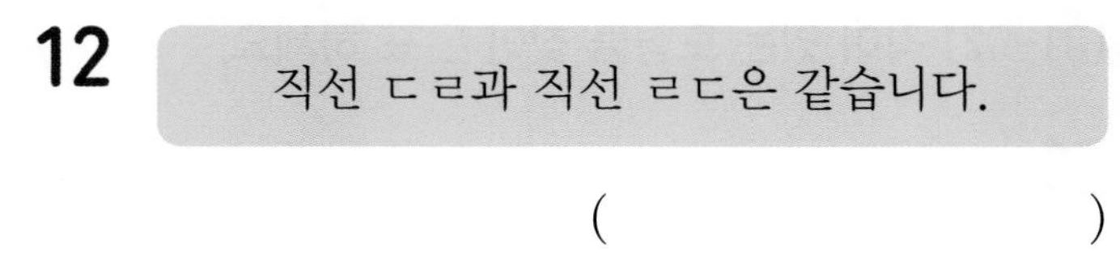

( )

[13~14] 이름에 알맞은 도형의 기호를 쓰세요.

13

직선 ㅈㅊ

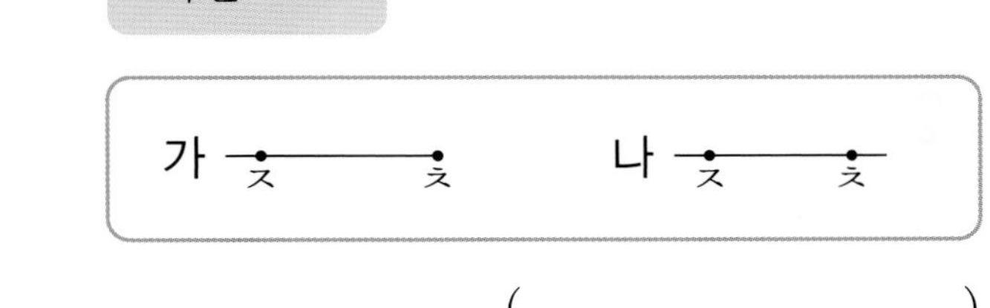

( )

14

선분 ㄹㅁ

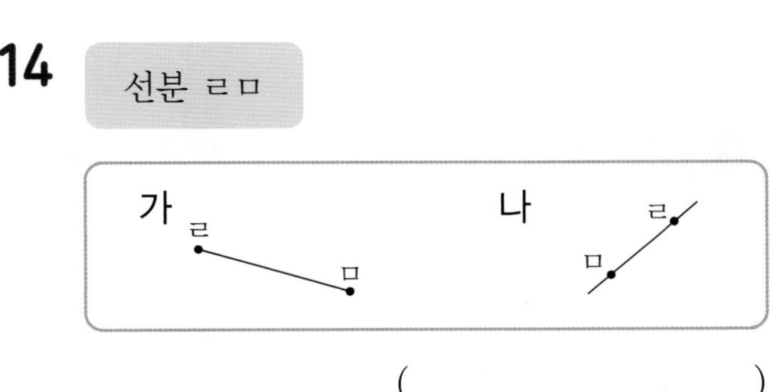

( )

STEP 1 개념 확인하기

2 각 알아보기

한 점에서 그은 두 반직선으로 이루어진 도형을 **각**이라고 합니다.
이때 점을 각의 **꼭짓점**, 두 반직선을 각의 **변**이라고 합니다.

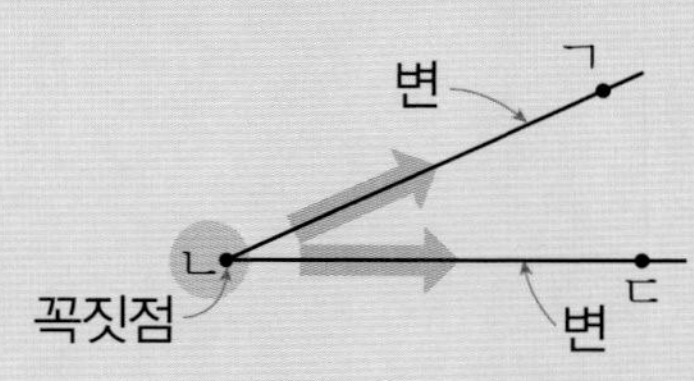

각의 꼭짓점이 가운데에 오도록 읽어야 해.

각의 이름	각 ㄱㄴㄷ 또는 각 ㄷㄴㄱ
각의 꼭짓점	점 ㄴ
각의 변	변 ㄴㄱ, 변 ㄴㄷ

각이 아닌 이유 알아보기

도형	이유
	한 점에서 만나지 않습니다.
	굽은 선으로 이루어진 도형입니다.

[01~02] 각이 있는 도형을 찾아 ○표 하세요.

01

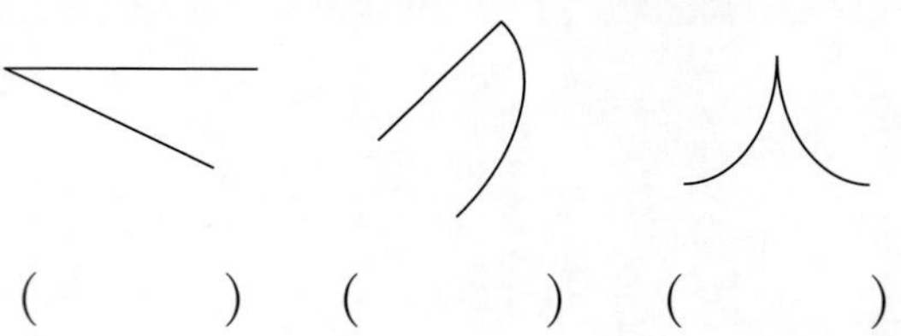

( ) ( ) ( )

02

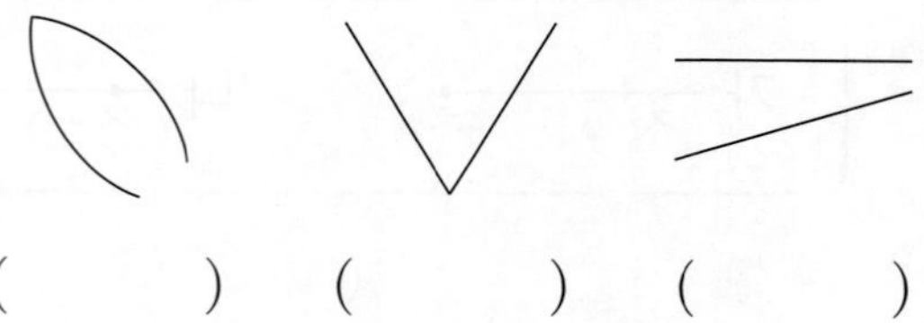

( ) ( ) ( )

03 각을 보고 □ 안에 알맞은 말을 써넣으세요.

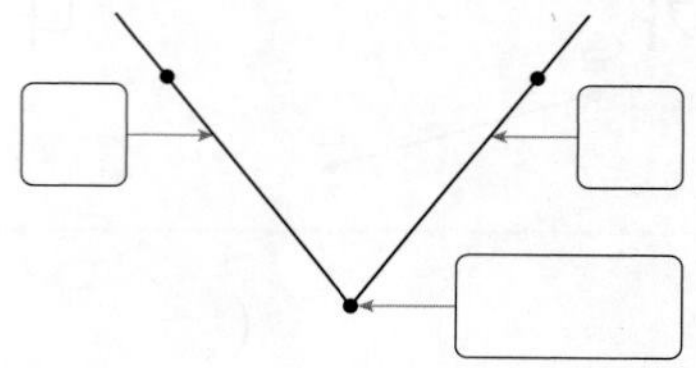

[04~05] 도형을 보고 표를 완성해 보세요.

04

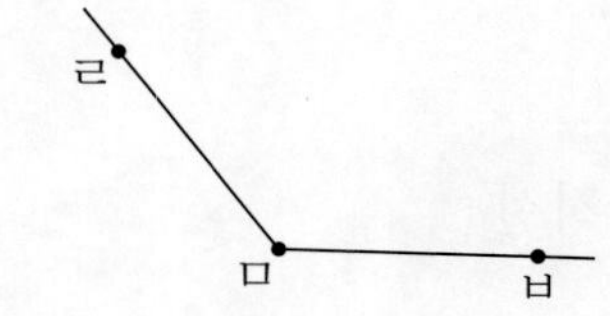

각의 이름	각 ㄹㅁㅂ 또는 각 □
각의 꼭짓점	점 □
각의 변	변 □, 변 □

05

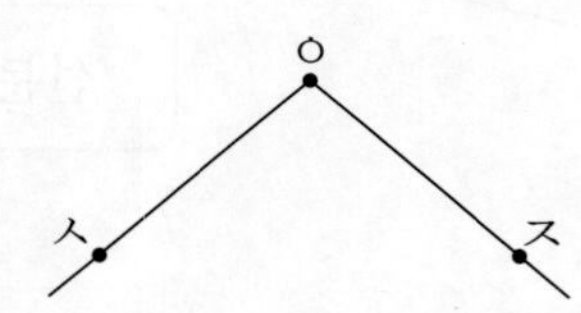

각의 이름	각 ㅅㅇㅈ 또는 각 □
각의 꼭짓점	
각의 변	

3 직각 알아보기

그림과 같이 반듯하게 두 번 접은 종이를 본뜬 각을 **직각**이라고 합니다.

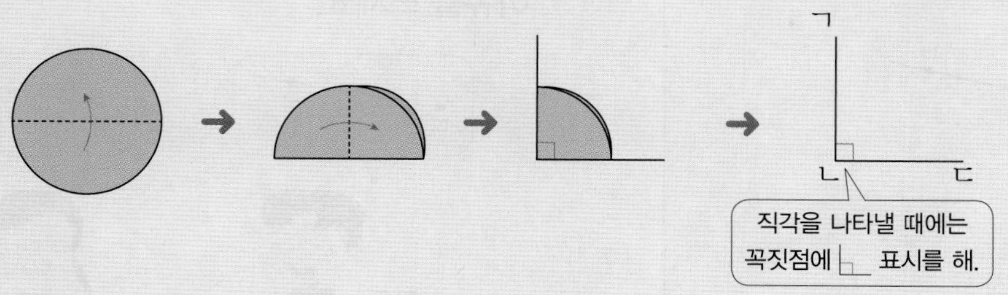

삼각자를 이용하여 직각을 찾거나 그릴 수 있습니다.

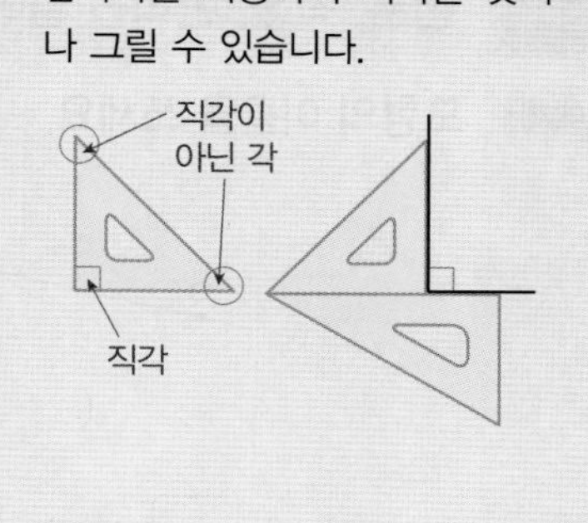

01 그림을 보고 ▢ 안에 알맞은 말을 써넣으세요.

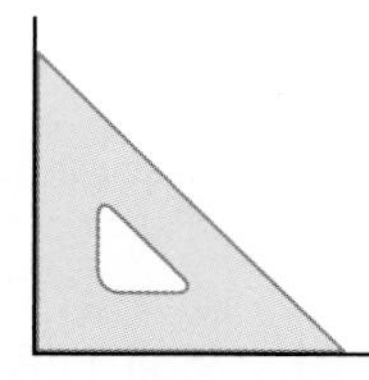

그림과 같이 삼각자를 대었을 때 꼭 맞게 겹쳐지는 각을 ▢이라고 합니다.

[02~05] 직각이 있는 도형에 ○표, 직각이 없는 도형에 ×표 하세요.

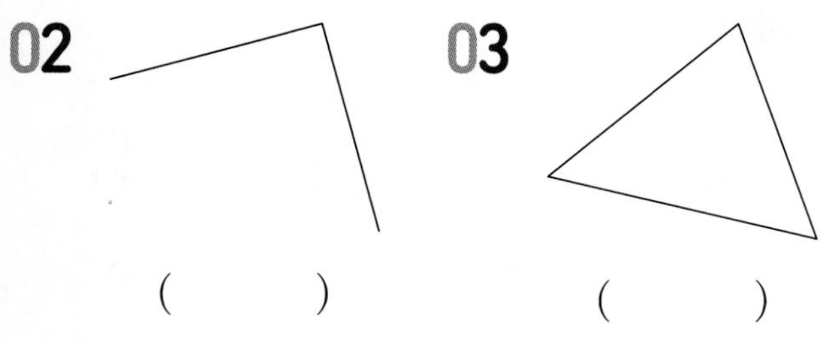

02 ( )

03 ( )

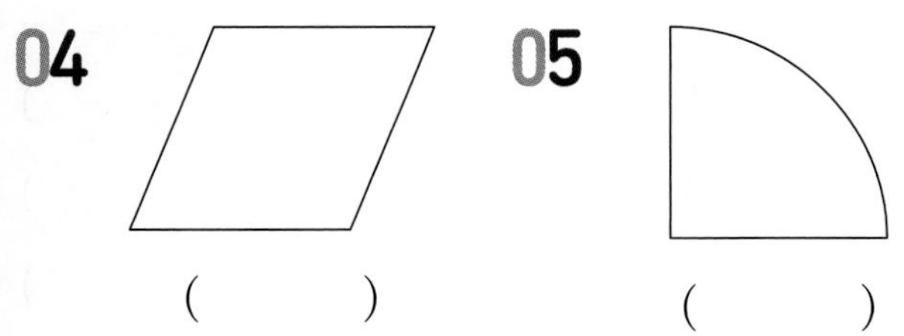

04 ( )

05 ( )

[06~07] 삼각자를 이용하여 직각을 바르게 그린 것에 ○표 하세요.

06

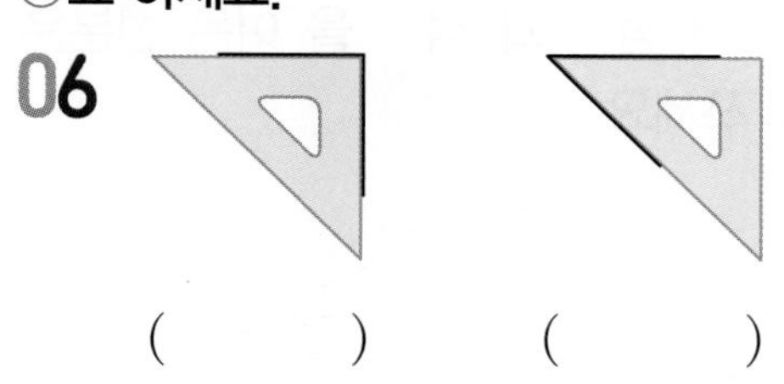

( ) ( )

07

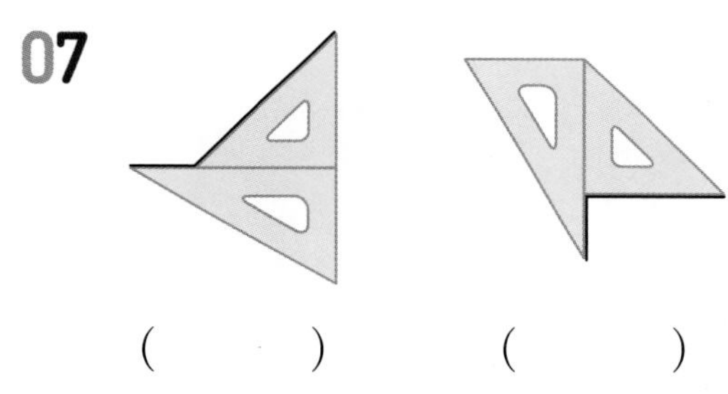

( ) ( )

08 〈보기〉와 같이 직각을 모두 찾아 ㄴ로 표시해 보세요.

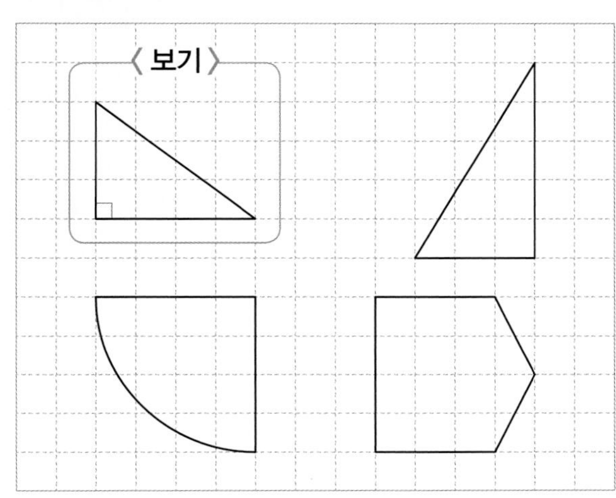

유형 01 **선분, 직선, 반직선 알아보기**

예제 도형의 이름을 쓰세요.

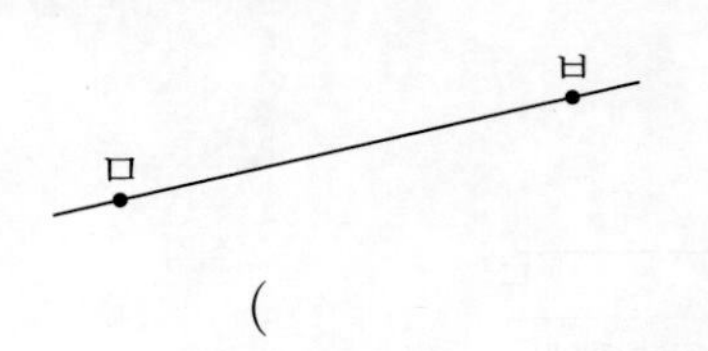

(　　　　　　　　　)

풀이 점 ㅁ과 점 ☐을 지나는 직선

→ 직선 ☐

01 ①~④ 중에서 점 ㄱ과 점 ㄴ을 이은 선분은 어느 것인지 쓰세요.

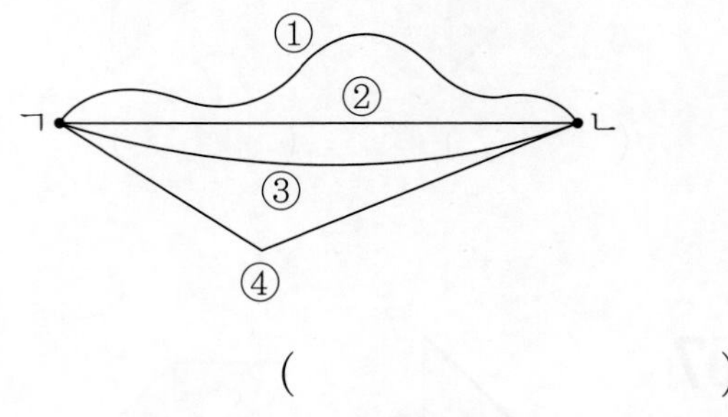

(　　　　　　　　　)

02 관계있는 것끼리 이어 보세요.

중요*

(1) ㅂ ㅅ • 　　• 반직선 ㅂㅅ

(2) ㅂ ㅅ • 　　• 선분 ㅂㅅ

(3) ㅂ ㅅ • 　　• 직선 ㅂㅅ

03 현우는 반직선 ㄷㄹ을, 주경이는 반직선 ㅂㅁ을 그었습니다. 잘못 그은 사람의 이름을 쓰고, 그 이유를 쓰세요.

서술형

답

이유

04 선분, 직선, 반직선에 대한 설명으로 틀린 것을 찾아 기호를 쓰세요.

㉠ 선분은 끝이 정해진 선입니다.
㉡ 선분은 반직선의 일부분입니다.
㉢ 직선은 양쪽 모두 끝이 있습니다.

(　　　　　　　　　)

05 선분, 직선, 반직선을 각각 모두 찾아 이름을 쓰세요.

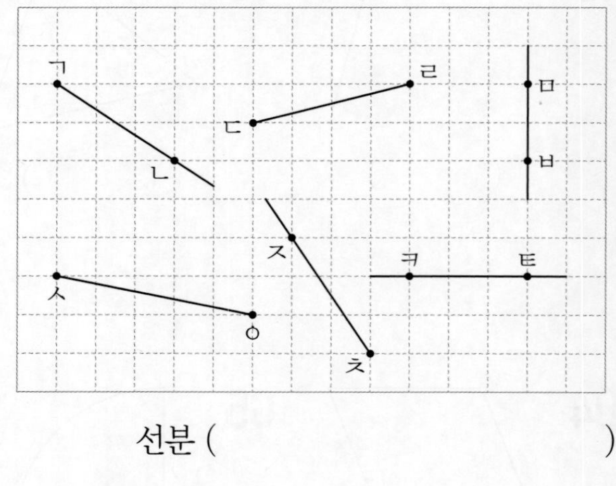

선분 (　　　　　　　　　)

직선 (　　　　　　　　　)

반직선 (　　　　　　　　　)

유형 02 선분, 직선, 반직선 긋기

예제 점 ㄴ과 점 ㄷ을 이용하여 반직선 ㄴㄷ을 그어 보세요.

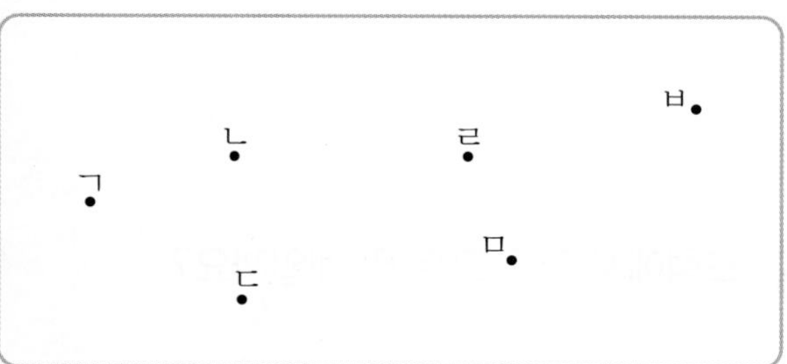

풀이 점 □에서 시작하여 점 □을 지나는 반직선을 긋습니다.

[06~08] 주어진 점을 이용하여 선을 각각 그어 보세요.

06 선분 ㄴㄹ을 그어 보세요.

07 직선 ㅁㅂ을 그어 보세요.

08 반직선 ㄱㄷ을 그어 보세요.

09 점 ㄱ과 다른 점을 이어서 그을 수 있는 선분을 모두 그어 보세요.

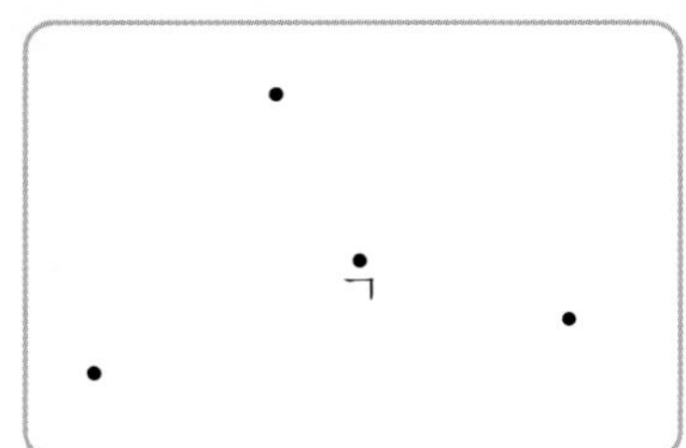

10 (중요★) 네 점 ㄱ, ㄴ, ㄷ, ㄹ이 있습니다. 점 ㄱ과 나머지 세 점 중 한 점을 지나는 직선을 모두 긋고, 그은 직선들의 이름을 읽어 보세요.

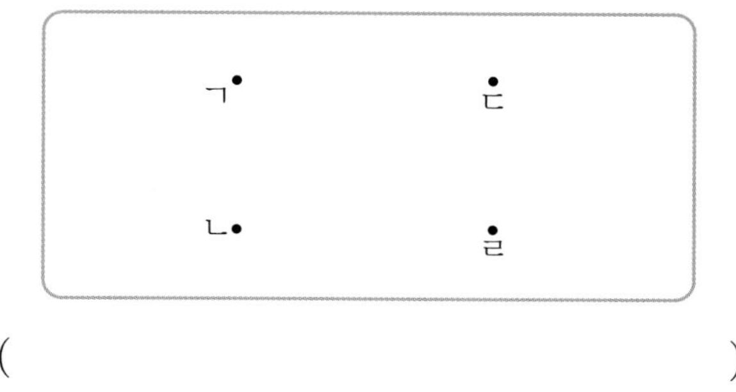

( )

+플러스 유형 03 그을 수 있는 선분, 직선, 반직선의 수 구하기

예제 점 ㅁ과 점 ㅂ을 이용하여 그을 수 있는 반직선은 모두 몇 개일까요?

ㅁ ㅂ

( )

풀이 점 ㅁ에서 점 ㅂ 방향(→): 반직선 □

점 ㅂ에서 점 ㅁ 방향(←): 반직선 □

11 3개의 점 중 2개의 점을 이어 그을 수 있는 직선은 모두 몇 개인지 바르게 구한 사람의 이름을 쓰세요.

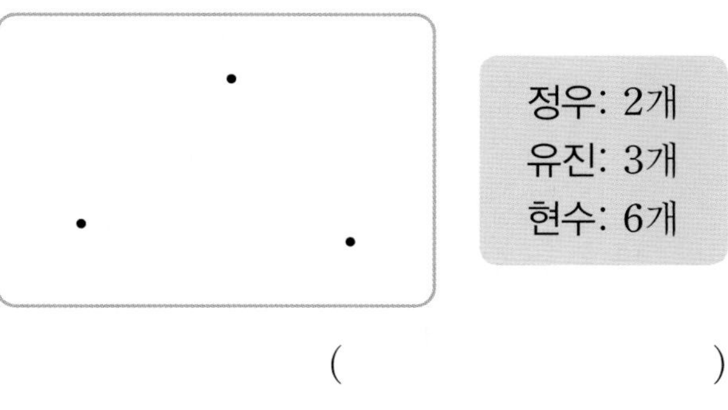

정우: 2개
유진: 3개
현수: 6개

( )

12 4개의 점 중 2개의 점을 이어 그을 수 있는 서로 다른 선분은 모두 몇 개일까요?

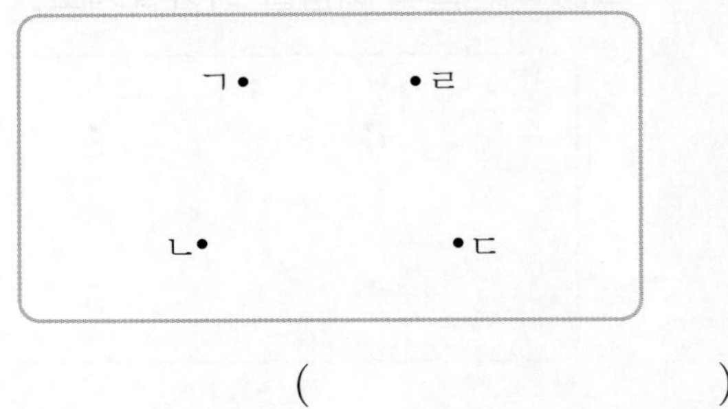

( )

유형 04 각 알아보기

예제 각을 읽어 보세요.

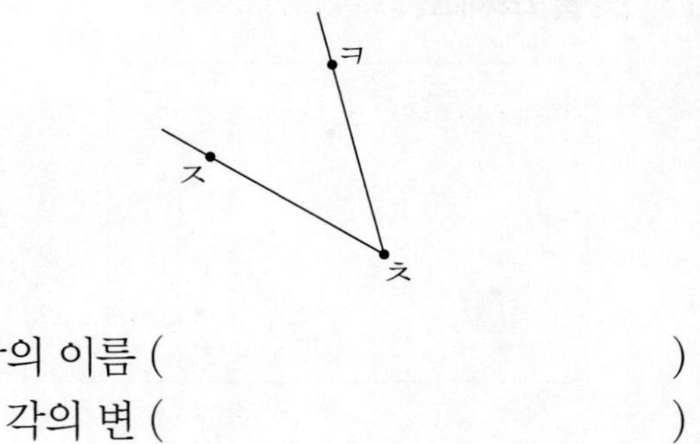

( )

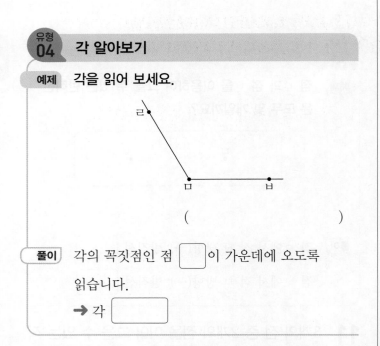

풀이 각의 꼭짓점인 점 ☐이 가운데에 오도록 읽습니다.
➜ 각 ☐

13 그림을 보고 각의 이름과 변을 쓰세요.

각의 이름 ( )
각의 변 ( )

14 중요* 각을 보고 옳게 말한 것에 ○표, 틀리게 말한 것에 ×표 하세요.

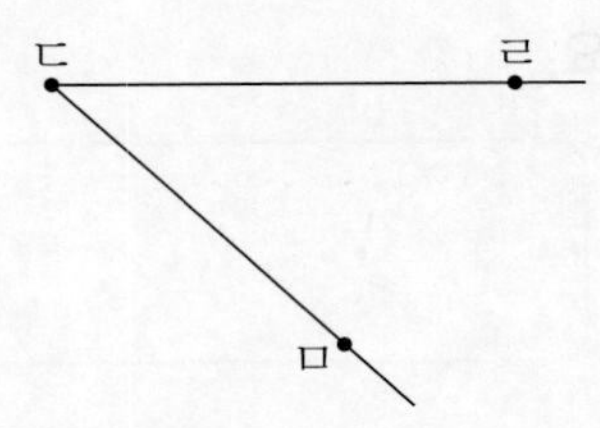

(1) 각의 꼭짓점은 점 ㄷ입니다. ( )
(2) 각 ㄷㄹㅁ이라고 읽습니다. ( )
(3) 각의 변은 변 ㄷㄹ과 변 ㄷㅁ으로 2개입니다. ( )

15 도형에서 각은 모두 몇 개일까요?

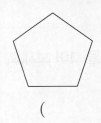

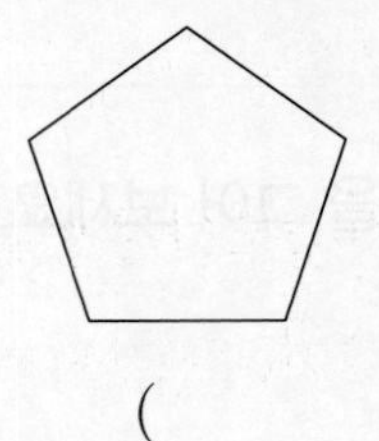

( )

16 서술형 각이 아닌 것을 찾아 기호를 쓰고, 그 이유를 쓰세요.

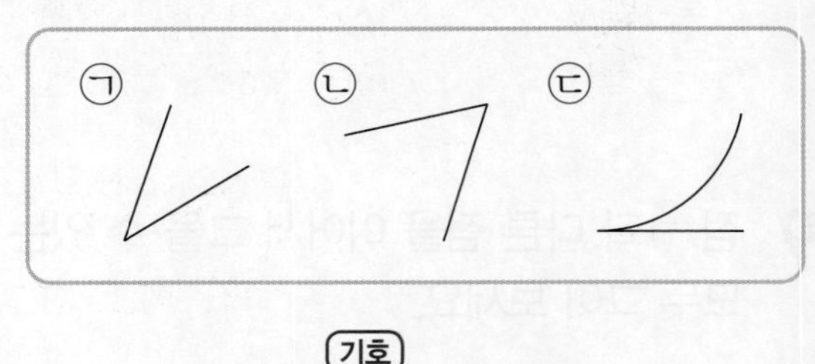

기호 ______

이유 ______

유형 05 직각 알아보기

예제 도형에서 직각을 모두 찾아 ⌞로 표시하고, 직각은 모두 몇 개인지 쓰세요.

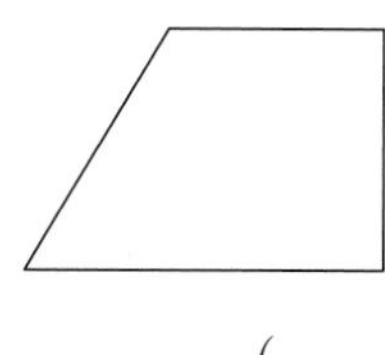

(　　　　　　)

풀이 삼각자의 직각 부분과 꼭 맞게 겹쳐지는 각이 ☐입니다.

➜ 도형에서 직각은 모두 ☐개입니다.

17 직각을 찾아 읽어 보세요.

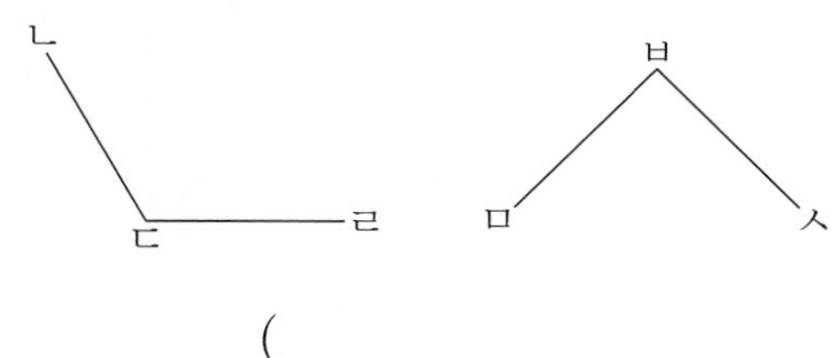

(　　　　　　)

18 직각의 수가 적은 도형부터 차례로 기호를 쓰려고 합니다. 풀이 과정을 쓰고, 답을 구하세요.

서술형

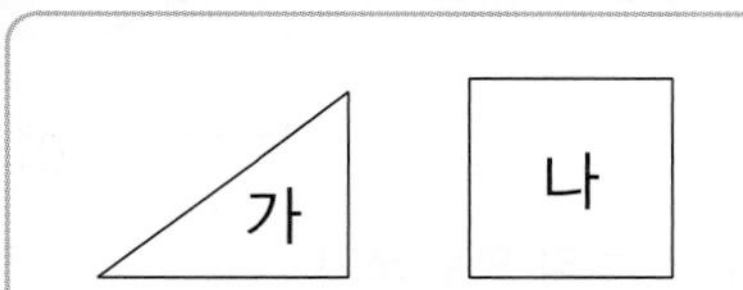

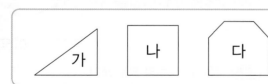

1단계 가, 나, 다의 직각의 수 구하기

2단계 직각의 수가 적은 도형부터 차례로 기호 쓰기

답

19 찬성이가 시계를 보았더니 오후 1시였습니다. 이 시각 이후에 처음으로 긴바늘이 12를 가리키고 긴바늘과 짧은바늘이 이루는 각이 직각인 시각은 오후 몇 시일까요?

(　　　　　　)

유형 06 각, 직각 그리기

예제 모눈종이에 주어진 직선을 한 변으로 하는 직각을 그려 보세요.

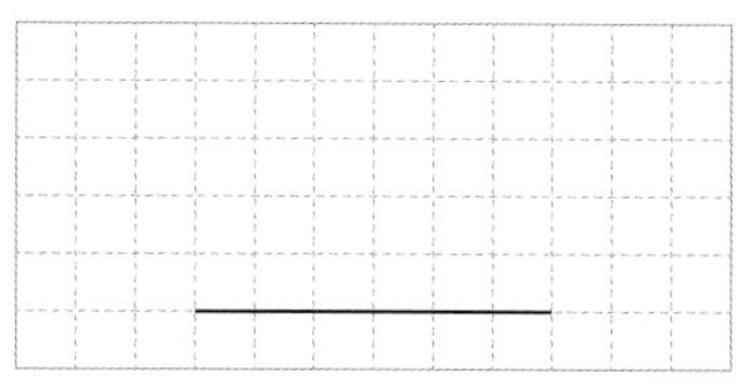

풀이 모눈종이의 점선이 만나 생기는 각은 ☐이므로 모눈을 따라 선을 긋습니다.

20 각을 그려 보세요.

(1) 각 ㄱㄷㄹ

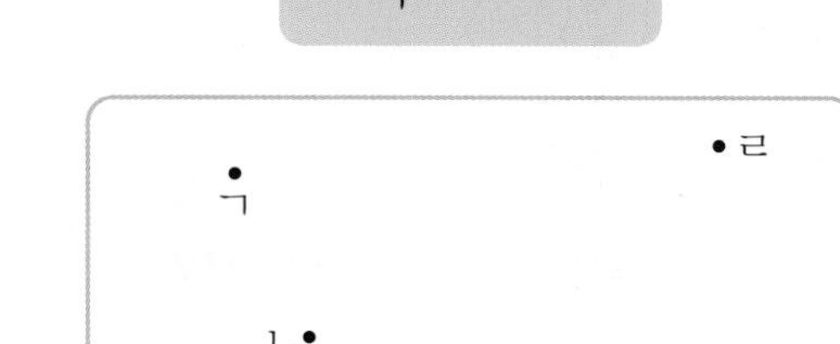

(2) 각 ㅂㅅㅇ

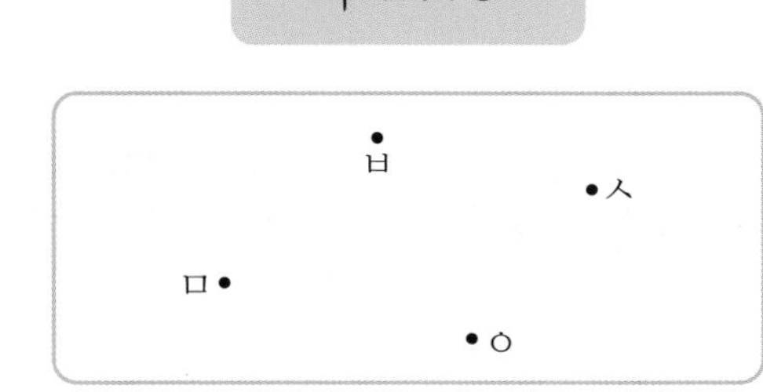

2 단원

21 점 ㄴ을 꼭짓점으로 하는 직각을 2개 그려 보세요.

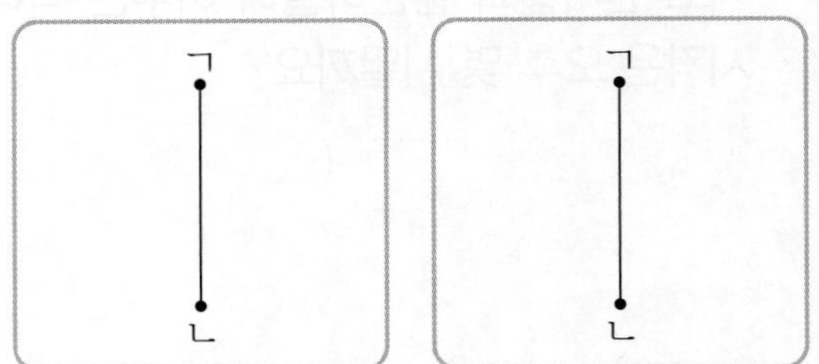

22 각을 1개 그리고, 읽어 보세요.

창의형

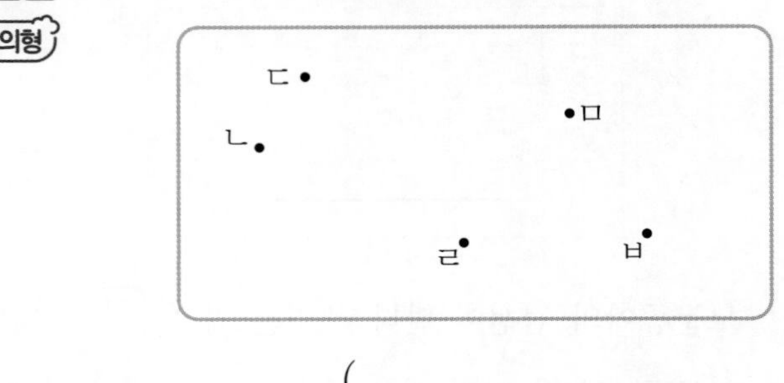

(　　　　　　　　　　)

+플러스 유형 07 **크고 작은 각의 수 구하기**

예제 도형에서 직각은 모두 몇 개일까요?

(　　　　　　　　　　)

풀이 삼각자의 직각 부분과 꼭 맞게 겹쳐지는 각을 모두 찾으면 ☐개입니다.

23 도형에서 점 ㄱ을 꼭짓점으로 하는 각은 모두 몇 개일까요?

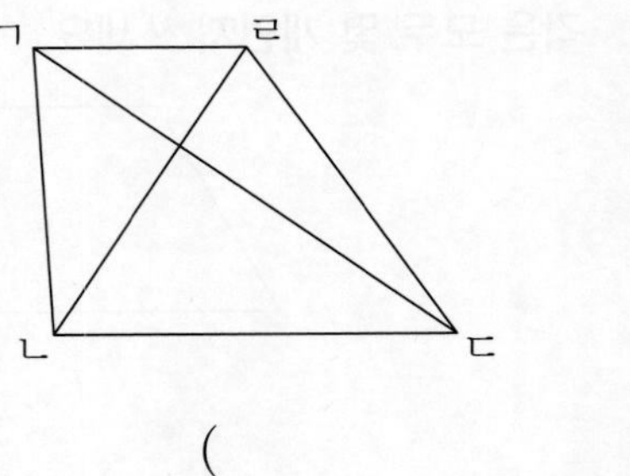

(　　　　　　　　　　)

24 도형에서 찾을 수 있는 직각은 모두 몇 개일까요?

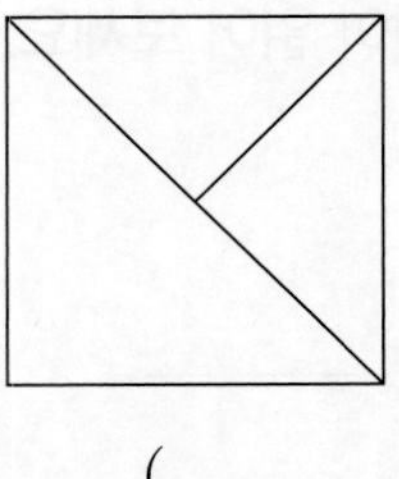

(　　　　　　　　　　)

25 오른쪽 도형에서 찾을 수 있는 각은 모두 몇 개인지 풀이 과정을 쓰고, 답을 구하세요.

서술형

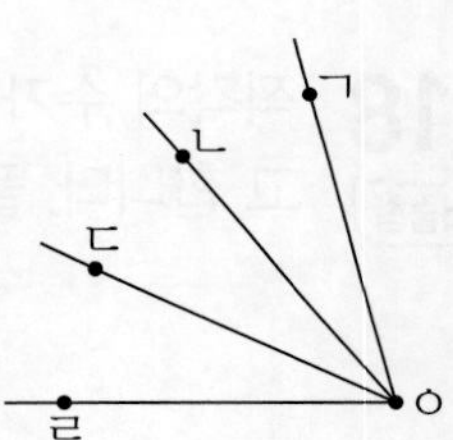

(1단계) 찾을 수 있는 각 모두 쓰기

(2단계) 찾을 수 있는 각의 수 구하기

답

STEP 1 개념 확인하기

• 정답 13쪽

4 직각삼각형 알아보기

한 각이 직각인 삼각형을 **직각삼각형**이라고 합니다.

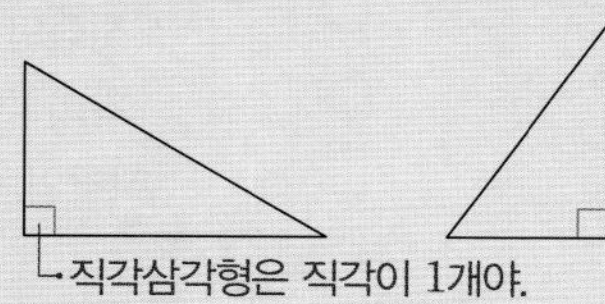

- 변이 3개, 꼭짓점이 3개입니다.
- 각은 3개이고, 그중 1개는 직각입니다.

직각삼각형 그리기

① 선분 긋기

② 그은 선분과 직각이 되도록 다른 선분 긋기

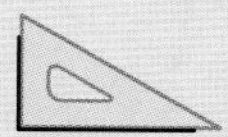

③ 두 선분의 양 끝점 잇기

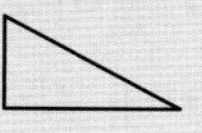

[01~03] 직각삼각형에 ○표 하세요.

01

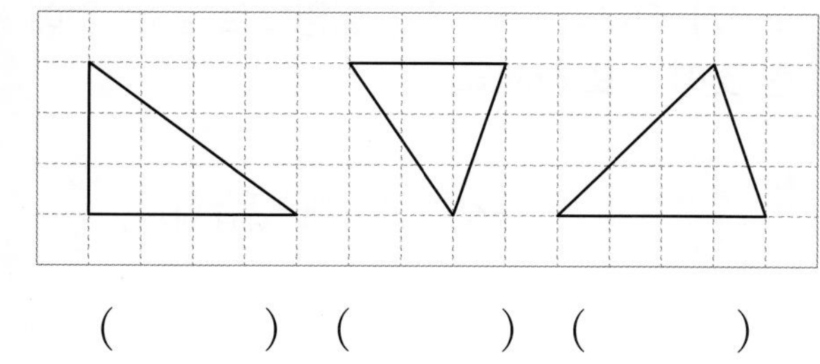

(　　) (　　) (　　)

02

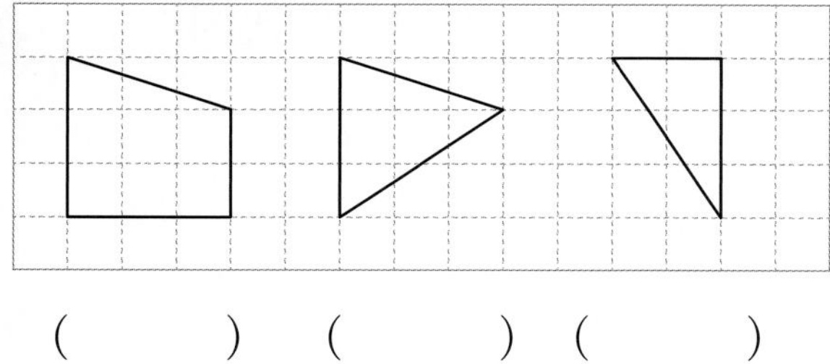

(　　) (　　) (　　)

03

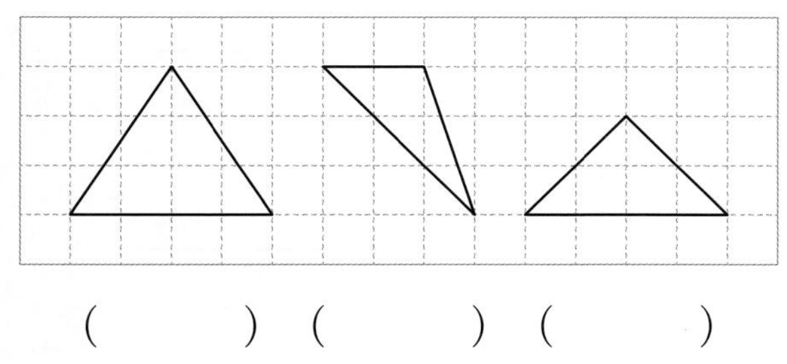

(　　) (　　) (　　)

[04~06] 직각삼각형에 대한 설명입니다. 알맞은 말에 ○표 하고, □ 안에 알맞은 수나 말을 써넣으세요.

04 직각삼각형은 (한 , 두 , 세) 각이 □인 삼각형입니다.

05 변, 꼭짓점, 각이 각각 □개씩 있습니다.

06 직각이 있는 도형은 모두 직각삼각형이라고 할 수 (있습니다 , 없습니다).

07 모눈종이에 주어진 선분을 한 변으로 하는 직각삼각형을 그려 보세요.

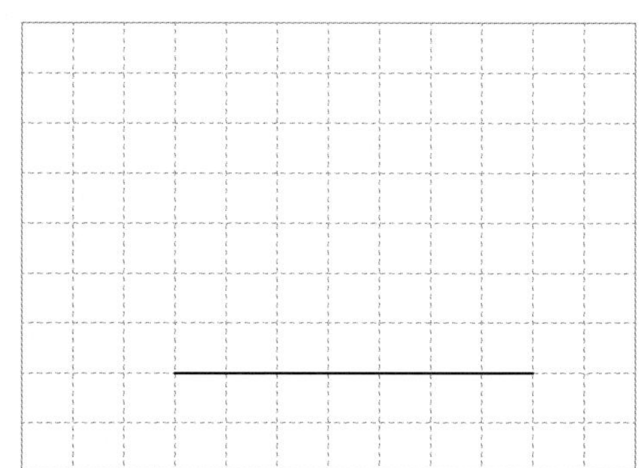

2 단원

STEP 1 개념 확인하기

5 직사각형 알아보기

네 각이 모두 직각인 사각형을 **직사각형**이라고 합니다.

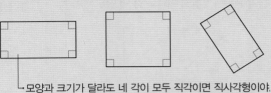

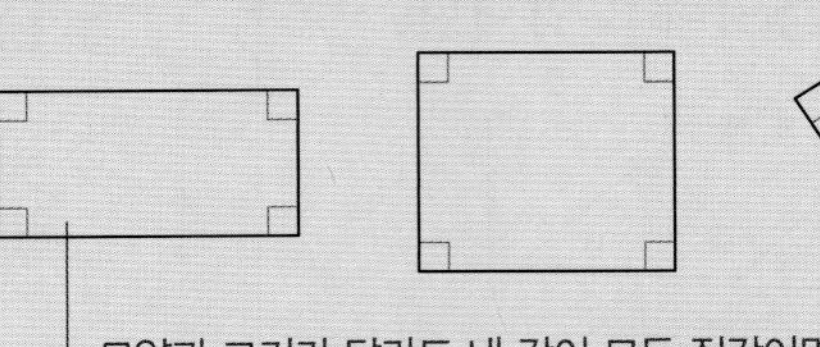

모양과 크기가 달라도 네 각이 모두 직각이면 직사각형이야.

- 변이 4개, 꼭짓점이 4개입니다.
- 네 각이 모두 직각입니다.
- 마주 보는 두 변의 길이가 같습니다.

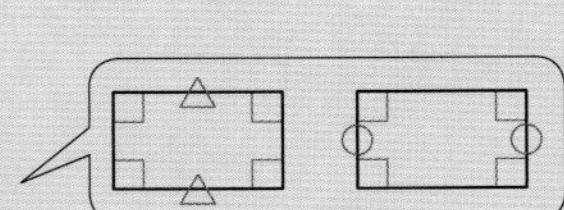

직사각형의 구성 요소

변의 수	4개
꼭짓점의 수	4개
각의 수	4개
직각의 수	4개

01 그림과 같이 네 각이 모두 직각인 사각형의 이름을 쓰세요.

( )

[02~05] 직사각형이면 ○표, 직사각형이 아니면 △표 하세요.

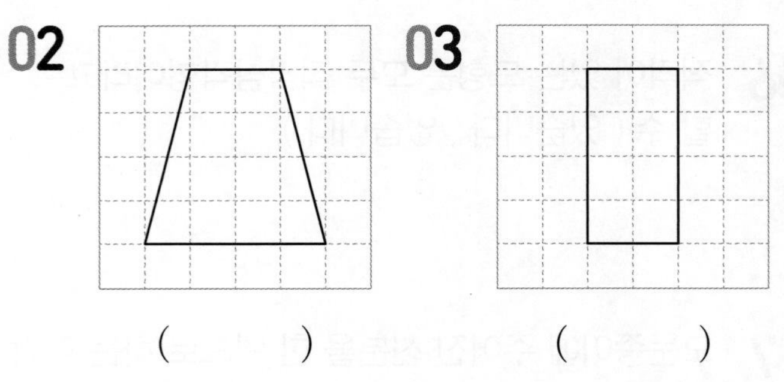

02 ( ) **03** ( )

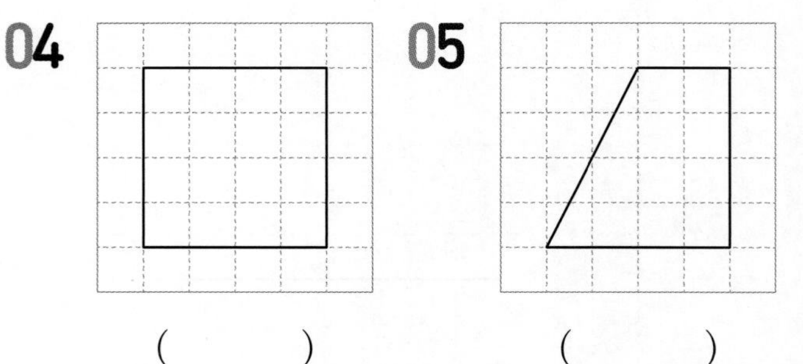

04 ( ) **05** ( )

[06~07] 직사각형에 대한 설명으로 옳은 것에 ○표, 틀린 것에 ×표 하세요.

06 꼭짓점이 4개 있습니다.

( )

07 한 각만 직각입니다.

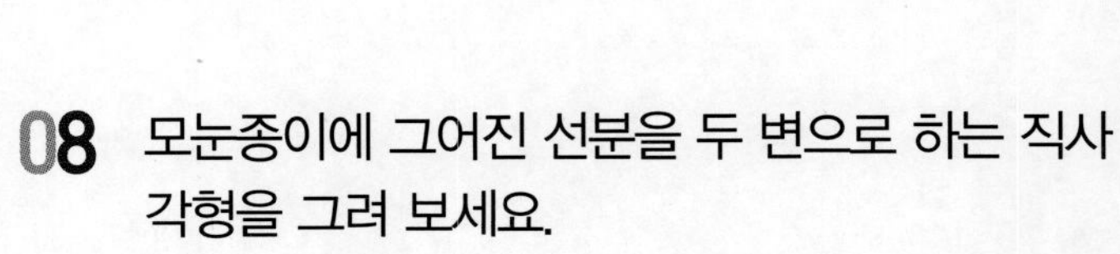

( )

08 모눈종이에 그어진 선분을 두 변으로 하는 직사각형을 그려 보세요.

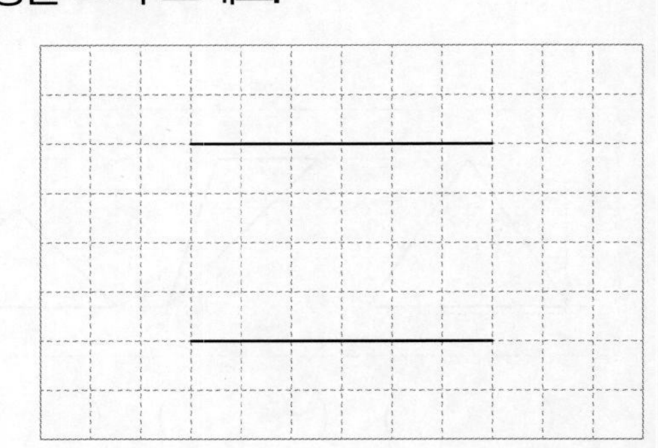

• 정답 13쪽

6 정사각형 알아보기

네 각이 모두 직각이고 **네 변의 길이가 모두 같은** 사각형을 **정사각형**이라고 합니다.

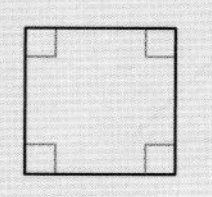
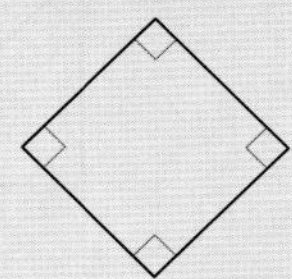
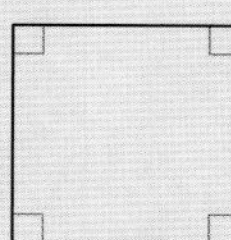

- 변이 4개, 꼭짓점이 4개입니다.
- 네 각이 모두 직각입니다.
- 네 변의 길이가 모두 같습니다.

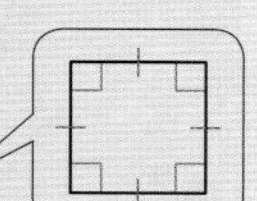

직사각형과 정사각형의 관계

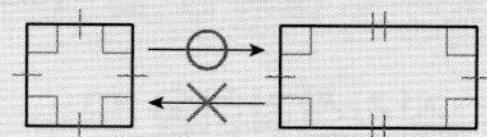

① 정사각형은 네 각이 모두 직각이므로 직사각형이라고 할 수 있습니다.
② 직사각형은 네 변의 길이가 모두 같지 않은 것도 있으므로 정사각형이라고 할 수 없습니다.

01 그림을 보고 ☐ 안에 알맞은 말을 써넣고, 알맞은 말에 ○표 하세요.

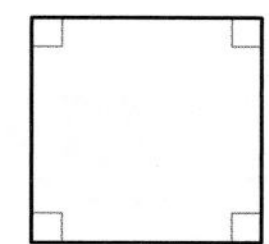
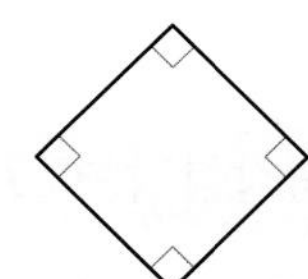

위 두 사각형은 네 각이 모두 ☐이고, 네 변의 길이가 모두 (같으므로 , 다르므로) 정사각형입니다.

[02~03] 정사각형을 찾아 기호를 쓰세요.

02

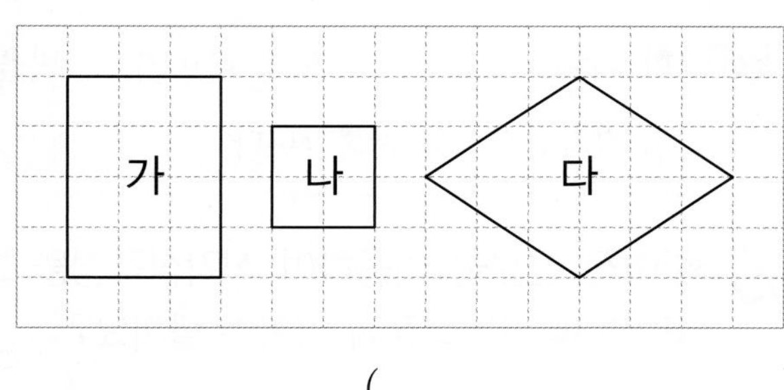

(　　　　　　　　)

03

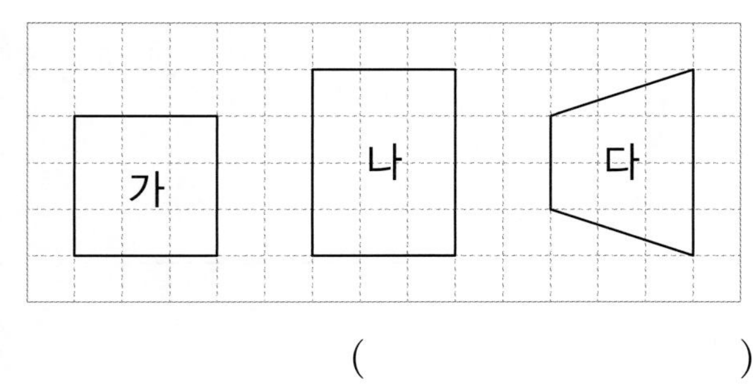

(　　　　　　　　)

[04~06] 정사각형에 대한 설명입니다. ☐ 안에 알맞은 수를 써넣으세요.

04 각이 모두 ☐개입니다.

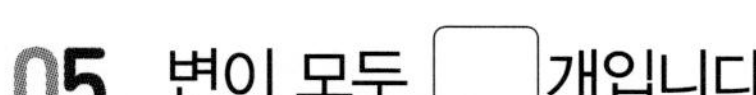

05 변이 모두 ☐개입니다.

06 직각이 모두 ☐개입니다.

07 점 종이에 그어진 선분을 두 변으로 하는 정사각형을 그려 보세요.

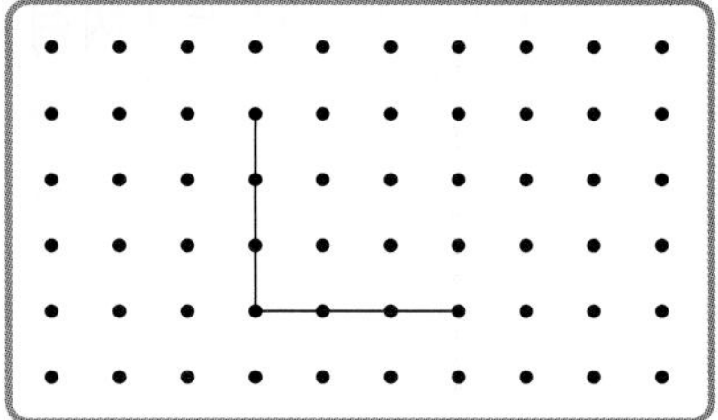

2 단원

유형 다잡기

유형 08 직각삼각형 알아보기

예제 직각삼각형을 모두 찾아 ○표 하세요.

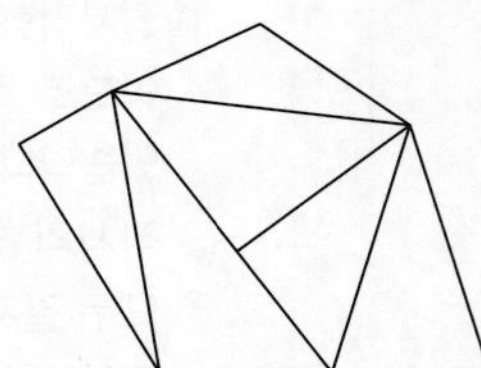

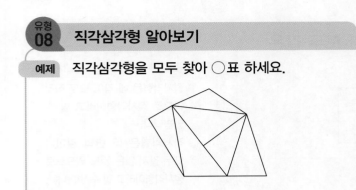

풀이 한 각이 [   ]인 삼각형을 찾습니다.

01 직각삼각형은 모두 몇 개일까요?

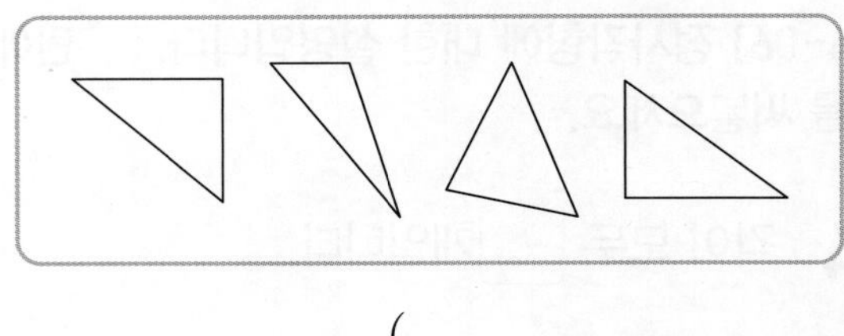

(   )

02 오른쪽 직각삼각형을 보고 빈칸에 알맞은 수를 써넣으세요. (중요)

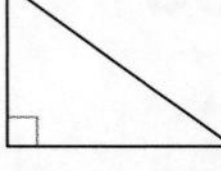

변의 수(개)	꼭짓점의 수(개)	직각의 수(개)

03 직각삼각형에 대한 설명으로 옳은 것을 찾아 기호를 쓰세요.

㉠ 세 각이 모두 직각입니다.
㉡ 3개의 선분으로 둘러싸여 있습니다.

(   )

04 두 삼각형의 같은 점과 다른 점을 각각 쓰세요. (서술형)

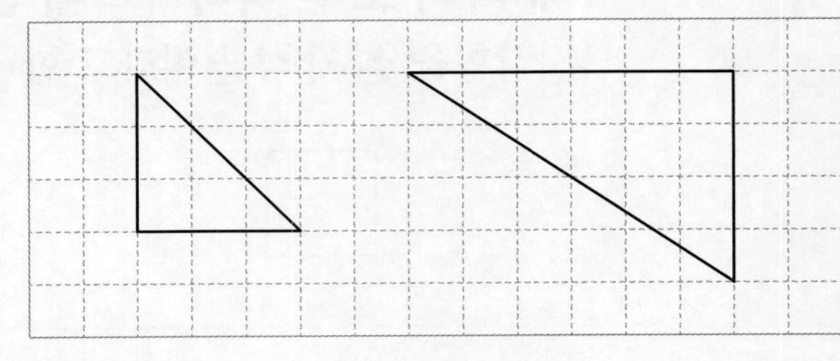

같은 점

다른 점

유형 09 직각삼각형 그리기

예제 삼각자를 이용하여 주어진 선분을 한 변으로 하는 직각삼각형을 그려 보세요.

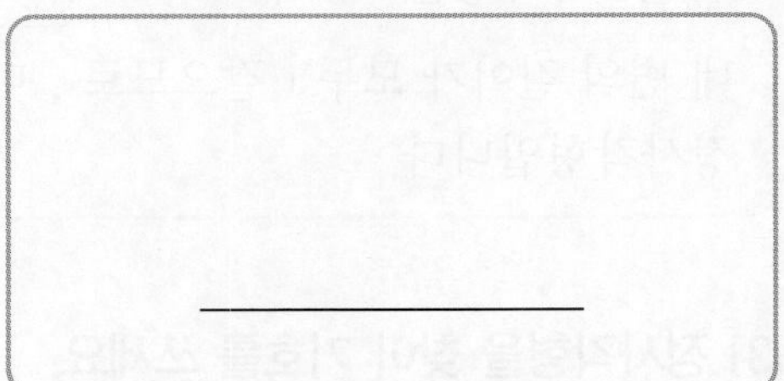

풀이 한 각이 [   ]이 되도록 나머지 두 변을 그어 직각삼각형을 완성합니다.

05 주어진 선분을 이용하여 직각삼각형을 그리려고 합니다. 어느 점과 이어야 할까요?

(   )

①   ② ③   ④ ⑤

• 정답 14쪽

06 점 종이에 모양과 크기가 다른 직각삼각형을 2개 그려 보세요.

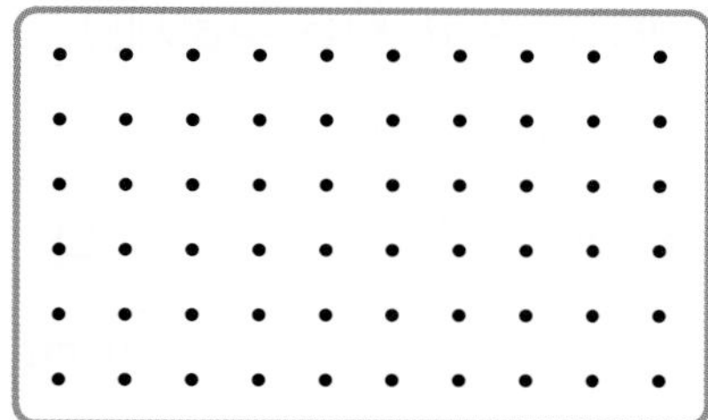

유형 10 직사각형 알아보기

예제 직사각형을 찾아 기호를 쓰세요.

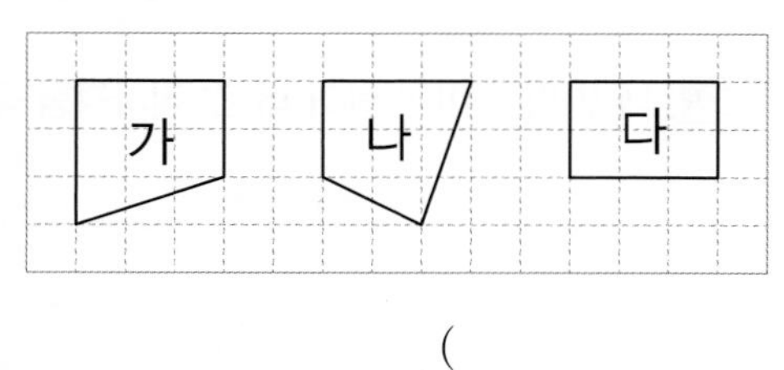

(　　　　　　　)

풀이 네 각이 모두 직각인 사각형을 찾으면 □입니다.

07 직사각형 모양의 물건을 가지고 있는 사람의 이름을 쓰세요.

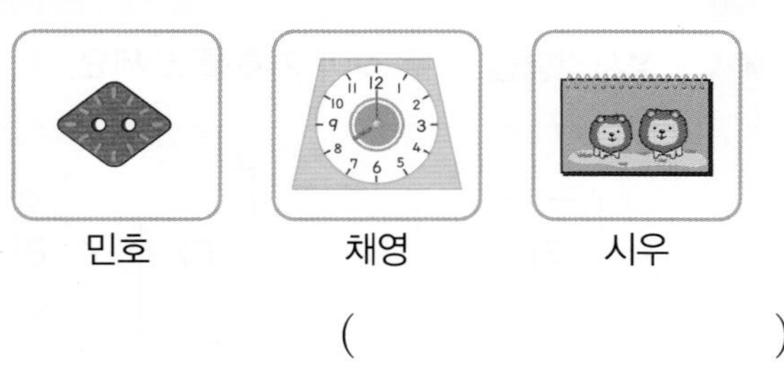

민호　　채영　　시우

(　　　　　　　)

08 (중요★) 도형은 직사각형입니다. 직각을 모두 찾아 ⌞로 표시해 보세요.

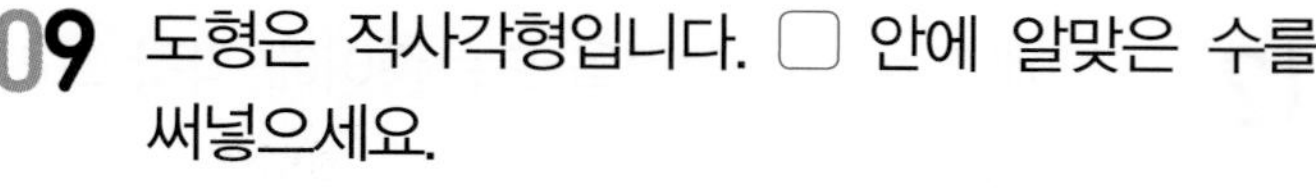

09 도형은 직사각형입니다. □ 안에 알맞은 수를 써넣으세요.

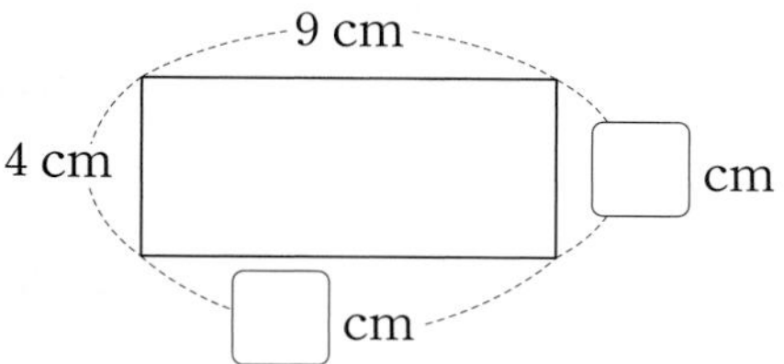

10 직사각형에 대해 잘못 설명한 것을 찾아 기호를 쓰세요.

㉠ 각이 모두 4개입니다.
㉡ 네 각의 크기가 모두 다릅니다.
㉢ 꼭짓점이 4개입니다.
㉣ 마주 보는 두 변의 길이가 같습니다.

(　　　　　　　)

유형 11 직사각형 그리기

예제 주어진 선분을 두 변으로 하는 직사각형을 그리려고 합니다. 삼각자를 이용하여 그려 보세요.

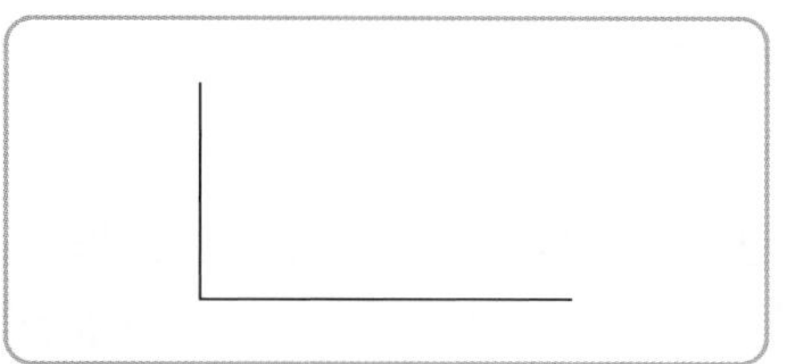

풀이 네 각이 모두 □이 되도록 나머지 두 변을 그어 직사각형을 완성합니다.

11 점 종이에 주어진 선분을 한 변으로 하는 직사각형을 그려 보세요.

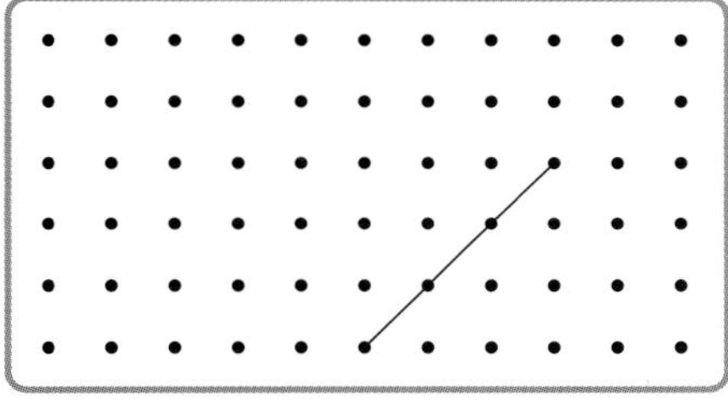

2 단원

12 조건에 맞는 직사각형을 모눈종이에 각각 그려 보세요.

① 두 변의 길이가 다른 두 변의 길이보다 더 짧은 직사각형
② 네 변의 길이가 모두 같은 직사각형

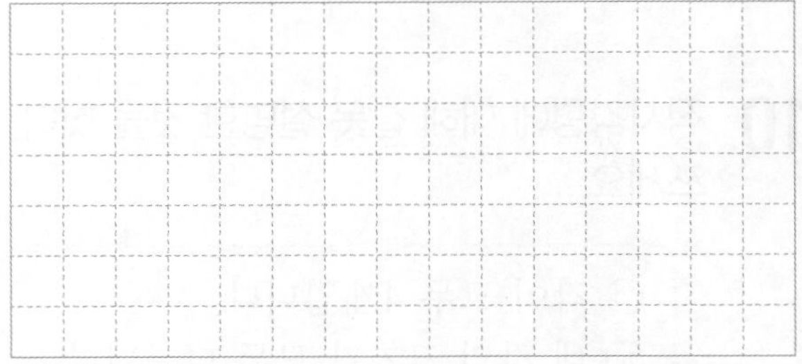

유형 12 직사각형의 변의 길이 활용

예제 오른쪽 직사각형의 네 변의 길이의 합을 구하세요.

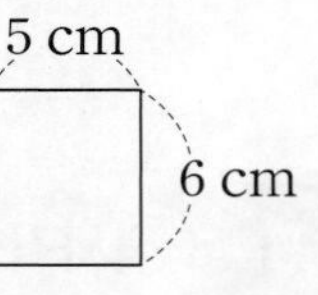

( )

풀이 직사각형은 마주 보는 두 변의 길이가 같습니다.

➜ 5+□+5+□=□ (cm)

13 (중요) 긴 변의 길이가 12 cm, 짧은 변의 길이가 7 cm인 직사각형이 있습니다. 이 직사각형의 네 변의 길이의 합은 몇 cm일까요?

( )

14 직사각형의 네 변의 길이의 합이 34 cm일 때 □ 안에 알맞은 수를 써넣으세요.

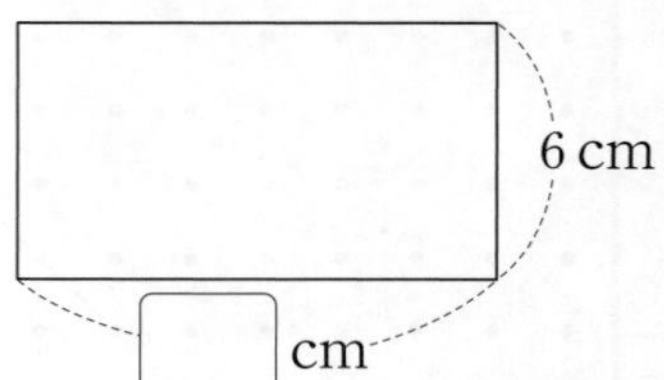

15 (서술형) 두 도형은 직사각형입니다. 네 변의 길이의 합이 더 긴 직사각형의 기호를 쓰려고 합니다. 풀이 과정을 쓰고, 답을 구하세요.

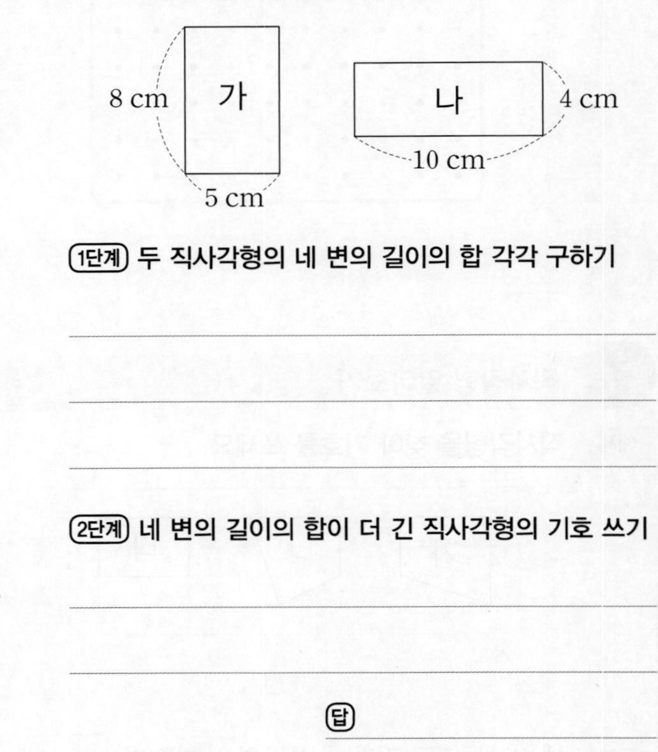

(1단계) 두 직사각형의 네 변의 길이의 합 각각 구하기

(2단계) 네 변의 길이의 합이 더 긴 직사각형의 기호 쓰기

답

유형 13 정사각형 알아보기

예제 정사각형을 모두 찾아 기호를 쓰세요.

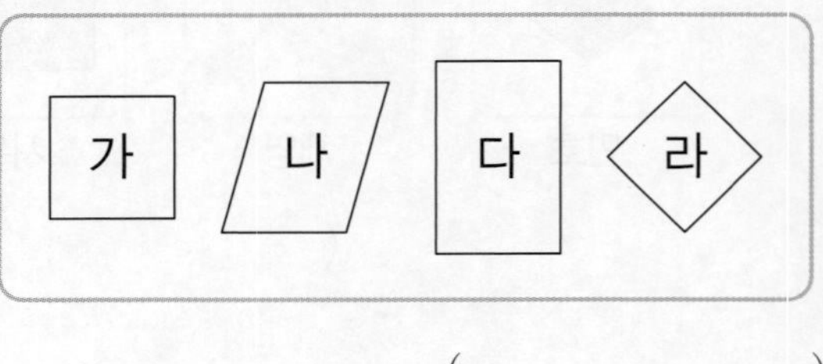

( )

풀이 네 각이 모두 □이고 네 변의 길이가 모두 같은 사각형을 찾습니다.

➜ □, □

16 중요★ 다음 도형은 정사각형입니다. ☐ 안에 알맞은 수를 써넣으세요.

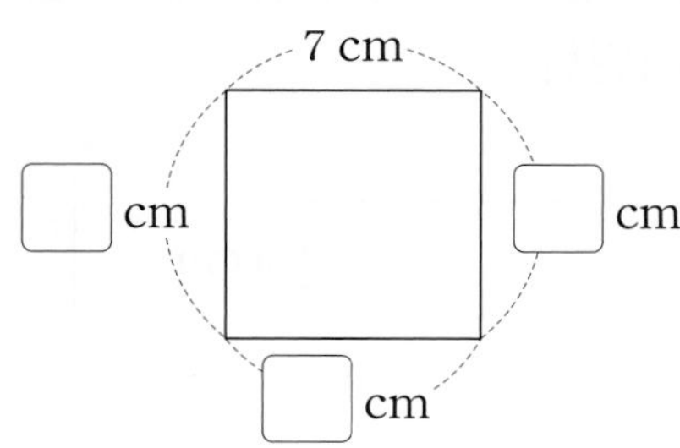

17 설명하는 도형의 이름을 쓰세요.

- 4개의 선분으로 둘러싸여 있습니다.
- 네 각이 모두 직각입니다.
- 네 변의 길이가 모두 같습니다.

(　　　　　　　　　　)

18 서술형 다음 도형이 정사각형이 <u>아닌</u> 이유를 설명해 보세요.

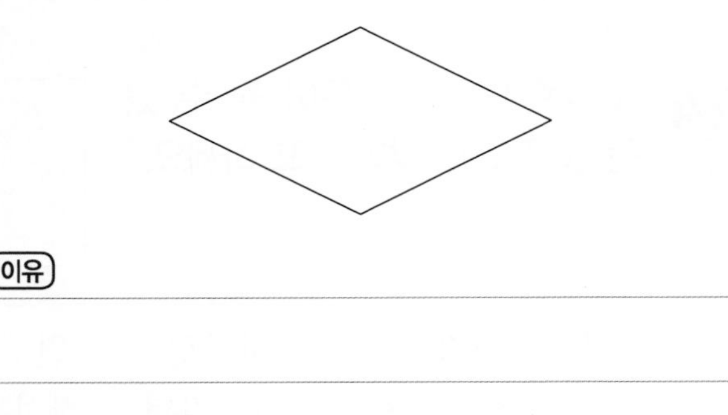

이유

유형 14 정사각형 그리기

예제 모눈종이에 주어진 선분을 한 변으로 하는 정사각형을 그려 보세요.

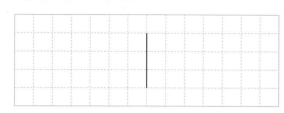

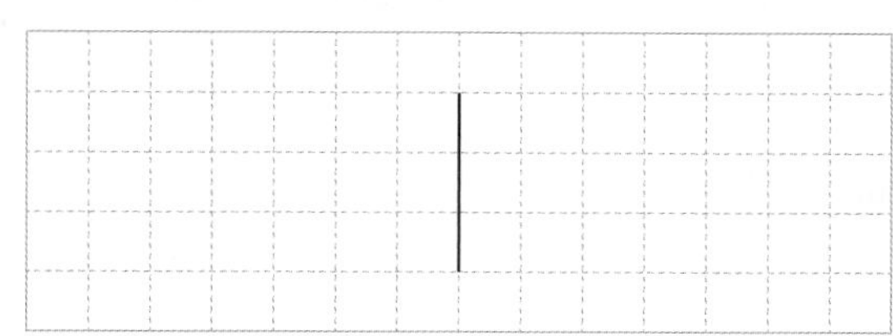

풀이 나머지 세 변의 길이가 각각 모눈 ☐칸만큼이고, 네 각이 모두 ☐이 되도록 사각형을 그립니다.

19 한 변의 길이가 4 cm인 정사각형을 그려 보세요.

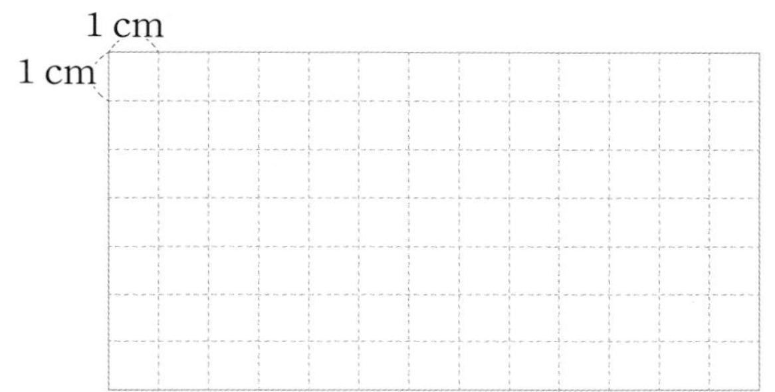

20 점 종이에 그린 사각형의 꼭짓점을 한 개만 옮겨서 정사각형을 만들어 보세요.

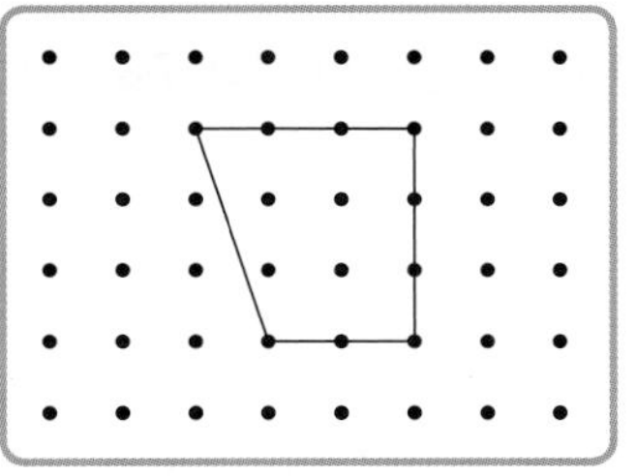

2 단원

STEP 2 유형 다잡기

유형 15 정사각형의 변의 길이 활용

예제 한 변의 길이가 3 cm인 정사각형의 네 변의 길이의 합은 몇 cm일까요?

( )

풀이 (네 변의 길이의 합)

$= \square + \square + \square + \square$

$= \square$ (cm)

21 다음 도형은 정사각형입니다. 정사각형의 네 변의 길이의 합은 몇 cm일까요?

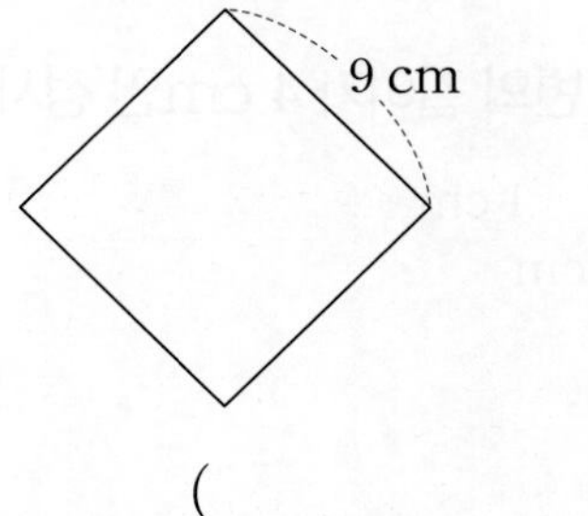

( )

22 (서술형) 길이가 30 cm인 철사를 겹치지 않게 사용하여 한 변의 길이가 7 cm인 정사각형을 한 개 만들었습니다. 남은 철사의 길이는 몇 cm인지 풀이 과정을 쓰고, 답을 구하세요.

(1단계) 사용한 철사의 길이 구하기

(2단계) 남은 철사의 길이 구하기

답

23 다음 직사각형과 정사각형은 네 변의 길이의 합이 같습니다. 정사각형의 한 변의 길이는 몇 cm일까요?

11 cm

5 cm

( )

유형 16 직사각형과 정사각형의 관계 알아보기

예제 직사각형과 정사각형의 같은 점이 아닌 것의 기호를 쓰세요.

㉠ 직각의 수
㉡ 꼭짓점의 수
㉢ 길이가 같은 변의 수

( )

풀이 $\square$ 사각형은 네 변의 길이가 모두 같습니다.

$\square$ 사각형은 마주 보는 두 변의 길이는 같으나 네 변의 길이는 다를 수도 있습니다.

24 (중요) 오른쪽 도형의 이름이 될 수 있는 것을 모두 찾아 ○표 하세요.

삼각형	직사각형	원
정사각형	직각삼각형	직선

25 직사각형이면서 정사각형이 아닌 도형을 찾아 기호를 쓰세요.

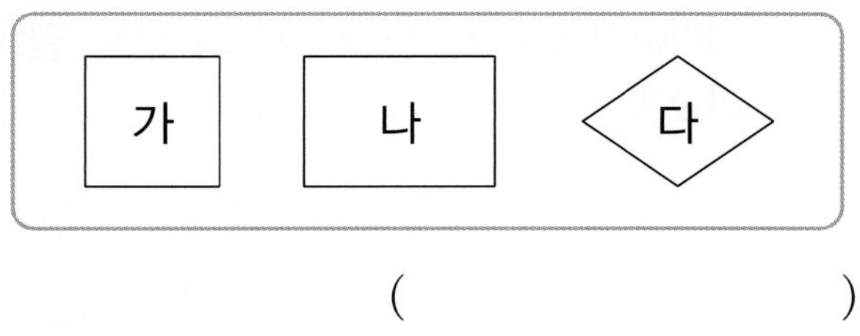

(   )

26 서술형 정사각형은 직사각형이라고 할 수 있는지 없는지 쓰고, 그 이유를 설명해 보세요.

답

이유

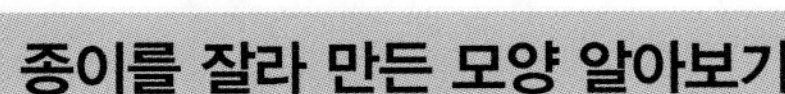

+플러스 유형 17 종이를 잘라 만든 모양 알아보기

예제 색종이를 그림과 같이 점선을 따라 자르면 어떤 도형이 몇 개 생기는지 차례로 쓰세요.

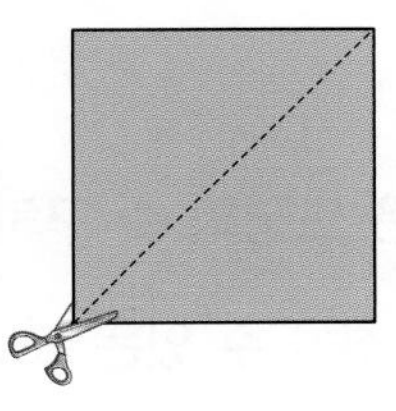

(,   )

풀이 한 각이 직각인 삼각형이 □개 생깁니다.

27 중요 직사각형 모양의 종이를 그림과 같이 접고 자른 다음 펼쳤을 때 만들어진 도형의 이름을 쓰세요.

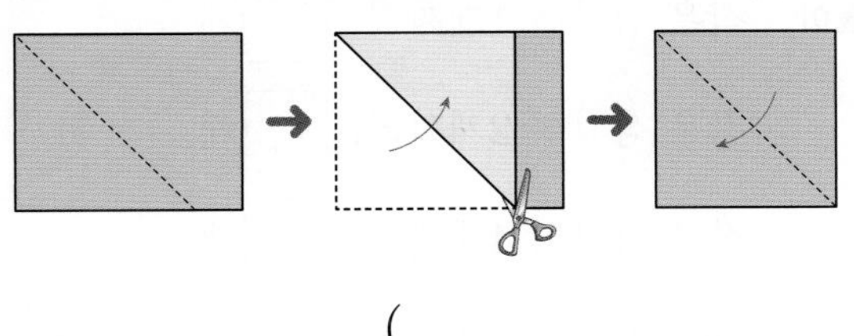

(   )

28 직사각형 모양의 종이입니다. 점선을 따라 가위로 잘랐을 때 만들어지는 직각삼각형은 직사각형보다 몇 개 더 많을까요?

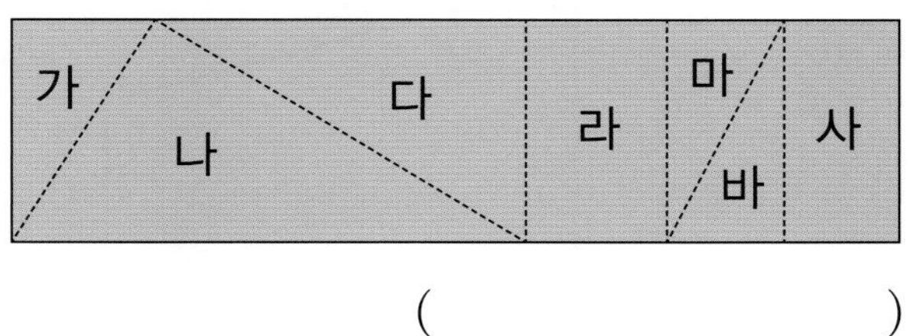

(   )

+플러스 유형 18 조건에 맞게 선을 그어 도형 만들기

예제 직사각형 모양의 색종이를 잘라서 직각삼각형을 2개 만들려고 합니다. 어떻게 잘라야 하는지 선분을 1개 그어 보세요.

풀이 한 각이 □인 삼각형 2개가 되도록 선분을 한 개 긋습니다.

29 직사각형 안쪽에 선분을 한 개 그어 크기가 똑같은 직사각형을 2개 만들어 보세요.

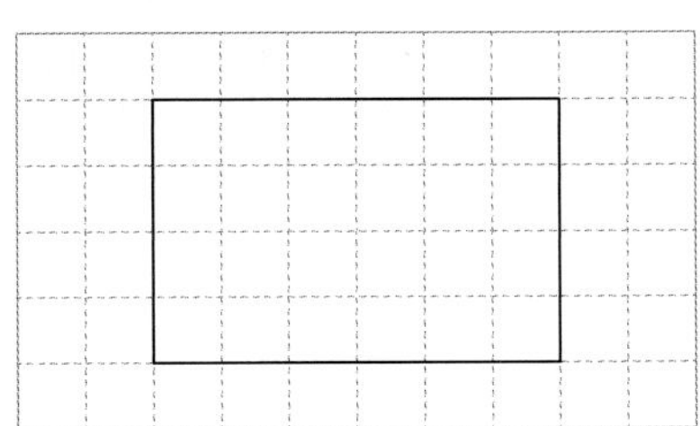

2 단원

30 도형에 선분을 2개 그어서 직각삼각형 3개로 만들려고 합니다. 선분을 2개 그어 보세요.

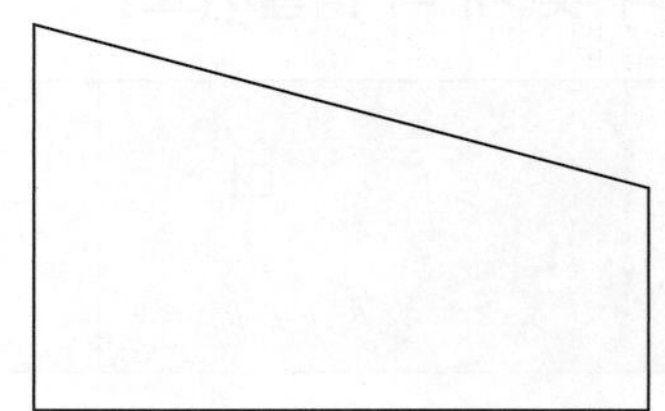

31 창의형 직사각형 모양의 종이를 잘라 도형을 만들려고 합니다. 만들고 싶은 도형의 수만큼 □ 안에 써넣고, 그 수만큼 만들어지도록 선을 그어 보세요.

그은 선을 따라 모두 자르면 직각삼각형 □개와 직사각형 □개가 만들어집니다.

+플러스 유형 19 잘라 만든 도형의 변의 길이 구하기

예제 직사각형 모양의 종이를 잘라서 가장 큰 정사각형을 만들려고 합니다. 정사각형의 한 변의 길이는 몇 cm로 해야 할까요?

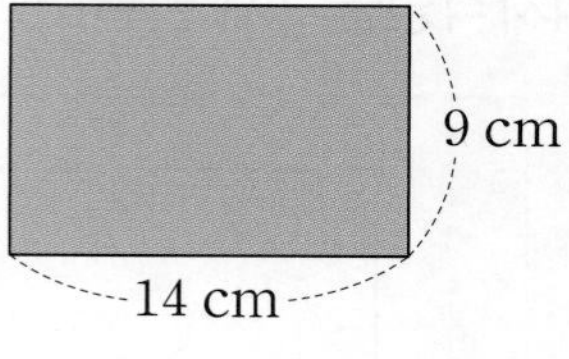

(　　　　　　)

풀이 (가장 큰 정사각형의 한 변의 길이)
=(직사각형의 짧은 변의 길이)
=  cm

32 다음과 같은 모양의 종이를 잘라 가장 큰 직사각형을 만들었습니다. 직사각형을 만들고 남은 직각삼각형의 세 변의 길이의 합은 몇 cm일까요?

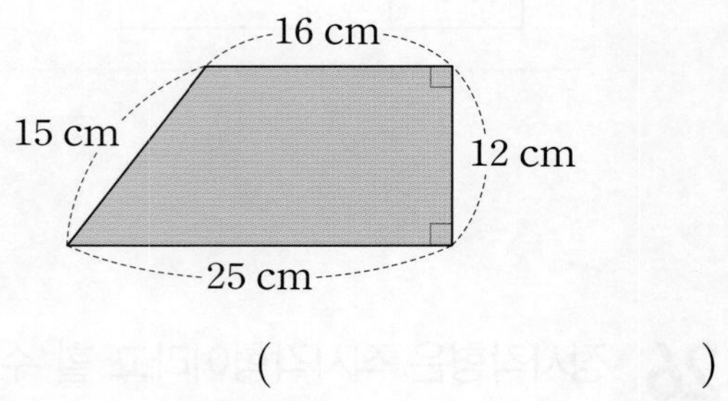

(　　　　　　)

33 그림과 같은 직사각형 모양의 판자를 잘라서 크기가 같은 가장 큰 정사각형 모양 2개를 만들었습니다. 남은 판자의 네 변의 길이의 합은 몇 cm일까요?

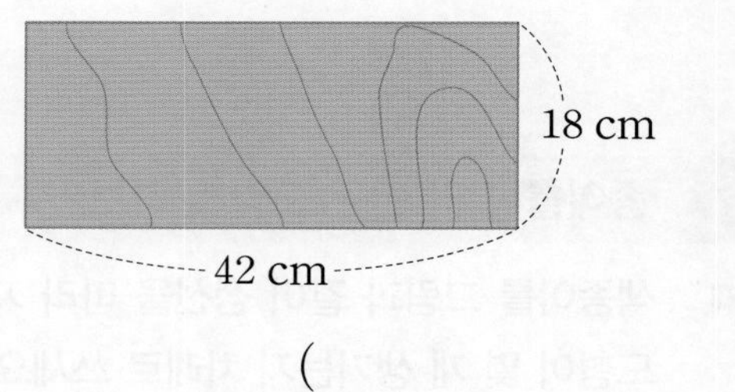

(　　　　　　)

+플러스 유형 20 크고 작은 도형의 수 구하기

예제 도형에서 찾을 수 있는 크고 작은 직각삼각형은 모두 몇 개일까요?

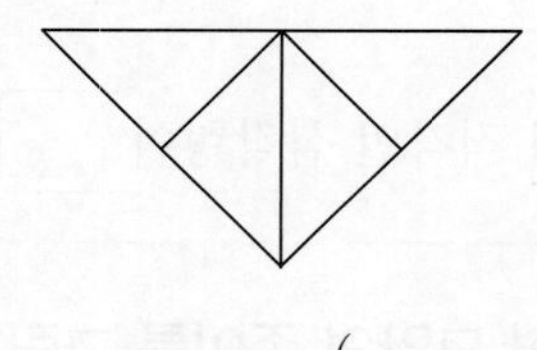

(　　　　　　)

풀이 작은 삼각형 1개짜리: □개

작은 삼각형 2개짜리: □개

작은 삼각형 4개짜리: □개

➜ 크고 작은 직각삼각형의 수: □개

34 도형에서 찾을 수 있는 크고 작은 직사각형은 모두 몇 개일까요?

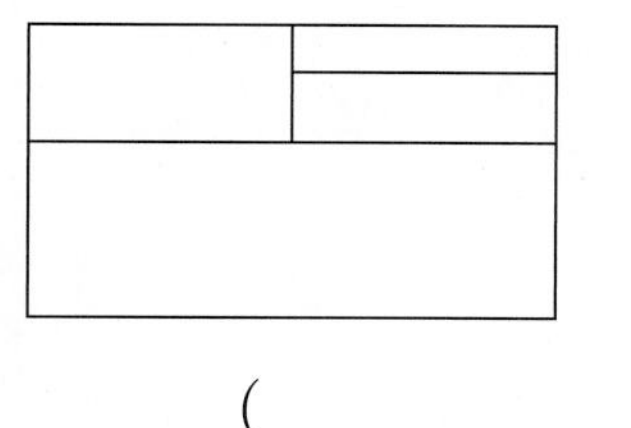

( )

35 서술형 오른쪽 도형에서 찾을 수 있는 크고 작은 정사각형은 모두 몇 개인지 풀이 과정을 쓰고, 답을 구하세요.

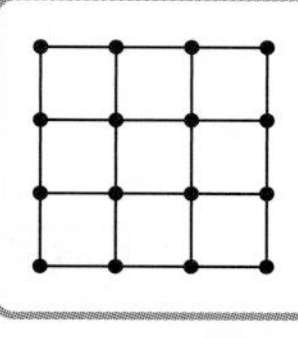

1단계 작은 정사각형 1개, 4개, 9개로 이루어진 정사각형의 개수 구하기

2단계 크고 작은 정사각형의 수 구하기

답

36 색칠된 직각삼각형을 포함하는 크고 작은 직각삼각형은 모두 몇 개일까요?

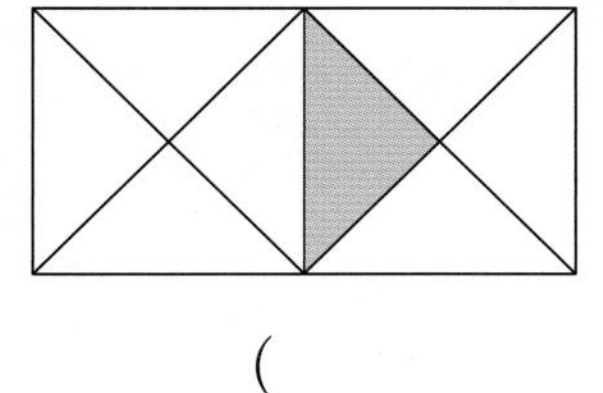

( )

플러스 유형 21 **이어 붙인 도형에서 길이 구하기**

예제 **한 변의 길이가 6 cm인 정사각형 3개를 겹치지 않게 이어 붙여 만든 도형입니다. 초록색 선의 길이는 몇 cm일까요?**

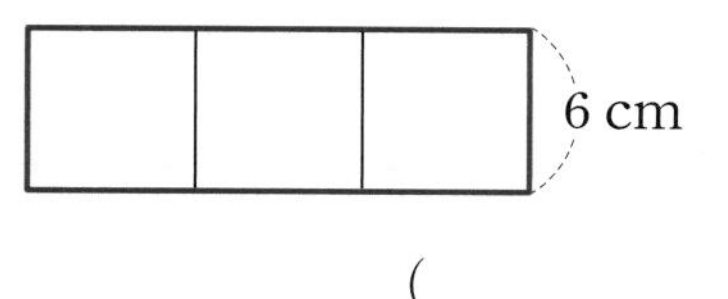

( )

풀이 초록색 선의 길이는 6 cm인 변 □개의 길이의 합과 같습니다.

(초록색 선의 길이)=6×□=□(cm)

37 긴 변의 길이가 7 cm이고 짧은 변의 길이가 3 cm인 직사각형 3개를 겹치지 않게 이어 붙여 만든 도형입니다. 빨간색 선의 길이는 몇 cm일까요?

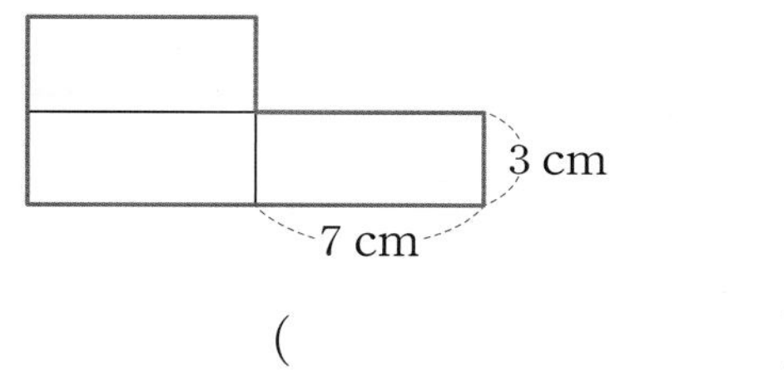

( )

38 중요 정사각형 2개를 겹치지 않게 이어 붙여 만든 도형입니다. 도형을 둘러싼 노란색 선의 길이는 몇 cm일까요?

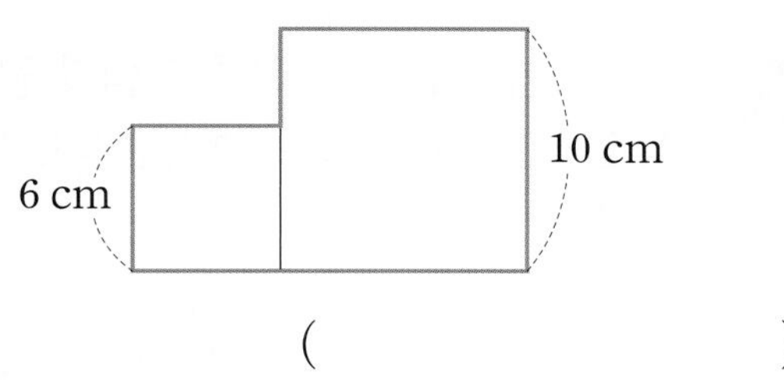

( )

2 단원

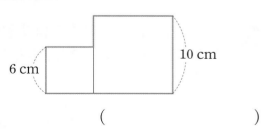

STEP 3

응용 해결하기

선분의 개수 구하기

1 도형에 있는 선분은 모두 몇 개일까요?

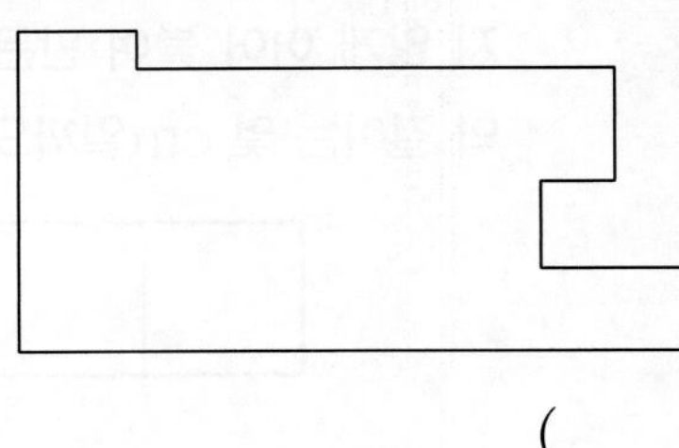

( )

만들 수 있는 정사각형의 개수 구하기

2 서술형

오른쪽과 같은 직사각형 모양의 종이를 잘라 한 변의 길이가 5 cm인 정사각형을 만들려고 합니다. 모두 몇 개까지 만들 수 있는지 풀이 과정을 쓰고, 답을 구하세요.

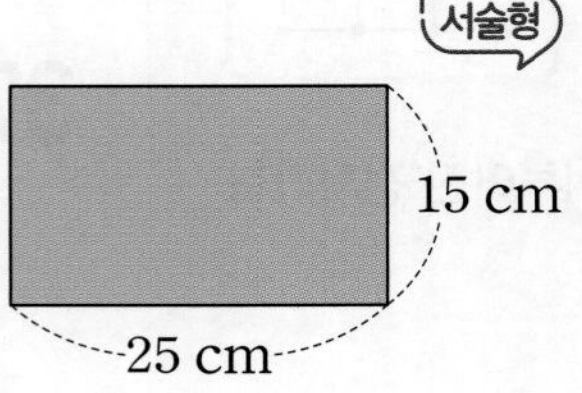

풀이

답

종이를 접어 자른 모양 알아보기

3 정사각형 모양의 종이를 그림과 같이 반으로 3번 접었다 펼친 후 접힌 선을 따라 모두 잘랐습니다. 직각삼각형은 모두 몇 개 만들어질까요?

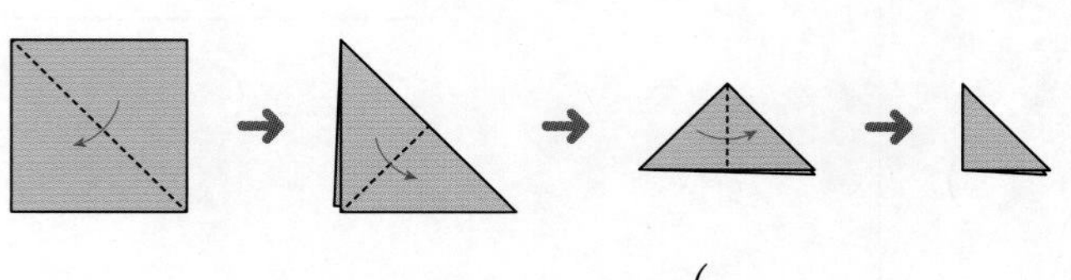

( )

해결 tip

"모두 몇 개까지 만들 수 있는지"의 의미는?

몇 개까지 = 가능한 많이

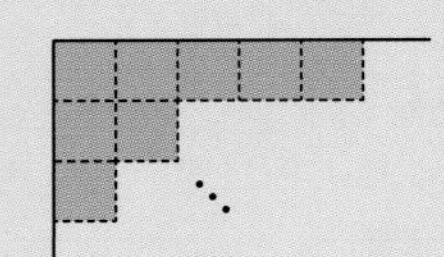

빈틈없이 이어 잘라야 가장 많이 만들 수 있습니다.

이어 붙인 도형에서 변의 길이의 합 구하기

4 직각삼각형의 세 변을 각각 한 변으로 하는 정사각형을 이어 붙여 만든 것입니다. 직각삼각형의 세 변의 길이의 합이 12 cm일 때 도형을 둘러싼 빨간색 선의 길이는 몇 cm인지 구하세요.

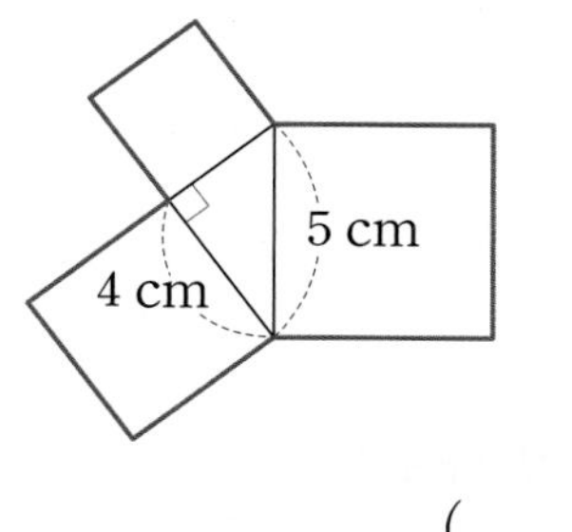

(　　　　　　　　　　)

그을 수 있는 반직선의 개수 구하기

5 다음 5개의 점 중에서 2개의 점을 이어 그을 수 있는 서로 다른 반직선은 모두 몇 개일까요?

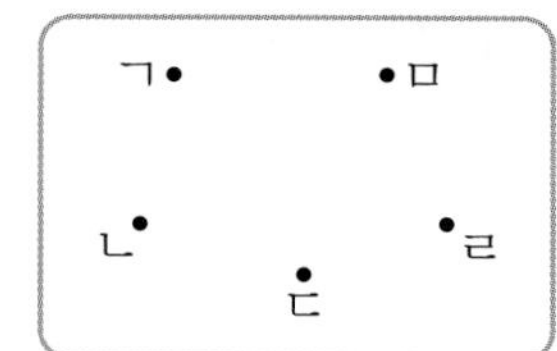

(　　　　　　　　　　)

겹치게 이어 붙여 만든 직사각형의 네 변의 길이의 합 구하기

6 크기가 같은 직사각형 모양의 종이 3장을 그림과 같이 3 cm씩 겹치게 이어 붙여 직사각형을 만들었습니다. 이어 붙여 만든 직사각형의 네 변의 길이의 합은 몇 cm인지 풀이 과정을 쓰고, 답을 구하세요.

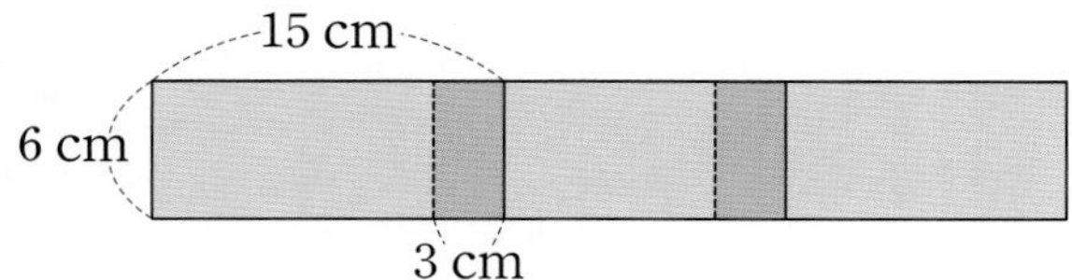

풀이

답

해결 tip

두 점을 이어 그을 수 있는 반직선의 개수는?

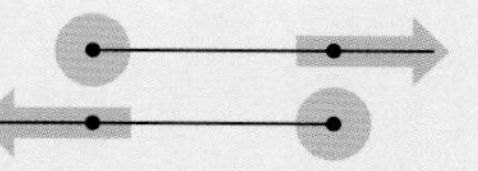

각 점이 시작점과 지나는 방향이 될 수 있으므로 두 점을 이어 그을 수 있는 반직선은 2개입니다.

겹치게 이어 붙여 만든 직사각형의 가로의 전체 길이를 구하려면?

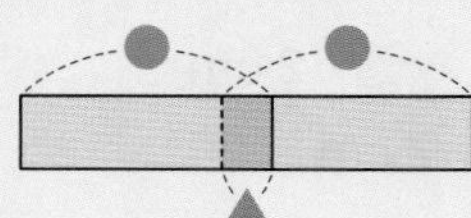

각 길이의 합에서 겹친 부분의 길이를 빼서 구합니다.

(전체 길이)=●+●−▲

2 단원

• 정답 17쪽

이어 붙인 도형에서 선분 일부의 길이 구하기

7 크기가 다른 정사각형 가, 나, 다를 겹치지 않게 이어 붙여서 만든 도형입니다. 선분 ㅅㅇ의 길이는 몇 cm인지 구하세요.

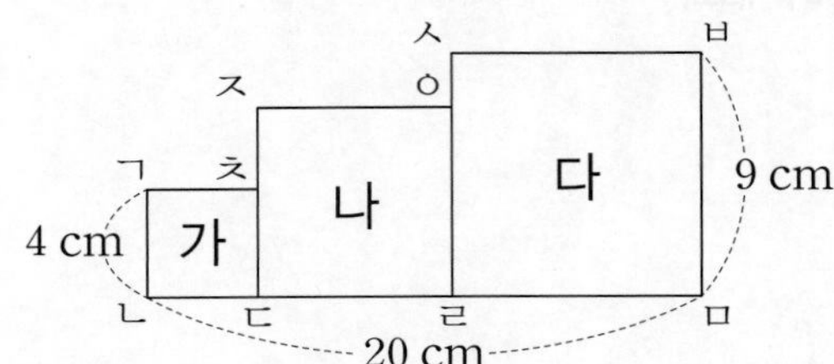

(1) 정사각형 가, 나, 다의 한 변의 길이는 각각 몇 cm일까요?

가 (　　　　　　　　　　)

나 (　　　　　　　　　　)

다 (　　　　　　　　　　)

(2) 선분 ㅅㅇ의 길이는 몇 cm일까요?

(　　　　　　　　　　)

정사각형을 이어 만든 직사각형의 네 변의 길이의 합 구하기

8 한 변의 길이가 2 cm인 정사각형 4개를 겹치지 않게 이어 붙여서 직사각형을 만들려고 합니다. 직사각형의 네 변의 길이의 합이 가장 클 때의 합은 몇 cm인지 구하세요.

(1) 한 변의 길이가 2 cm인 정사각형 4개로 만들 수 있는 직사각형 모양을 모눈 위에 모두 그려 보세요.

2 cm
2 cm

(2) 직사각형의 네 변의 길이의 합이 가장 클 때의 합은 몇 cm일까요?

(　　　　　　　　　　)

해결 tip

정사각형을 겹치지 않게 이어 붙여 직사각형을 만들려면?

각 줄에 놓이는 정사각형의 수가 모두 같아야 직사각형이 됩니다.

× ○

평가 2단원 마무리

맞힌 개수

01 그림과 같이 한 점에서 시작하여 한쪽으로 끝없이 늘인 곧은 선을 무엇이라고 할까요?

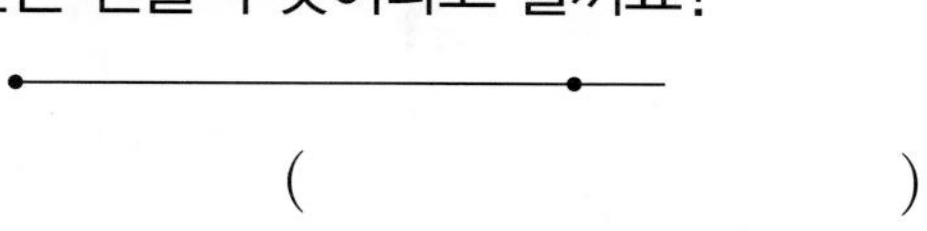

(　　　　　　　　)

02 각이 있는 도형을 찾아 ○표 하세요.

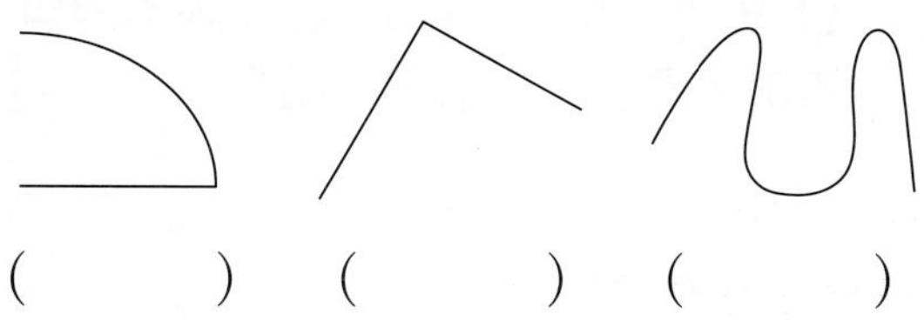

(　　　) (　　　) (　　　)

03 각을 읽어 보세요.

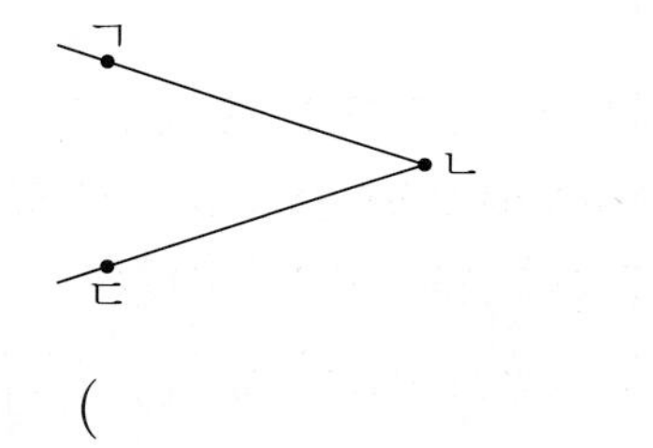

(　　　　　　　　)

04 〈보기〉와 같이 직각을 찾아 ⊾로 표시해 보세요.

〈보기〉

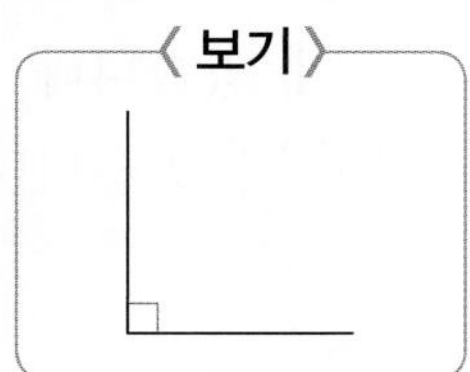

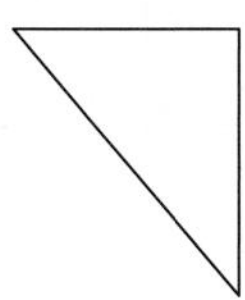

05 직각삼각형을 모두 고르세요. (　　　　)

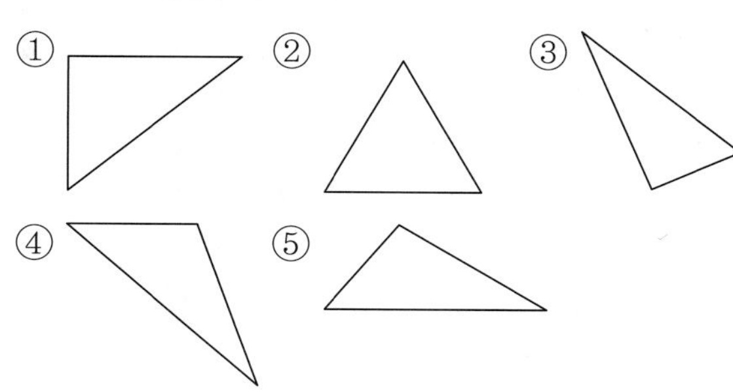

06 모눈종이에 주어진 선분을 한 변으로 하는 직사각형을 그려 보세요.

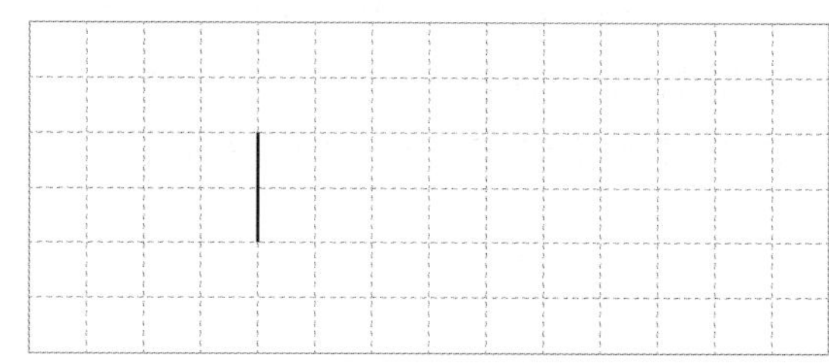

07 도형은 정사각형입니다. □ 안에 알맞은 수를 써넣으세요.

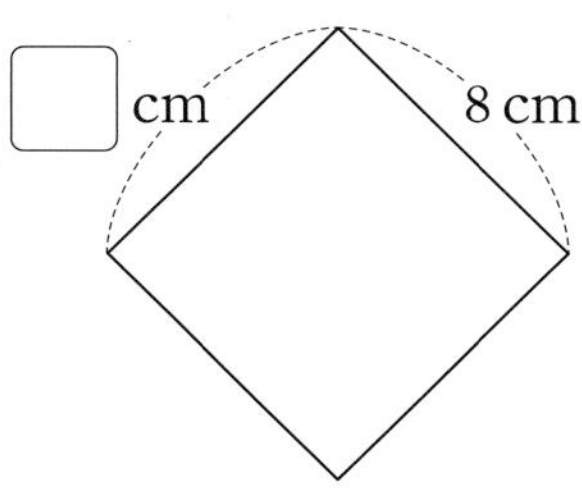

2 단원

08 도형에서 찾을 수 있는 직각은 모두 몇 개일까요?

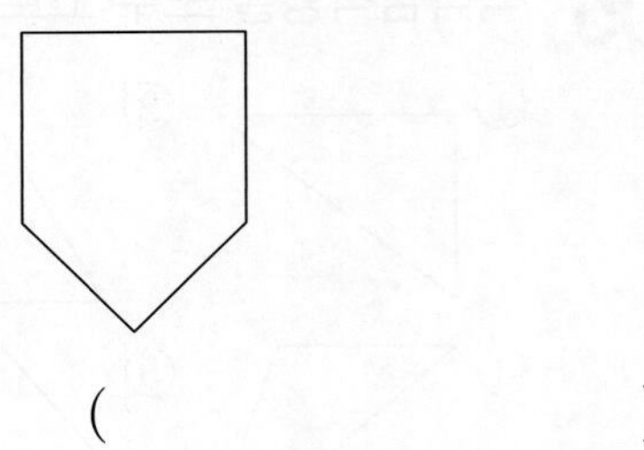

( )

09 주어진 도형이 각이 아닌 이유를 설명해 보세요.
서술형

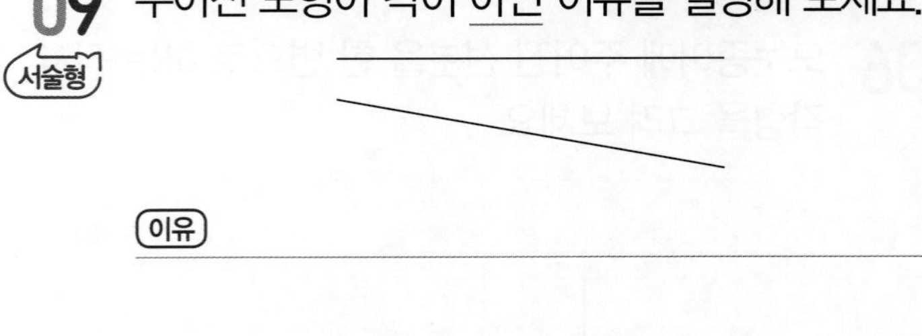

이유

10 네 점 중 두 점을 이어 그을 수 있는 서로 다른 직선은 모두 몇 개일까요?

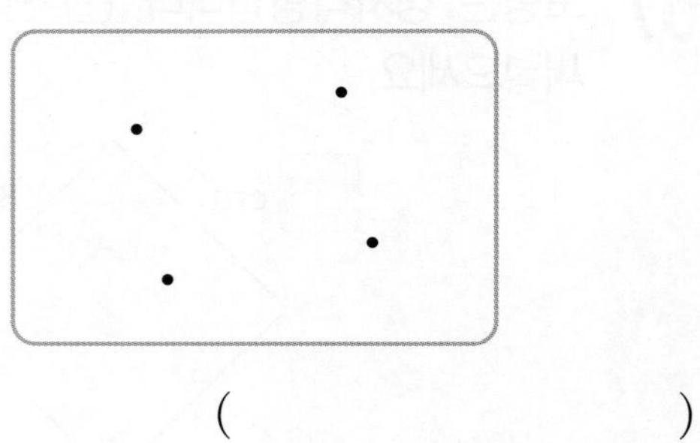

( )

11 삼각자를 이용하여 점 ㄷ을 꼭짓점으로 하는 직각을 그려 보세요.

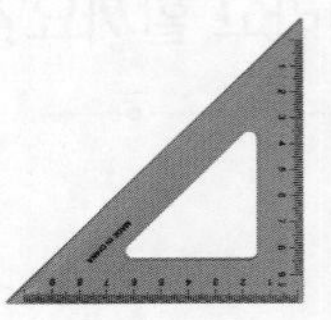

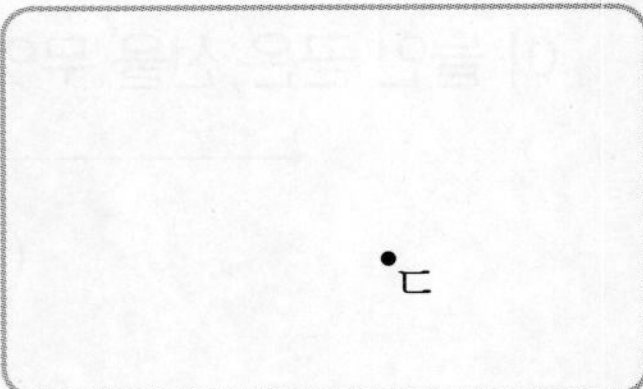

12 한 변의 길이가 5 cm인 정사각형의 네 변의 길이의 합은 몇 cm일까요?

( )

13 오른쪽 도형의 이름이 될 수 있는 것을 모두 찾아 ○표 하세요.

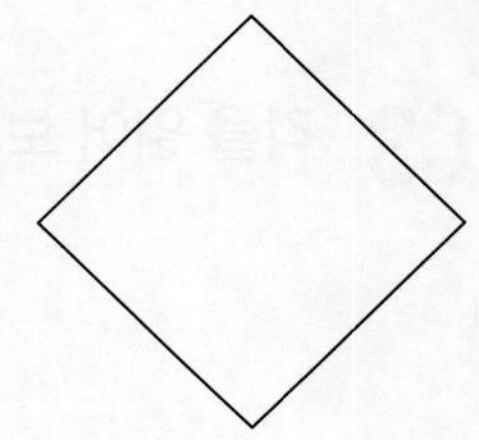

사각형	원	삼각형
직사각형	직각삼각형	정사각형

14 □ 안에 알맞은 수의 합을 구하세요.

㉠ 직각삼각형은 변이 □개 있습니다.
㉡ 직각삼각형은 직각이 □개 있습니다.

( )

15 서술형 직사각형은 정사각형이라고 할 수 있는지 없는지 쓰고, 그 이유를 설명해 보세요.

답

이유

16 도형에서 점 ㄱ을 꼭짓점으로 하는 각을 모두 찾아 쓰세요.

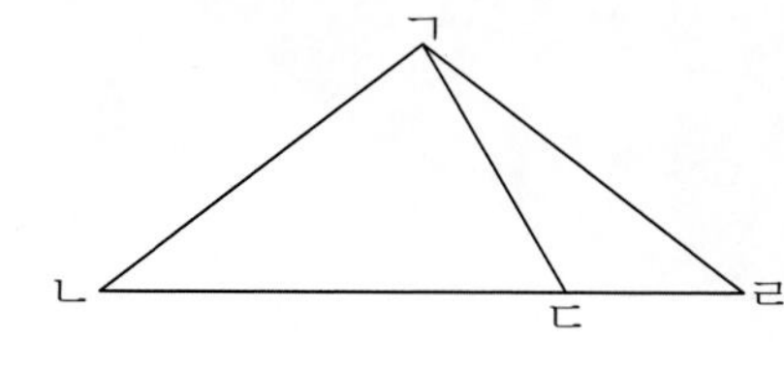

( )

17 각의 수가 가장 많은 도형을 찾아 기호를 쓰세요.

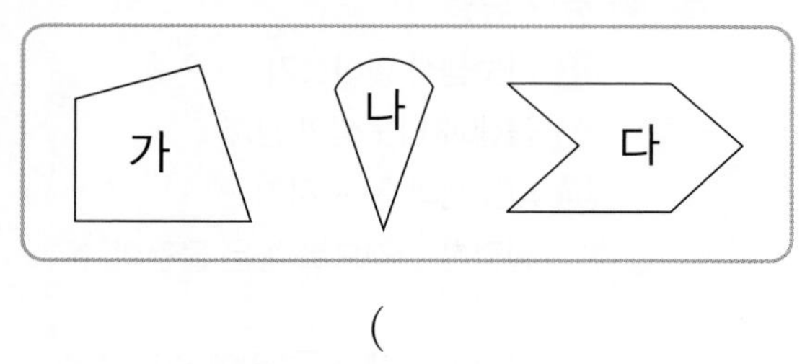

( )

18 서술형 네 변의 길이의 합이 32 cm인 직사각형이 있습니다. 이 직사각형의 한 변의 길이가 9 cm라면 길이가 다른 한 변의 길이는 몇 cm인지 풀이 과정을 쓰고, 답을 구하세요.

풀이

답

19 그림에서 찾을 수 있는 크고 작은 직각삼각형은 모두 몇 개일까요?

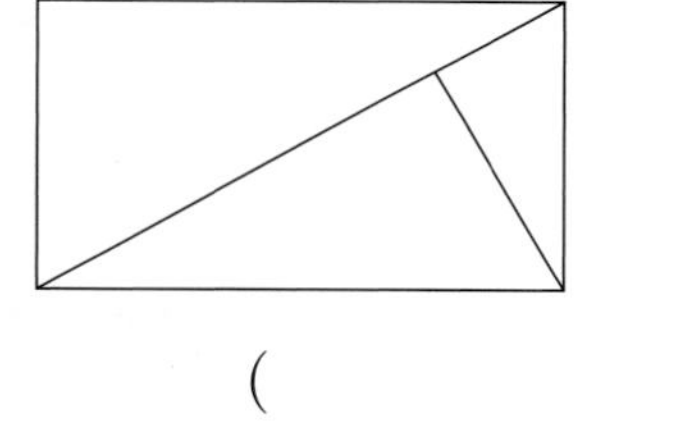

( )

20 직사각형 가와 정사각형 나의 네 변의 길이의 합은 같습니다. 직사각형 가의 짧은 변의 길이가 8 cm일 때 긴 변의 길이는 몇 cm일까요?

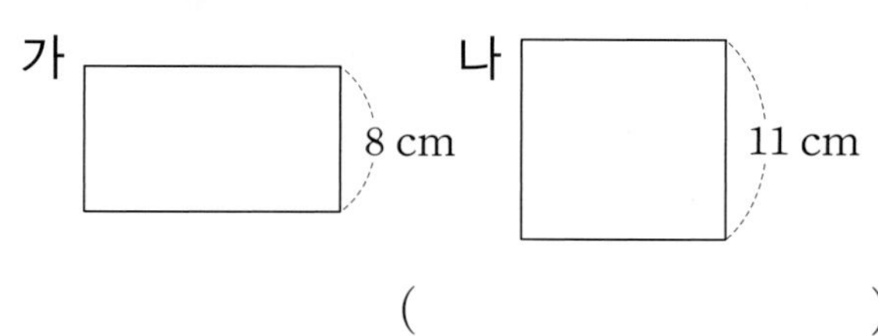

( )

3

나눗셈

학습을 끝낸 후 색칠하세요.

이전에 배운 내용

[2-2] 곱셈구구

곱셈구구 알아보기

곱셈표 만들기

중요 유형

01 나눗셈식 알아보기

04 곱셈과 나눗셈의 관계

08 나눗셈의 몫 구하기

16 일정한 간격으로 놓은 물건의 수 구하기

18 크기 비교에서 ☐ 안에 알맞은 수 구하기

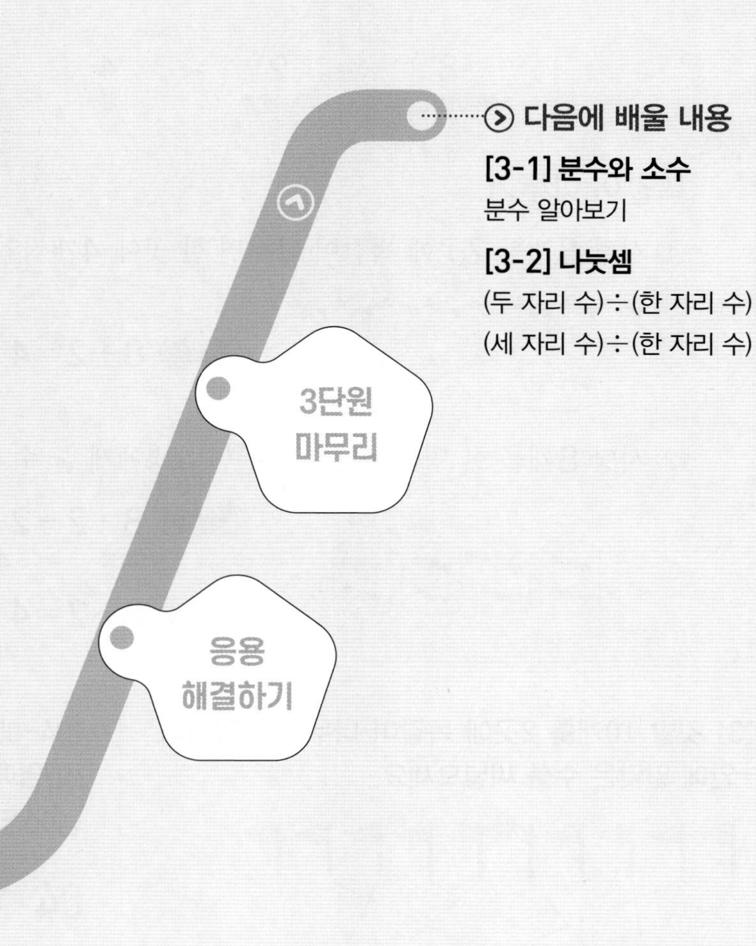

다음에 배울 내용

[3-1] 분수와 소수
분수 알아보기

[3-2] 나눗셈
(두 자리 수)÷(한 자리 수)
(세 자리 수)÷(한 자리 수)

STEP 1 개념 확인하기

1 똑같이 나누기

나눗셈식 알아보기

8을 2로 나누는 것과 같은 계산을 **나눗셈**이라 합니다.

8을 2로 나누면 4가 됩니다. ➜ 나눗셈식 $8 \div 2 = 4$
읽기 **8 나누기 2는 4와 같습니다.**

8	÷	2	=	4
나누어지는 수		나누는 수		몫

똑같이 나누기

(1) 사탕 **8**개를 **2**곳에 똑같이 나누면 한 곳에 **4**개씩입니다.

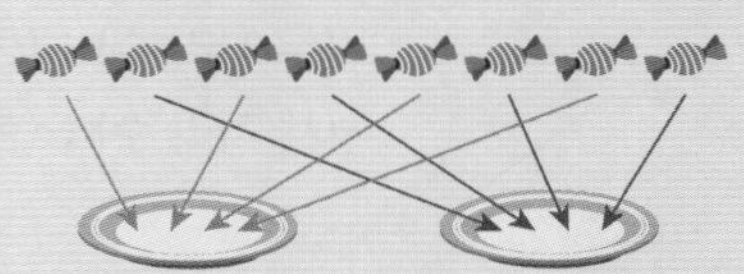

나눗셈식 $8 \div 2 = 4$

(2) 사탕 **8**개를 한 명에게 **2**개씩 주면 **4**명에게 줄 수 있습니다.

뺄셈식 $8-2-2-2-2=0$ (4번)

나눗셈식 $8 \div 2 = 4$

사탕을 2개씩 나누어 담을 수 있습니다.

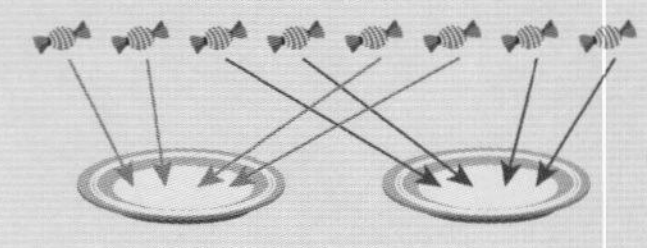

뺄셈식과 나눗셈식의 관계

$6-2-2-2=0$ ➜ $6 \div 2 = 3$ (3번)

2를 뺀 횟수 3이 나눗셈의 몫이 됩니다.

[01~03] 깃발 10개를 2곳에 똑같이 나누어 꽂았습니다. ☐ 안에 알맞은 수를 써넣으세요.

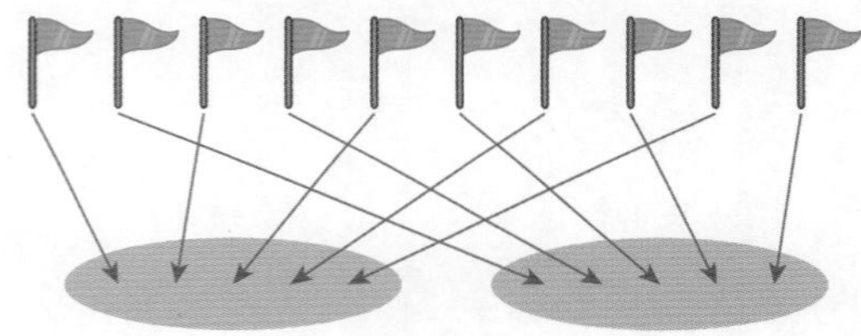

01 한 곳에 깃발을 ☐개씩 꽂을 수 있습니다.

02 나눗셈식으로 나타내면

$10 \div$ ☐ $=$ ☐입니다.

03 **02**의 나눗셈식에서 몫은 ☐입니다.

[04~05] 인형 14개를 한 명에게 7개씩 나누어 주면 몇 명에게 나누어 줄 수 있는지 알아보려고 합니다. 물음에 답하세요.

04 인형을 7개씩 묶어 보세요.

05 ☐ 안에 알맞은 수를 써넣으세요.

인형 14개를 7개씩 묶으면 ☐묶음이 되므로

$14 \div$ ☐ $=$ ☐입니다.

➜ 인형을 ☐명에게 나누어 줄 수 있습니다.

• 정답 19쪽

2 곱셈과 나눗셈의 관계 알아보기

곱셈식과 나눗셈식으로 나타내기

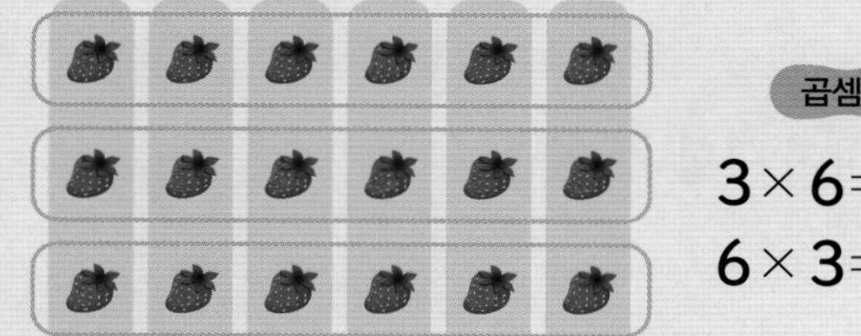

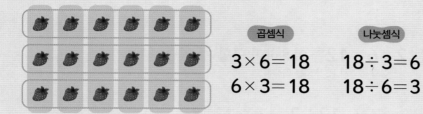

곱셈식	나눗셈식
$3\times6=18$	$18\div3=6$
$6\times3=18$	$18\div6=3$

곱셈식과 나눗셈식의 관계 알아보기

(1) 곱셈식은 나눗셈식으로 나타낼 수 있습니다.

$3\times6=18$ → $18\div3=6$, $18\div6=3$ (●×▲=■ → ■÷●=▲, ■÷▲=●)

(2) 나눗셈식은 곱셈식으로 나타낼 수 있습니다.

$18\div3=6$ → $3\times6=18$, $6\times3=18$ (■÷●=▲ → ●×▲=■, ▲×●=■)

같은 수를 두 번 곱한 곱셈식은 1개의 나눗셈식으로만 나타낼 수 있습니다.

●×●=■ → ■÷●=●

3 단원

[01~03] 그림을 보고 물음에 답하세요.

01 야구공이 5개씩 3줄로 놓여 있습니다. 야구공은 모두 몇 개일까요?

□×3=□ → □개

02 야구공 15개를 상자 3개에 똑같이 나누어 담으려면 한 상자에 몇 개씩 담아야 할까요?

15÷3=□ → □개

03 야구공 15개를 한 상자에 5개씩 담으려면 상자는 몇 개 필요할까요?

15÷□=□ → □개

[04~05] 그림을 보고 곱셈식을 나눗셈식으로 나타내세요.

04

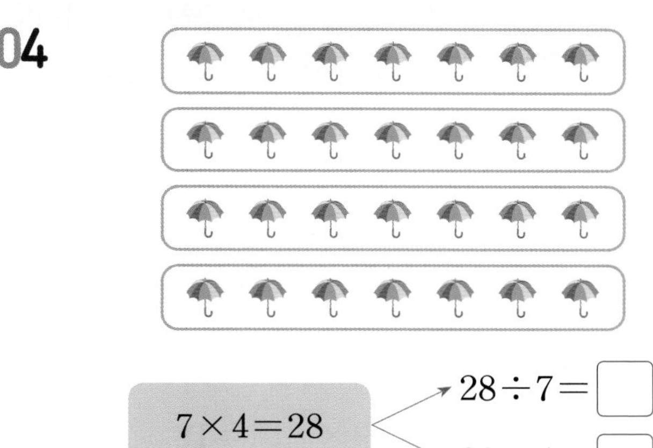

$7\times4=28$ → $28\div7=$□, $28\div4=$□

05

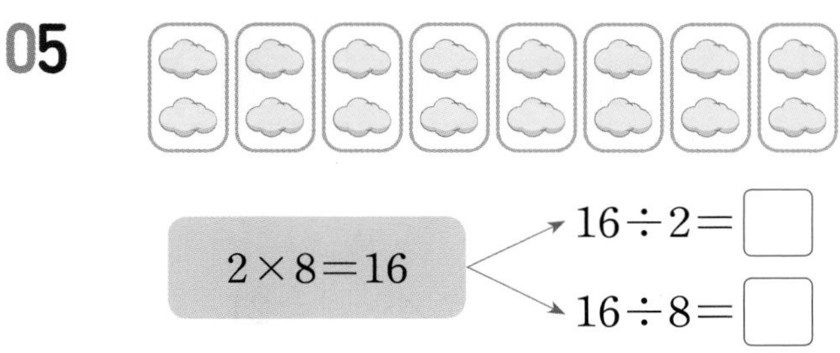

$2\times8=16$ → $16\div2=$□, $16\div8=$□

• 정답 19쪽

3 나눗셈의 몫 구하기

12÷2의 몫 구하기

(1) 곱셈식으로 구하기

12÷2=□의 몫 □는 **2×6=12**를 이용하여 구할 수 있습니다.
└ 2와 곱해서 12가 되는 곱셈식

12÷2= 6

2× 6 =12

곱하는 수가 몫이 돼!

(2) 곱셈구구로 구하기

나누는 수가 **2**이므로 **2단 곱셈구구**로 몫을 구할 수 있습니다.
2단 곱셈구구에서 곱이 **12**인 곱셈식을 찾습니다.

×	…	4	5	6	7	…
2	…	8	10	12	14	…

2× 6 =12 → 12÷2= 6

■÷▲의 몫 구하기
▲단 곱셈구구에서 곱이 ■인 곱셈식을 찾습니다.

[01~02] 나눗셈의 몫을 곱셈식으로 구하려고 합니다. □ 안에 알맞은 수를 써넣으세요.

01

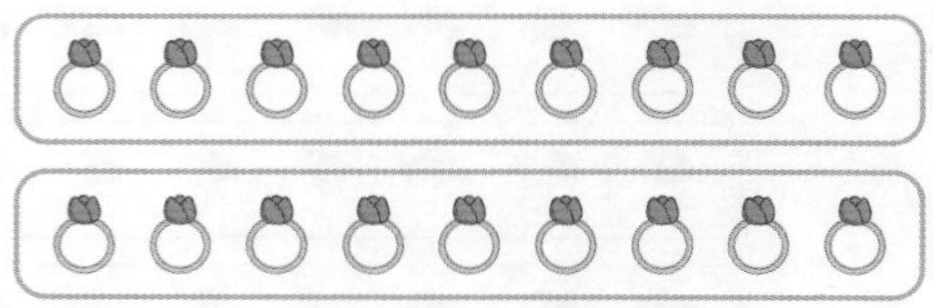

18÷9=□

9×□=18

02

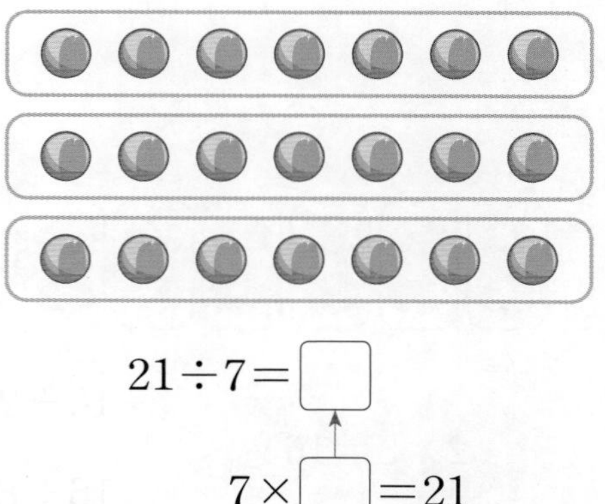

21÷7=□

7×□=21

[03~04] □ 안에 알맞은 수를 써넣고, 나눗셈의 몫을 구하세요.

03 45÷5=□ → 5×□=45

몫 (　　　　)

04 42÷7=□ → 7×□=42

몫 (　　　　)

05 24÷3의 몫을 구하려고 합니다. 곱셈표를 보고 □ 안에 알맞은 수를 써넣으세요.

×	1	2	3	4	5	6	7	8	9
3	3	6	9	12	15	18	21	24	27

□단 곱셈구구를 이용합니다.

→ 24÷3=□

유형 다잡기

• 정답 20쪽

유형 01 나눗셈식 알아보기

예제 나눗셈식을 보고 빈칸에 알맞은 수를 써넣으세요.

$40 \div 8 = 5$

나누어지는 수	나누는 수	몫

풀이 (나누어지는 수)÷(나누는 수)=(□)

01 몫이 9인 나눗셈식에 색칠해 보세요.

$72 \div 9 = 8$　　$36 \div 4 = 9$

02 나눗셈식을 읽어 보세요.

$24 \div 6 = 4$

(　　　　　　　　　　)

03 다음을 읽고 잘못 말한 사람의 이름을 쓰세요.

35를 7로 나누면 5가 됩니다.

5는 35를 7로 나눈 몫이야.

나눗셈식 $35 \div 5 = 7$로 나타내.

(　　　　　　)

04 나눗셈식 $27 \div 3 = 9$에 대한 설명으로 틀린 것을 모두 찾아 기호를 쓰세요.

㉠ 나누어지는 수는 27, 나누는 수는 9입니다.
㉡ 27은 3을 9로 나눈 몫입니다.
㉢ 27 나누기 3은 9와 같습니다라고 읽습니다.
㉣ 27을 3곳에 똑같이 나누면 한 곳에 9씩 입니다.

(　　　　　　　　　　)

3 단원

유형 02 몇 묶음으로 똑같이 나누기

예제 젤리 16개를 봉투 4개에 똑같이 나누어 담았습니다. 나눗셈식으로 나타내세요.

□ ÷ □ = □

풀이 젤리 16개를 봉투 4개에 똑같이 나누어 담으면 봉투 한 개에 □개씩 담을 수 있습니다.

05 주어진 문장을 나눗셈식으로 바르게 나타낸 것에 ○표 하세요.

복숭아 18개를 접시 6개에 똑같이 나누어 담으면 접시 한 개에 3개씩 담게 됩니다.

$18 \div 3 = 6$　　$18 \div 6 = 3$

(　　)　　(　　)

06 볼펜 9자루를 필통 3개에 똑같이 나누어 담으려고 합니다. 필통 한 개에 볼펜을 몇 자루씩 담을 수 있는지 선을 그어 구하세요.

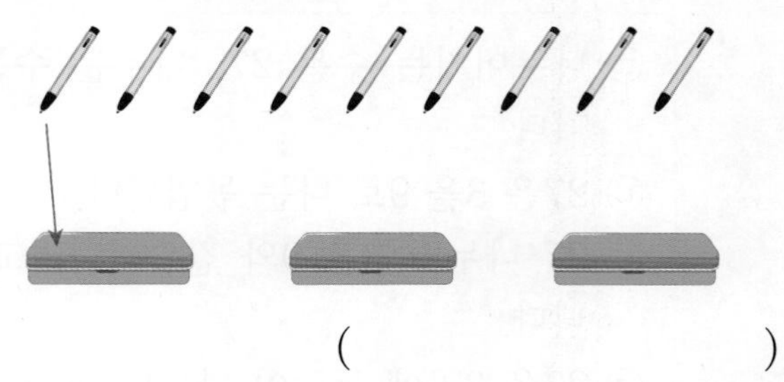

( )

07 콩 10개를 화분 5개에 똑같이 나누어 심으려고 합니다. 화분 한 개에 콩을 몇 개씩 심을 수 있는지 나눗셈식으로 나타내고, 답을 구하세요.

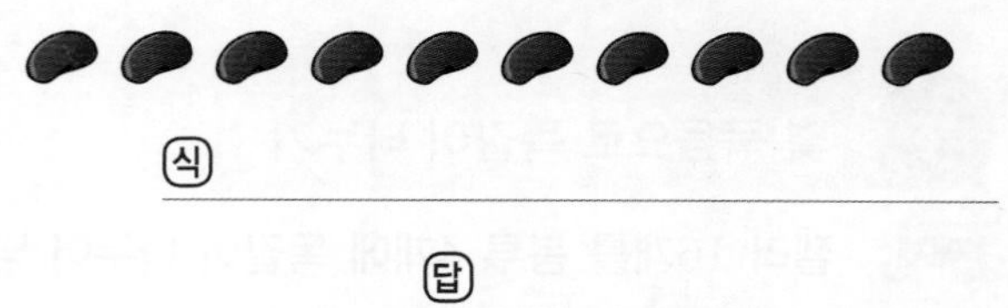

식

답

08 서술형 고구마 12개를 친구들과 똑같이 나누어 먹으려고 합니다. 친구의 수에 따라 고구마를 몇 개씩 먹을 수 있는지 나눗셈식을 이용하여 설명해 보세요.

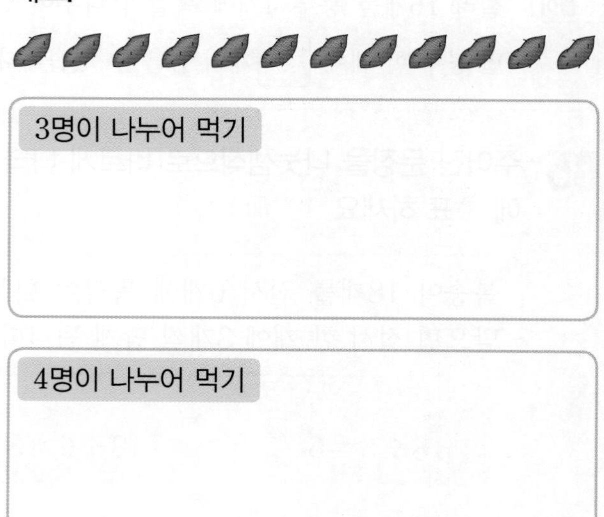

유형 03 몇 개씩 똑같이 나누기

예제 공깃돌 20개를 4개씩 묶고, 모두 몇 묶음인지 구하세요.

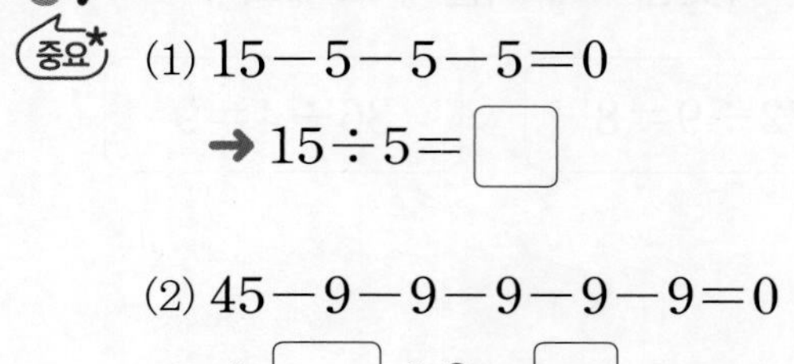

( )

풀이 공깃돌 20개를 한 묶음에 4개씩 묶으면 모두 □묶음이 됩니다.

09 중요 □ 안에 알맞은 수를 써넣으세요.

(1) $15-5-5-5=0$

➜ $15\div5=\square$

(2) $45-9-9-9-9-9=0$

➜ $\square\div9=\square$

10 $28\div7=4$에 알맞은 문제를 완성하고, 답을 구하세요.

문제 빵 □개를 한 상자에 □개씩 담으면 몇 상자에 담을 수 있을까요?

답 □상자에 담을 수 있습니다.

11 다음을 읽고 나눗셈식과 뺄셈식으로 나타내세요.

바둑돌 42개를 한 통에 6개씩 담으면 통은 7개가 필요합니다.

나눗셈식

뺄셈식

12 서술형 쿠키 30개를 한 명에게 5개씩 나누어 주면 몇 명에게 나누어 줄 수 있는지 구하려고 합니다. 잘못 말한 사람의 이름을 쓰고, 그 이유를 쓰세요.

$30-5-5-5-5-5-5=0$이니까 5명에게 나누어 줄 수 있어.

나눗셈식으로 나타내면 $30\div5=6$이고, 6명에게 나누어 줄 수 있어.

이름

이유

13 토마토 14개를 한 봉지에 2개씩 담으려고 합니다. 토마토를 몇 봉지에 담을 수 있는지 나눗셈식으로 나타내고, 답을 구하세요.

식

답

유형 04 **곱셈과 나눗셈의 관계**

예제 그림을 보고 □ 안에 알맞은 수를 써넣으세요.

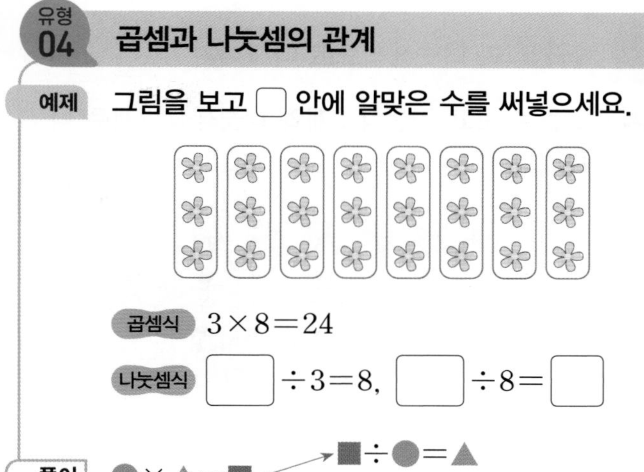

곱셈식 $3\times8=24$

나눗셈식 $\square\div3=8$, $\square\div8=\square$

풀이 ●×▲=■ → ■÷●=▲, ■÷▲=●

14 중요 나눗셈식을 곱셈식으로, 곱셈식을 나눗셈식으로 나타내세요.

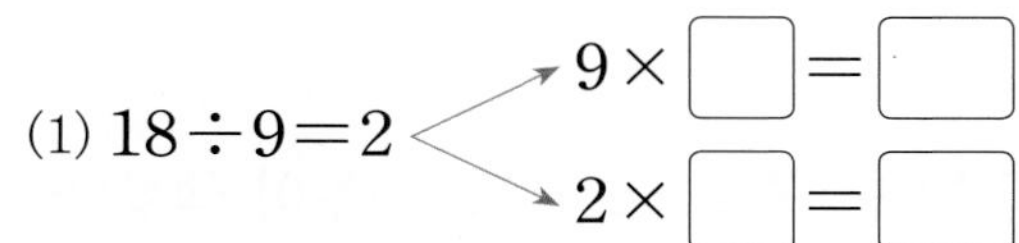

(1) $18\div9=2$ → $9\times\square=\square$, $2\times\square=\square$

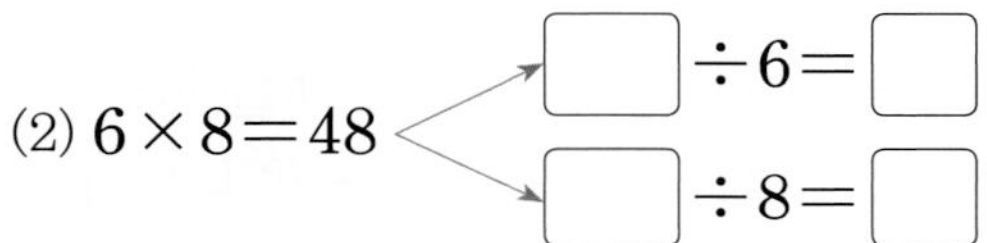

(2) $6\times8=48$ → $\square\div6=\square$, $\square\div8=\square$

15 나눗셈식을 곱셈식으로 바르게 나타낸 것을 모두 찾아 기호를 쓰세요.

$63\div7=9$

㉠ $7\times9=63$	㉡ $7\times8=56$
㉢ $6\times3=18$	㉣ $9\times7=63$

(　　　　　　　　)

3 단원

유형 05 곱셈식과 나눗셈식으로 나타내기

예제 그림을 보고 곱셈식 2개와 나눗셈식 2개로 나타내세요.

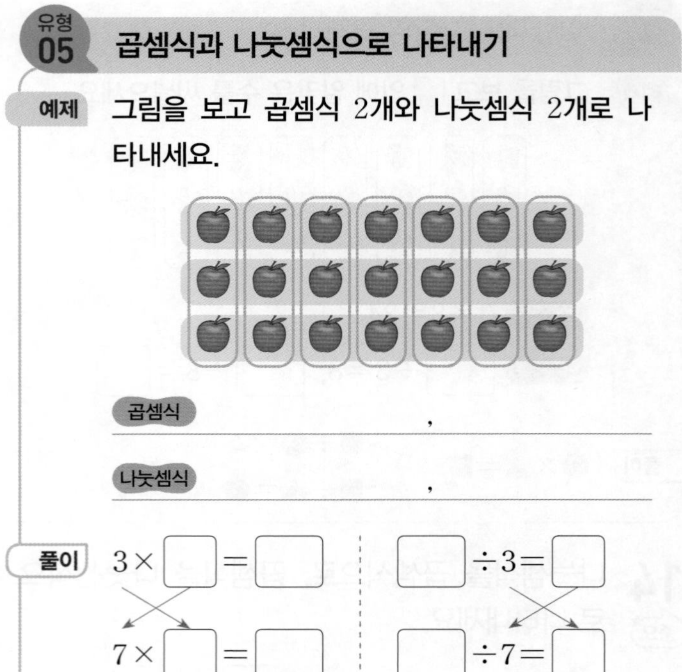

곱셈식 ,

나눗셈식 ,

풀이 $3\times\square=\square$, $7\times\square=\square$ / $\square\div3=\square$, $\square\div7=\square$

[16~17] 벽 한 쪽을 36칸으로 나누어 색칠하려고 합니다. 물음에 답하세요.

16 36칸을 9칸씩 같은 색으로 색칠했습니다. 그림을 보고 곱셈식과 나눗셈식으로 나타내세요.

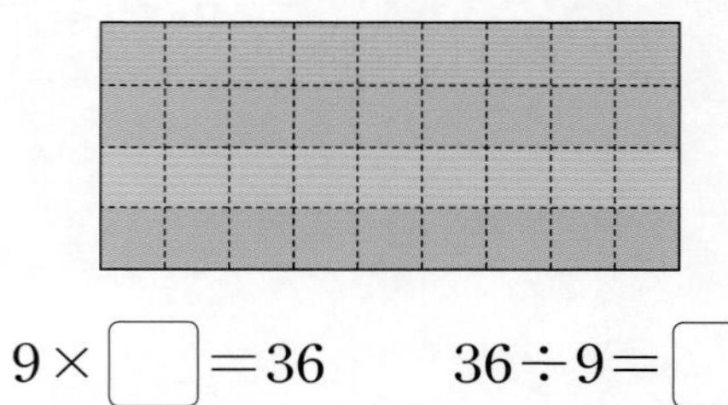

$9\times\square=36$ $36\div9=\square$

17 36칸을 4칸씩 같은 색으로 색칠했습니다. 그림을 보고 곱셈식과 나눗셈식으로 나타내세요.

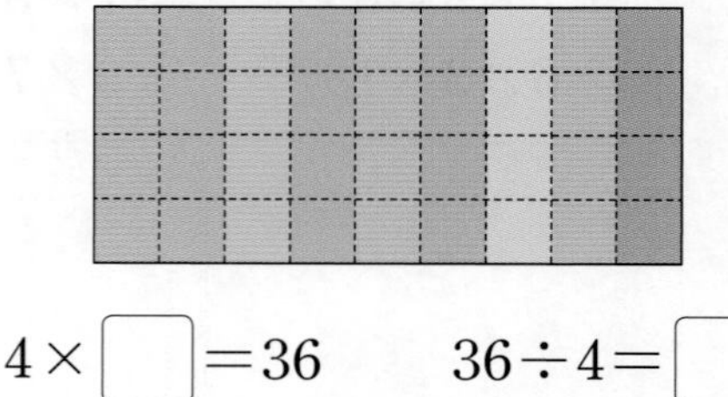

$4\times\square=36$ $36\div4=\square$

18 그림을 보고 나눗셈식과 곱셈식으로 나타내세요.

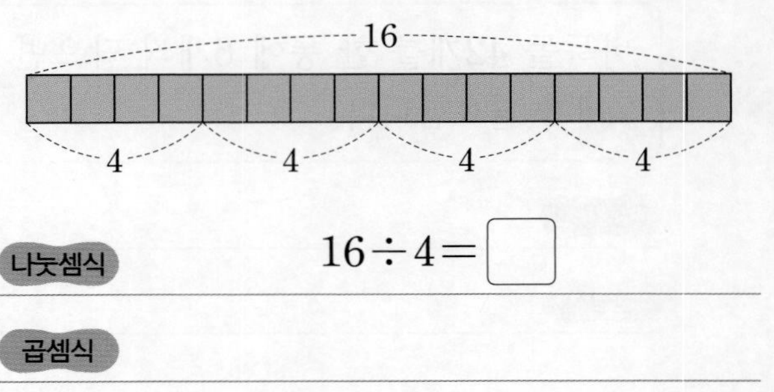

나눗셈식 $16\div4=\square$

곱셈식

19 (창의형) 2부터 9까지의 수 중에서 서로 다른 수 2개를 사용하여 곱셈식을 만들고, 만든 곱셈식을 나눗셈식 2개로 나타내세요.

곱셈식 $\square\times\square=$

나눗셈식 ,

유형 06 나눗셈의 몫을 곱셈식으로 구하기

예제 ㉠에 공통으로 들어갈 수를 구하세요.

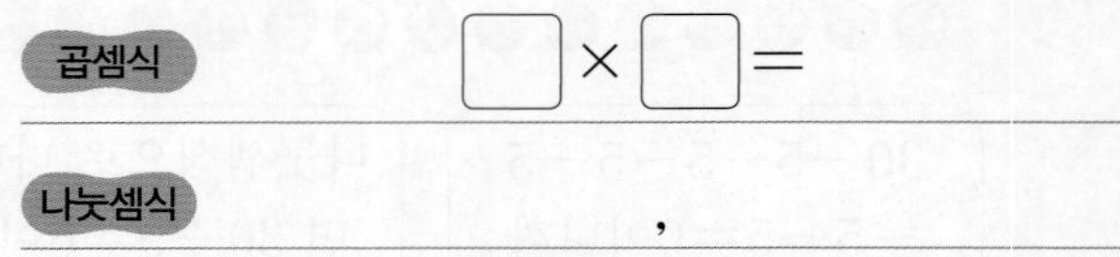

( )

풀이 $24\div3=\square$ ⟷ $3\times\square=24$

→ ㉠에 공통으로 들어갈 수: $\square$

20 (중요) 나눗셈의 몫을 구하려고 합니다. 필요한 곱셈식을 찾아 ○표 하세요.

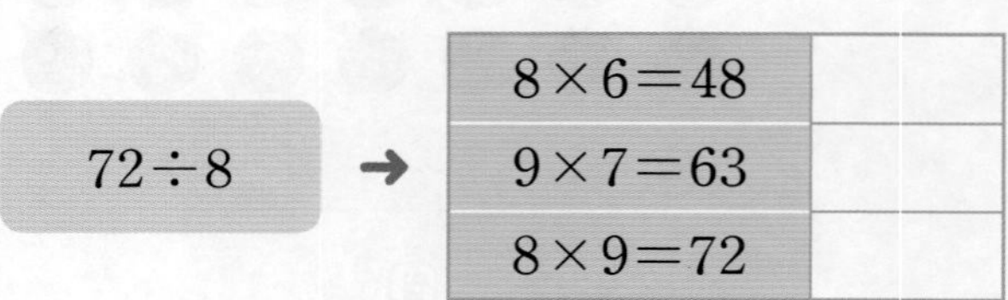

72÷8 →

8×6=48	
9×7=63	
8×9=72	

21 관계있는 것끼리 이어 보세요.

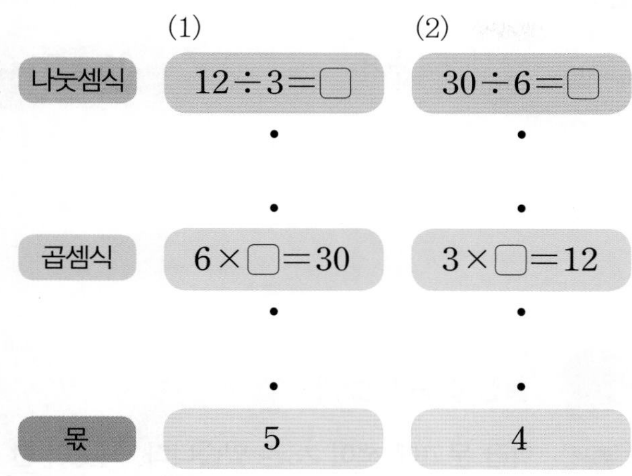

22 떡 42개를 꼬치 한 개에 6개씩 끼워서 구워 먹으려고 합니다. 꼬치는 몇 개 필요할까요?

나눗셈식 $42\div6=\square$

곱셈식 $6\times\square=\square$

( )

유형 07 나눗셈의 몫을 곱셈구구로 구하기

예제 나눗셈의 몫을 구하려면 몇 단 곱셈구구를 이용해야 할까요?

$35\div7$

( )

풀이 나누는 수가 $\square$이므로 $\square$단 곱셈구구를 이용하여 몫을 구합니다.

23 중요★ 곱셈표를 이용하여 나눗셈의 몫을 구하세요.

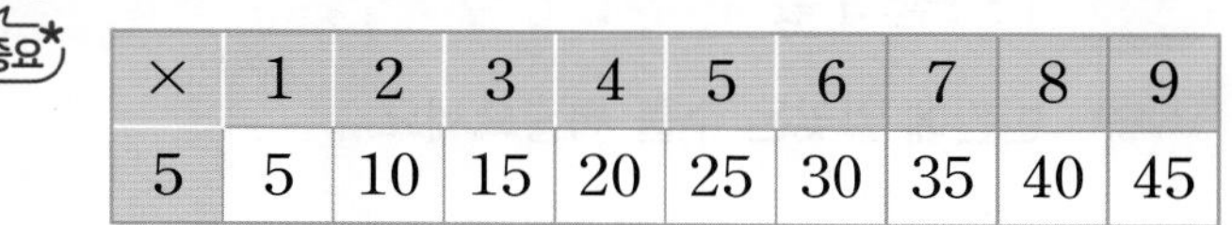

×	1	2	3	4	5	6	7	8	9
5	5	10	15	20	25	30	35	40	45

(1) $25\div5=\square$

(2) $45\div5=\square$

24 4단 곱셈구구를 이용하여 몫을 구할 수 있는 나눗셈을 모두 찾아 기호를 쓰세요.

㉠ $8\div4$ ㉡ $16\div2$ ㉢ $32\div4$

( )

25 서술형 다음 나눗셈의 몫을 곱셈구구를 이용하여 구하려고 합니다. 풀이 과정을 쓰고, 답을 구하세요.

$27\div3$

1단계 곱셈구구를 이용하여 필요한 곱셈식 찾기

2단계 나눗셈의 몫 구하기

답

3 단원

STEP 2 유형 다잡기

유형 08 나눗셈의 몫 구하기

예제 빈칸에 알맞은 수를 써넣으세요.

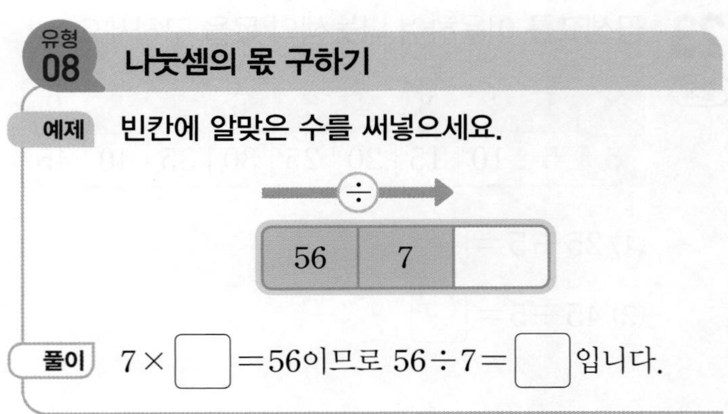

풀이 7× □ =56이므로 56÷7= □ 입니다.

26 나눗셈의 몫을 구하세요.

(1) $63 \div 9 = \square$

(2) $18 \div 6 = \square$

27 나눗셈의 몫이 같은 것끼리 같은 색으로 색칠해 보세요.

72÷8	21÷7	6÷3
10÷5	15÷5	18÷2

28 가장 큰 수를 가장 작은 수로 나눈 몫은 얼마인지 구하세요.
중요

9 36 4 6

( )

29 두 나눗셈의 몫의 합을 구하세요.

64÷8 35÷5

( )

유형 09 실생활 속 나눗셈

예제 학급 문고에 책이 28권 있습니다. 책꽂이 한 칸에 4권씩 꽂으려면 몇 칸이 필요할까요?

( )

풀이 (필요한 책꽂이 칸 수)
=(전체 책의 수)
÷(책꽂이 한 칸에 꽂아야 하는 책의 수)
= □ ÷ □ = □ (칸)

30 한약 한 제는 20첩입니다. 한약 한 제를 상자 5개에 똑같이 나누어 담으려고 합니다. 한 상자에 몇 첩씩 담으면 될까요?

( )

31 지선이가 가지고 있는 네 잎 클로버의 잎을 세어 보니 모두 12장이었습니다. 네 잎 클로버는 몇 개일까요?

( )

32 도화지 한 장으로 초대장 6개를 만들 수 있습니다. 초대장 54개를 만들려면 도화지 몇 장이 필요할까요?

(　　　　　　　　)

유형 10 몫의 크기 비교하기

예제 몫을 비교하여 ○ 안에 >, =, <를 알맞게 써넣으세요.

$18 \div 3$ ○ $49 \div 7$

풀이 $18 \div 3 = \square$, $49 \div 7 = \square$

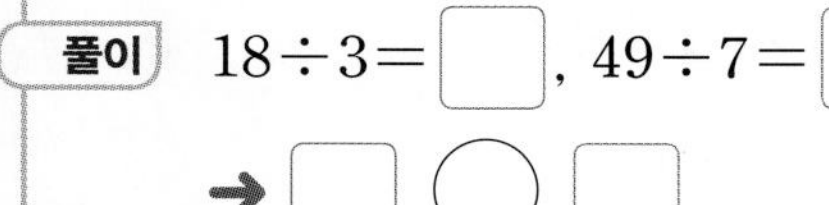

→ □ ○ □

33 (중요) 몫이 더 작은 것에 △표 하세요.

$45 \div 9$	$48 \div 6$
(　　　)	(　　　)

34 〈보기〉의 수 중에서 하나의 수를 □ 안에 넣어 나눗셈식을 만들려고 합니다. 몫이 가장 큰 나눗셈식을 만들고, 몫을 구하세요.

〈보기〉
8　3　4

→ $24 \div \square$

식 ______________________

답 ______________

35 (서술형) 몫이 큰 것부터 차례로 기호를 쓰려고 합니다. 풀이 과정을 쓰고, 답을 구하세요.

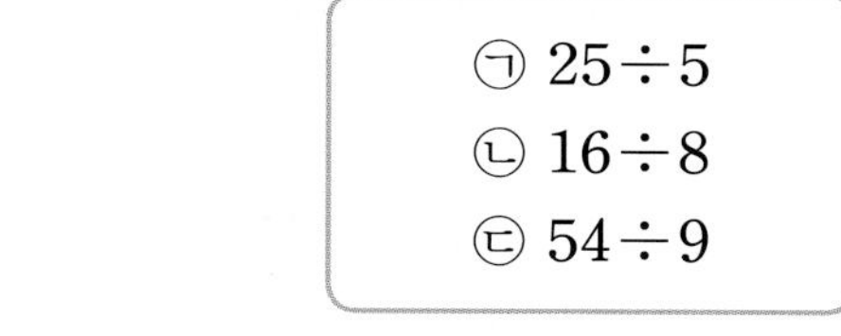

1단계 ㉠, ㉡, ㉢의 몫 각각 구하기

____

____

2단계 몫이 큰 것부터 차례로 기호 쓰기

____

____

답 ______________

36 나눗셈식으로 나타낼 때 몫이 가장 큰 사람을 찾아 이름을 쓰세요.

감 28개를 7개씩 4번 덜어 내면 0이 돼.
현우
30에서 6을 5번 빼면 0이 돼.
연서
10−5−5=0이야.
규민

(　　　　　　　　)

3 단원

유형 11 남김없이 똑같이 나누는 경우 찾기

예제 문장을 보고 ■가 될 수 있는 수를 모두 찾아 ○표 하세요.

> 치즈 ■장을 4명이 남김없이 똑같이 나누어 먹었습니다.

(8 , 10 , 12 , 18)

풀이 문장을 나눗셈으로 나타내기: ■ ÷ ☐

남김없이 똑같이 나누려면 ■는 ☐단 곱셈구구의 값이어야 합니다.

37 공깃돌을 남김없이 똑같이 나누어 가지는 경우를 찾아 기호를 쓰세요.

> ㉠ 25개를 4명이 똑같이 나누어 가지기
> ㉡ 16개를 6명이 똑같이 나누어 가지기
> ㉢ 30개를 5명이 똑같이 나누어 가지기

( )

38 (중요) 주어진 수 중에서 3으로 남김없이 똑같이 나눌 수 있는 수는 모두 몇 개일까요?

> 7 12 16 21 27

( )

유형 12 나누어지는 수를 구하여 나누기

예제 지아는 한 묶음에 4개씩 있는 과자를 4묶음 가지고 있습니다. 이 과자를 한 명에게 2개씩 주면 모두 몇 명에게 나누어 줄 수 있을까요?

( )

풀이 (전체 과자의 수)＝4 × ☐ ＝ ☐(개)

➜ (나누어 줄 수 있는 사람 수)

＝ ☐ ÷ ☐ ＝ ☐(명)

39 현서는 풍선 32개를 가지고 있습니다. 그중에서 4개를 집에 두고 나머지는 친구 7명에게 똑같이 나누어 주었습니다. 친구 한 명에게 나누어 준 풍선은 몇 개일까요?

( )

40 (서술형) 상우는 쿠키 37개를 가지고 있었습니다. 쿠키를 3개 더 사 와서 상자 8개에 똑같이 나누어 담았습니다. 상자 한 개에 몇 개씩 담았는지 풀이 과정을 쓰고, 답을 구하세요.

(1단계) 전체 쿠키의 수 구하기

(2단계) 상자 한 개에 몇 개씩 담았는지 구하기

답

41 한 봉지에 빵이 6개씩 들어 있습니다. 친구들에게 나누어 주려고 봉지를 뜯어서 한 접시에 9개씩 놓았더니 4접시가 되었습니다. 빵은 모두 몇 봉지일까요?

(　　　　　　　　)

+플러스 유형 13 수 카드로 나눗셈식 만들기

예제 수 카드 [2], [4], [7]을 □ 안에 한 번씩만 써넣어 나눗셈식을 만들려고 합니다. ㉢에 알맞은 수를 구하세요.

㉠㉡ $\div$ 6 = ㉢

(　　　　　　　　)

풀이 ㉠㉡÷6=㉢을 곱셈식으로 나타내면 6×㉢=㉠㉡이므로 ㉢에 2, 4, 7을 각각 넣어 ㉠㉡의 값을 확인해 봅니다.

$6\times2=$ □, $6\times4=$ □, $6\times7=$ □

42 리아가 가지고 있는 수 카드를 □ 안에 한 번씩만 써넣어 몫이 4인 나눗셈식을 만들어 보세요.

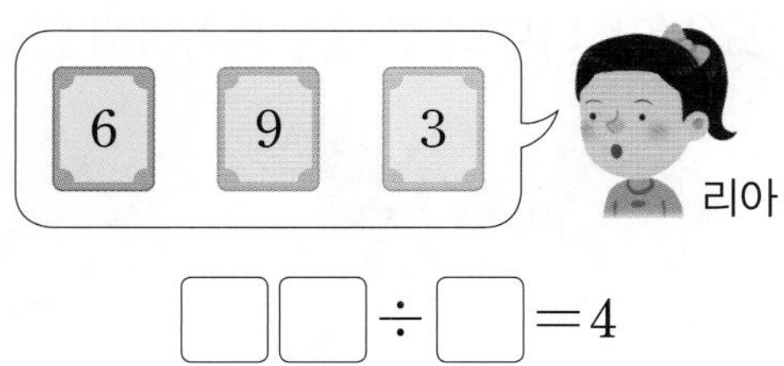

□□ ÷ □ = 4

43 3장의 수 카드 중에서 2장을 골라 두 자리 수를 만들려고 합니다. 4로 남김없이 똑같이 나눌 수 있는 두 자리 수를 찾아 나눗셈식으로 나타내세요.

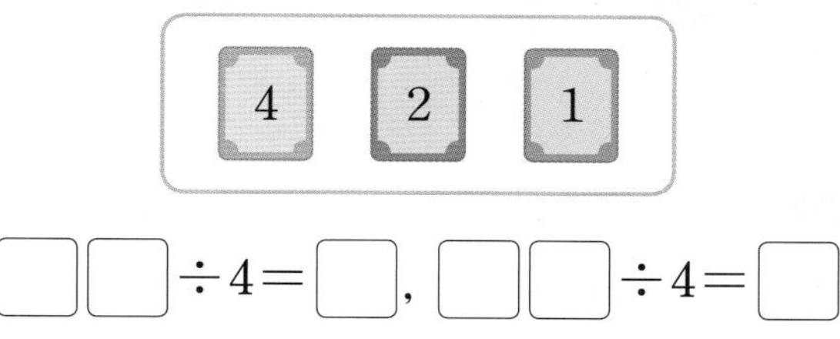

□□ ÷ 4 = □, □□ ÷ 4 = □

+플러스 유형 14 나눗셈식에서 모르는 수 구하기

예제 ■에 알맞은 수를 구하세요.

16 ÷ ■ = 8

(　　　　　　　　)

풀이 16 ÷ ■ = 8 → 8 × ■ = 16

8 × □ = 16이므로 ■ = □입니다.

44 빈칸에 알맞은 수를 써넣으세요. (중요)

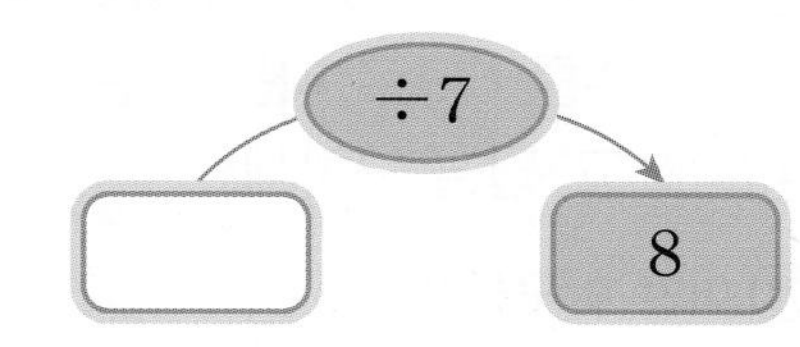

45 □ 안에 알맞은 수를 구하세요.

81 ÷ 9 = 45 ÷ □

(　　　　　　　　)

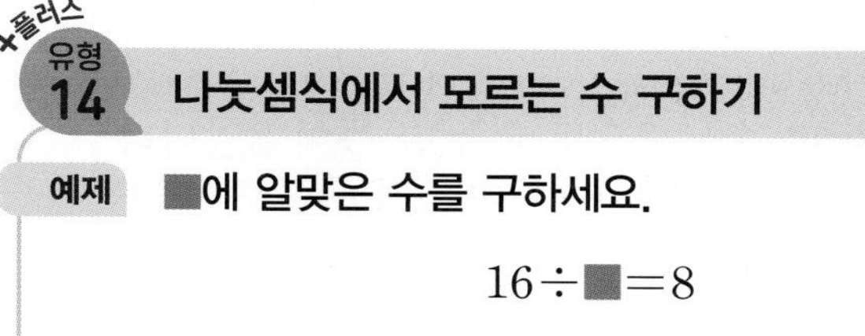

+플러스 유형 15 어떤 수 구하기

예제 어떤 수를 5로 나누어야 할 것을 잘못하여 어떤 수에 15를 더했더니 50이 되었습니다. 바르게 계산한 몫을 구하세요.

( )

풀이 어떤 수를 ▲라 하면 ▲+15=50입니다.

▲=50−☐=☐

➜ 바르게 계산한 몫: ☐÷5=☐

46 중요 어떤 수를 ☐라 하여 나눗셈식으로 나타내고, 어떤 수를 구하세요.

어떤 수를 3으로 나누면 몫이 8입니다.

식

답

47 서술형 어떤 수를 9로 나누었더니 몫이 4가 되었습니다. 어떤 수를 6으로 나눈 몫은 얼마인지 풀이 과정을 쓰고, 답을 구하세요.

1단계 어떤 수 구하기

2단계 어떤 수를 6으로 나눈 몫 구하기

답

+플러스 유형 16 일정한 간격으로 놓은 물건의 수 구하기

예제 길이가 63 m인 도로의 한쪽에 7 m 간격으로 가로등을 세우려고 합니다. 그림과 같이 도로의 처음과 끝에도 가로등을 세운다면 필요한 가로등은 모두 몇 개일까요? (단, 가로등의 두께는 생각하지 않습니다.)

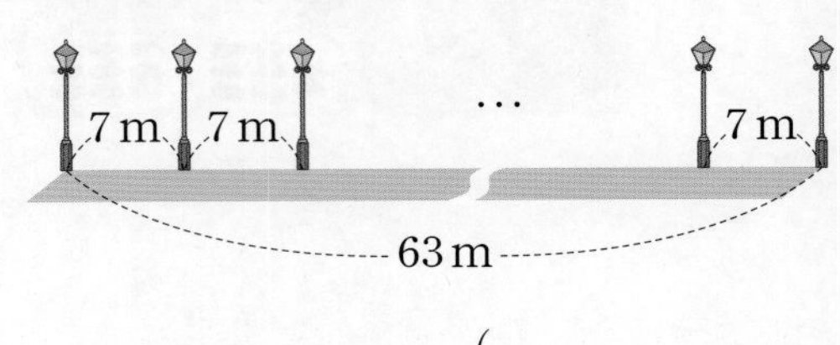

( )

풀이 (간격의 수)=63÷☐=☐(군데)

(필요한 가로등의 수)=(간격의 수)+1

=☐+1=☐(개)

48 길이가 54 cm인 화단에 그림과 같이 같은 간격으로 꽃을 10송이 심었습니다. 꽃과 꽃 사이의 간격은 몇 cm일까요? (단, 꽃의 두께는 생각하지 않습니다.)

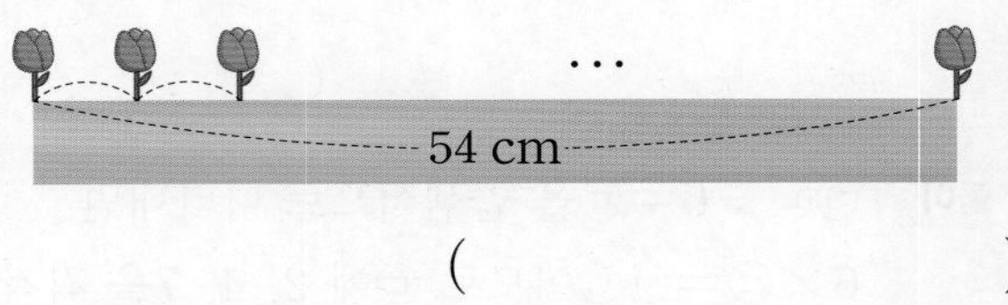

( )

49 길이가 56 m인 길의 양쪽에 8 m 간격으로 나무를 심으려고 합니다. 길의 처음과 끝에도 나무를 심는다면 필요한 나무는 모두 몇 그루일까요? (단, 나무의 두께는 생각하지 않습니다.)

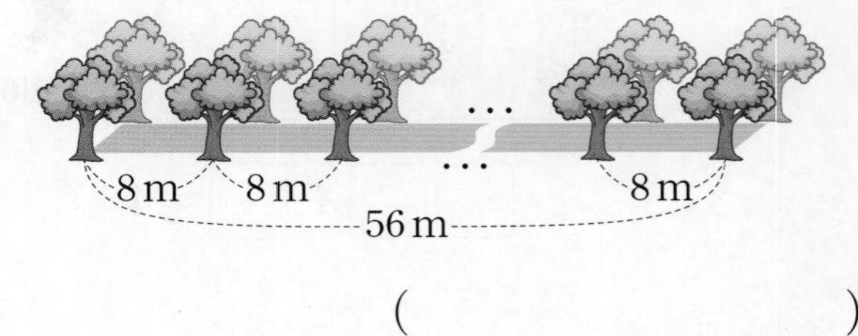

( )

유형 17 도형의 특징을 이용하여 나눗셈하기

예제 길이가 28 cm인 철사를 모두 사용하여 가장 큰 정사각형을 한 개 만들었습니다. 만든 정사각형의 한 변의 길이는 몇 cm일까요?

(　　　　　　)

풀이 정사각형은 네 변의 길이가 모두 같습니다.
(만든 정사각형의 한 변의 길이)

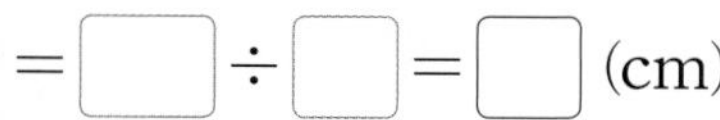

= □ ÷ □ = □ (cm)

50 세 변의 길이가 모두 같은 삼각형 1개와 정사각형 2개를 이어 붙여 만든 도형입니다. 초록색 선의 길이가 42 cm일 때, 정사각형의 한 변의 길이는 몇 cm일까요?

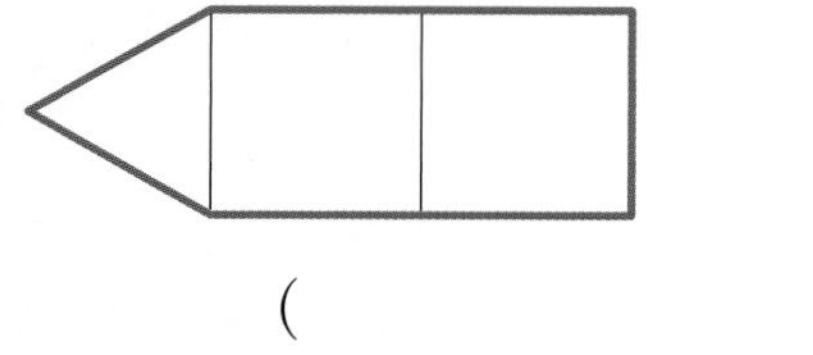

(　　　　　　)

51 (서술형) 길이가 24 cm인 끈을 겹치지 않게 모두 사용하여 세 변의 길이가 모두 같은 삼각형 4개를 만들었습니다. 만든 삼각형의 크기가 모두 같을 때 삼각형의 한 변의 길이는 몇 cm인지 풀이 과정을 쓰고, 답을 구하세요.

(1단계) 삼각형 한 개를 만드는 데 사용한 끈의 길이 구하기

(2단계) 만든 삼각형의 한 변의 길이 구하기

(답)

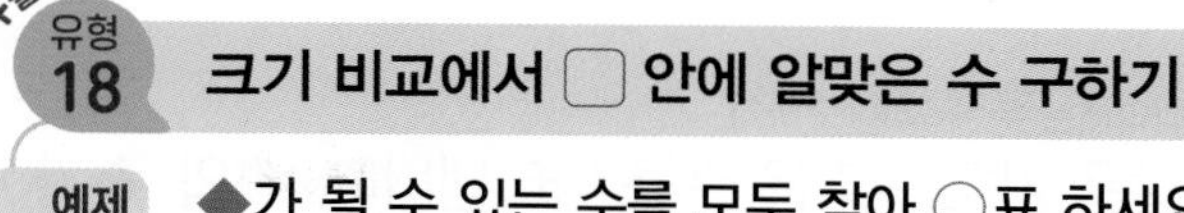

유형 18 크기 비교에서 □ 안에 알맞은 수 구하기

예제 ◆가 될 수 있는 수를 모두 찾아 ○표 하세요.

$48 \div 8 < ◆$

(4 , 5 , 6 , 7 , 8)

풀이 48÷8=□이므로 □<◆입니다.
➜ ◆가 될 수 있는 수: □, □

52 (중요) 1부터 9까지의 수 중에서 □ 안에 들어갈 수 있는 가장 큰 수를 구하세요.

$15 \div 3 > □$

(　　　　　　)

53 남김없이 똑같이 나누어지는 나눗셈 12÷●가 있습니다. 2부터 9까지의 수 중에서 ●가 될 수 있는 수를 모두 구하세요.

$12 \div ● < 4$

(　　　　　　)

54 각각 남김없이 똑같이 나누어지는 두 나눗셈의 몫의 크기를 비교한 것입니다. □ 안에 들어갈 수 있는 두 자리 수는 모두 몇 개일까요?

$□ \div 4 < 45 \div 9$

(　　　　　　)

3 단원

문제 강의

STEP 3 응용 해결하기

나타내는 두 수의 차 구하기

1 같은 기호는 같은 수를 나타냅니다. ♥와 ◆가 나타내는 수의 차를 구하세요.

• ♥÷6=6
• ♥÷◆=4

( )

곱셈표에서 알맞은 수 구하기

2 다음과 같이 곱셈표가 지워졌습니다. ■에 알맞은 수를 구하세요.

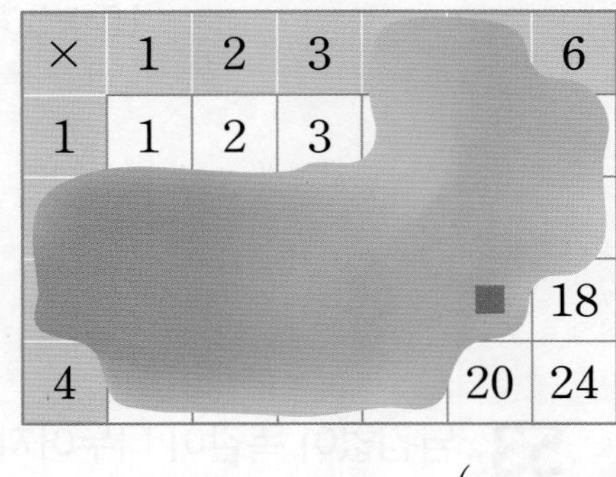

( )

나눗셈의 몫이 될 수 있는 수의 개수 구하기

3 서술형 (두 자리 수)÷(한 자리 수)의 나눗셈식의 일부가 얼룩져 보이지 않습니다. 나눗셈의 몫이 될 수 있는 수는 모두 몇 개인지 풀이 과정을 쓰고, 답을 구하세요. (단, 몫은 한 자리 수입니다.)

2■÷4=■

풀이

답

해결 tip

곱셈표에서 모르는 수를 구하려면?

주변의 수를 이용하여 필요한 수를 먼저 구합니다.

×		㉠	3
2		4	
㉡		▲	9

▲를 구하기 위해 필요한 수: ㉠, ㉡

2×㉠=4 → ㉠=4÷2=2
㉡×3=9 → ㉡=9÷3=3

몫이 한 자리 수인 나눗셈식에서 나누어지는 수와 나누는 수 사이의 관계는?

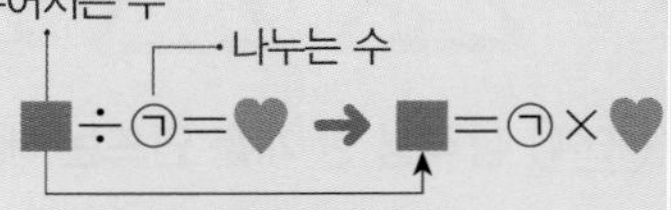

묷이 가장 클 때와 작을 때의 나눗셈식 만들기

4 주어진 수 카드 중 두 장을 골라 몫이 가장 클 때와 가장 작을 때의 (두 자리 수)÷(한 자리 수)를 만들고, 각각 계산해 보세요.

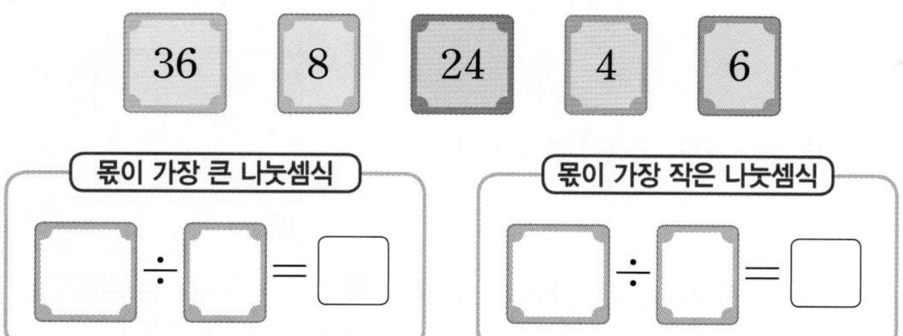

해결 tip

몫이 가장 크거나 작으려면?

- 큰 수를 작은 수로 나눌수록 몫은 커집니다.

(나누어지는 수)÷(나누는 수)=(몫)

- 작은 수를 큰 수로 나눌수록 몫은 작아집니다.

(나누어지는 수)÷(나누는 수)=(몫)

물건을 만드는 데 걸리는 시간 구하기 서술형

5 어느 인형 공장에서 일정한 빠르기로 인형 5개를 만드는 데 40분이 걸렸습니다. 같은 빠르기로 쉬지 않고 인형 9개를 만드는 데 걸리는 시간은 몇 시간 몇 분인지 풀이 과정을 쓰고, 답을 구하세요.

풀이

답

조건을 만족하는 두 수 구하기

6 조건을 모두 만족하는 서로 다른 두 수를 구하세요.

- 두 수의 합은 12입니다.
- 큰 수를 작은 수로 나누면 몫이 3입니다.

( ), ( )

• 정답 23쪽

가장 큰 정사각형으로 자르기

7 오른쪽과 같은 직사각형 모양의 도화지를 남김없이 잘라서 같은 크기의 정사각형을 만들려고 합니다. 한 변의 길이가 1 cm보다 길고 10 cm보다 짧은 정사각형으로 만들었을 때 만들 수 있는 가장 큰 정사각형의 한 변의 길이를 구하세요.

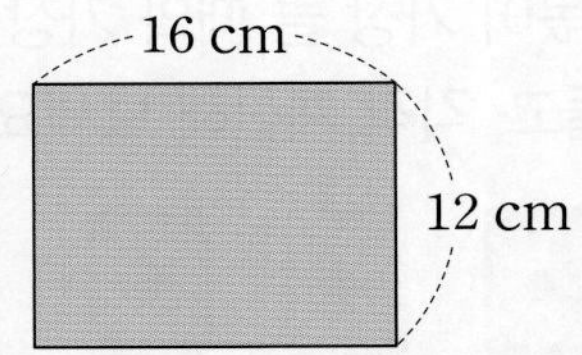

(1) 1보다 크고 10보다 작은 수 중에서 16을 남김없이 똑같이 나눌 수 있는 수를 모두 구하세요.

(　　　　　　　　　　)

(2) 1보다 크고 10보다 작은 수 중에서 12를 남김없이 똑같이 나눌 수 있는 수를 모두 구하세요.

(　　　　　　　　　　)

(3) 만들 수 있는 가장 큰 정사각형의 한 변의 길이는 몇 cm일까요?

(　　　　　)

해결 tip

남김없이 잘라 모두 같은 크기의 정사각형을 만들려면?

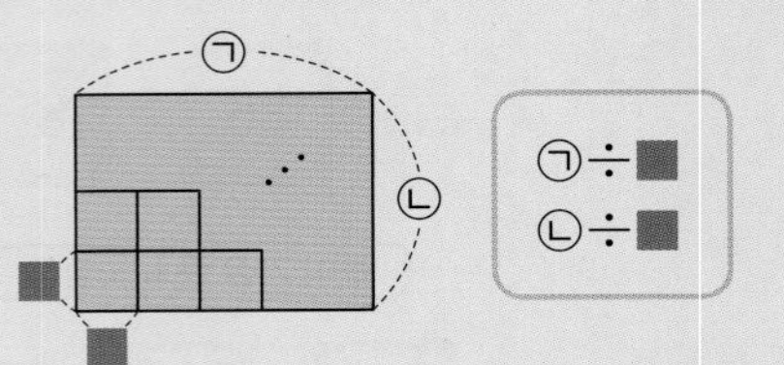

■는 ㉠, ㉡을 남김없이 똑같이 나누는 수이어야 합니다.

일정한 간격으로 꽂는 깃발의 수 구하기

8 그림과 같이 세 변의 길이가 같은 삼각형 모양의 땅의 둘레에 6 m 간격으로 깃발을 꽂으려고 합니다. 세 꼭짓점에 모두 깃발을 꽂는다면 필요한 깃발은 모두 몇 개인지 구하세요. (단, 깃발의 두께는 생각하지 않습니다.)

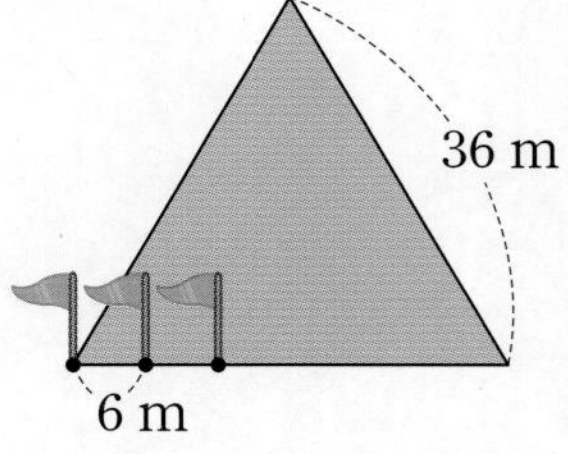

(1) 땅의 한 변에 꽂는 깃발은 몇 개일까요?

(　　　　　)

(2) 땅의 둘레에 깃발을 꽂을 때 필요한 깃발은 모두 몇 개일까요?

(　　　　　)

꺾인 부분이 있는 도형에 같은 간격으로 물건을 놓으면?

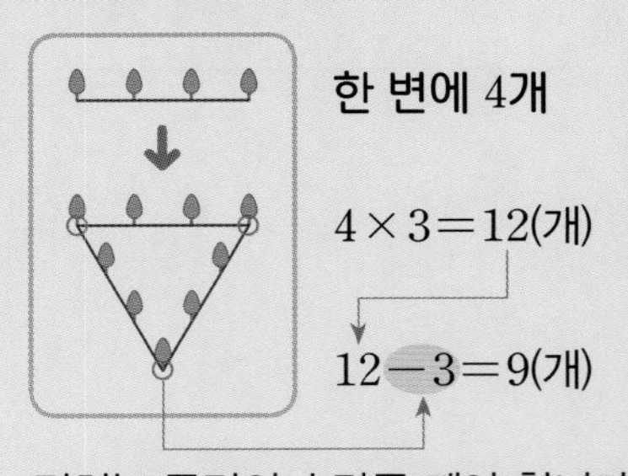

겹치는 물건의 수만큼 빼야 합니다.

평가 3단원 마무리

맞힌 개수

01 그림을 보고 ☐ 안에 알맞은 수를 써넣으세요.

$12 \div 3 = \square$

02 나눗셈식으로 나타내세요.

56 나누기 7은 8과 같습니다.

$\square \div 7 = \square$

03 ☐ 안에 알맞은 수를 써넣으세요.

$30-5-5-5-5-5-5=0$

→ $\square \div 5 = \square$

04 곱셈식을 나눗셈식 2개로 나타내세요.

$6 \times 4 = 24$ → $24 \div \square = \square$, $24 \div \square = \square$

05 단추 24개를 한 명에게 8개씩 나누어 주려고 합니다. 몇 명에게 나누어 줄 수 있는지 ☐ 안에 알맞은 수를 써넣고, 답을 구하세요.

나눗셈식 $24 \div 8 = \square$

곱셈식 $8 \times \square = 24$

(　　　　　　　　)

06 7단 곱셈구구를 이용하여 몫을 구할 수 있는 나눗셈식을 모두 고르세요. (　　　　　)

① $14 \div 7 = \square$　② $24 \div 8 = \square$
③ $36 \div 4 = \square$　④ $63 \div 7 = \square$
⑤ $72 \div 9 = \square$

07 나눗셈의 몫이 같은 것끼리 이어 보세요.

(1)	$16 \div 4$ •	• $18 \div 2$
(2)	$35 \div 5$ •	• $42 \div 6$
(3)	$72 \div 8$ •	• $36 \div 9$

3 단원

08 몫의 크기를 비교하여 ○ 안에 >, =, <를 알맞게 써넣으세요.

$40 \div 8$ ○ $28 \div 4$

09 나눗셈의 몫을 구한 다음, 나눗셈식을 곱셈식 2개로 나타내세요.

나눗셈식 $35 \div 7 = \square$

곱셈식 ,

10 두 나눗셈의 몫의 차를 구하세요.

$32 \div 4$ $45 \div 9$

( )

11 서술형 가장 큰 수를 가장 작은 수로 나눈 몫을 구하려고 합니다. 풀이 과정을 쓰고, 답을 구하세요.

48 6 9 24

풀이

답

12 물감 21개를 한 명에게 7개씩 주려고 합니다. 몇 명에게 나누어 줄 수 있는지 두 가지 식으로 쓰고, 답을 구하세요.

방법 1 뺄셈식으로 해결하기

방법 2 나눗셈식으로 해결하기

( )

13 그림을 보고 □ 안에 알맞은 수를 써넣으세요.

클립 15개를 □명에게 똑같이 나누어 주려면 한 명에게 □개씩 주면 됩니다.

14 선미는 전체가 63쪽인 책을 일주일 동안 똑같이 나누어 모두 읽으려고 합니다. 하루에 몇 쪽씩 읽어야 할까요?

( )

15 몫이 가장 큰 나눗셈을 말한 사람을 찾아 이름을 쓰세요.

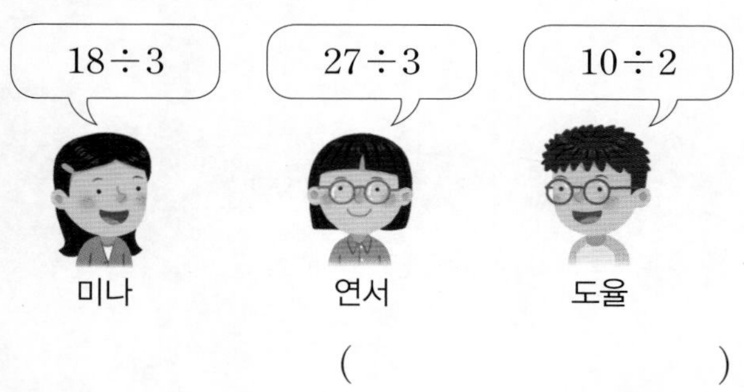

(　　　　　　　　　)

16 서술형 길이가 20 cm인 색 테이프를 모두 사용하여 가장 큰 정사각형을 한 개 만들었습니다. 만든 정사각형의 한 변의 길이는 몇 cm인지 풀이 과정을 쓰고, 답을 구하세요.

풀이

답

17 □ 안에 알맞은 수를 구하세요.

$$14 \div 2 = 56 \div \square$$

(　　　　　　　　　)

18 흰 바둑돌 24개와 검은 바둑돌 25개를 색깔에 상관없이 상자 7개에 똑같이 나누어 담았습니다. 한 상자에 담은 바둑돌은 몇 개일까요?

(　　　　　　　　　)

19 서술형 어떤 수를 8로 나누었더니 몫이 2가 되었습니다. 어떤 수를 4로 나눈 몫은 얼마인지 풀이 과정을 쓰고, 답을 구하세요.

풀이

답

3 단원

20 3장의 수 카드 중에서 2장을 골라 두 자리 수를 만들려고 합니다. 7로 남김없이 똑같이 나눌 수 있는 두 자리 수를 구하세요.

(　　　　　　　　　)

곱셈

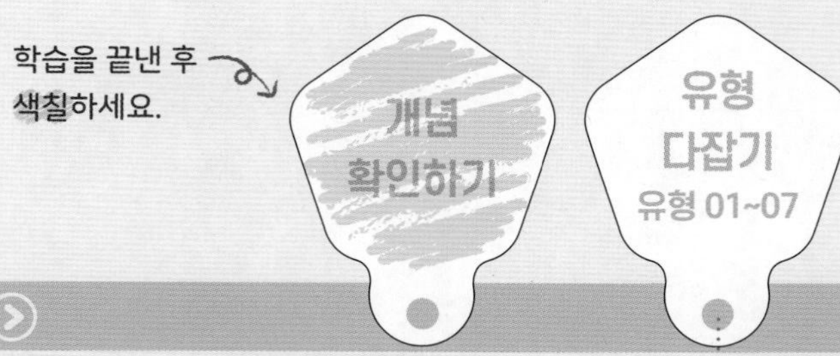

★ 중요 유형

02 올림이 없는 (두 자리 수)×(한 자리 수)

03 십의 자리에서 올림이 있는 (두 자리 수)×(한 자리 수)

06 곱이 같은 식 만들기

07 범위에 알맞은 수 구하기

이전에 배운 내용

[2-2] 곱셈구구

곱셈구구 알아보기

곱셈구구로 문제 해결하기

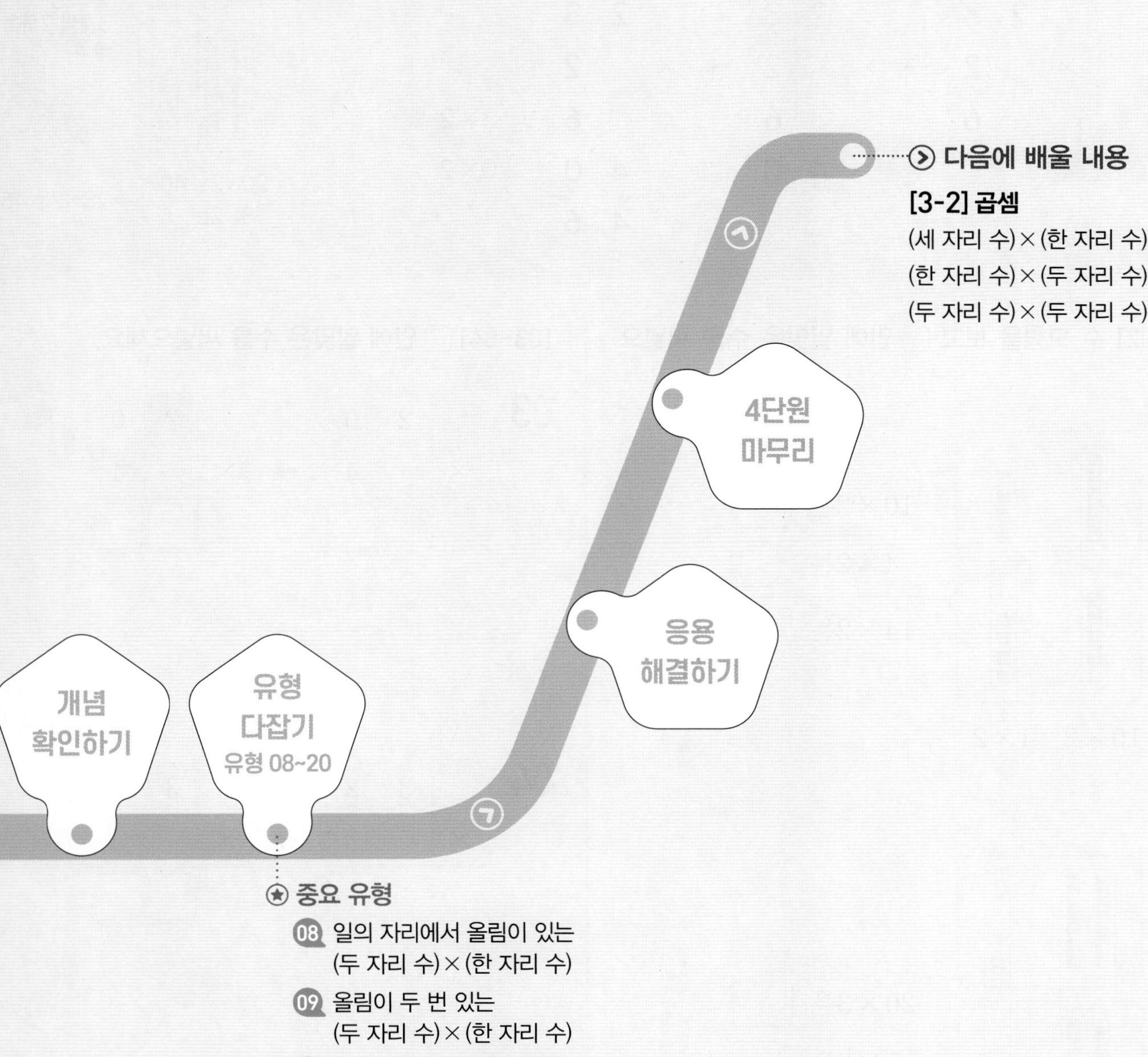

다음에 배울 내용
[3-2] 곱셈
(세 자리 수)×(한 자리 수)
(한 자리 수)×(두 자리 수)
(두 자리 수)×(두 자리 수)
4단원 마무리
응용 해결하기
개념 확인하기
유형 다잡기
유형 08~20
중요 유형
08 일의 자리에서 올림이 있는 (두 자리 수)×(한 자리 수)
09 올림이 두 번 있는 (두 자리 수)×(한 자리 수)
17 어떤 수를 구하여 계산하기
18 크기 비교에서 □ 안에 알맞은 수 구하기
19 수 카드로 곱셈식 만들기

STEP 1 개념 확인하기

1 올림이 없는 (두 자리 수)×(한 자리 수)

23× 2 계산하기

일의 자리를 계산한 3× 2=6과
십의 자리를 계산한 20× 2=40을 더하여 계산합니다.

	2	3	→		2	3	→		2	3	
×		2	→	×		2	→	×		2	
		6				6				6	… 3×2
					4	0			4	0	… 20×2
									4	6	

23 × 2를 수 모형으로 알아보기

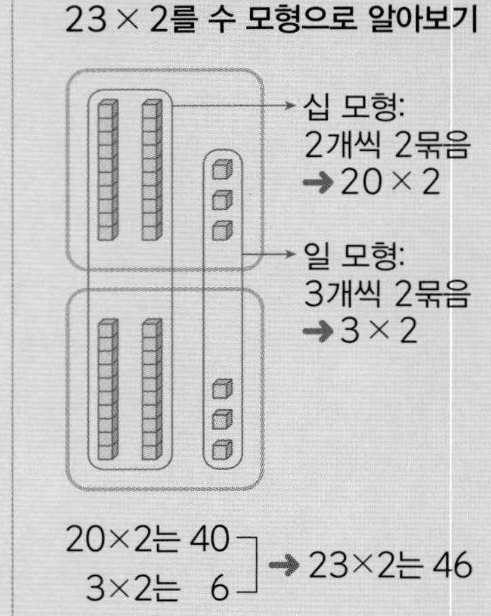

[01~02] 수 모형을 보고 ▢ 안에 알맞은 수를 써넣으세요.

01

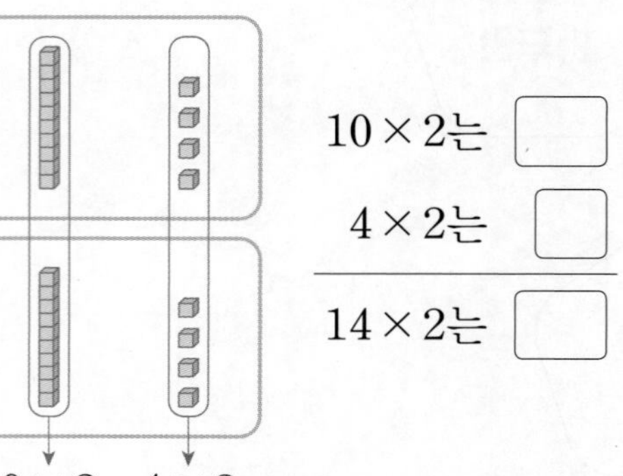

10×2는 ▢
4×2는 ▢
14×2는 ▢

02

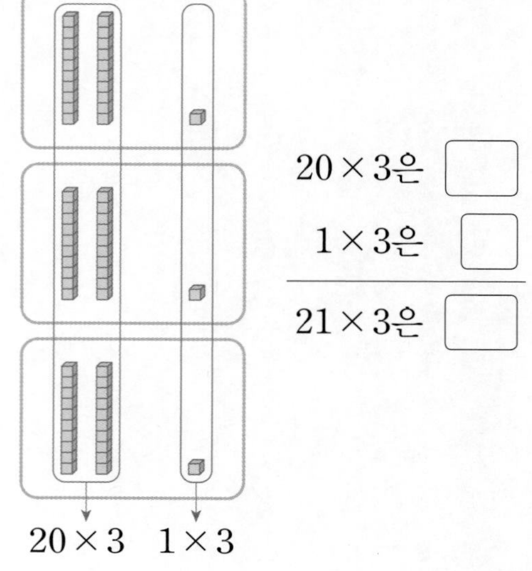

20×3은 ▢
1×3은 ▢
21×3은 ▢

[03~04] ▢ 안에 알맞은 수를 써넣으세요.

03

$\begin{array}{rr} 2 & 0 \\ \times & 4 \\ \hline & \square \end{array}$ ➔ $\begin{array}{rr} 2 & 0 \\ \times & 4 \\ \hline \square & \square \end{array}$

04

$\begin{array}{rr} 3 & 2 \\ \times & 3 \\ \hline & \square \end{array}$ ➔ $\begin{array}{rr} 3 & 2 \\ \times & 3 \\ \hline \square & \square \end{array}$

[05~06] 계산해 보세요.

05

$\begin{array}{r} 1\ 3 \\ \times \quad 2 \\ \hline \square \end{array}$

06

$\begin{array}{r} 2\ 2 \\ \times \quad 4 \\ \hline \square \end{array}$

2 십의 자리에서 올림이 있는 (두 자리 수)×(한 자리 수)

41×3 계산하기

일의 자리를 계산한 1×3=3과
십의 자리를 계산한 40×3=120을 더하여 계산합니다.

$$\begin{array}{r} 41 \\ \times\ \ 3 \\ \hline 3 \end{array} \rightarrow \begin{array}{r} 41 \\ \times\ \ 3 \\ \hline 3 \\ 120 \end{array} \rightarrow \begin{array}{r} 41 \\ \times\ \ 3 \\ \hline 3 \\ 120 \\ \hline 123 \end{array}$$

3 … 1×3
120 … 40×3

십의 자리에서 올림한 값은 백의 자리에 적어.

일의 자리를 계산한 값과 십의 자리를 계산한 값을 한 줄에 써서 간단히 나타낼 수 있습니다.

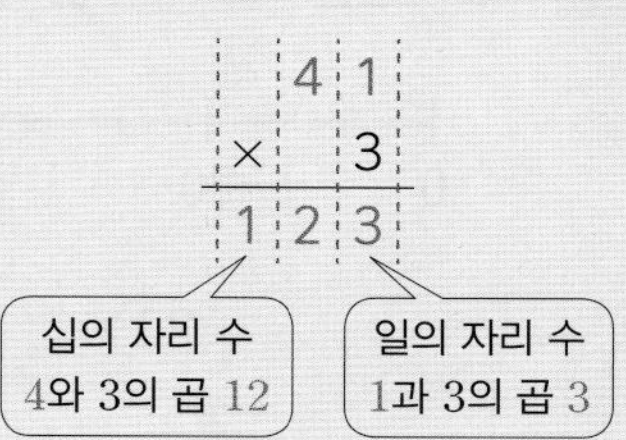

[01~02] 수 모형을 보고 □ 안에 알맞은 수를 써넣으세요.

01

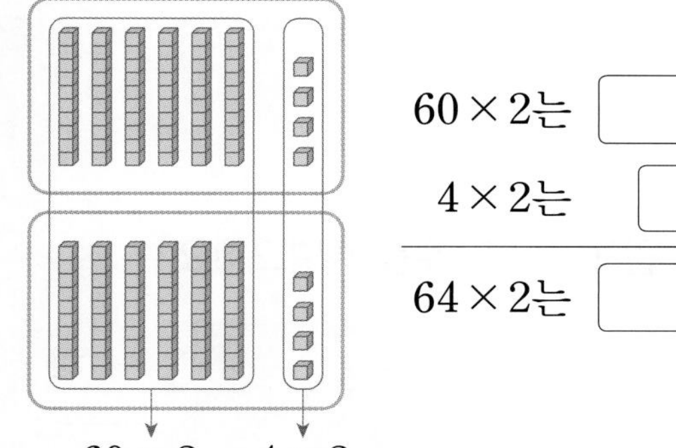

60×2는 □
4×2는 □
64×2는 □

02

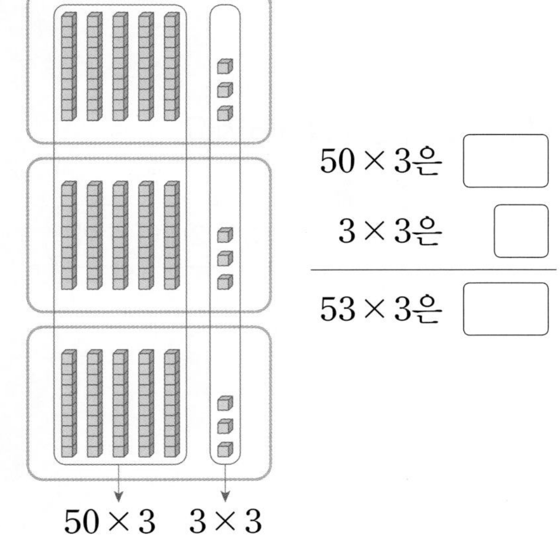

50×3은 □
3×3은 □
53×3은 □

[03~04] □ 안에 알맞은 수를 써넣으세요.

03

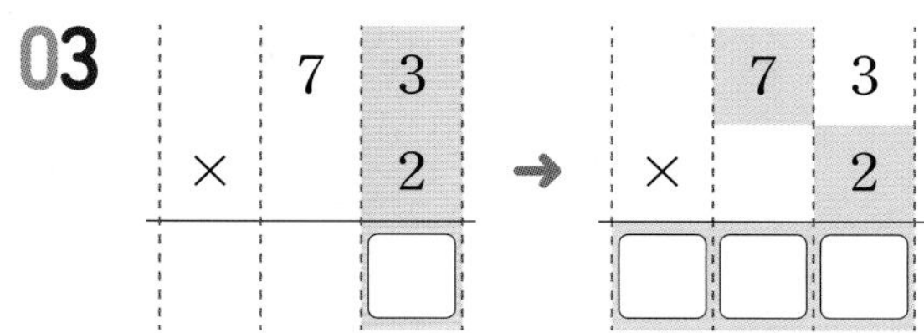

$$\begin{array}{r} 73 \\ \times\ \ 2 \\ \hline \square \end{array} \rightarrow \begin{array}{r} 73 \\ \times\ \ 2 \\ \hline \square\square\square \end{array}$$

04

$$\begin{array}{r} 90 \\ \times\ \ 5 \\ \hline \square \end{array} \rightarrow \begin{array}{r} 90 \\ \times\ \ 5 \\ \hline \square\square\square \end{array}$$

[05~06] 계산해 보세요.

05

$$\begin{array}{r} 84 \\ \times\ \ 2 \\ \hline \square \end{array}$$

06

$$\begin{array}{r} 61 \\ \times\ \ 4 \\ \hline \square \end{array}$$

STEP 2

유형 다잡기

유형 01 (몇십)×(몇)

예제 수직선을 보고 □ 안에 알맞은 수를 써넣으세요.

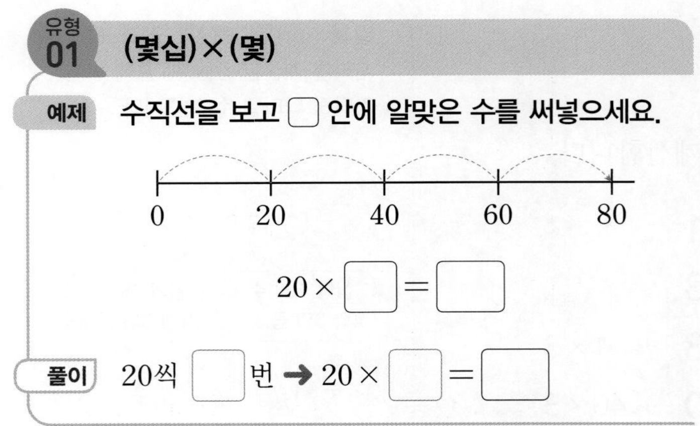

풀이 20씩 □번 ➔ 20×□=□

01 수 모형을 보고 □ 안에 알맞은 수를 써넣으세요.

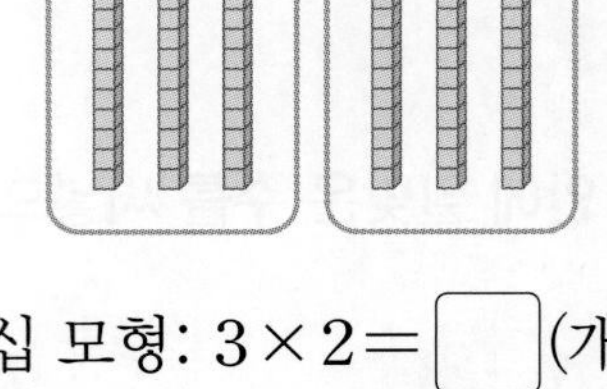

십 모형: 3×2=□(개)

➔ 30×2=□

02 바르게 계산한 사람의 이름을 쓰세요. (중요)

(　　　　　　)

03 빈칸에 알맞은 수를 써넣으세요.

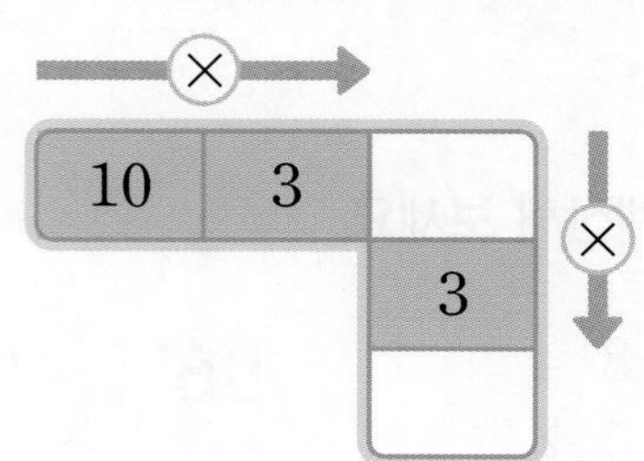

유형 02 올림이 없는 (두 자리 수)×(한 자리 수)

예제 계산해 보세요.

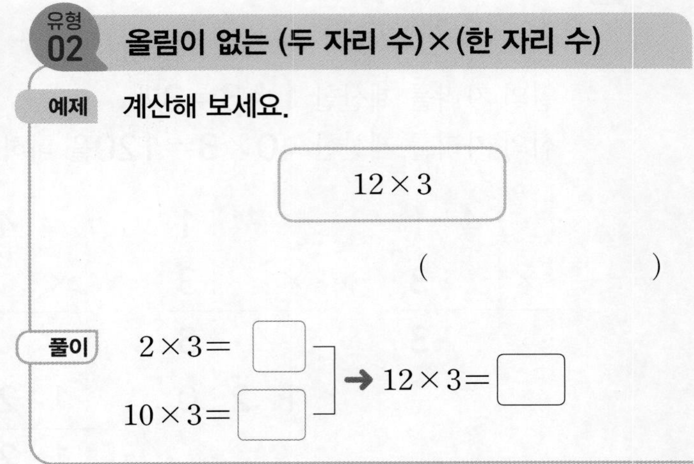

(　　　　　　)

풀이 2×3=□, 10×3=□ ➔ 12×3=□

04 계산해 보세요.

(1)
$$\begin{array}{r} 4\ 1 \\ \times\quad 2 \\ \hline \end{array}$$

(2)
$$\begin{array}{r} 1\ 1 \\ \times\quad 7 \\ \hline \end{array}$$

05 □ 안에 알맞은 수를 써넣으세요. (중요)

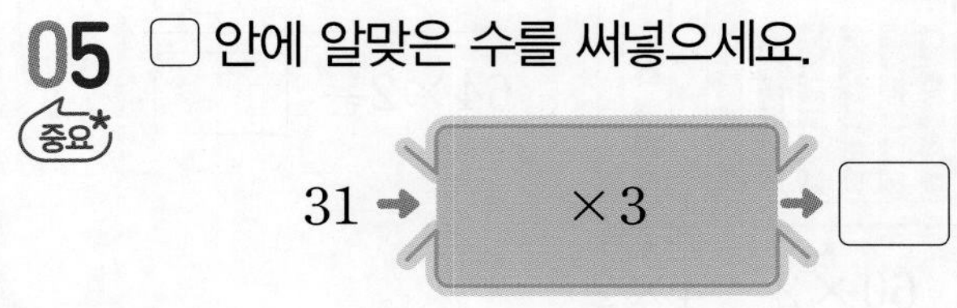

06 현우가 말하는 수를 구하세요.

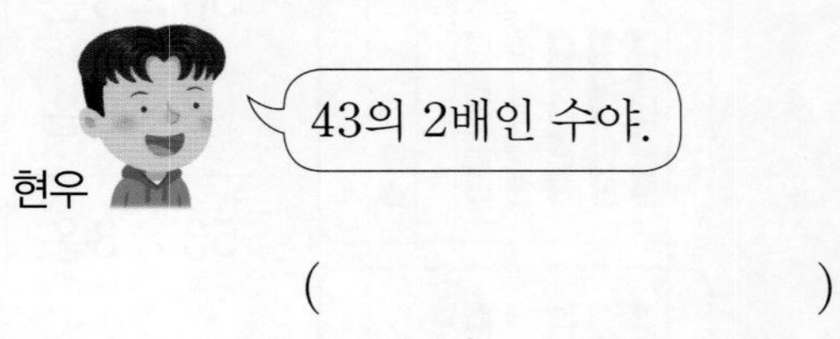

(　　　　　　)

07 서술형 삼각형에 적힌 두 수의 곱은 얼마인지 풀이 과정을 쓰고, 답을 구하세요.

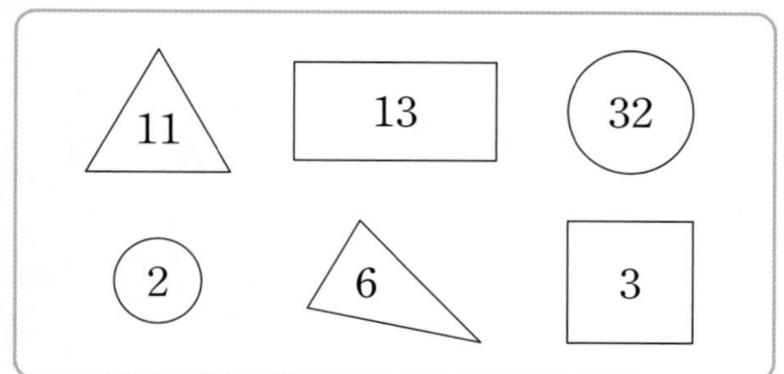

1단계 삼각형에 적힌 수 구하기

2단계 두 수의 곱 구하기

답

유형 03 십의 자리에서 올림이 있는 (두 자리 수)×(한 자리 수)

예제 두 수의 곱을 구하세요.

81　　9

(　　　　　)

풀이 $1\times9=\square$, $80\times9=\square$ ➜ $81\times9=\square$

08 〈보기〉와 같이 계산해 보세요.

〈보기〉

$90\times3=270$
$2\times3=\ \ 6$
$92\times3=276$

72×2

09 계산해 보세요.

(1) 51×6

(2) 94×2

10 계산 결과가 같은 것끼리 이어 보세요.

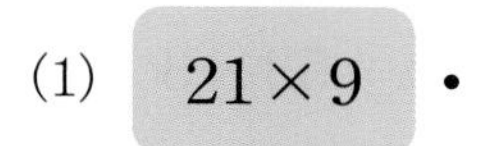

(1) 21×9 •　　　　• 64×2

(2) 32×4 •　　　　• 31×5

　　　　　　　　　　• 63×3

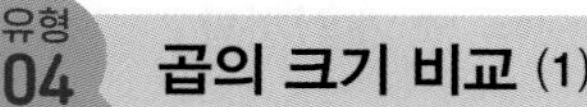

유형 04 곱의 크기 비교 (1)

예제 크기를 비교하여 ○ 안에 >, =, <를 알맞게 써넣으세요.

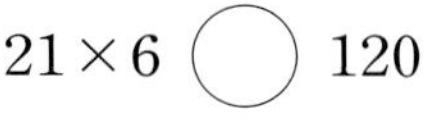

21×6 ○ 120

풀이 $21\times6=\square$ ➜ $\square$ ○ 120

11 계산 결과가 더 작은 쪽에 △표 하세요.

44×2　　32×3

(　　)　　(　　)

12 계산 결과가 250보다 큰 것을 찾아 색칠해 보세요.

41×6	31×8	51×5

13 곱이 작은 것부터 차례로 기호를 쓰세요.

㉠ 42×3 ㉡ 40×4
㉢ 43×2 ㉣ 53×3

(　　　　　　　　)

유형 05 실생활 속 (두 자리 수)×(한 자리 수) (1)

예제 종이학이 한 병에 12개씩 들어 있습니다. 병 3개에 들어 있는 종이학은 모두 몇 개일까요?

(　　　　　　　　)

풀이 (병 3개에 들어 있는 종이학 수)
=(한 병에 들어 있는 종이학 수)×(병의 수)
=□×□=□(개)

14 중요 재우네 학교에 3학년은 1반부터 4반까지 있습니다. 한 반에 22명씩 있다면 재우네 학교 3학년 학생은 모두 몇 명인지 식을 쓰고, 답을 구하세요.

식 ______________________

답 ______________________

15 농장에 오리가 34마리, 양이 41마리 있습니다. 오리와 양의 다리는 모두 몇 개일까요?

(　　　　　　　　)

16 서술형 사탕 가게에 한 봉지에 20개씩 포장된 알사탕 3봉지와 24개씩 포장된 막대사탕 2봉지가 있습니다. 사탕은 모두 몇 개인지 풀이 과정을 쓰고, 답을 구하세요.

1단계 알사탕과 막대사탕은 각각 몇 개인지 구하기

____

2단계 사탕은 모두 몇 개인지 구하기

____

답 ______________________

+플러스 유형 06 곱이 같은 식 만들기

예제 ★에 알맞은 수를 구하세요.

$20 \times 6 = 30 \times ★$

(　　　　　　　　)

풀이 $20 \times 6 =$ □이므로
$30 \times ★ =$ □입니다.
$30+30+30+30=$ □ → ★=□

17 도율이와 미나가 만든 식의 곱이 같을 때 □ 안에 알맞은 수를 구하세요.

도율
42×2
미나
21×□

( )

18 세 곱의 결과가 모두 같을 때, ㉠과 ㉡의 값을 각각 구하세요.

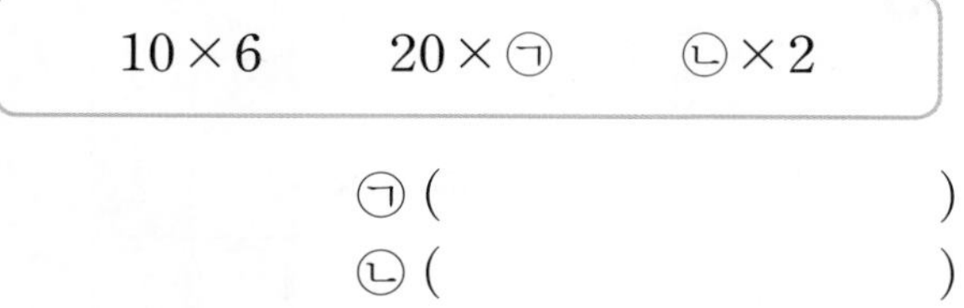

10×6 $20\times$㉠   ㉡$\times2$

㉠ ( )
㉡ ( )

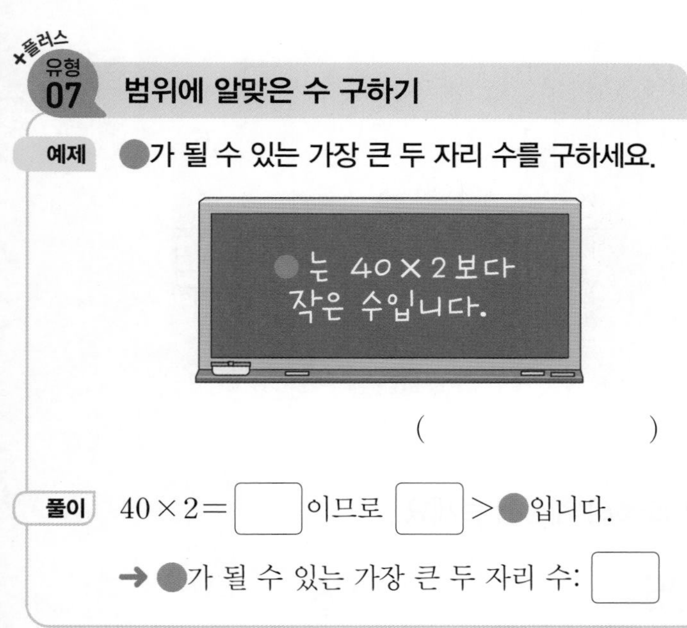

+플러스 유형 07 **범위에 알맞은 수 구하기**

예제 ●가 될 수 있는 가장 큰 두 자리 수를 구하세요.

●는 40×2보다
작은 수입니다.

( )

풀이 $40\times2=$□이므로 □$>$●입니다.

➜ ●가 될 수 있는 가장 큰 두 자리 수: □

19 (서술형) ♣에 알맞은 두 자리 수는 얼마인지 풀이 과정을 쓰고, 답을 구하세요.

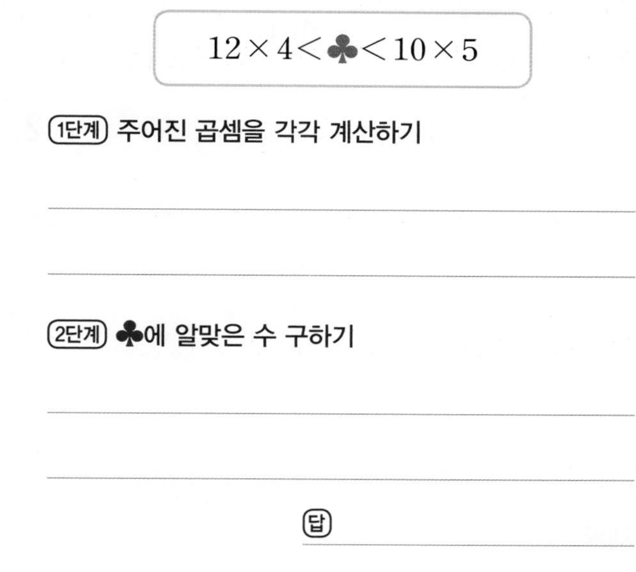

$12\times4<\clubsuit<10\times5$

(1단계) 주어진 곱셈을 각각 계산하기

(2단계) ♣에 알맞은 수 구하기

㊐

20 30×3보다 크고 32×3보다 작은 두 자리 수는 모두 몇 개일까요?

( )

21 ㉠과 ㉡ 사이에 있는 세 자리 수의 합을 구하세요.

㉠ 63×2 ㉡ 43×3

( )

4 단원

STEP 1 개념 확인하기

3 일의 자리에서 올림이 있는 (두 자리 수)×(한 자리 수)

24×3 계산하기

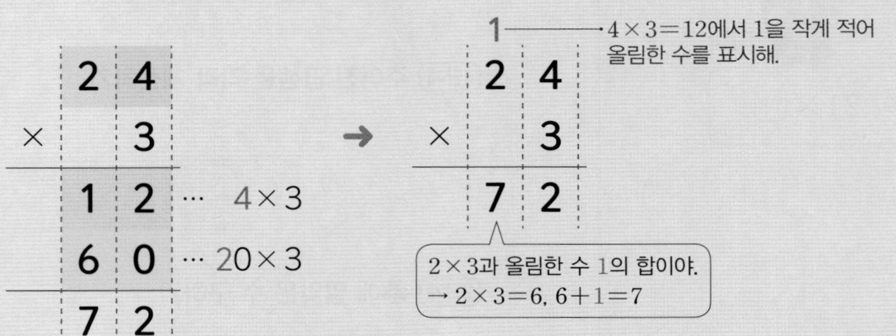

2 4
× 3
1 2 … 4×3
6 0 … 20×3
7 2
1 → 4×3=12에서 1을 작게 적어 올림한 수를 표시해.
2 4
× 3
7 2
2×3과 올림한 수 1의 합이야.
→ 2×3=6, 6+1=7

숫자 2가 실제로 나타내는 수

$$\begin{array}{r} \boxed{2} \\ 15 \\ \times\ \ 4 \\ \hline 60 \end{array}$$

일의 자리 계산 5×4=20에서 올림한 수 2이므로 실제로 20을 나타냅니다.

[01~02] 수 모형을 보고 □ 안에 알맞은 수를 써넣으세요.

01

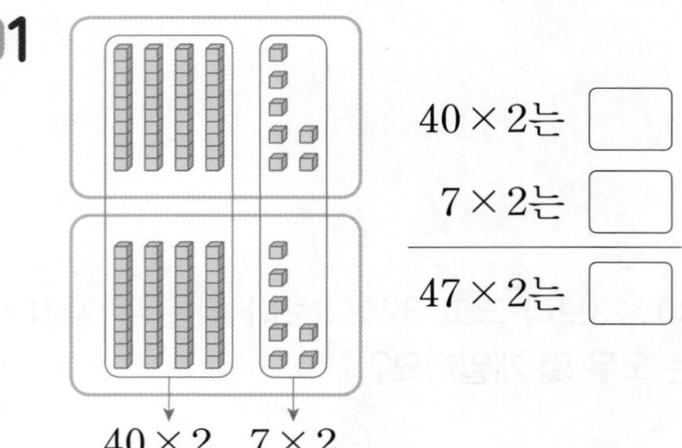

40×2는 □
7×2는 □
47×2는 □

02

20×3 6×3

20×3은 □
6×3은 □
26×3은 □

[03~04] □ 안에 알맞은 수를 써넣으세요.

03

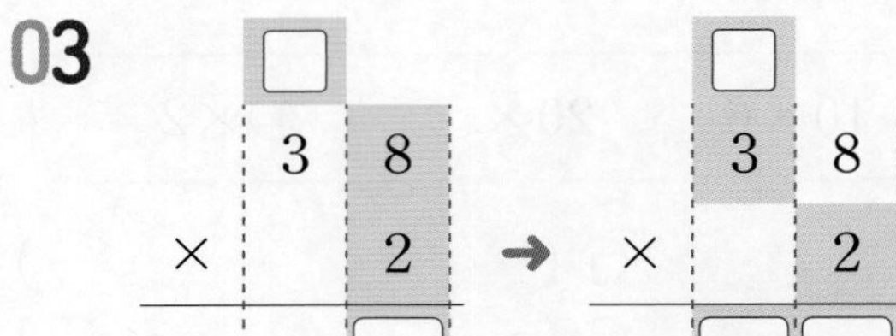

04

$$\begin{array}{r} \square \\ 16 \\ \times\ \ 4 \\ \hline \square \end{array} \rightarrow \begin{array}{r} \square \\ 16 \\ \times\ \ 4 \\ \hline \square\square \end{array}$$

[05~06] 계산해 보세요.

05

$$\begin{array}{r} \square \\ 23 \\ \times\ \ 4 \\ \hline \square \end{array}$$

06

$$\begin{array}{r} \square \\ 19 \\ \times\ \ 3 \\ \hline \square \end{array}$$

4 올림이 두 번 있는 (두 자리 수)×(한 자리 수)

38×4 계산하기

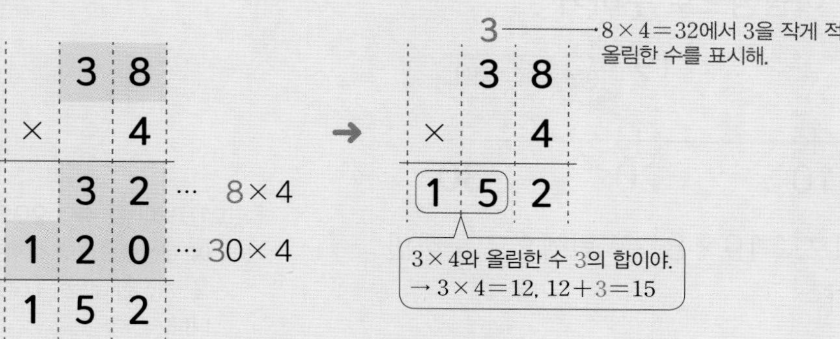

일의 자리에서 올림한 수는 십의 자리의 계산에 더하고,
십의 자리에서 올림한 수는 백의 자리에 씁니다.

① 3×5=15

② 4×5=20, 20+1=21

[01~02] 수 모형을 보고 ☐ 안에 알맞은 수를 써넣으세요.

01

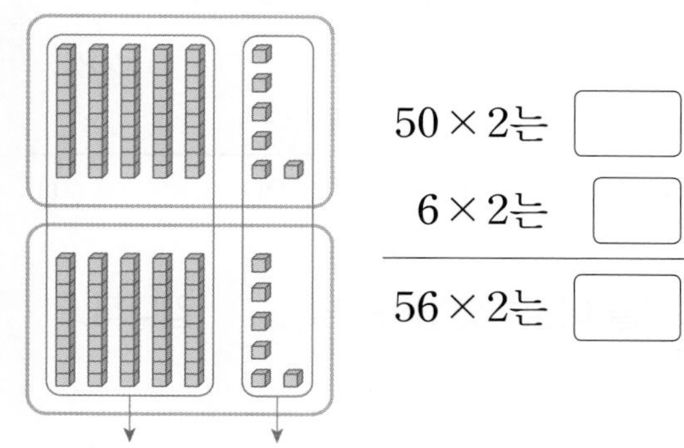

50×2는 ☐

6×2는 ☐

56×2는 ☐

02

40×3은 ☐

8×3은 ☐

48×3은 ☐

40×3 8×3

[03~04] ☐ 안에 알맞은 수를 써넣으세요.

03

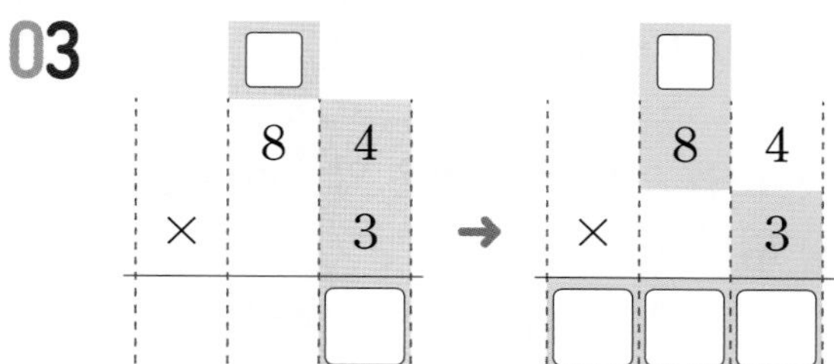

04

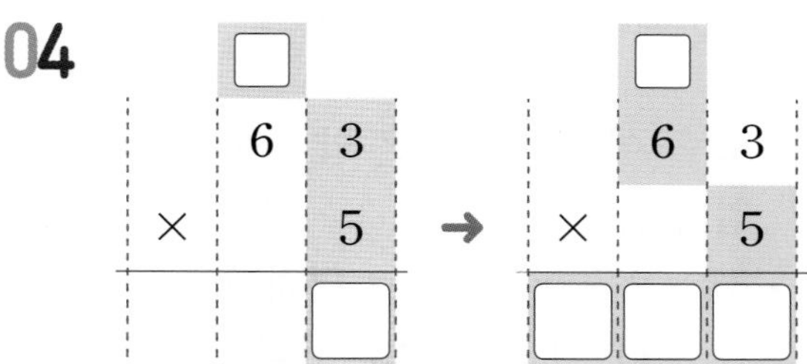

[05~06] 계산해 보세요.

05

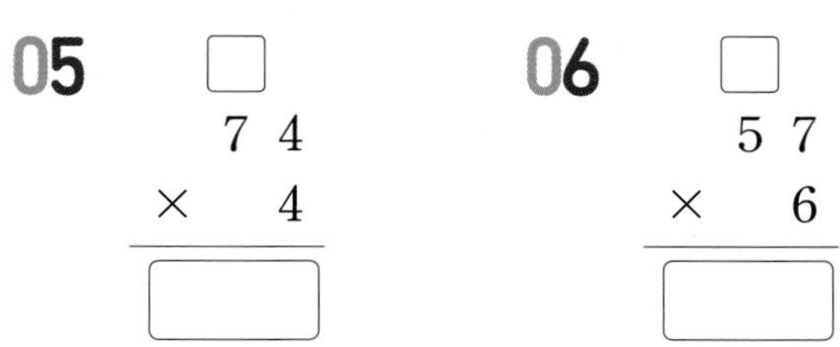

06

5 7
× 6

• 정답 27쪽

5 곱셈의 어림셈

19×8이 약 얼마인지 어림셈으로 구하기

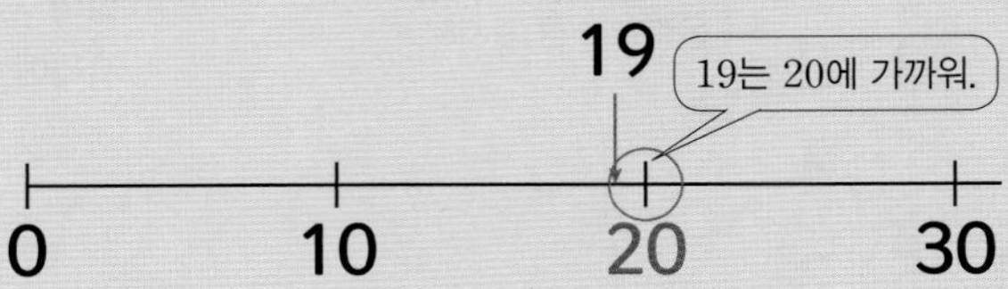

19를 어림하면 약 20이므로 19×8을 어림셈으로 구하면 약 20×8=160입니다.

19×8 ➜ 어림셈 20×8=160 ➜ 약 160

19보다 큰 수인 20으로 어림하여 계산했으므로 실제로 19×8을 계산한 값은 160보다 작습니다.
➜ 19×8=152

01 48×2가 약 얼마인지 어림셈으로 구하려고 합니다. 알맞은 수에 ○표 하세요.

- 48을 어림하면 48은 약 (40 , 50)입니다.
- 48×2를 어림셈으로 구하면 약 (80 , 100 , 150)입니다.

02 33×3이 약 얼마인지 어림셈으로 구하려고 합니다. 알맞은 수에 ○표 하세요.

- 33을 어림하면 33은 약 (30 , 40)입니다.
- 33×3을 어림셈으로 구하면 약 (90 , 120 , 140)입니다.

[03~04] 어림셈을 하기 위한 식에 ○표 하세요.

03 71×6 ➜ 70×6 (　　) / 80×6 (　　)

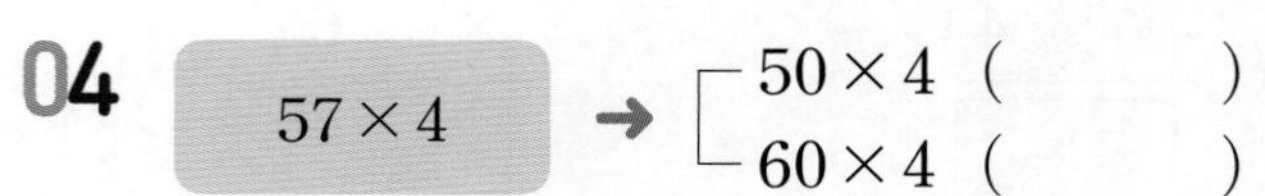

04 57×4 ➜ 50×4 (　　) / 60×4 (　　)

[05~06] 28×5가 약 얼마인지 어림셈으로 구하려고 합니다. □ 안에 알맞은 수를 써넣으세요.

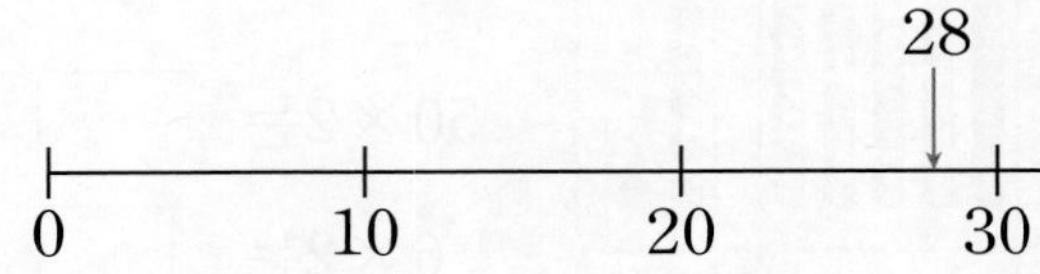

05 28을 어림하면 28은 약 □입니다.

06 28×5를 어림셈으로 구하면 약 □×5=□입니다.

[07~08] 42×9가 약 얼마인지 어림셈으로 구하려고 합니다. □ 안에 알맞은 수를 써넣으세요.

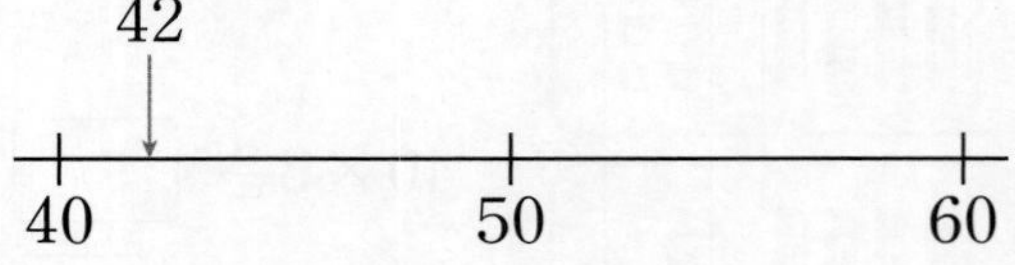

07 42를 어림하면 42는 약 □입니다.

08 42×9를 어림셈으로 구하면 약 □×9=□입니다.

• 정답 27쪽

유형 08 일의 자리에서 올림이 있는 (두 자리 수)×(한 자리 수)

예제 수 모형을 보고 □ 안에 알맞은 수를 써넣으세요.

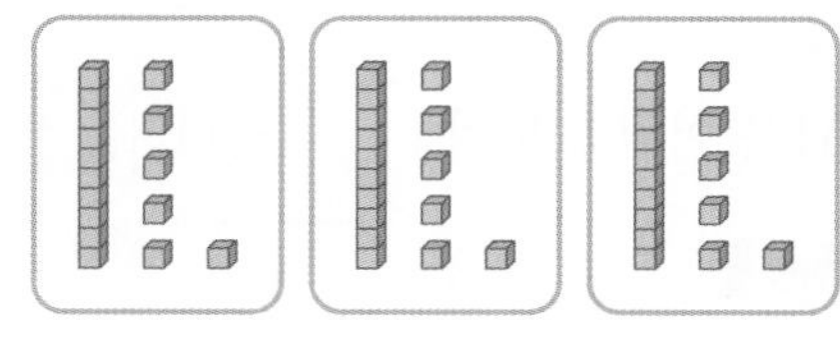

$16\times3=$□

풀이 수 모형의 수를 세고, 나타내는 수를 구합니다.

십 모형: $1\times3=$□(개) → □

일 모형: $6\times3=$□(개) → □

➜ $16\times3=$□

01 계산해 보세요.

(1) $\begin{array}{r} 4\ 8 \\ \times\quad 2 \\ \hline \end{array}$

(2) $\begin{array}{r} 1\ 9 \\ \times\quad 4 \\ \hline \end{array}$

02 27×3과 계산 결과가 다른 하나를 찾아 기호를 쓰세요.

㉠ 27씩 3묶음
㉡ 27의 2배
㉢ 27+27+27

(　　　　　　)

03 빈칸에 알맞은 수를 써넣으세요.

×	2	3
25		

04 계산에서 □ 안의 숫자 3이 실제로 나타내는 수는 얼마인지 쓰세요. (중요)

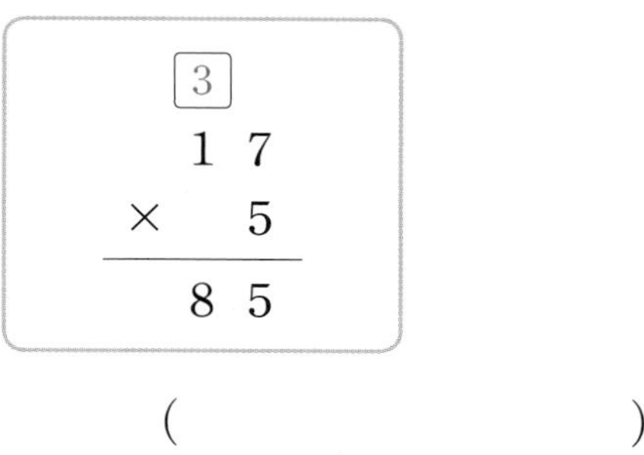

(　　　　　　)

유형 09 올림이 두 번 있는 (두 자리 수)×(한 자리 수)

예제 빈칸에 알맞은 수를 써넣으세요.

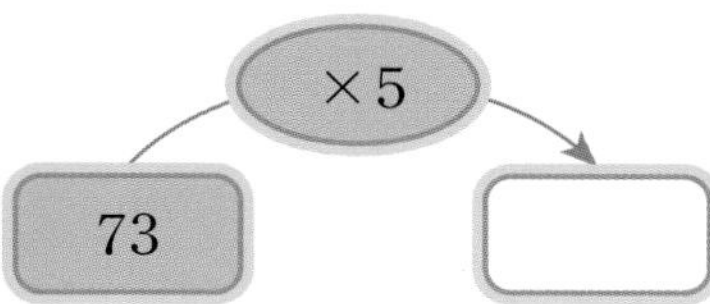

풀이 올림한 수를 잊지 않고 더하여 계산합니다.

$3\times5=$□

$70\times5=$□

➜ $73\times5=$□

05 〈보기〉와 같이 계산해 보세요.

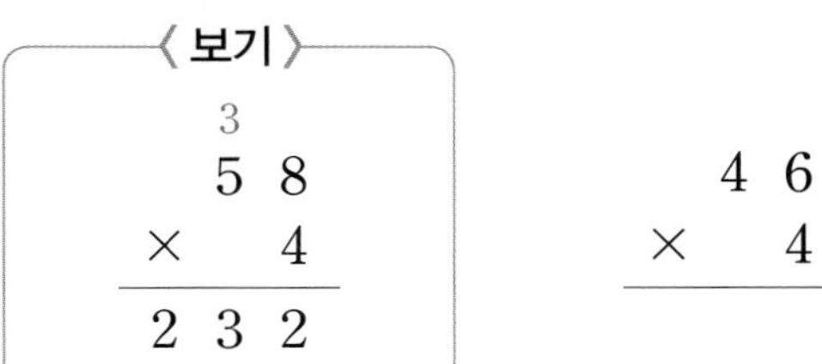

06 계산해 보세요.

(1) 24×7

(2) 86×3

4 단원

07 계산 결과를 찾아 이어 보세요.

(1) 26×5 • • 336

(2) 56×6 • • 195

(3) 65×3 • • 130

08 두 곱의 합을 구하세요.

( )

09 서술형 가장 큰 수와 가장 작은 수의 곱은 얼마인지 풀이 과정을 쓰고, 답을 구하세요.

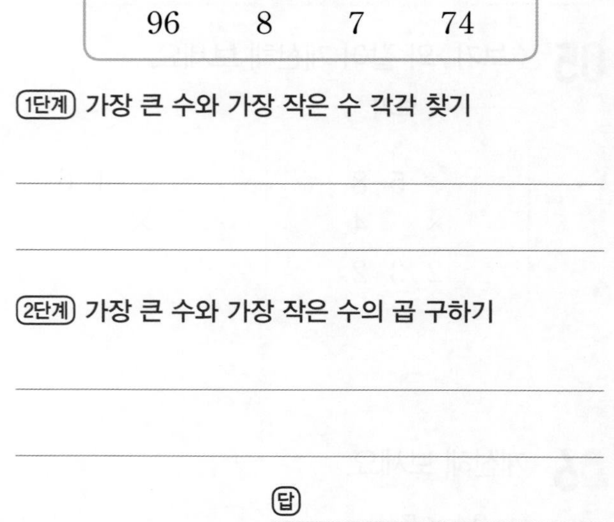

96 8 7 74
1단계 가장 큰 수와 가장 작은 수 각각 찾기
2단계 가장 큰 수와 가장 작은 수의 곱 구하기
답

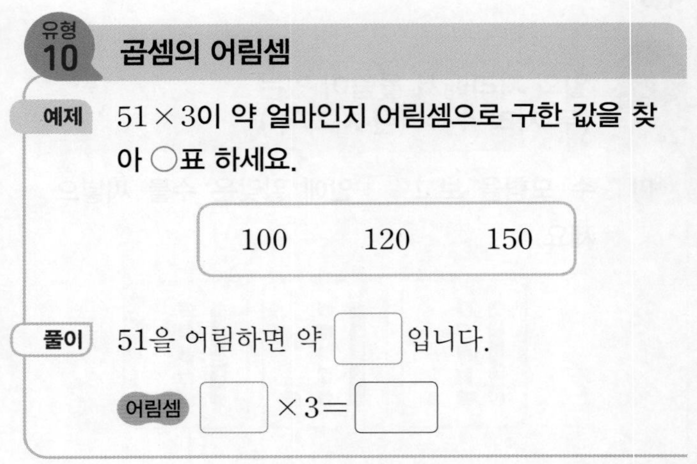

유형 10 **곱셈의 어림셈**

예제 51×3이 약 얼마인지 어림셈으로 구한 값을 찾아 ○표 하세요.

100 120 150

풀이 51을 어림하면 약 □입니다.

어림셈 $\square\times3=\square$

10 어림셈을 하기 위한 식에 색칠하고, 어림셈으로 구한 값을 쓰세요.

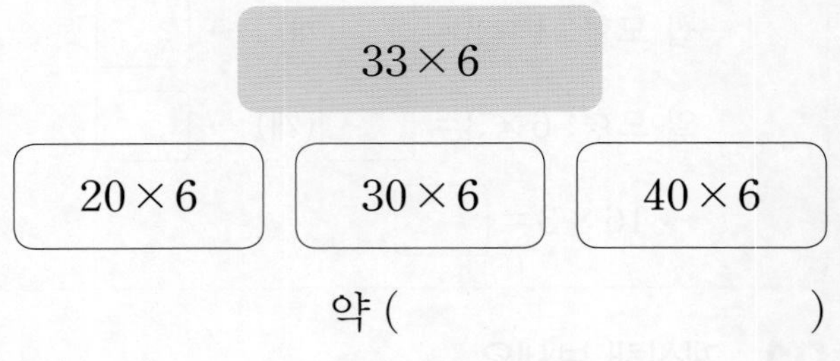

약 ( )

11 중요 72×8을 어림셈으로 구하려고 합니다. □ 안에 알맞은 수를 써넣고, 알맞은 말에 ○표 하세요.

72를 어림하면 약 70이므로
72×8을 어림셈으로 구하면
약 $\square\times8=\square$입니다.

→ 72×8의 계산 결과는 어림셈으로 구한 값보다 (클 , 작을) 것입니다.

• 정답 27쪽

12 62×6이 약 얼마인지 어림셈으로 구하고, 실제로 계산해 보세요.

실제로 계산하기

$\times$

13 (서술형) 37×7의 값을 어림셈으로 구하여 설명한 것입니다. <u>잘못</u> 말한 사람의 이름을 쓰고, 그 이유를 쓰세요.

다온: 37은 30보다 크고 $30 \times 7 = 210$이니까 37×7은 210보다 클 것 같아.
빛나: 37은 40보다 작고 $40 \times 7 = 280$이니까 37×7은 280보다 클 것 같아.

이름 ______________

이유 ______________

유형 11 곱의 크기 비교 (2)

예제 ☐ 안에 계산 결과를 쓰고, 계산 결과가 더 큰 식에 ○표 하세요.

12×6 14×5

☐   ☐

풀이 $12 \times 6 =$ ☐, $14 \times 5 =$ ☐

➜ ☐ ○ ☐

14 (중요) 계산 결과를 비교하여 ○ 안에 >, =, <를 알맞게 써넣으세요.

23×4 ○ 34×3

15 계산 결과가 가장 큰 식에 ○표, 가장 작은 식에 △표 하세요.

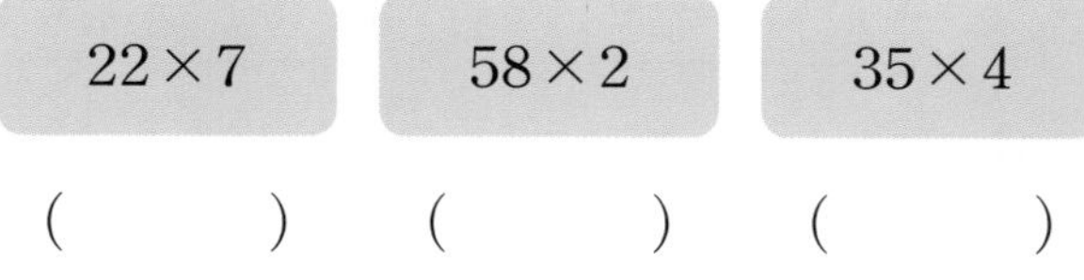

(   ) (   ) (   )

유형 12 계산이 잘못된 부분 찾기

예제 19×3을 바르게 계산한 사람의 이름을 쓰세요.

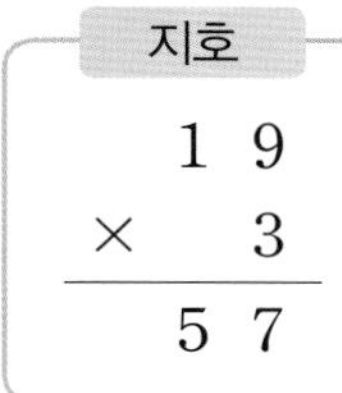

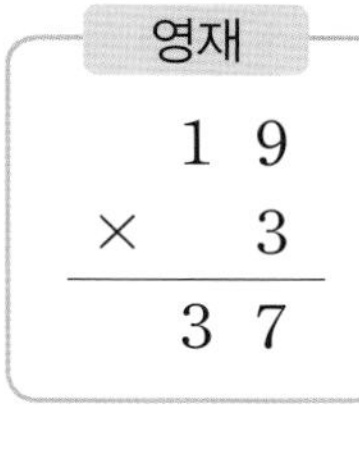

(   )

풀이 일의 자리 계산 $9 \times 3 =$ ☐에서 20을 ☐의 자리로 올림하여 계산해야 합니다.

➜ 바르게 계산한 사람: ☐

16 계산이 <u>잘못된</u> 것을 찾아 ×표 하세요.

$26 \times 4 = 824$ (   )

$26 \times 4 = 104$ (   )

4 단원

17 성준이는 13×7을 다음과 같이 계산하였습니다. 성준이의 계산에서 틀린 곳을 찾아 바르게 계산해 보세요.

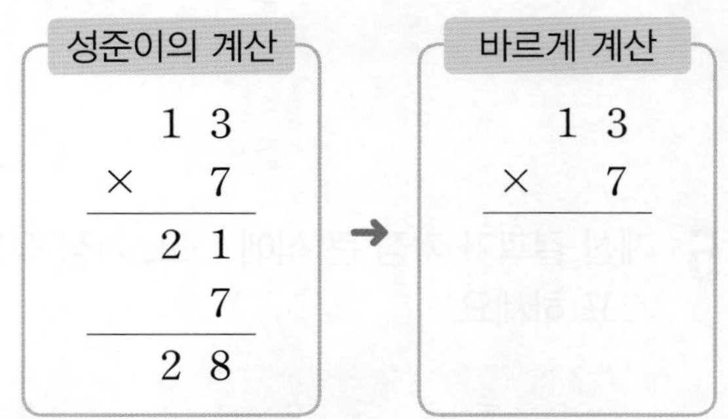

18 계산이 잘못된 것을 찾아 기호를 쓰고, 바르게 계산한 값을 구하세요.

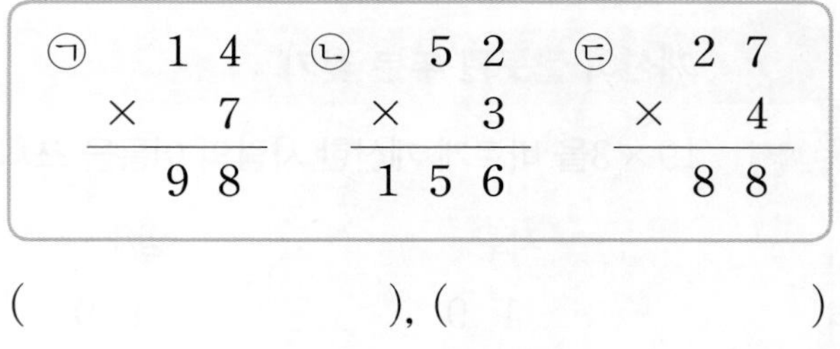

( ), ( )

19 (서술형) 42×6을 계산한 것입니다. 계산이 잘못된 곳을 찾아 이유를 쓰고, 바르게 계산해 보세요.

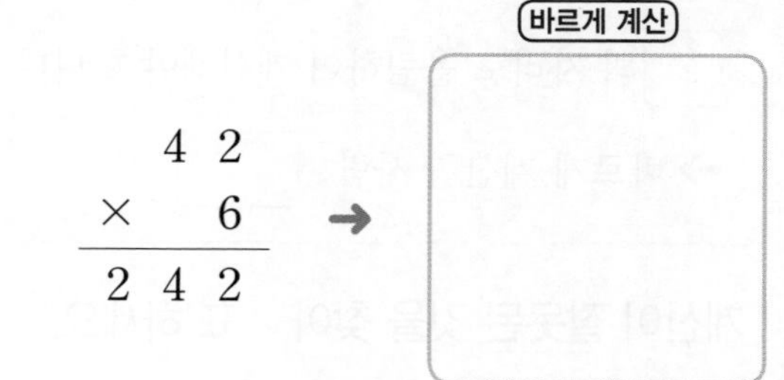

이유

유형 13 **실생활 속 (두 자리 수)×(한 자리 수) (2)**

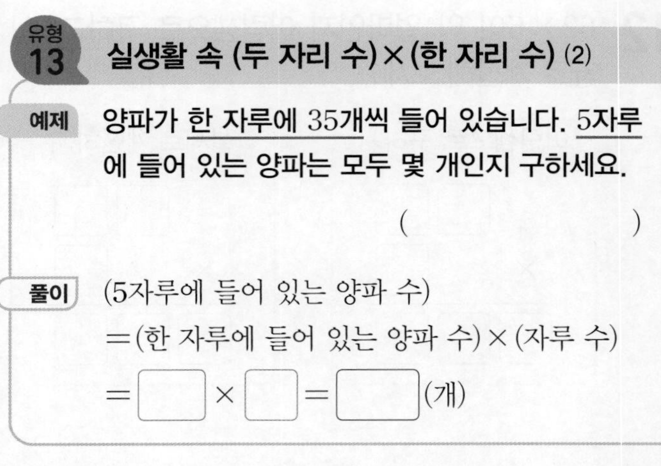

예제 양파가 한 자루에 35개씩 들어 있습니다. 5자루에 들어 있는 양파는 모두 몇 개인지 구하세요.
( )
풀이 (5자루에 들어 있는 양파 수)
=(한 자루에 들어 있는 양파 수)×(자루 수)
= □ × □ = □(개)

20 (중요★) 운동장에 학생들이 한 줄에 27명씩 8줄로 서 있습니다. 운동장에 서 있는 학생은 모두 몇 명인지 식을 쓰고, 답을 구하세요.

식

답

21 가람이는 붙임딱지를 14장 가지고 있습니다. 연서와 규민이는 붙임딱지를 각각 몇 장씩 가지고 있는지 구하세요.

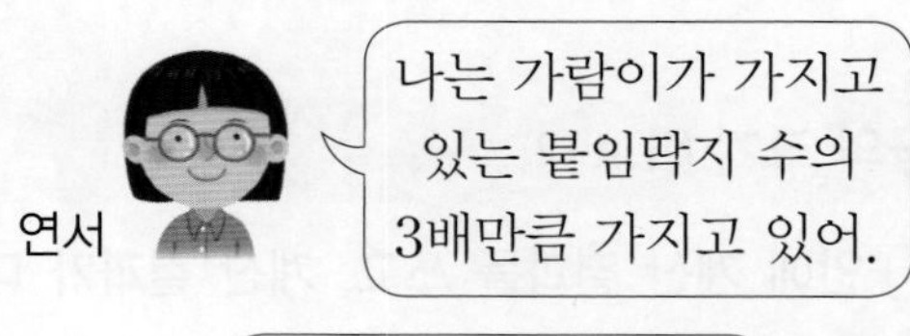

나는 가람이가 가지고 있는 붙임딱지 수의 3배만큼 가지고 있어.
연서
나는 연서가 가지고 있는 붙임딱지 수의 2배만큼 가지고 있어.

• 연서: □장 • 규민: □장

• 정답 28쪽

22 물고기를 어항 한 개에 22마리씩 어항 8개에 넣었습니다. 어항에 넣은 물고기는 약 몇 마리인지 어림셈으로 구하세요.

약 (　　　　　　　　)

23 가게에 딸기우유가 116팩 있습니다. 이 딸기우유를 한 묶음에 12팩씩 묶어 9묶음을 팔았다면 남은 딸기우유는 몇 팩일까요?

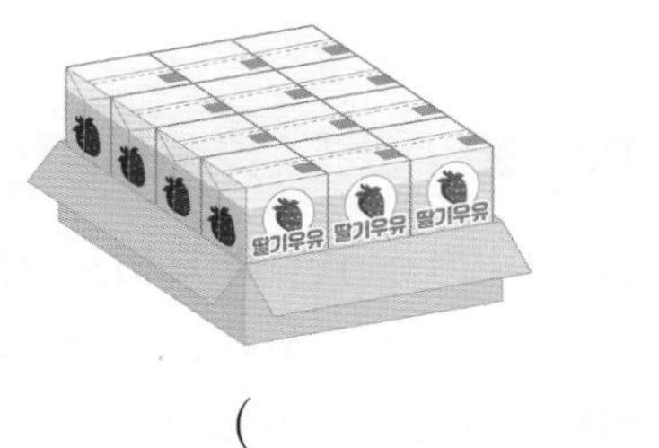

(　　　　　　　　)

유형 14
실생활 속 곱의 크기 비교

예제 어느 빵집에서 오늘 판 모닝빵과 치즈빵의 수입니다. 모닝빵과 치즈빵 중 어느 빵이 몇 개 더 많이 팔렸는지 구하세요.

> 모닝빵: 한 봉지에 16개씩 5봉지
> 치즈빵: 한 봉지에 19개씩 4봉지

(　　　　　　　　), (　　　　　　　　)

풀이 (판 모닝빵의 수) $=16\times$ □ $=$ □ (개)

(판 치즈빵의 수) $=19\times$ □ $=$ □ (개)

➜ □ 이 □ $-$ □ $=$ □ (개) 더 많이 팔렸습니다.

24 공장에서 어제 만든 팔찌는 357개이고, 오늘 만든 팔찌는 한 상자에 57개씩 5상자입니다. 어제와 오늘 중에서 팔찌를 더 많이 만든 날은 언제일까요?

(　　　　　　　　)

25 서술형 콩을 한솔이는 한 접시에 23개씩 6접시에 담았고, 수호는 한 접시에 17개씩 8접시에 담았습니다. 접시에 콩을 더 많이 담은 사람은 누구인지 풀이 과정을 쓰고, 답을 구하세요.

1단계 한솔이와 수호가 담은 콩의 수 각각 구하기

2단계 콩을 더 많이 담은 사람 구하기

답

26 중요★ 감자는 한 상자에 29개씩 5상자 있고, 고구마는 한 상자에 24개씩 7상자 있습니다. 감자와 고구마 중에서 어느 것이 몇 개 더 많은지 구하세요.

(　　　　　　　　), (　　　　　　　　)

4 단원

유형 15 곱셈식 완성하기

예제 ㉠에 알맞은 수를 구하세요.

$$\begin{array}{r} 4\ 9 \\ \times \quad ㉠ \\ \hline 9\ 8 \end{array}$$

(　　　　　　)

풀이 9×㉠에서 일의 자리 숫자가 8입니다.
9×□=18 ➜ ㉠=□

27 곱셈식이 적힌 종이의 일부에 얼룩이 묻어 수가 지워졌습니다. 지워진 수를 구하세요.
중요

$$\begin{array}{r} ▒\ 2 \\ \times \quad 6 \\ \hline 1\ 9\ 2 \end{array}$$

(　　　　　　)

28 □ 안에 알맞은 수를 써넣으세요.

$$\begin{array}{r} 8\ \square \\ \times \quad \square \\ \hline 3\ 2\ 8 \end{array}$$

29 ㉠과 ㉡에 알맞은 수의 합을 구하세요.

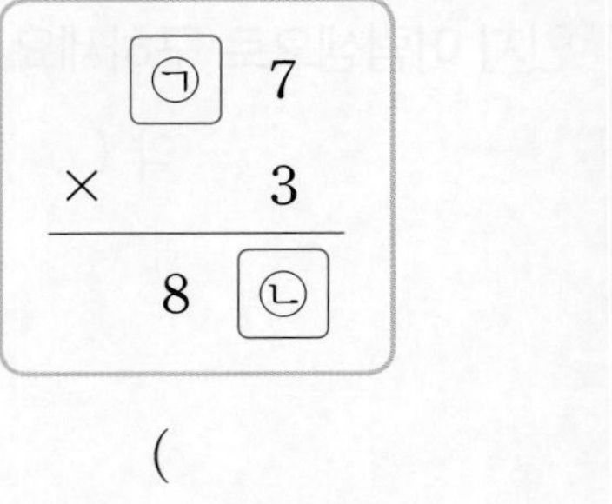

$$\begin{array}{r} ㉠\ 7 \\ \times \quad 3 \\ \hline 8\ ㉡ \end{array}$$

(　　　　　　)

+플러스 유형 16 이어 붙인 전체 길이 구하기

예제 길이가 20 cm인 색 테이프 3장을 6 cm씩 겹치게 이어 붙였습니다. 이어 붙인 색 테이프의 전체 길이는 몇 cm일까요?

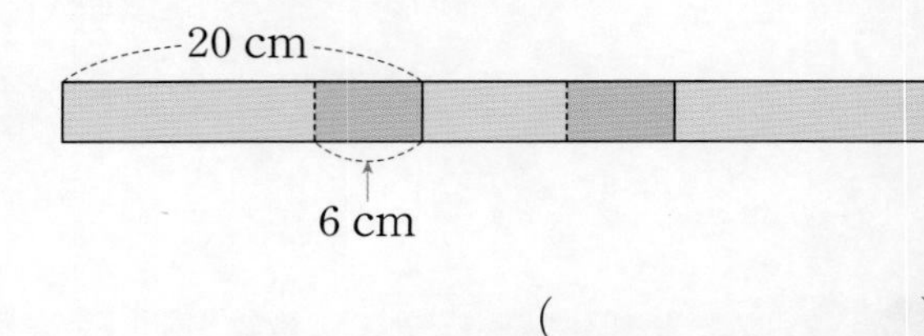

(　　　　　　)

풀이 • (색 테이프 3장의 길이의 합)
=□×3=□ (cm)
• (겹쳐진 부분의 길이의 합)
=6×□=□ (cm)
(전체 길이)=□−□=□ (cm)

30 길이가 59 cm인 리본 6개를 겹치지 않게 이어 붙였습니다. 이어 붙인 리본의 전체 길이는 몇 cm일까요?

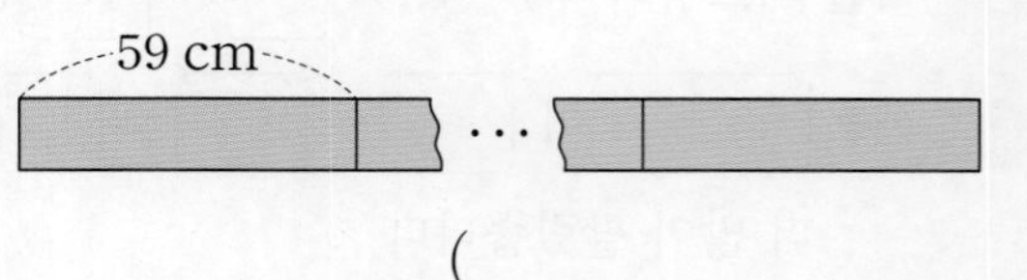

(　　　　　　)

31 서술형 길이가 36 cm인 색 테이프 4장을 14 cm씩 겹치게 이어 붙였습니다. 이어 붙인 색 테이프의 전체 길이는 몇 cm인지 풀이 과정을 쓰고, 답을 구하세요.

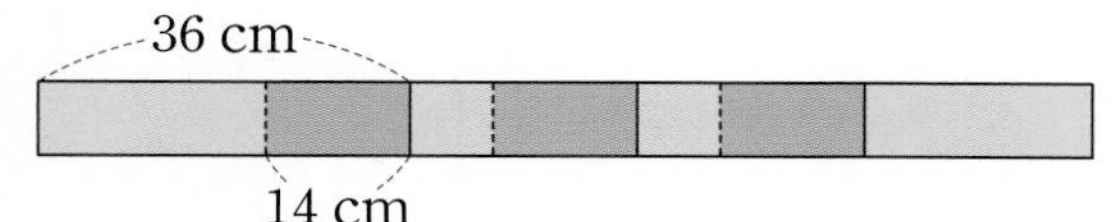

1단계 색 테이프 4장의 길이의 합 구하기

2단계 겹쳐진 부분의 길이의 합 구하기

3단계 이어 붙인 색 테이프의 전체 길이 구하기

답

32 길이가 30 cm인 리본 5개를 5 cm씩 겹치게 이어 붙여 고리 모양을 만들었습니다. 고리 모양의 전체 길이는 몇 cm일까요?

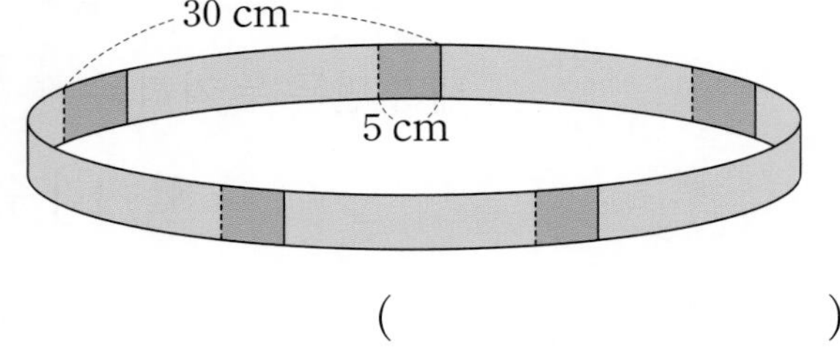

(　　　　　　　　)

유형 17 어떤 수를 구하여 계산하기

예제 어떤 수에 8을 더했더니 51이 되었습니다. 어떤 수에 3을 곱한 값을 구하세요.

(　　　　　　　　)

풀이 (어떤 수)$+\square=\square$

(어떤 수)$=\square-\square=\square$

→ (어떤 수에 3을 곱한 값)

$=\square\times 3=\square$

33 어떤 수를 6으로 나누었더니 8이 되었습니다. 어떤 수에 4를 곱한 값을 구하세요.

(　　　　　　　　)

34 서술형 어떤 수에 3을 곱해야 할 것을 잘못하여 3으로 나누었더니 몫이 9가 되었습니다. 바르게 계산하면 얼마인지 풀이 과정을 쓰고, 답을 구하세요.

1단계 어떤 수 구하기

2단계 바르게 계산한 값 구하기

답

4 단원

+플러스 유형 18 크기 비교에서 □ 안에 알맞은 수 구하기

예제 1부터 9까지의 수 중에서 □ 안에 들어갈 수 있는 수를 모두 구하세요.

$155 > 54 \times \square$

( )

풀이 $54 \times 1 = 54$, $54 \times 2 = \square$,

$54 \times 3 = \square$, …

➜ □ 안에 들어갈 수 있는 수: □, □

35 □ 안에 들어갈 수 있는 수를 모두 찾아 ○표 하세요.

$16 \times \square < 60$

(1 , 2 , 3 , 4 , 5 , 6 , 7 , 8 , 9)

36 서술형 1부터 9까지의 수 중에서 □ 안에 들어갈 수 있는 수를 모두 구하려고 합니다. 풀이 과정을 쓰고, 답을 구하세요.

$41 \times 3 < 17 \times \square$

1단계 41×3 계산하기

2단계 □ 안에 들어갈 수 있는 수 모두 구하기

답

37 1부터 9까지의 수 중에서 □ 안에 들어갈 수 있는 수는 모두 몇 개일까요?

$12 \times 7 < 23 \times \square < 21 \times 8$

( )

+플러스 유형 19 수 카드로 곱셈식 만들기

예제 수 카드 2, 8, 6 을 한 번씩만 사용하여 곱이 가장 작은 (두 자리 수)×(한 자리 수)의 곱셈식을 만들려고 합니다. 만든 곱셈식의 값을 구하세요.

( )

풀이 곱이 가장 작으려면 두 번 곱해지는 한 자리 수에 가장 작은 수인 □를 써야 합니다.

➜ $\square \times \square = \square$

38 창의형 수 카드 4장 중 3장을 골라 한 번씩만 사용하여 (두 자리 수)×(한 자리 수)의 곱셈식을 만들려고 합니다. 두 자리 수와 한 자리 수를 만들고, 두 수의 곱을 구하세요.

3 4 5 7

내가 만든 두 자리 수: □□

한 자리 수: □

$\square\square \times \square =$ ( )

39 수 카드 [8], [2], [7] 중 2장을 골라 한 번씩만 사용하여 만들 수 있는 가장 작은 두 자리 수와 나머지 수로 곱셈식을 만들려고 합니다. 그때의 곱을 구하세요.

(　　　　　　　　)

40 수 카드 [3], [1], [7]을 한 번씩만 사용하여 곱이 가장 큰 (두 자리 수)×(한 자리 수)의 곱셈식을 만들려고 합니다. □ 안에 알맞은 수를 써넣고, 곱을 구하세요.

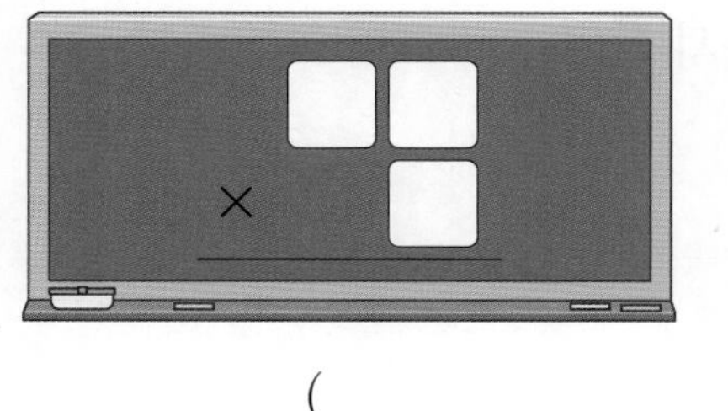

(　　　　　　　　)

41 수 카드 4장 중 3장을 골라 한 번씩만 사용하여 곱이 가장 작은 (두 자리 수)×(한 자리 수)의 곱셈식을 만들고, 곱을 구하세요.

(　　　　　　　　)

+플러스 유형 20

조건에 맞는 두 자리 수 구하기

예제 조건에 맞는 두 자리 수를 모두 구하세요.

- 십의 자리 숫자와 일의 자리 숫자가 같습니다.
- 이 수의 4배는 90보다 작습니다.

(　　　　　　　　)

풀이
- 십의 자리 숫자와 일의 자리 숫자가 같은 두 자리 수: 11, 22, 33, ..., 99
- $11 \times 4 = \square$, $22 \times 4 = \square$, $33 \times 4 = \square$, ...

조건에 맞는 두 자리 수 ➜ □, □

42 조건에 맞는 두 자리 수를 구하세요.

- 십의 자리 숫자는 6입니다.
- 두 자리 수에 3을 곱하면 189입니다.

(　　　　　　　　)

43 조건에 맞는 두 자리 수는 모두 몇 개일까요?

- 십의 자리 수는 일의 자리 수보다 2만큼 더 큽니다.
- 이 수의 5배는 350보다 큽니다.

(　　　　　　　　)

4 단원

STEP 3 # 응용 해결하기

곱이 가장 가까운 수가 되도록 곱셈식 완성하기

1 곱이 300에 가장 가까운 수가 되도록 ▢ 안에 알맞은 숫자를 써넣으세요.

해결 tip

■에 가까운 수는?

■와의 차가 작을수록 더 가까운 수입니다.

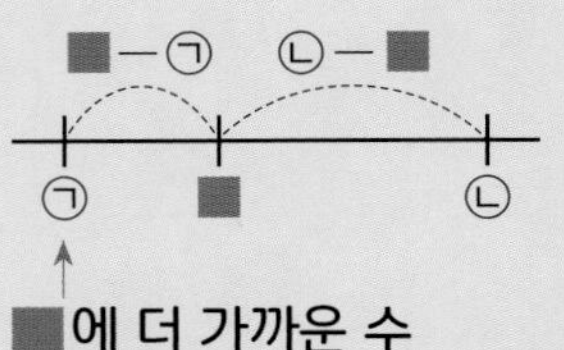

준비해야 하는 양 구하기

서술형

2 체육 행사에 참여하기 위해 한 팀에 21명씩 3개 팀의 학생들이 체육관에 모였습니다. 체육관에 모인 학생들에게 한 사람당 송편을 4개씩 나누어 주려면 송편은 적어도 몇 개 준비해야 하는지 풀이 과정을 쓰고, 답을 구하세요.

풀이

답

일정한 빠르기로 갈 때 움직인 거리 비교하기

3 강아지 장난감은 1분에 86 cm를 가는 빠르기로 4분 동안 움직였고, 로봇 장난감은 1분에 72 cm를 가는 빠르기로 7분 동안 움직였습니다. 움직인 거리가 더 긴 것은 강아지 장난감과 로봇 장난감 중 어느 것이고, 몇 m 몇 cm를 더 갔는지 구하세요.

( ), ( )

도로의 길이 구하기 서술형

4 도로의 양쪽에 처음부터 끝까지 9 m 간격으로 가로등을 세웠습니다. 세운 가로등이 30개일 때 도로의 길이는 몇 m인지 풀이 과정을 쓰고, 답을 구하세요. (단, 가로등의 두께는 생각하지 않습니다.)

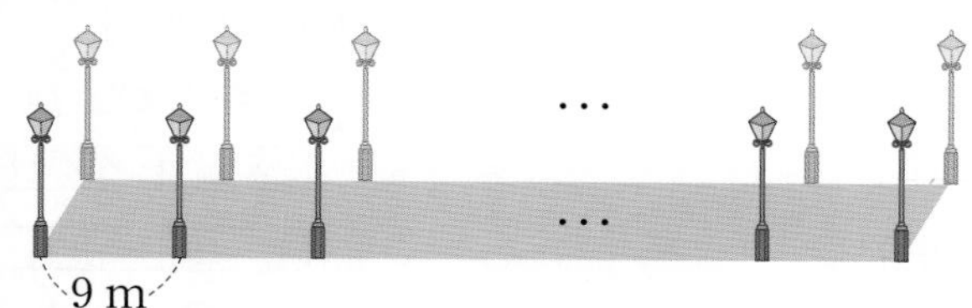

풀이

답

틀린 문제의 개수 구하기

5 진우는 한 문제를 맞히면 5점을 얻고 틀리면 2점을 잃는 어느 퀴즈 대회에 나갔습니다. 대회에서 모두 40문제를 풀고 137점을 얻었다면 진우가 틀린 문제는 몇 개일까요?

( )

개수 사이의 관계를 알 때 부분의 수 구하기

6 가게에 딸기 맛, 레몬 맛, 포도 맛 사탕이 있습니다. 레몬 맛 사탕의 수는 딸기 맛 사탕의 수의 5배, 포도 맛 사탕의 수는 딸기 맛 사탕의 수의 8배입니다. 레몬 맛 사탕의 수와 포도 맛 사탕의 수의 차가 45개일 때, 딸기 맛 사탕은 몇 개일까요?

( )

해결 tip

점수를 잃는 대회에서 틀린 문제의 수를 구하려면?

모두 맞혔을 때의 점수를 기준으로 한 문제 틀릴 때마다 몇 점씩 차이 나는지 구합니다.

곱해지는 수가 같은 두 곱셈식을 뺀 결과는?

▲×5=▲+▲+▲+▲+▲
▲×3=▲+▲+▲

(두 곱셈식을 뺀 결과)=▲+▲
=▲×2 (5−3)

4 단원

응용 해결하기

• 정답 30쪽

겹쳐진 한 부분의 길이 구하기

7 길이가 25 cm인 종이테이프 6장을 그림과 같이 일정한 간격으로 겹치게 한 줄로 이어 붙였더니 전체 길이가 130 cm가 되었습니다. 겹쳐진 한 부분의 길이는 몇 cm인지 구하세요.

25 cm

⑴ 종이테이프 6장의 길이의 합은 몇 cm일까요?

( )

⑵ 겹쳐진 부분의 길이의 합은 몇 cm일까요?

( )

⑶ 겹쳐진 한 부분의 길이는 몇 cm일까요?

( )

해결 tip

몇 cm씩 겹치게 이어 붙였는지 구하려면?

종이테이프의 길이의 합에서 전체 길이를 빼어 구합니다.

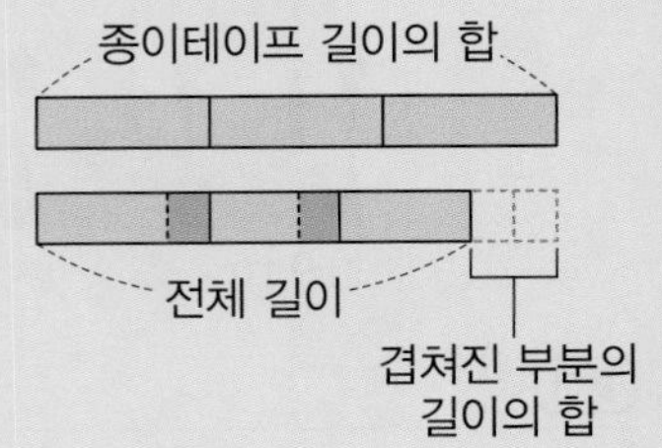

수의 크기 비교에서 알맞은 수 구하기

8 □ 안에 들어갈 수 있는 두 자리 수는 모두 14개입니다. ㉠에 알맞은 한 자리 수를 구하세요.

$20 \times 3 < \square < 15 \times$ ㉠

⑴ 20×3을 계산해 보세요.

( )

⑵ □ 안에 들어갈 수 있는 두 자리 수의 범위를 구하세요.

□부터 □까지

⑶ ㉠에 알맞은 한 자리 수를 구하세요.

( )

4단원 마무리

맞힌 개수

01 그림을 보고 □ 안에 알맞은 수를 써넣으세요.

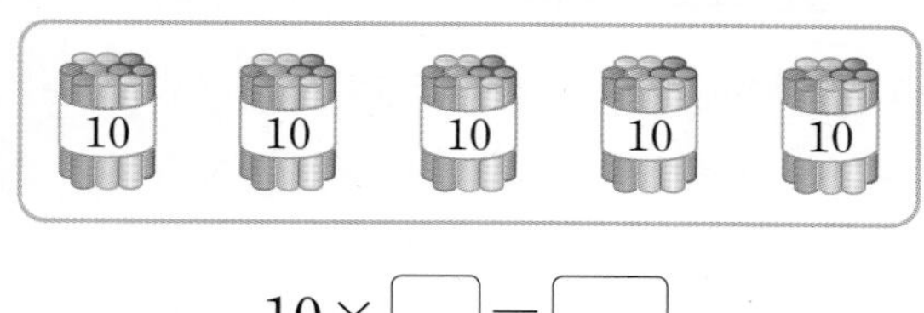

10 × □ = □

02 어림셈을 하기 위한 식에 색칠해 보세요.

61 × 8

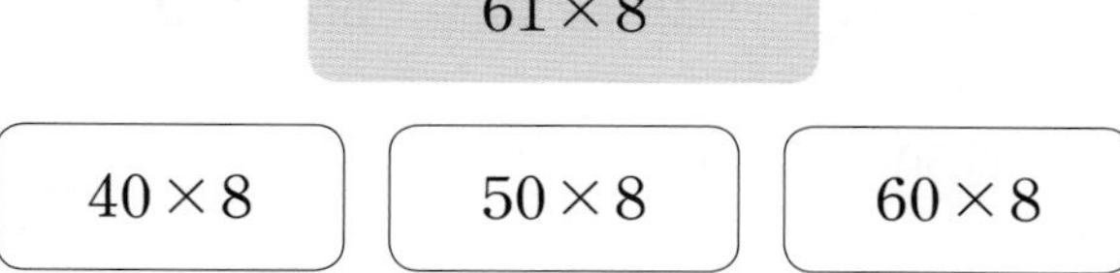

03 오른쪽 계산에서 □ 안의 숫자 2가 실제로 나타내는 수는 얼마일까요?

$$\begin{array}{r} \boxed{2} \\ 2\ 8 \\ \times\ \ \ 3 \\ \hline 8\ 4 \end{array}$$

(　　　　　　　)

04 계산해 보세요.

$$\begin{array}{r} 6\ 1 \\ \times\ \ \ 4 \\ \hline \end{array}$$

05 빈 곳에 알맞은 수를 써넣으세요.

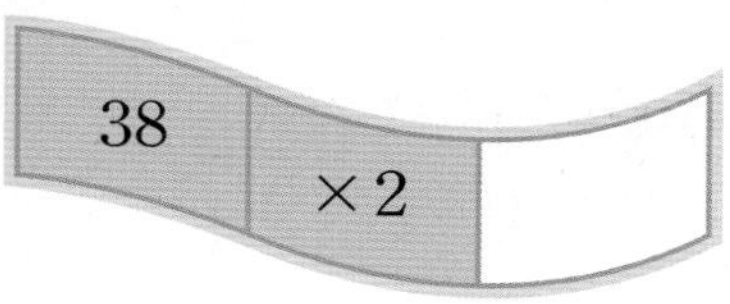

06 두 수의 곱을 구하세요.

(　　　　　　　)

07 계산 결과가 같은 것끼리 이어 보세요.

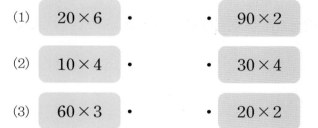

08 계산 결과를 비교하여 ○ 안에 >, =, <를 알맞게 써넣으세요.

43 × 2 ○ 21 × 4

4 단원

09 빈칸에 알맞은 수를 써넣으세요.

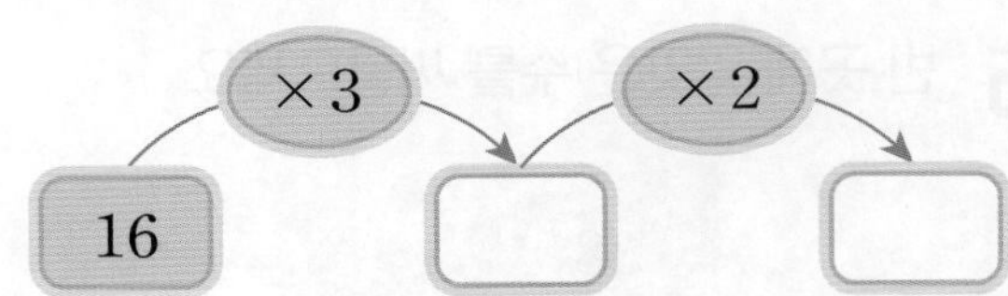

10 서술형 51×6을 계산한 것입니다. 계산이 잘못된 곳을 찾아 이유를 쓰고, 바르게 계산해 보세요.

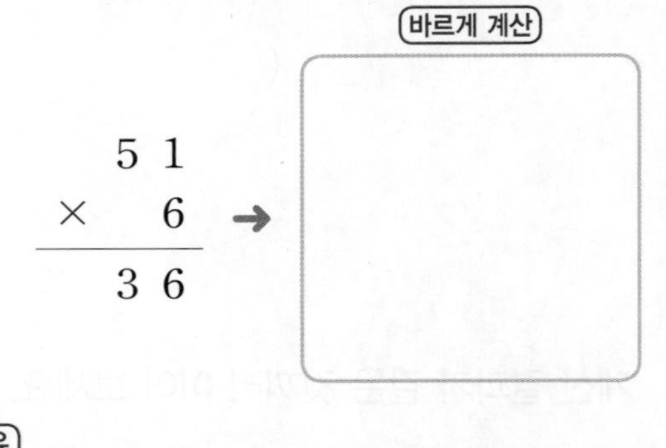

이유

11 주스가 한 상자에 30병씩 들어 있습니다. 5상자에 들어 있는 주스는 모두 몇 병일까요?

(　　　　　　)

12 구슬을 한 봉지에 19개씩 넣었더니 5봉지가 되었습니다. 봉지에 넣은 구슬은 약 몇 개인지 어림셈으로 구하세요.

약 (　　　　　　)

13 서술형 가장 큰 수와 가장 작은 수의 곱을 구하려고 합니다. 풀이 과정을 쓰고, 답을 구하세요.

28	5	36	9

풀이

답

14 □ 안에 알맞은 수를 구하세요.

$22 \times \square = 11 \times 8$

(　　　　　　)

15 길이가 46 cm인 색 테이프 2장을 8 cm만큼 겹치게 이어 붙였습니다. 이어 붙인 색 테이프의 전체 길이는 몇 cm일까요?

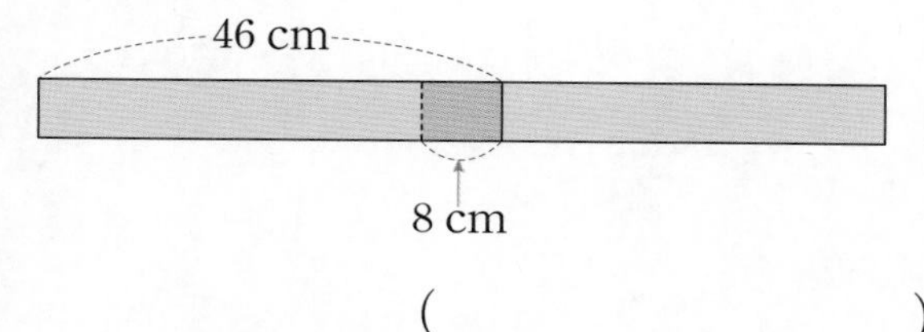

( )

16 공원에 두발자전거는 38대 있고, 세발자전거는 18대 있습니다. 이 공원에 있는 두발자전거와 세발자전거의 바퀴는 모두 몇 개일까요?

( )

17 한 반에 24명씩 4개 반의 학생 모두 자신의 화분에 씨앗을 3개씩 심어 키우기로 하였습니다. 씨앗은 적어도 몇 개가 필요할까요?

( )

18 □ 안에 알맞은 수를 써넣으세요.

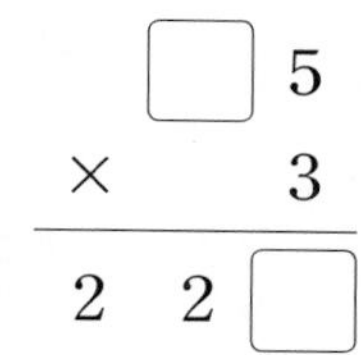

19 서술형 어떤 수에 16을 더하면 42입니다. 어떤 수에 8을 곱하면 얼마인지 풀이 과정을 쓰고, 답을 구하세요.

풀이

답

20 조건에 맞는 두 자리 수를 모두 구하세요.

- 십의 자리 수와 일의 자리 수의 합이 6입니다.
- 이 수의 4배는 150보다 큽니다.

( )

4 단원

5

길이와 시간

학습을 끝낸 후 색칠하세요.

개념 확인하기

유형 다잡기
유형 01~10

★ 중요 유형

01 cm보다 작은 단위 알아보기
03 m보다 큰 단위 알아보기
07 길이(거리) 어림하기
09 더 가까운 거리 구하기
10 수직선 위의 길이 구하기

이전에 배운 내용

[2-2] 길이 재기

1 m 알아보기
길이의 합과 차

[2-2] 시각과 시간

몇 시 몇 분 알아보기
걸린 시간 알아보기

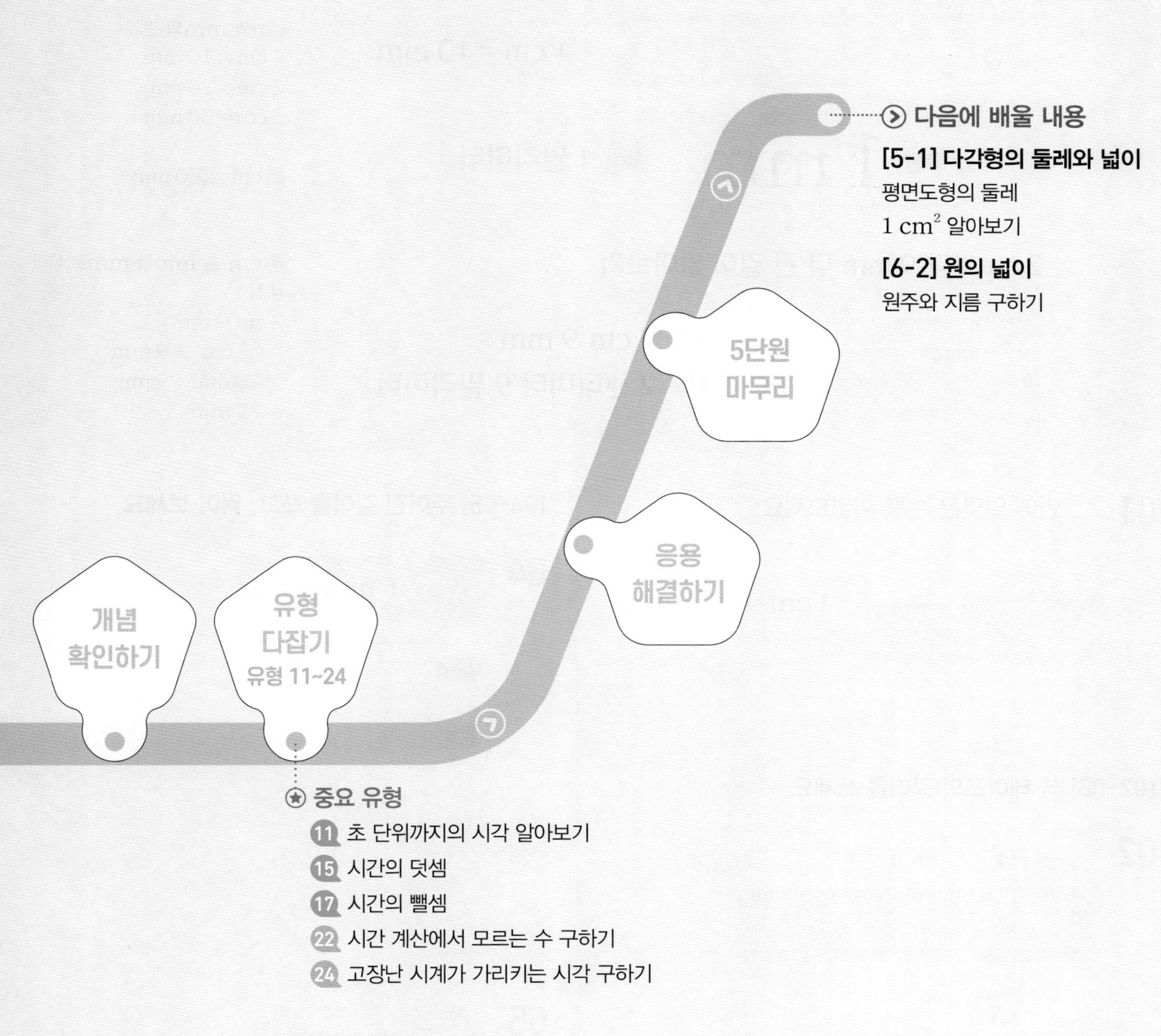

다음에 배울 내용
[5-1] 다각형의 둘레와 넓이
평면도형의 둘레
1 cm² 알아보기
[6-2] 원의 넓이
원주와 지름 구하기
5단원 마무리
응용 해결하기
개념 확인하기
유형 다잡기 유형 11~24
중요 유형
11 초 단위까지의 시각 알아보기
15 시간의 덧셈
17 시간의 뺄셈
22 시간 계산에서 모르는 수 구하기
24 고장난 시계가 가리키는 시각 구하기

STEP 1 # 개념 확인하기

1 cm보다 작은 단위 알아보기

1 mm 알아보기

1 cm를 10칸으로 똑같이 나누었을 때 작은 눈금 한 칸의 길이를 1 mm라고 합니다. 1 mm는 1 밀리미터라고 읽습니다.

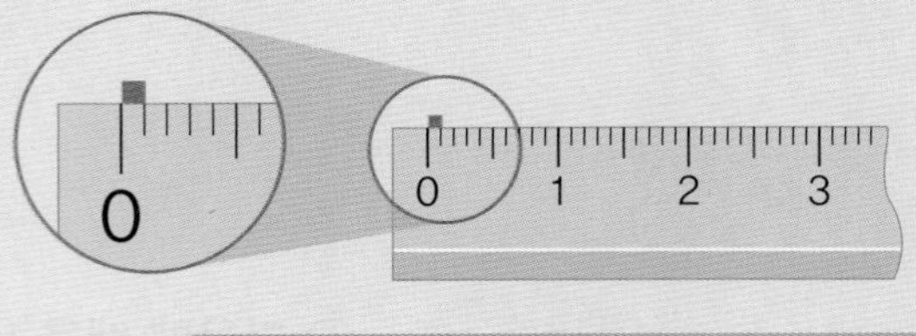

1 cm=10 mm

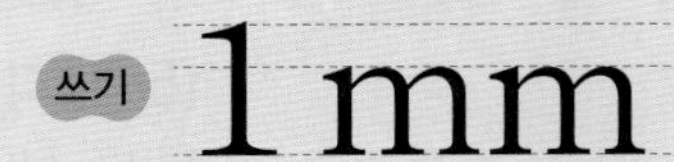

쓰기 1 mm 읽기 1 밀리미터

2 cm보다 9 mm 더 긴 길이 알아보기

쓰기 2 cm 9 mm
읽기 2 센티미터 9 밀리미터

cm와 mm의 관계
1 cm=10 mm
2 cm=20 mm
3 cm=30 mm
⋮ ⋮
■ cm=■0 mm

■ cm ▲ mm를 mm로 나타내기
2 cm 9 mm
= 2 cm +9 mm
=20 mm+9 mm
=29 mm

01 □ 안에 알맞은 수를 써넣으세요.

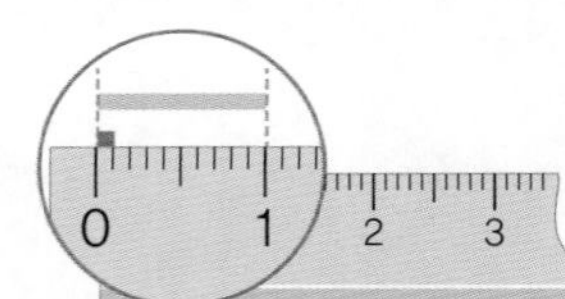

1 cm=□ mm

[02~03] 색 테이프의 길이를 쓰세요.

02  → □ mm

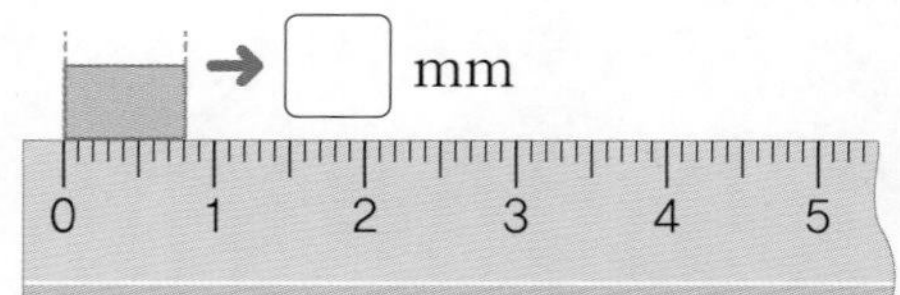

03 → □ cm □ mm

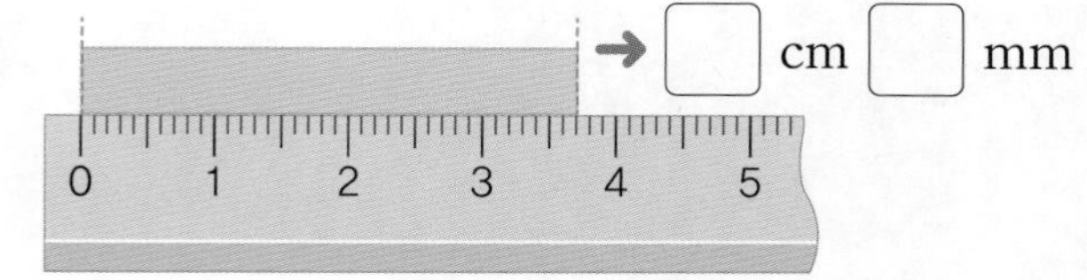

[04~05] 주어진 길이를 쓰고, 읽어 보세요.

04 6 mm

쓰기

읽기 ( )

05 7 cm 1 mm

쓰기

읽기 ( )

• 정답 32쪽

2 m보다 큰 단위 알아보기

1 km 알아보기

1000 m를 1 km라 쓰고 1 킬로미터라고 읽습니다.

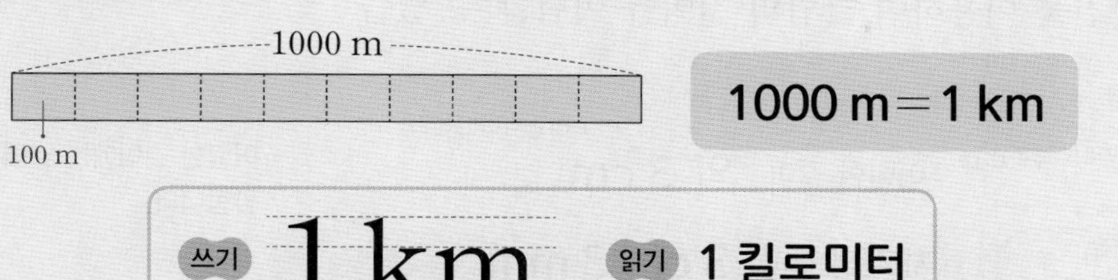

쓰기 1 km 읽기 1 킬로미터

1 km보다 400 m 더 긴 길이 나타내기

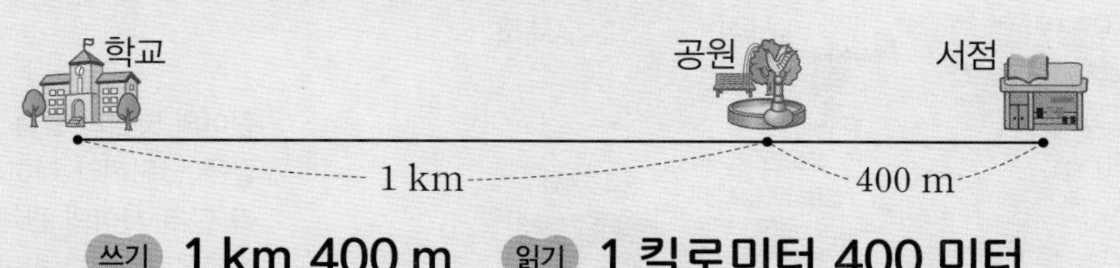

쓰기 1 km 400 m 읽기 1 킬로미터 400 미터

길이 단위 사이의 관계
1 km = 1000 m
1 m = 100 cm
1 cm = 10 mm

■km ▲m를 m로 나타내기
1 km 400 m
= 1 km + 400 m
= 1000 m + 400 m
= 1400 m

01 □ 안에 알맞게 써넣으세요.

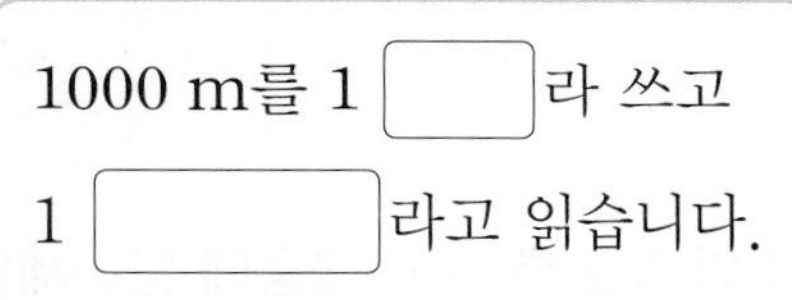

1000 m를 1 □라 쓰고
1 □라고 읽습니다.

[02~03] 그림을 보고 □ 안에 알맞은 수를 써넣으세요.

02

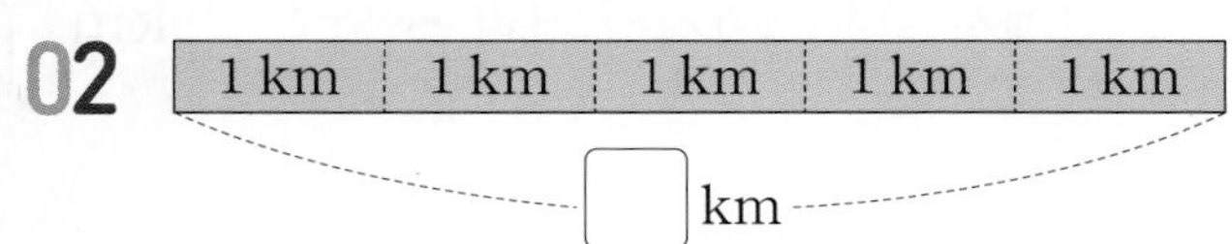

03

2 km | 800 m

□ km □ m

[04~05] 주어진 길이를 읽어 보세요.

04

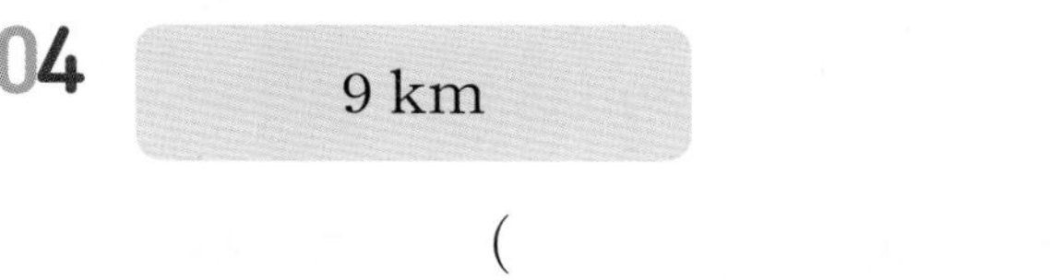

9 km

(　　　　　　　　　)

05

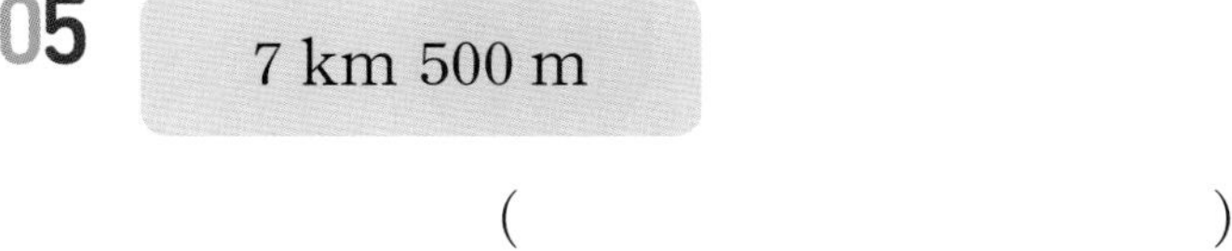

7 km 500 m

(　　　　　　　　　)

[06~07] □ 안에 알맞은 수를 써넣으세요.

06 8000 m = □ km

07 7 km 200 m = □ m + 200 m
= 7200 m

• 정답 32쪽

3 길이 어림하고 재기

길이를 어림하고 재어 보기

길이를 알고 있는 물건을 이용하여 클립의 길이를 어림할 수 있습니다.

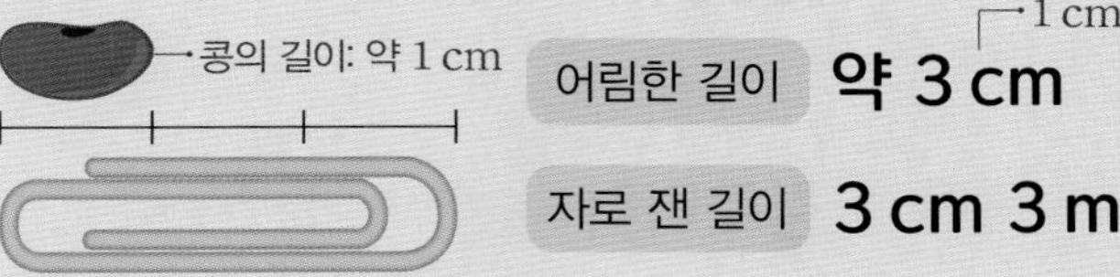

1 cm씩 3번 정도

어림한 길이 **약 3 cm**

자로 잰 길이 **3 cm 3 mm**

어림한 길이에는 앞에 '약'을 붙여 말합니다.

지도에서 거리를 어림하고 재어 보기

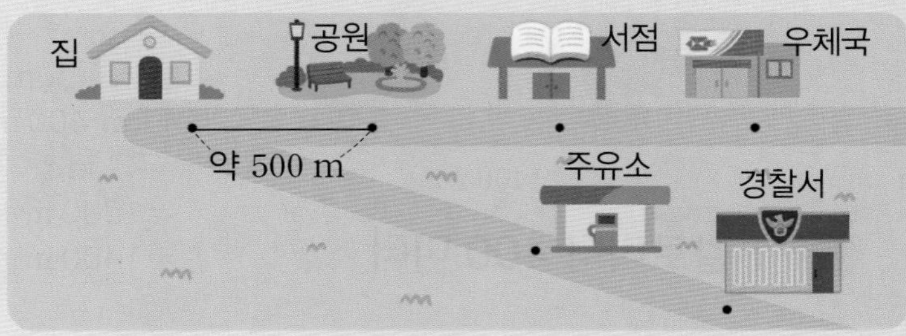

• 집에서 공원까지의 거리: 약 500 m

• 집에서 서점까지의 거리: 약 **500 m**씩 **2번** 간 거리 ➜ **약 1 km**

500+500=1000 (m)

길이의 덧셈과 뺄셈

같은 단위끼리 더하거나 뺍니다. 각 단위 사이의 관계를 생각하여 받아올림하거나 받아내림하여 계산할 수 있습니다.

$$\begin{array}{r} \overset{1}{\cancel{2}}\text{ km } \overset{1000}{300}\text{ m} \\ -\ 1\text{ km } 500\text{ m} \\ \hline 800\text{ m} \end{array}$$

[01~02] 물건의 길이를 어림하고, 자로 재어 몇 cm 몇 mm인지 쓰세요.

01

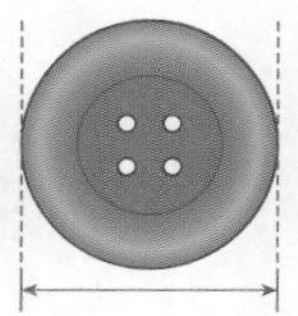

어림한 길이	자로 잰 길이

02

어림한 길이	자로 잰 길이

[03~04] 위 지도를 보고 물음에 답하세요.

03 집에서 주유소까지의 거리는 약 얼마인지 어림하려고 합니다. ☐ 안에 알맞은 수를 써넣으세요.

> 집에서 주유소까지의 거리는
> 집에서 공원까지의 거리의 ☐배 정도입니다.
> 집에서 주유소까지의 거리 ➜ 약 ☐ km

04 집에서부터의 거리가 약 1 km 500 m인 장소를 모두 쓰세요.

☐, ☐

STEP 2

유형 다잡기

• 정답 32쪽

유형 01 cm보다 작은 단위 알아보기

예제 시침핀의 길이는 몇 cm 몇 mm일까요?

(　　　　　　　　　　)

풀이 □ cm에서 작은 눈금 □칸 더 간 길이

→ 시침핀의 길이: □ cm □ mm

01 자를 이용하여 주어진 길이만큼 선을 그어 보세요.

(1) 9 mm

(2) 4 cm 2 mm

02 (창의형) □ 안에 1부터 9까지의 수 중 하나를 써넣고, 주어진 길이는 몇 cm 몇 mm인지 쓰고, 읽어 보세요.

8 cm보다 □ mm 더 긴 길이

쓰기 (　　　　　　　　　　)

읽기 (　　　　　　　　　　)

03 (중요*) 연필심의 길이는 몇 mm인지 자를 이용하여 재어 보세요.

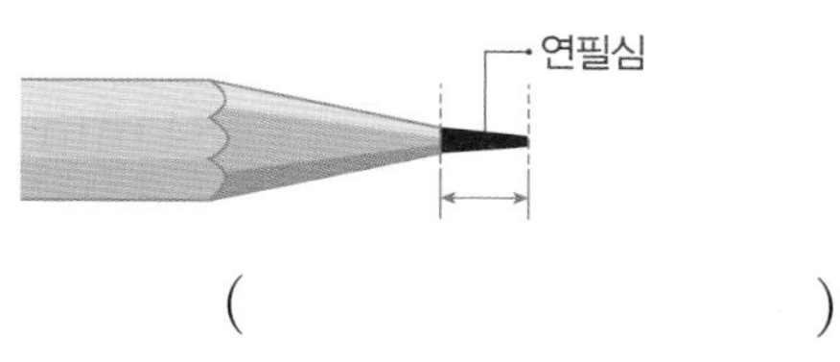

(　　　　　　　　　　)

04 5 mm를 바르게 읽은 사람의 이름을 쓰세요.

(　　　　　　　　　　)

05 막대 과자의 길이는 몇 cm 몇 mm인지 구하세요.

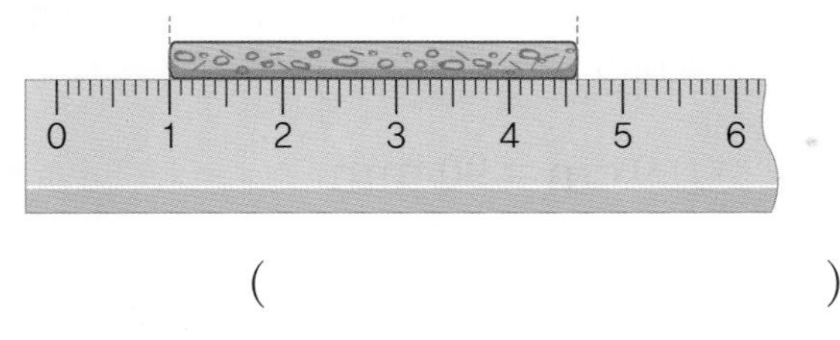

(　　　　　　　　　　)

5 단원

유형 02 **cm와 mm의 관계**

예제 다음 길이는 몇 cm 몇 mm인지 쓰세요.

84 mm

(   )

풀이 84 mm = ☐ mm + 4 mm
= ☐ cm ☐ mm

06 ☐ 안에 알맞은 수를 써넣으세요.

(1) 29 mm = ☐ cm ☐ mm

(2) 5 cm 6 mm = ☐ mm

07 크레파스의 길이를 자로 재어 보세요.

중요

크레파스

☐ cm ☐ mm = ☐ mm

08 단위 사이의 관계를 잘못 나타낸 것을 모두 고르세요. (   )

① 9 cm = 90 mm
② 50 mm = 5 cm
③ 1 cm 4 mm = 140 cm
④ 38 mm = 30 cm 8 mm
⑤ 620 mm = 62 cm

유형 03 **m보다 큰 단위 알아보기**

예제 수직선을 보고 ☐ 안에 알맞은 수를 써넣으세요.

100 m

3 km   4 km

☐ km ☐ m

풀이 화살표가 가리키는 곳:
3 km에서 작은 눈금 ☐칸 더 간 곳
→ ☐ km ☐ m

09 주어진 거리를 쓰고, 읽어 보세요.

4 km보다 300 m 더 먼 거리

쓰기

읽기 (   )

10 1 km보다 긴 것에 ○표 하세요.

내 방에서 화장실까지의 거리	( )
자전거로 1시간 동안 갈 수 있는 거리	( )
내 키로 10번만큼 잰 길이	( )

• 정답 32쪽

11 동물원은 단우네 집에서 9 km보다 640 m 더 먼 곳에 있습니다. 단우네 집에서 동물원까지의 거리는 몇 km 몇 m일까요?

( )

12 서술형 길이에 대한 미나의 설명을 읽고 바르게 고쳐 보세요.

3 km보다 92 m 더 긴 길이는 3 km 920 m라고 써.

바르게 고치기

유형 04 m와 km의 관계

예제 □ 안에 알맞은 수를 써넣으세요.

6 km 800 m=□ m

풀이 6 km 800 m=□ m+800 m

=□ m

13 중요 관계있는 것끼리 이어 보세요.

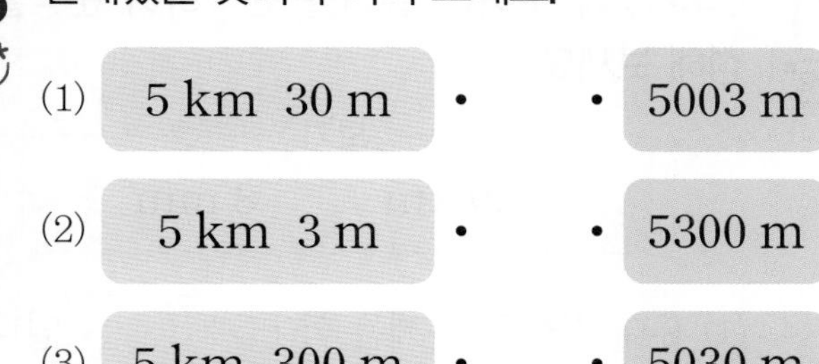

(1) 5 km 30 m • • 5003 m

(2) 5 km 3 m • • 5300 m

(3) 5 km 300 m • • 5030 m

14 길이를 잘못 나타낸 것을 찾아 기호를 쓰세요.

㉠ 3 km=3000 m
㉡ 4 km 50 m=450 m
㉢ 2600 m=2 km 600 m

( )

15 산의 높이를 몇 km 몇 m와 몇 m로 나타내세요.

산	□ km □ m	□ m
한라산	1 km 947 m	
백두산		2744 m

16 선혜는 어린이 마라톤 대회를 위해 달리기 연습을 하고 있습니다. 선혜는 오늘 2 km 480 m를 달렸습니다. 선혜가 오늘 달린 거리는 몇 m일까요?

( )

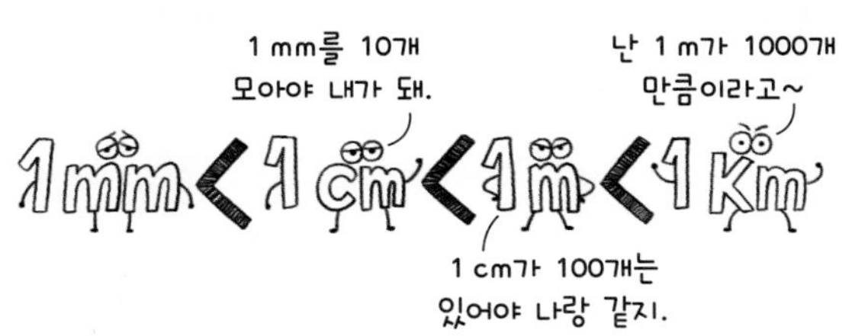

1 mm를 10개 모아야 내가 돼.
난 1 m가 1000개 만큼이라고~
1 mm < 1 cm < 1 m < 1 km
1 cm가 100개는 있어야 나랑 같지.

유형 05 단위가 다른 길이 비교하기

예제 길이를 비교하여 더 긴 길이에 ○표 하세요.

4 cm 9 mm	47 mm
(　　)	(　　)

풀이 47 mm=□ cm □ mm

➜ 4 cm 9 mm ○ □ cm □ mm

17 길이를 비교하여 ○ 안에 >, =, <를 알맞게 써넣으세요.

(1) 1300 m ○ 1 km 30 m

(2) 8 km 25 m ○ 8025 m

18 공원과 백화점 중에서 연희네 집에서 더 멀리 떨어진 곳은 어디인지 쓰세요.

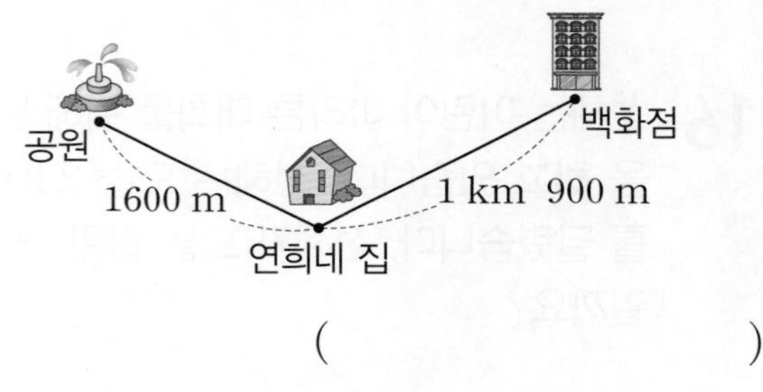

(　　　　　　)

19 빨간색 리본의 길이는 50 cm, 노란색 리본의 길이는 3 m, 파란색 리본의 길이는 400 mm입니다. 가장 긴 리본은 무슨 색일까요?

(　　　　　　)

20 서술형 길이가 긴 것부터 차례로 기호를 쓰려고 합니다. 풀이 과정을 쓰고, 답을 구하세요.

㉠ 988 mm　　㉡ 96 cm 9 mm
㉢ 98 cm 3 mm　　㉣ 908 mm

1단계 단위를 같게 나타내기

2단계 길이가 긴 것부터 차례로 기호 쓰기

답

유형 06 알맞은 길이 단위 사용하기

예제 길이의 단위를 옳게 썼으면 ○표, 잘못 썼으면 ×표 하려고 합니다. ○ 안에 알맞게 써넣으세요.

쌀 한 톨의 길이는 약 4 cm입니다. ─○

풀이 쌀 한 톨의 길이는 1 cm보다 짧으므로 약 4 □가 알맞습니다.

21 중요 〈보기〉에 주어진 길이를 선택하여 문장을 완성해 보세요.

〈보기〉
259 km　　8 mm

(1) 휴대 전화의 두께는 약 □입니다.

(2) 대전광역시에서 부산광역시까지의 거리는 약 □입니다.

• 정답 33쪽

22 길이의 단위를 바르게 말한 사람을 찾아 이름을 쓰세요.

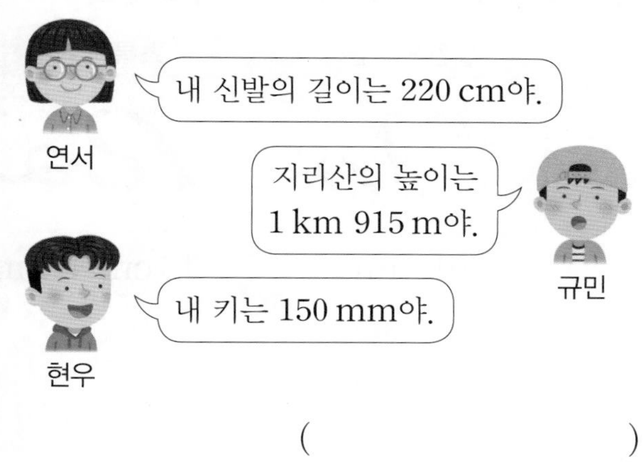

내 신발의 길이는 220 cm야.
연서
지리산의 높이는
1 km 915 m야.
규민
내 키는 150 mm야.
현우

( )

23 〈보기〉의 단위 중 하나를 골라 문장을 만들어 보세요.
창의형

〈보기〉

mm cm m km

문장

유형 07 길이(거리) 어림하기

예제 **놀이터에서 공원까지의 거리는 약 1 km입니다. 놀이터에서 학교까지의 거리는 약 몇 km인지 어림해 보세요.**

놀이터 공원 학교

약 1 km

( )

풀이 놀이터에서 학교까지의 거리는 놀이터에서 공원까지 거리의 ☐배 정도입니다.

➜ 약 ☐ km

24 선분의 길이를 어림하고, 자로 재어 몇 cm 몇 mm인지 쓰세요.

어림한 길이 ( )

잰 길이 ( )

25 초콜릿의 긴 쪽과 짧은 쪽의 길이를 어림하고, 자로 재어 몇 cm 몇 mm인지 쓰세요.

	어림한 길이	자로 잰 길이
긴 쪽		
짧은 쪽		

26 마을 회관에서 약 4 km 떨어진 곳에 있는 장소를 모두 찾아 쓰세요.

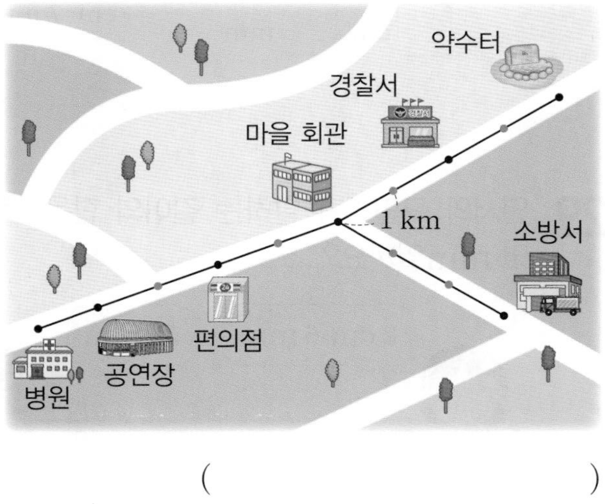

( )

5 단원

유형 08 길이의 합과 차

예제 □ 안에 알맞은 수를 써넣으세요.

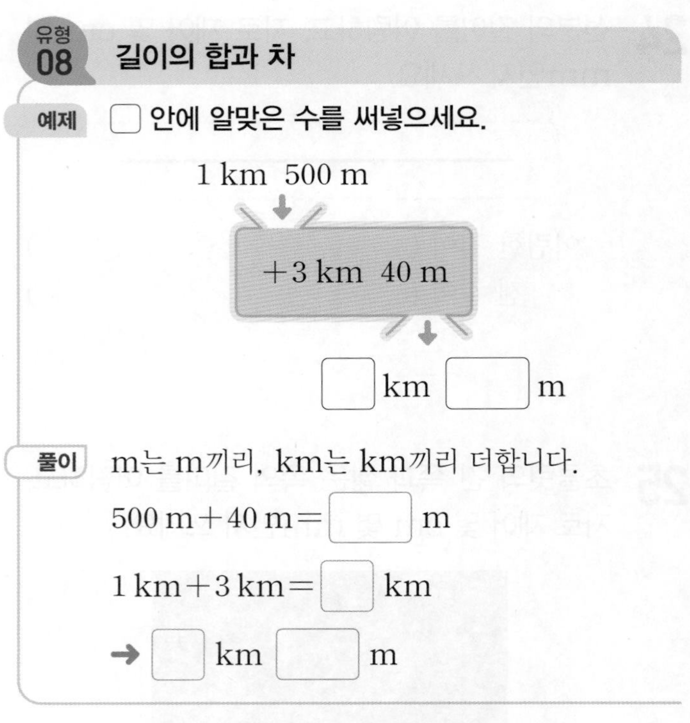

풀이 m는 m끼리, km는 km끼리 더합니다.

500 m+40 m=□ m

1 km+3 km=□ km

➜ □ km □ m

27 길이의 합과 차를 구하세요.

(1) 4 cm 2 mm+1 cm 4 mm

(2) 9 km 850 m−6 km 310 m

28 □ 안에 알맞은 수를 써넣으세요.

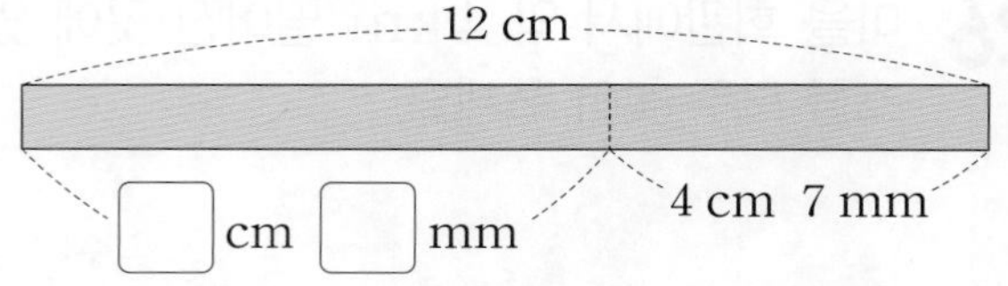

29 연서와 규민이가 말하는 길이의 합은 몇 cm 몇 mm일까요?

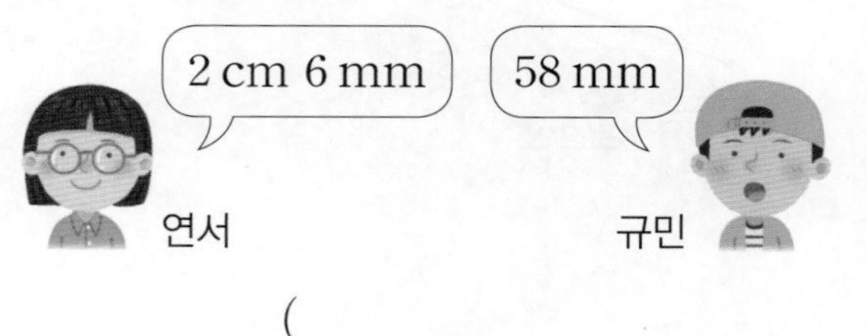

(　　　　　　　　　　)

30 (중요*) 빨간색 리본과 초록색 리본의 길이의 합과 차는 각각 몇 cm 몇 mm인지 구하세요.

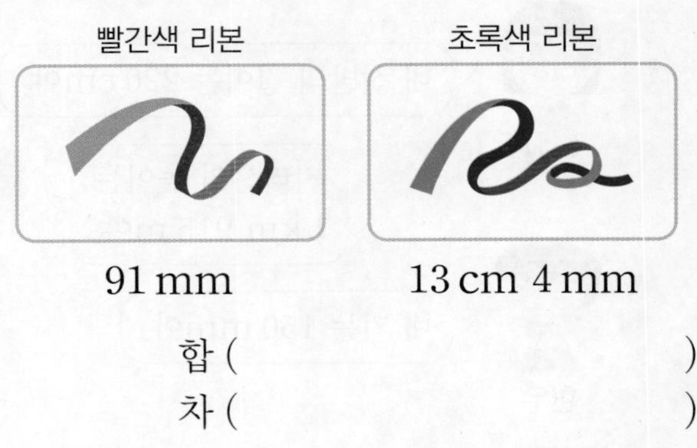

91 mm　　　13 cm 4 mm

합 (　　　　　　　　　　)

차 (　　　　　　　　　　)

31 태우는 서울에서 인천까지 37 km 660 m를 가고, 인천에서 수원까지 47 km 940 m를 갔습니다. 태우가 서울에서 인천을 지나 수원까지 간 거리는 몇 km 몇 m일까요?

(　　　　　　　　　　)

32 은지는 다이어리를 꾸미기 위해 길이가 24 cm 5 mm인 색 테이프를 5 cm 3 mm씩 2번 잘라 사용했습니다. 남은 색 테이프의 길이는 몇 cm 몇 mm일까요?

(　　　　　　　　　　)

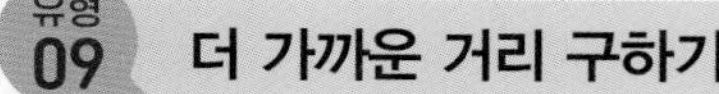

플러스 유형 09 더 가까운 거리 구하기

예제 공원 입구에서 공연장까지 갈 때 길 1과 길 2 중에서 어느 길이 더 가까운지 구하세요.

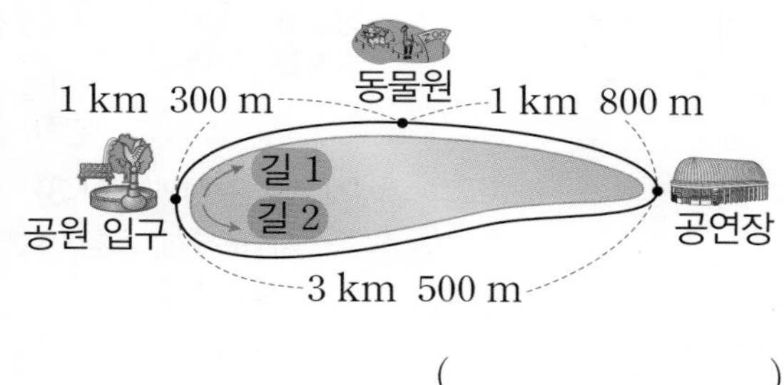

(　　　　　　)

풀이 길 1 1 km 300 m+1 km 800 m

=□ km □ m

➜ □ km □ m ○ 3 km 500 m

33 윤서네 집에서 도서관까지 가는 경로는 2가지입니다. 경로 1과 경로 2 중에서 어느 경로가 더 짧은지 구하세요.

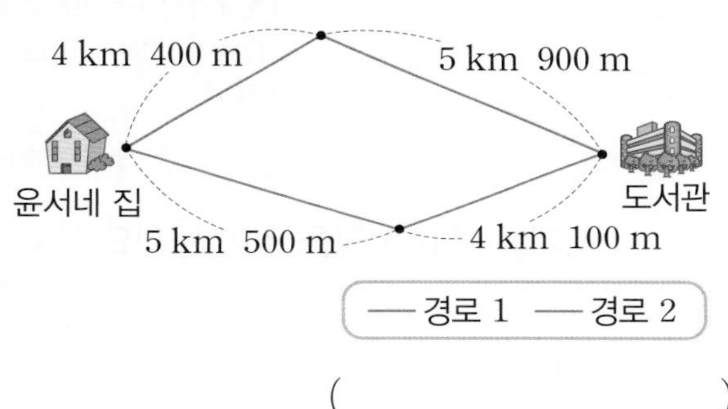

(　　　　　　)

34 중요 집에서 서점까지 갈 때 경찰서와 소방서 중에서 어느 곳을 지나가는 것이 몇 m 더 가까운지 차례로 쓰세요.

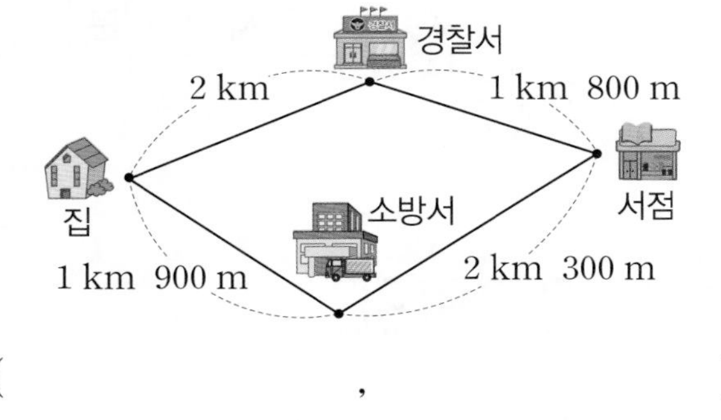

(　　　　　　,　　　　　　)

플러스 유형 10 수직선 위의 길이 구하기

예제 ㉠에서 ㉡까지의 길이는 몇 m인지 구하세요.

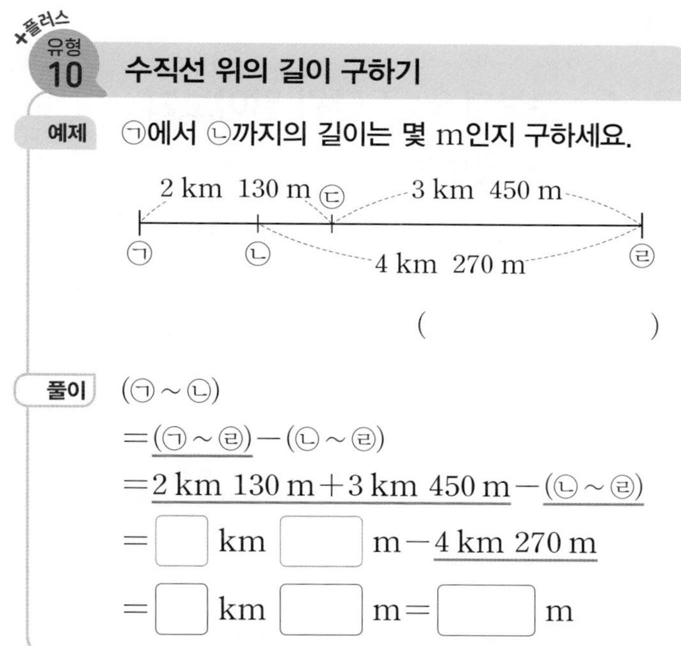

(　　　　　　)

풀이 (㉠~㉡)

=(㉠~㉣)−(㉡~㉣)

=2 km 130 m+3 km 450 m−(㉡~㉣)

=□ km □ m−4 km 270 m

=□ km □ m=□ m

35 서술형 ㉢에서 ㉣까지의 길이는 몇 km 몇 m인지 풀이 과정을 쓰고, 답을 구하세요.

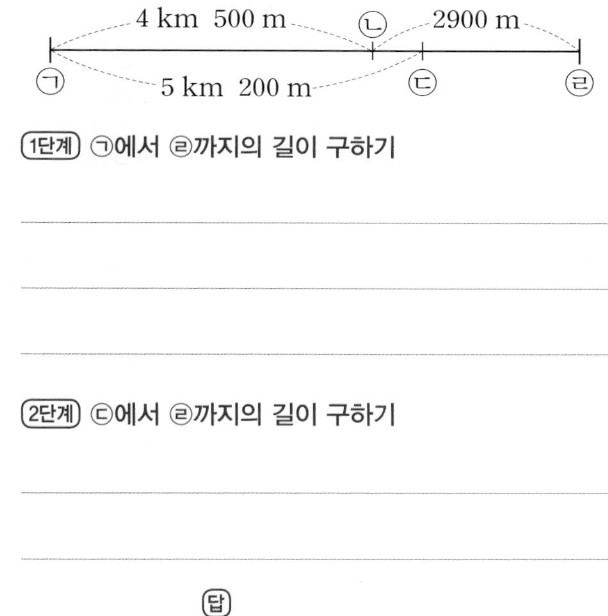

1단계 ㉠에서 ㉣까지의 길이 구하기

2단계 ㉢에서 ㉣까지의 길이 구하기

답

36 ㉠에서 ㉣까지의 길이는 몇 km 몇 m일까요?

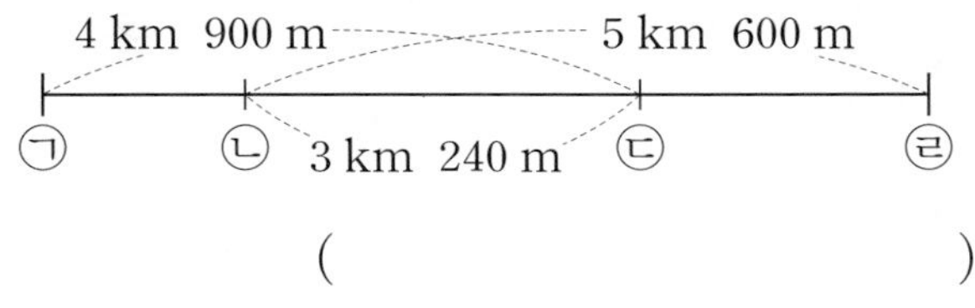

(　　　　　　)

STEP 1 개념 확인하기

4 분보다 작은 단위 알아보기

1초 알아보기

초바늘이 ─ 작은 눈금 한 칸을 가는 동안 걸리는 시간 ➜ **1초**
　　　　 └ 시계를 한 바퀴 도는 데 걸리는 시간 ➜ **60초**

(가늘고 가장 빨리 움직이는 바늘)

작은 눈금 한 칸=1초　　**60초=1분**

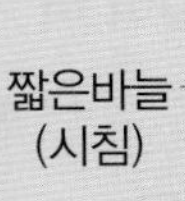

시계 바늘은 위와 같이 3개 있습니다. 시침, 분침, 초침으로 읽을 수도 있습니다.

초 단위까지의 시각 읽기

- 짧은바늘: 3과 4 사이 → **3시**
- 긴바늘: 8을 조금 지난 곳 → **40분**
- 초바늘: 5 → **25초**

➜ **3시 40분 25초** → 시각은 시, 분, 초 순서로 읽어.

시각을 몇 분 몇 초 또는 몇 초로 나타내기

- 90초=60초+30초
  =1분 30초
- 2분 50초
  =1분+1분+50초
  =60초+60초+50초
  =170초

01 그림을 보고 ☐ 안에 알맞은 수를 써넣으세요.

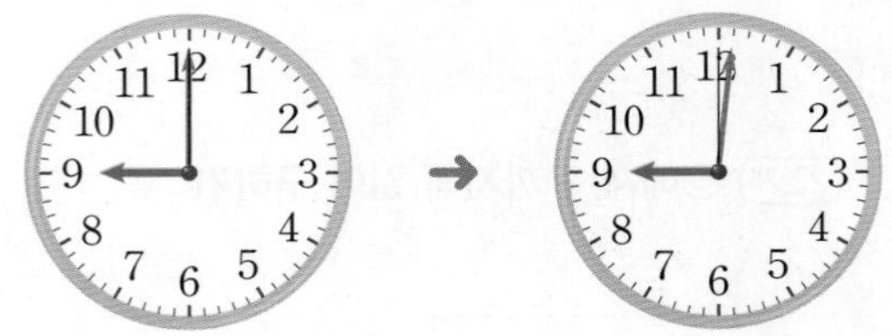

초바늘이 시계를 한 바퀴 도는 데 걸리는 시간은 ☐초입니다.

[02~03] ☐ 안에 알맞은 수를 써넣으세요.

02 1분 20초=60초+20초=☐초

03 120초=60초+☐초
=1분+☐분=☐분

[04~06] 시계를 보고 시각을 읽어 보세요.

04

☐시 ☐분 ☐초

05

☐시 ☐분 ☐초

06

3:28:36

☐시 ☐분 ☐초

• 정답 34쪽

5 시간의 덧셈

시는 시끼리, 분은 분끼리, 초는 초끼리 더합니다.

같은 단위끼리의 합이 60이거나 60보다 크면

60초 ➜ 1분, 60분 ➜ 1시간으로 받아올림합니다.

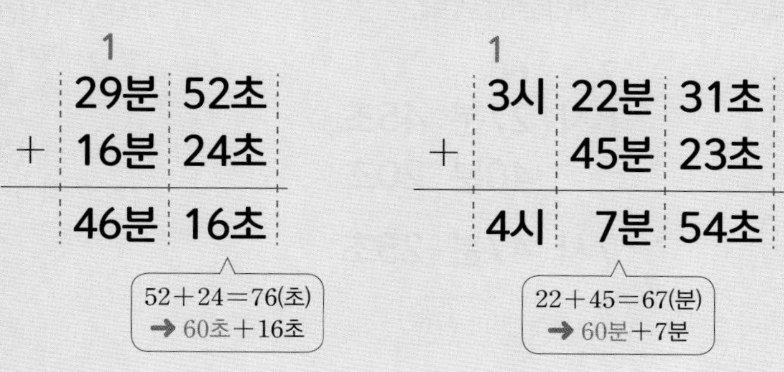

• (시각)+(시간)=(시각)
➜ 2시에서 3시간 후는 2+3=5(시)입니다.

• (시간)+(시간)=(시간)
➜ 2시간과 3시간을 더하면 2+3=5(시간)입니다.

5 단원

[01~04] ☐ 안에 알맞은 수를 써넣으세요.

01

  5 분 31 초
+ 4 분 24 초
☐분 ☐초

02

☐
  10 분 40 초
+ 8 분 50 초
☐분 ☐초

03

☐
  6 시 47 분 30 초
+ 10 분 38 초
☐시 ☐분 ☐초

04

☐
  2 시간 16 분 9 초
+ 3 시간 53 분 2 초
☐시간 ☐분 ☐초

[05~08] ☐ 안에 알맞은 수를 써넣으세요.

05 24분 50초+16분 7초

=☐분 ☐초

06 1시 13분 25초+36분 21초

=☐시 ☐분 ☐초

07 45분 33초+4분 41초

=☐분 ☐초

08 4시간 35분 56초+3시간 47분 30초

=☐시간 ☐분 ☐초

• 정답 35쪽

6 시간의 뺄셈

시는 시끼리, 분은 분끼리, 초는 초끼리 뺍니다.

같은 단위끼리 뺄 수 없으면

1분 → 60초, 1시간 → 60분으로 받아내림합니다.

	14	60
	~~15~~분	20초
−	6분	50초
	8분	30초

(60+20−50=30(초))

	7	60	
	~~8~~시	27분	45초
−		40분	20초
	7시	47분	25초

(60+27−40=47(분))

• (시간)−(시간)=(시간)
→ 5시간에서 3시간을 빼면 5−3=2(시간)입니다.

• (시각)−(시간)=(시각)
→ 5시에서 3시간 전은 5−3=2(시)입니다.

• (시각)−(시각)=(시간)
→ 3시와 5시 사이의 시간은 5−3=2(시간)입니다.

[01~04] □ 안에 알맞은 수를 써넣으세요.

01

	40 분	50 초
−	20 분	12 초
	□분	□초

02

	23	□
	~~24~~ 분	35 초
−	9 분	40 초
	□분	□초

03

		□	□
	10 시	~~35~~ 분	10 초
−	3 시간	18 분	40 초
	□시	□분	□초

04

	□	□	
	~~8~~ 시간	8 분	59 초
−	1 시간	12 분	25 초
	□시간	□분	□초

[05~08] □ 안에 알맞은 수를 써넣으세요.

05 5분 44초−1분 39초
=□분 □초

06 7시 53분 48초−2시간 4분 15초
=□시 □분 □초

07 3시 42분 31초−2시간 23분 36초
=□시 □분 □초

08 12시간 17분 58초−9시간 30분 34초
=□시간 □분 □초

유형 다잡기

• 정답 35쪽

유형 11 초 단위까지의 시각 알아보기

예제 시계가 나타내는 시각은 몇 시 몇 분 몇 초인지 읽어 보세요.

(　　　　　　　　)

풀이 짧은바늘: 2와 3 사이 → □시

긴바늘: 9를 조금 지난 곳 → □분

초바늘: 6 → □초

01 주어진 시각에 맞게 시계에 초바늘을 그려 넣으세요.

8시 12분 25초

02 1초 동안 할 수 있는 일을 찾아 기호를 쓰세요.

㉠ 방 청소하기
㉡ 눈 한 번 깜빡이기

(　　　　　　　　)

03 시계가 나타내는 시각은 몇 시 몇 분 몇 초인지 읽어 보세요.

12:31:19

(　　　　　　　　)

04 초바늘이 시계를 3바퀴 도는 데 걸리는 시간은 몇 초일까요?

(　　　　　　　　)

05 (창의형) 시간의 단위로 '초'를 사용한 문장을 만들어 보세요.

(문장) ________________________________

____

유형 12 알맞은 시간 단위 사용하기

예제 알맞은 시간의 단위에 ○표 하세요.

물 한 모금 마시는 데 걸린 시간

➜ 5(초 , 분 , 시간)

풀이 물 한 모금 마시는 데 걸린 시간은 짧은 시간입니다. ➜ 알맞은 시간의 단위: (초 , 분 , 시간)

06 (중요★) 〈보기〉에서 알맞은 시간의 단위를 찾아 □ 안에 써넣으세요.

〈보기〉
초　　분　　시간

(1) 손을 씻는 데 걸리는 시간: 30□

(2) 등산을 한 시간: 2□

(3) 밥을 먹는 데 걸리는 시간: 30□

STEP 2 유형 다잡기

07 시간의 단위를 바르게 사용하여 말한 사람의 이름을 쓰세요.

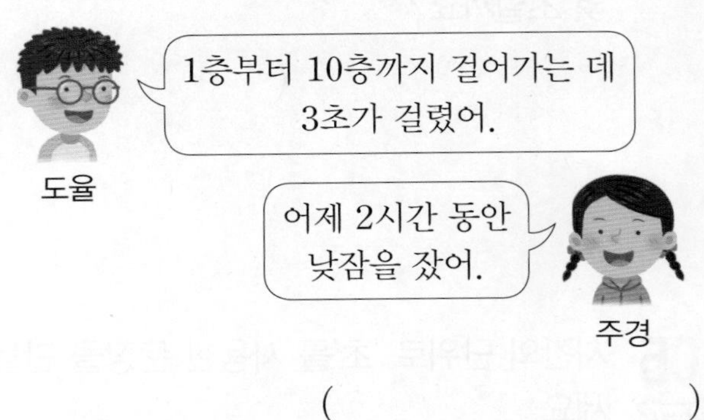

1층부터 10층까지 걸어가는 데 3초가 걸렸어.
도율
어제 2시간 동안 낮잠을 잤어.
주경

(　　　　　　　　)

유형 13 분과 초 사이의 관계

예제 분과 초 사이의 관계를 바르게 나타낸 것에 색칠해 보세요.

1분 40초=140초	90초=1분 30초

풀이
- 1분 40초=□초+40초=□초
- 90초=□초+30초=□분 □초

08 중요* 관계있는 것끼리 이어 보세요.

(1) 3분 18초 •　　　　• 338초

(2) 5분 38초 •　　　　• 238초

　　　　　　　　　　　• 198초

09 서술형 다음 문장에서 잘못 나타낸 곳을 찾아 바르게 고쳐 보세요.

1분은 100초이므로 210초는 2분 10초입니다.

바르게 고치기

10 일기에서 밑줄 친 시간은 몇 초인지 구하세요.

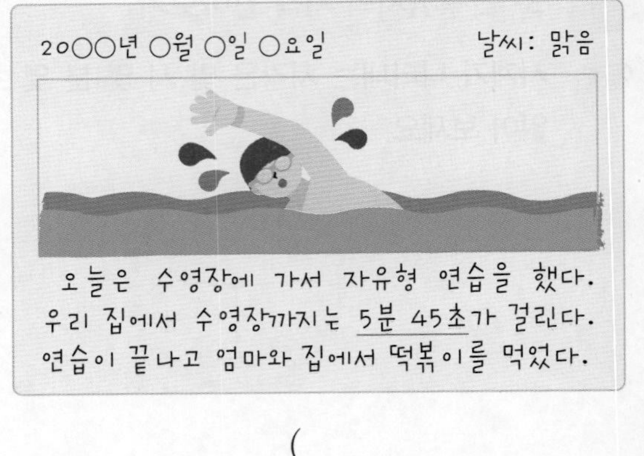

20○○년 ○월 ○일 ○요일
날씨: 맑음
오늘은 수영장에 가서 자유형 연습을 했다.
우리 집에서 수영장까지는 5분 45초가 걸린다.
연습이 끝나고 엄마와 집에서 떡볶이를 먹었다.

(　　　　　　　　)

11 시간이 다른 하나를 찾아 기호를 쓰세요.

㉠ 412초　㉡ 4분 12초　㉢ 252초

(　　　　　　　　)

유형 14 단위가 다른 시간 비교하기

예제 더 긴 시간에 ○표 하세요.

250초　　4분 20초

풀이 4분 20초=□초+20초=□초

➜ 250초 ○ □초

12 시간의 길이를 비교하여 ○ 안에 >, =, <를 알맞게 써넣으세요.

(1) 1분 45초 ○ 110초

(2) 470초 ○ 6분 50초

13 짧은 시간을 말한 사람부터 차례로 이름을 쓰세요.

( )

14 대화를 읽고 오래매달리기 기록이 가장 좋은 사람을 찾아 이름을 쓰세요.

- 지연: 나는 1분 16초 동안 매달렸어.
- 현욱: 내 기록은 101초야.
- 은아: 난 1분 21초 동안 매달렸어.

( )

유형 15 시간의 덧셈

예제 □ 안에 알맞은 수를 써넣으세요.

+3분 16초

5분 23초 → □분 □초

풀이 분은 분끼리, 초는 초끼리 더합니다.

23초+16초=□초

5분+3분=□분

➜ □분 □초

15 계산해 보세요.

(1) 3시 28분 17초+24분 6초

(2) 7시 54분 31초+2시간 18분 25초

16 왼쪽 시계가 나타내는 시각에서 34분 30초 후의 시각을 오른쪽 시계에 나타내세요.

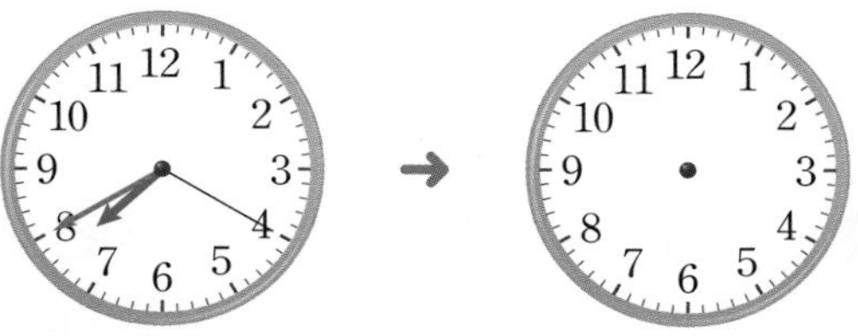

17 서술형 시계가 나타낸 시각에서 초바늘이 45바퀴 돈 후의 시각을 구하려고 합니다. 몇 시 몇 분 몇 초인지 풀이 과정을 쓰고, 답을 구하세요.

1단계 시계가 나타낸 시각 구하기

2단계 초바늘이 45바퀴 돈 후의 시각 구하기

답

5 단원

유형 16 실생활 속 시간의 덧셈

예제 정은이는 2시 50분 12초부터 41분 30초 동안 숙제를 했습니다. 정은이가 숙제를 끝낸 시각은 몇 시 몇 분 몇 초일까요?

( )

풀이 (끝낸 시각)
=(시작한 시각)+(숙제를 한 시간)
=2시 50분 12초+□분 □초
=□시 □분 □초

18 도해가 체험학습을 가는 데 1시간 25분 동안 기차를 타고, 2시간 30분 동안 버스를 탔습니다. 도해가 기차와 버스를 탄 시간은 모두 몇 시간 몇 분일까요?

( )

19 중요* 다음은 지현이가 피아노 연습을 시작한 시각을 나타낸 시계입니다. 지현이가 피아노 연습을 70분 42초 동안 했다면 피아노 연습을 끝낸 시각은 몇 시 몇 분 몇 초일까요?

시작한 시각

( )

20 창의형 고고학 체험 교실에서 50분 동안 체험 활동을 하려고 합니다. 50분 동안 할 수 있는 체험 활동 2가지를 고르고, 그 이유를 쓰세요.

·화석 발굴: 21분 · 영상 시청: 15분 40초
·토기 만들기: 33분 · 움막 체험: 27분 30초
※준비 시간과 이동 시간을 모두 포함한 시간입니다.

(,)

이유

유형 17 시간의 뺄셈

예제 두 시간의 차를 구하세요.

4시간 26분 21초 9시간 58분 33초

( )

풀이 4시간 26분 21초 ◯ 9시간 58분 33초입니다.
33초−21초=□초
58분−26분=□분
9시간−4시간=□시간
➔ □시간 □분 □초

21 계산해 보세요.

$$\begin{array}{r} 11\text{시}\ \ 16\text{분}\ 54\text{초} \\ -\ \ 7\text{시간}\ 41\text{분}\ 47\text{초} \\ \hline \end{array}$$

22 시간띠를 보고 ●에 알맞은 시각을 구하세요.

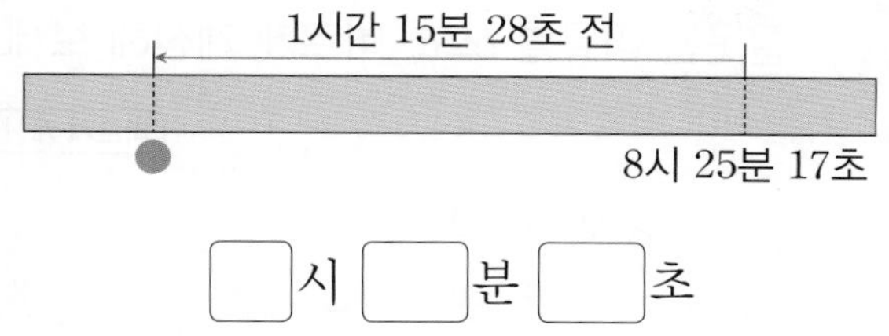

□시 □분 □초

23 서술형 시계가 나타내는 두 시각 사이의 시간은 몇 시간 몇 분 몇 초인지 풀이 과정을 쓰고, 답을 구하세요.

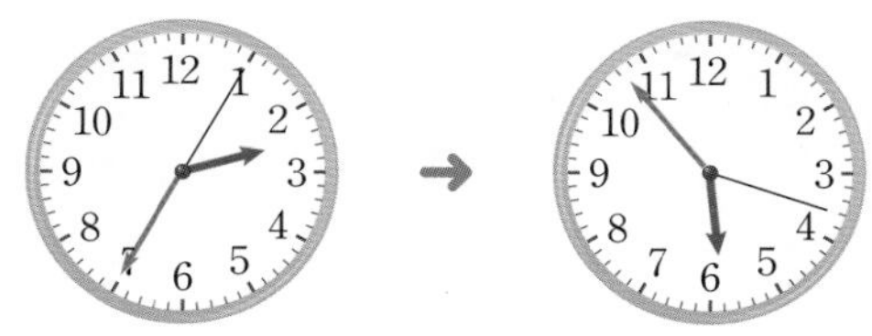

1단계 시계가 나타내는 시각 알아보기

2단계 두 시각 사이의 시간 구하기

답

24 승차권을 보고 수원에서 대천까지 가는 데 걸린 시간은 몇 시간 몇 분인지 구하세요.

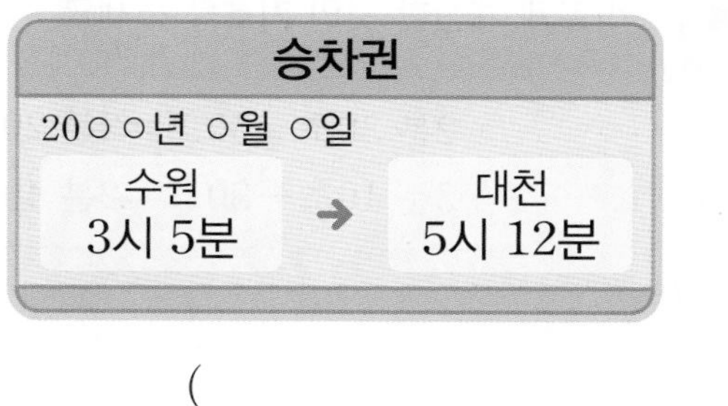

( )

25 현우가 책 두 권을 각각 읽는 데 걸린 시간을 말한 것입니다. 두 권 중에서 읽는 데 걸린 시간이 더 긴 것은 무엇이고, 몇 시간 몇 분 더 오래 걸렸는지 차례로 쓰세요.

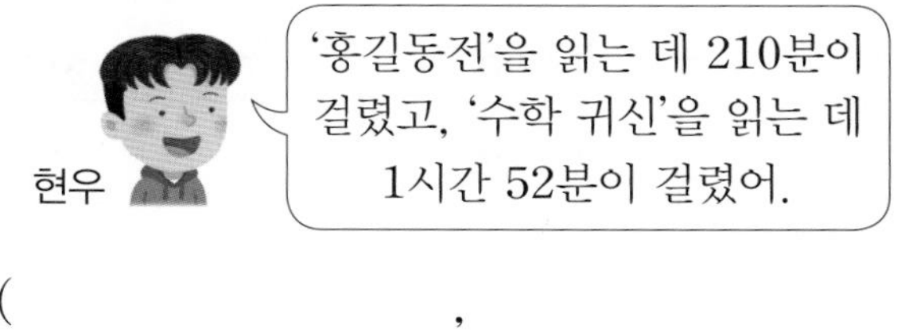

(,)

26 중요* 해인이가 그림 그리기를 끝내자마자 시계를 보았더니 다음과 같았습니다. 그림 그리기를 하는 데 69분 14초가 걸렸다면 그림 그리기를 시작한 시각은 몇 시 몇 분 몇 초일까요?

( )

유형 18 실생활 속 시간의 뺄셈

예제 운동장을 호준이는 5분 15초 동안, 은호는 1분 40초 동안 달렸습니다. 호준이는 은호보다 몇 분 몇 초 더 오래 달렸는지 구하세요.

( )

풀이 (호준이가 은호보다 더 오래 달린 시간)

= □분 □초 − □분 □초

= □분 □초

유형 19 시간의 계산에서 잘못 계산한 것 찾기

예제 바르게 계산한 것의 기호를 쓰세요.

㉠ 2분 30초－50초＝2분 20초
㉡ 3분 10초－30초＝2분 40초

(　　　　)

풀이 ㉠ 2분 30초－50초＝□분 □초

㉡ 3분 10초－30초＝□분 □초

➜ 바르게 계산한 것은 □입니다.

27 잘못 계산한 것에 ×표 하세요.

1분 50초 ＋ 2분 55초 4분 5초	1분 50초 ＋ 2분 55초 4분 45초
(　　)	(　　)

28 리아가 7시 39분부터 3분 12초 동안 음악을 듣고 난 시각을 잘못 계산하였습니다. 바르게 계산하면 몇 시 몇 분 몇 초일까요?

리아: 7시 39분 ＋ 3분 12초 ＝ 10시 51분

(　　　　　　　　)

29 (서술형) 8시 49분＋23분을 계산한 것입니다. 계산이 잘못된 이유를 쓰고, 바르게 계산해 보세요.

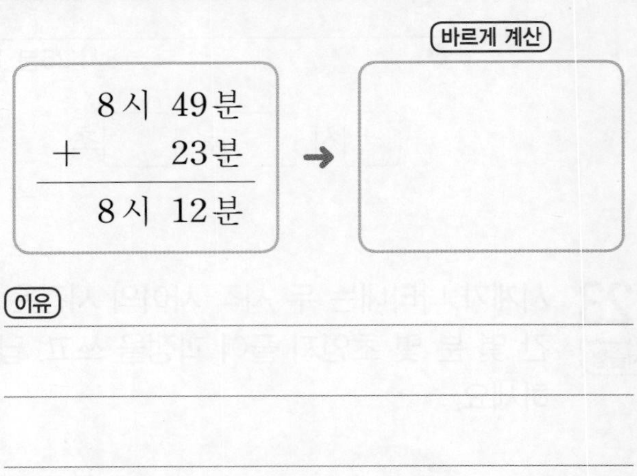

이유 ________________

+플러스 유형 20 시간을 계산하여 비교하기

예제 시간을 각각 계산하여 쓰고, 시간이 더 긴 쪽에 ○표 하세요.

3분 25초 ＋ 4분 14초	10분 56초 － 2분 31초
(　　)	(　　)

풀이 3분 25초＋4분 14초＝□분 □초

10분 56초－2분 31초＝□분 □초

➜ □분 □초 ○ □분 □초

30 시간의 길이를 비교하여 ○ 안에 >, ＝, <를 알맞게 써넣으세요.

5시간 27분＋46분 ○ 6시간

31 서술형 시간이 짧은 것부터 차례로 기호를 쓰려고 합니다. 풀이 과정을 쓰고, 답을 구하세요.

㉠ 4시간 40분 36초−1시간 20분 15초
㉡ 1시간 30분 28초+2시간 21분 30초
㉢ 5시간 52분 43초−2시간 37분 25초

1단계 ㉠, ㉡, ㉢의 시간 각각 구하기

2단계 시간이 짧은 것부터 차례로 기호 쓰기

답

32 서율이와 진욱이 중 컴퓨터를 더 오래 사용한 사람의 이름을 쓰세요.

서율: 1시간 5분 40초 동안 컴퓨터를 했어.
진욱: 5시 20분 7초부터 6시 32분 55초까지 컴퓨터를 사용했어.

(　　　　　　　　)

33 중요★ 현서와 연우가 국어와 수학 숙제를 하는 데 각각 걸린 시간입니다. 현서와 연우 중 숙제를 하는 데 시간이 더 오래 걸린 사람은 누구일까요?

	현서	연우
국어	10분 36초	7분 20초
수학	15분 15초	17분 33초

(　　　　　　　　)

+플러스 유형 21

반복되는 시간에서 끝나는(시작하는) 시각 구하기

예제 어느 문화센터에서 바둑 수업을 45분 동안 하고 20분씩 쉽니다. 첫 번째 수업이 9시 30분에 시작한다면 두 번째 수업이 시작하는 시각은 몇 시 몇 분일까요?

(　　　　　　　　)

풀이 (첫 번째 수업이 끝나는 시각)
=9시 30분+☐분=☐시 ☐분
(두 번째 수업이 시작하는 시각)
=☐시 ☐분+☐분
=☐시 ☐분

34 어느 영화관에서 영화를 상영하고 있습니다. 영화 상영 시간은 1시간 20분이고 한 회가 끝날 때마다 15분을 쉽니다. 2회 시작 시각이 10시 5분이라면 1회 시작 시각은 몇 시 몇 분일까요?

(　　　　　　　　)

35 호영이네 반 수업 시간표의 일부분이 지워져 보이지 않습니다. 40분 동안 수업을 하고 10분씩 쉴 때 3교시가 끝나는 시각은 몇 시 몇 분일까요?

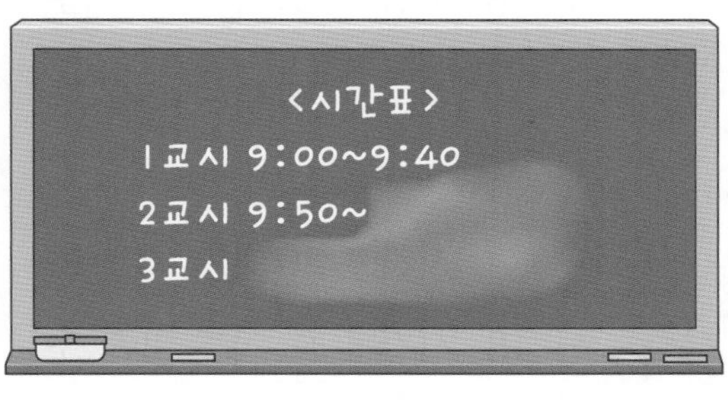

(　　　　　　　　)

5 단원

36 어느 역에서 기차가 1시간 15분마다 출발합니다. 네 번째 기차가 출발한 시각이 11시 15분일 때 첫 번째 기차가 출발한 시각은 몇 시 몇 분일까요?

( )

+플러스 유형 22 **시간 계산에서 모르는 수 구하기**

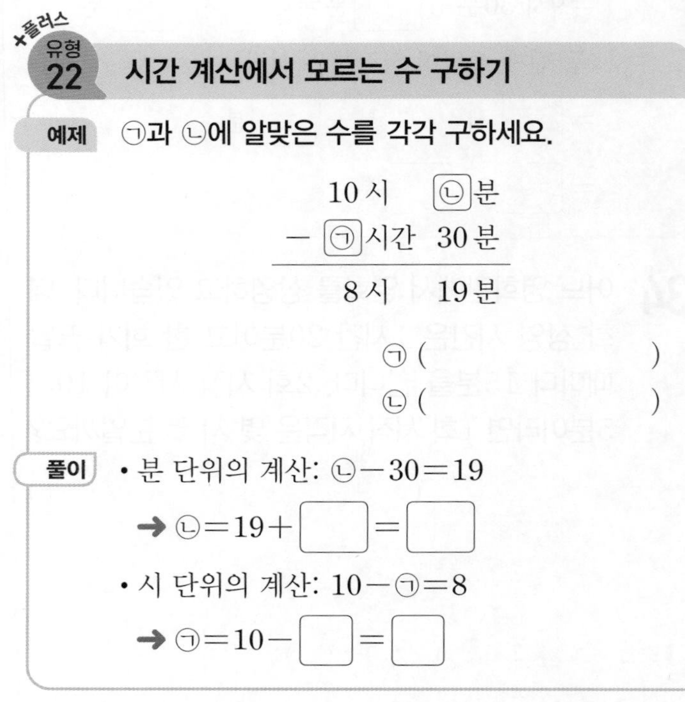

예제 ㉠과 ㉡에 알맞은 수를 각각 구하세요.

10 시 ㉡분
− ㉠시간 30 분
8 시 19 분

㉠ ( )
㉡ ( )

풀이 • 분 단위의 계산: ㉡−30=19
➜ ㉡=19+□=□
• 시 단위의 계산: 10−㉠=8
➜ ㉠=10−□=□

37 □ 안에 알맞은 수를 써넣으세요.

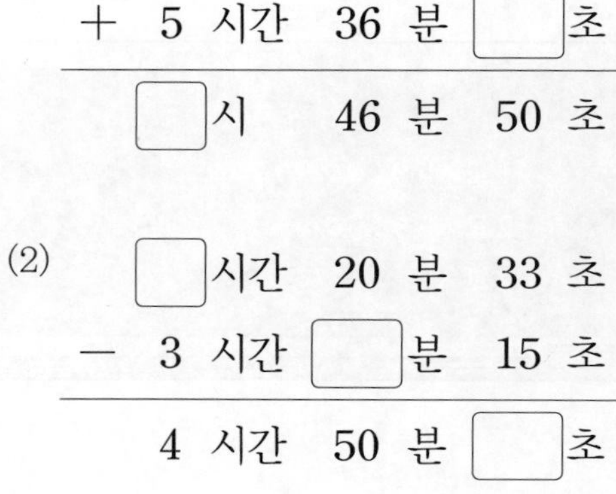

(1)
2 시 □분 10 초
+ 5 시간 36 분 □초
□시 46 분 50 초

(2)
□시간 20 분 33 초
− 3 시간 □분 15 초
4 시간 50 분 □초

38 □ 안에 알맞은 수를 써넣으세요.

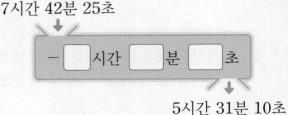

7시간 42분 25초
− □시간 □분 □초
5시간 31분 10초

39 ㉠과 ㉡에 알맞은 시간은 몇 분 몇 초인지 각각 구하세요.

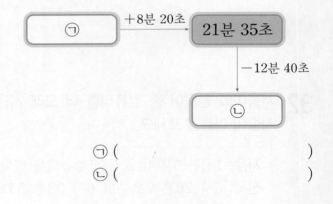

㉠ —(+8분 20초)→ 21분 35초 —(−12분 40초)→ ㉡

㉠ ( )
㉡ ( )

40 어떤 시각에서 1시간 45분 후의 시각을 구해야 하는데 잘못하여 1시간 45분 전의 시각을 구했더니 3시 44분 35초였습니다. 바르게 구한 시각은 몇 시 몇 분 몇 초인지 구하세요.

( )

+플러스 유형 23 낮과 밤의 길이

예제 어느 날 해가 뜬 시각은 오전 6시 22분 4초이고 해가 진 시각은 오후 6시 34분 5초였습니다. 이날 낮의 길이는 몇 시간 몇 분 몇 초인지 구하세요.

( )

풀이 오후 6시는 낮 12시에서 6시간을 더 간 시각이므로 12+6=☐시로 나타낼 수 있습니다.

(낮의 시간)

=(해가 진 시각)−(해가 뜬 시각)

=☐시 34분 5초−6시 22분 4초

=☐시간 ☐분 ☐초

해가 떠 있는 시간을 낮의 길이라고 해.

41 어느 날 낮의 길이가 9시간 42분이었을 때 이 날 밤의 길이는 몇 시간 몇 분인지 구하세요.

( )

42 어느 날 해가 뜬 시각과 해가 진 시각을 나타낸 시계입니다. 이날 낮의 길이는 몇 시간 몇 분 몇 초인지 구하세요.

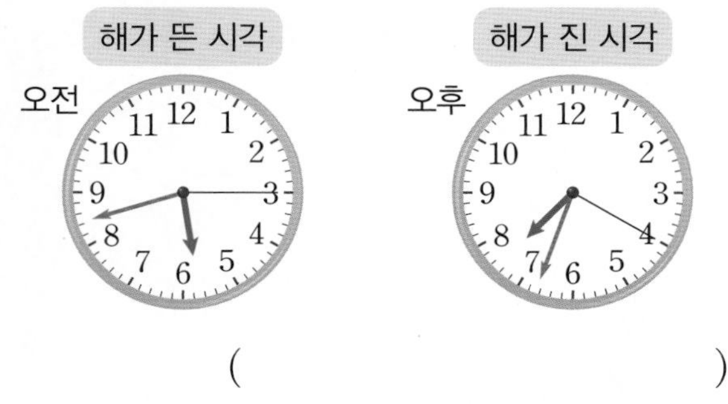

( )

+플러스 유형 24 고장난 시계가 가리키는 시각 구하기

예제 하루에 15초씩 빨라지는 시계가 있습니다. 6일 동안 이 시계가 빨라지는 시간은 몇 분 몇 초인지 구하세요.

( )

풀이 (6일 동안 빨라지는 시간)

=☐초×6

=☐초=☐분 ☐초

43 하루에 12초씩 늦어지는 시계가 있습니다. 이 시계를 오늘 오전 10시에 정확히 맞추어 놓았습니다. 일주일 후 오전 10시에 이 시계가 가리키는 시각은 오전 몇 시 몇 분 몇 초인지 구하세요.

( )

44 서술형 하루에 20초씩 빨라지는 시계가 있습니다. 이 시계를 오늘 오후 1시에 정확히 맞추어 놓았습니다. 5일 후 오후 1시에 이 시계가 가리키는 시각은 오후 몇 시 몇 분 몇 초인지 풀이 과정을 쓰고, 답을 구하세요.

(1단계) 5일 동안 빨라지는 시간 구하기

(2단계) 5일 후 오후 1시에 이 시계가 가리키는 시각 구하기

답

5 단원

응용 해결하기

문제 강의

가야 하는 거리 구하기

1 민하네 집에서 공항까지 가는 길을 나타낸 것입니다. 민하네 집에서 공항까지 길을 따라가려면 적어도 몇 km를 가야 할까요?

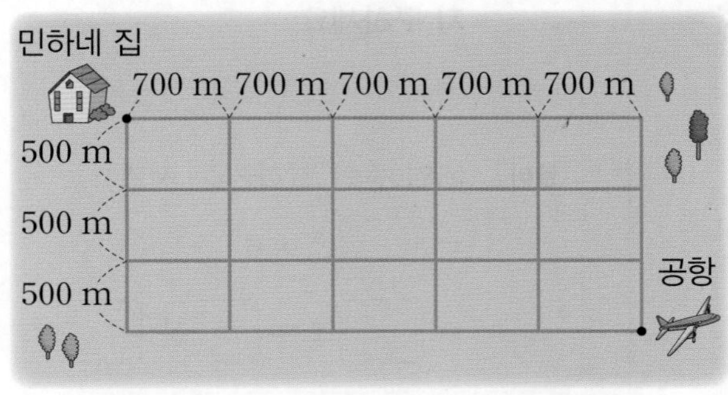

(　　　　　　　　　　)

해결 tip

모눈 모양의 선을 따라 이동할 때, 가장 짧은 길의 길이는?

가로 또는 세로에서 각각 한 방향으로만 이동할 때 길의 길이가 가장 짧습니다.

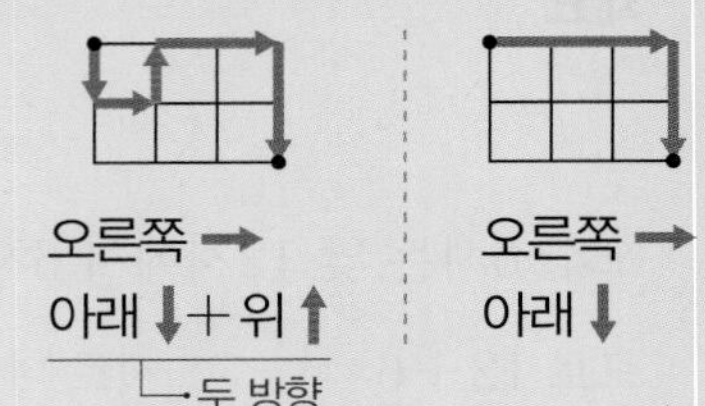

다녀오는 데 걸린 시간 구하기

2 세원이는 자동차를 타고 집에서 출발하여 동물원에 가는 데 1시간 30분 25초가 걸렸고, 집으로 돌아올 때는 차가 막혀 동물원에 갈 때보다 24분 40초가 더 걸렸습니다. 세원이가 자동차를 탄 시간은 모두 몇 시간 몇 분 몇 초인지 풀이 과정을 쓰고, 답을 구하세요.

풀이

답

축구 경기가 시작된 시각 구하기

3 오른쪽은 축구 경기가 끝난 시각입니다. 축구 경기를 1시간 50분 30초 동안 했다면 축구 경기가 시작된 시각은 오전 몇 시 몇 분 몇 초일까요?

(　　　　　　　　　　)

더 달려야 하는 거리 구하기

4 윤서는 집에서 2960 m 떨어진 우체국에 자전거를 타고 다녀오려고 합니다. 윤서가 집을 출발하여 1 km 170 m 달렸다면 우체국에 들렀다 집으로 돌아오기 위해 앞으로 더 달려야 할 거리는 몇 km 몇 m일까요?

( )

두께가 같은 책을 쌓은 높이 구하기

5 두께가 똑같은 책 4권을 쌓았더니 높이가 3 cm 2 mm가 되었습니다. 같은 책 9권을 쌓으면 높이는 몇 cm 몇 mm일까요?

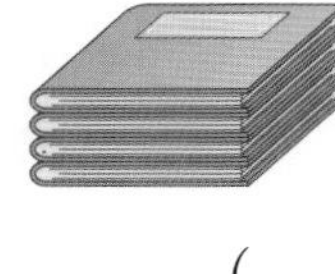

( )

통나무를 자르는 데 걸리는 시간 구하기

서술형

6 통나무 한 개를 그림과 같이 잘라 6도막으로 만들려고 합니다. 한 번 자를 때마다 1분 7초씩 걸린다면 모두 자르는 데 적어도 몇 분 몇 초가 걸리는지 풀이 과정을 쓰고, 답을 구하세요.

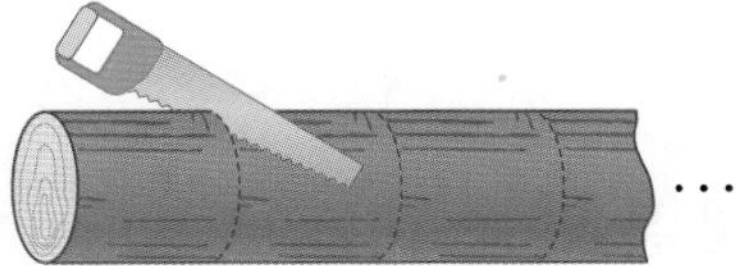

풀이

답

해결 tip

갔다가 돌아오는 거리는?

간 거리와 같은 거리만큼 돌아옵니다.

출발 • 같은 거리 • 도착

(간 거리)＝(돌아온 거리)

자르는 횟수와 도막의 관계

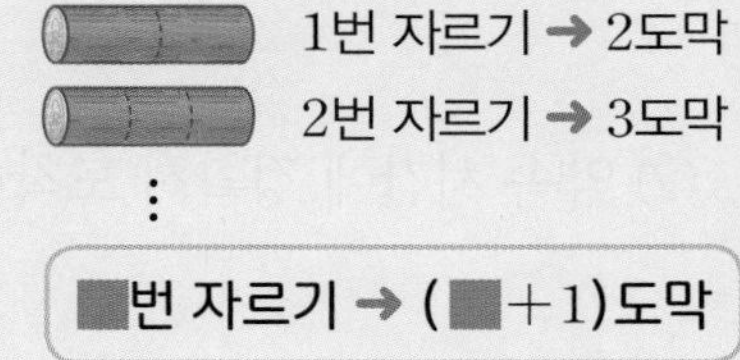
1번 자르기 ➔ 2도막
2번 자르기 ➔ 3도막
⋮
■번 자르기 ➔ (■＋1)도막

5 단원

• 정답 38쪽

처음 양초의 길이 구하기

7 어떤 양초에 불을 붙이고 3시간 후에 길이를 재어 보니 7 cm 5 mm였습니다. 이 양초가 30분에 6 mm씩 일정한 빠르기로 줄어들 때 처음 양초의 길이는 몇 cm 몇 mm인지 구하세요.

(1) 1시간 동안 줄어든 양초의 길이는 몇 mm일까요?

( )

(2) 3시간 동안 줄어든 양초의 길이는 몇 cm 몇 mm일까요?

( )

(3) 처음 양초의 길이는 몇 cm 몇 mm일까요?

( )

해결 tip

처음 양초의 길이를 구하려면?

몇 분 몇 초 뒤에 출발해야 하는지 구하기

8 이서는 3시 30분에 놀이터에서 친구를 만나기로 약속했습니다. 놀이터까지 가는 데 15분이 걸립니다. 이서가 약속 시간에 정확히 도착하려면 지금 시각에서 몇 분 몇 초 뒤에 출발해야 할지 구하세요.

지금 시각

(1) 지금 시각은 몇 시 몇 분 몇 초일까요?

( )

(2) 약속 시간에 정확히 도착하려면 몇 시 몇 분에 출발해야 할까요?

( )

(3) 약속 시간에 정확히 도착하려면 지금 시각에서 몇 분 몇 초 뒤에 출발해야 할까요?

( )

맞힌 개수

01 □ 안에 알맞은 수를 써넣으세요.

초바늘이 작은 눈금 한 칸을 가면 □초, 시계를 한 바퀴 돌면 □초입니다.

02 수직선을 보고 □ 안에 알맞은 수를 써넣으세요.

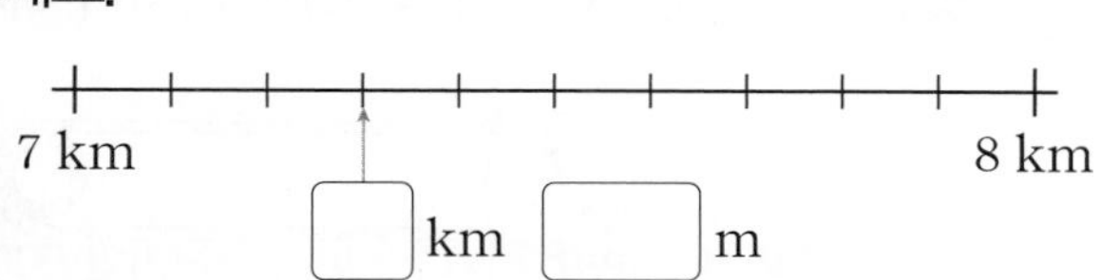

03 시각을 읽어 보세요.

□시 □분 □초

04 □ 안에 알맞은 수를 써넣으세요.

	10 분	49 초
−	6 분	28 초
	□분	□초

05 막대의 길이를 어림하고, 자로 재어 몇 cm 몇 mm인지 쓰세요.

어림한 길이	자로 잰 길이

06 다음 중 km 단위를 바르게 사용한 사람을 찾아 이름을 쓰세요.

주혁: 내 키는 130 km야.
상원: 우리 교실에 있는 칠판의 긴 쪽의 길이는 4 km쯤 돼.
소진: 우리 집에서 병원까지는 5 km쯤 떨어져 있어.

(　　　　　　　　)

07 우체국에서 학교까지의 거리는 약 1 km입니다. 학교에서 병원까지의 거리는 약 몇 km인지 어림해 보세요.

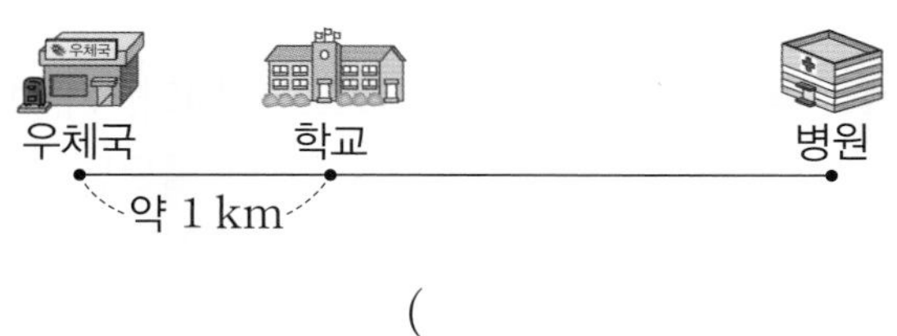

(　　　　　　　　)

08 빈칸에 알맞은 시간은 몇 분 몇 초인지 써넣으세요.

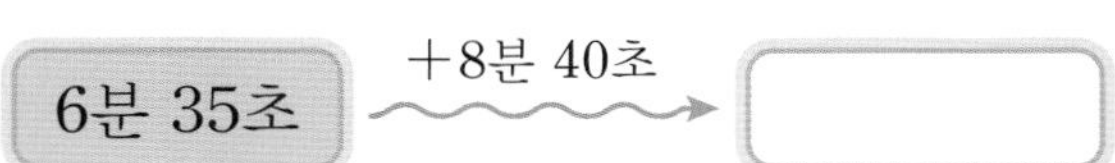

5 단원

09 다음에서 틀린 것을 찾아 ×표 하세요.

42 mm=4 cm 2 mm ( )

2 km 50 m=2500 m ( )

7800 m=7 km 800 m ( )

10 짧은 시간부터 차례로 기호를 쓰려고 합니다. 풀이 과정을 쓰고, 답을 구하세요.

서술형

㉠ 73초 ㉡ 1분 9초 ㉢ 102초

풀이

답

11 주호가 동요를 들으려고 합니다. 재생 시간이 다음과 같은 두 곡을 이어서 들으면 재생 시간은 모두 몇 분 몇 초가 될까요?

동요	재생 시간
참 좋은 말	2분 24초
악어 떼	1분 2초

( )

12 다음 중 길이가 가장 긴 것은 어느 것일까요? ( )

① 8 km 60 m ② 8006 m
③ 8600 m ④ 8 km
⑤ 8 km 160 m

13 옷핀의 길이는 몇 cm 몇 mm인지 구하세요.

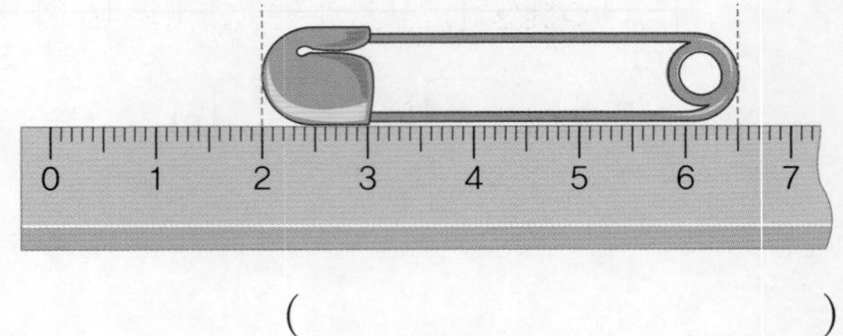

( )

14 등산로 입구에서 야영장을 지나 약수터까지 가는 데 걸리는 시간은 몇 시간 몇 분일까요?

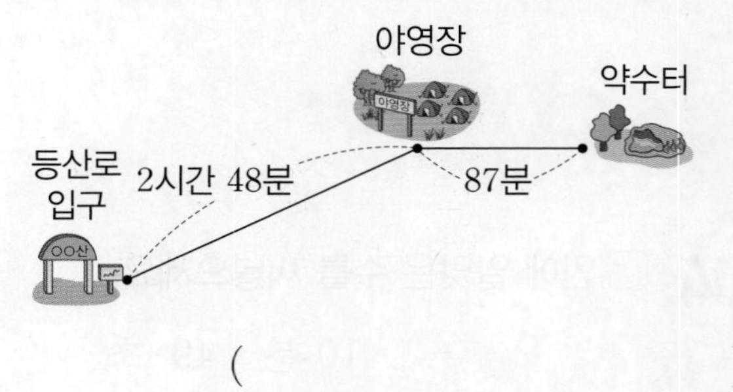

( )

15 10시 23분에서 2분 35초 후의 시각을 잘못 계산한 것입니다. 바르게 계산하면 몇 시 몇 분 몇 초일까요?

	10시	23분
+	2분	35초
	12시	58분

( )

16 현서는 단축 마라톤 경기에 참가하였습니다. 출발 시각은 7시 10분 25초이고 현서의 기록은 2시간 42분 30초입니다. 현서가 결승점에 도착한 시각은 몇 시 몇 분 몇 초일까요?

( )

17 서술형 오른쪽 시계가 나타내는 시각에서 2시간 55분 13초 전의 시각은 몇 시 몇 분 몇 초인지 풀이 과정을 쓰고, 답을 구하세요.

풀이

답

18 서술형 인성이가 가지고 있는 파란색 끈의 길이는 8 cm 2 mm, 노란색 끈의 길이는 88 mm, 초록색 끈의 길이는 85 mm입니다. 가장 긴 끈과 가장 짧은 끈의 길이의 합은 몇 mm인지 풀이 과정을 쓰고, 답을 구하세요.

19 그림과 같이 겹치게 이어 붙인 색 테이프의 전체 길이는 몇 cm 몇 mm일까요?

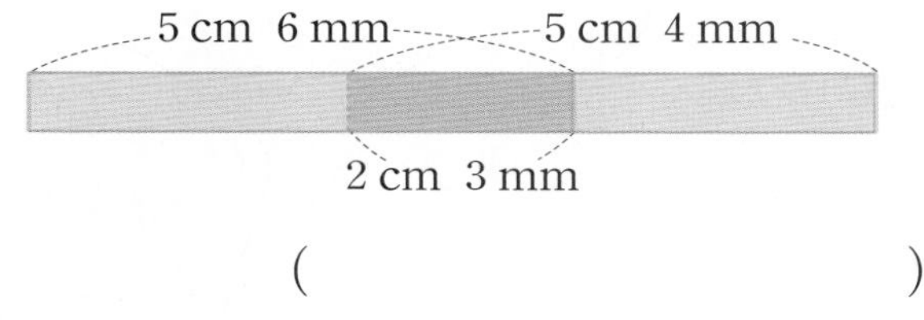

( )

20 하루에 45초씩 늦어지는 시계가 있습니다. 이 시계를 오늘 오전 7시 30분에 정확히 맞추어 놓았다면 일주일 후 오전 7시 30분에 이 시계가 가리키는 시각은 오전 몇 시 몇 분 몇 초일까요?

( )

5 단원

6

분수와 소수

학습을 끝낸 후
색칠하세요.

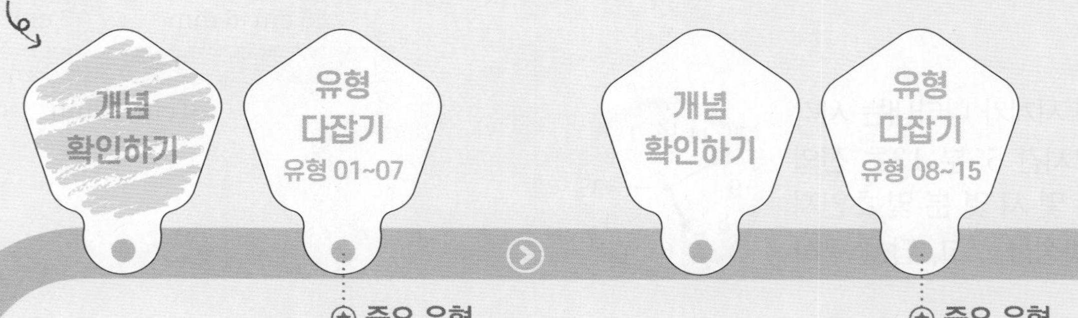

★ 중요 유형

01 똑같이 나누기
02 전체와 부분 알아보기
04 분수 알아보기
06 부분을 보고 전체 구하기

★ 중요 유형

08 단위분수 알아보기
09 단위분수의 크기 비교하기
11 분모가 같은 분수의 크기 비교하기
13 크고 작은 조건에 알맞은 분수 구하기
15 분수의 크기 비교에서 □ 안에 알맞은 수 구하기

이전에 배운 내용

[2-1] 여러 가지 도형

칠교판으로 모양 만들기

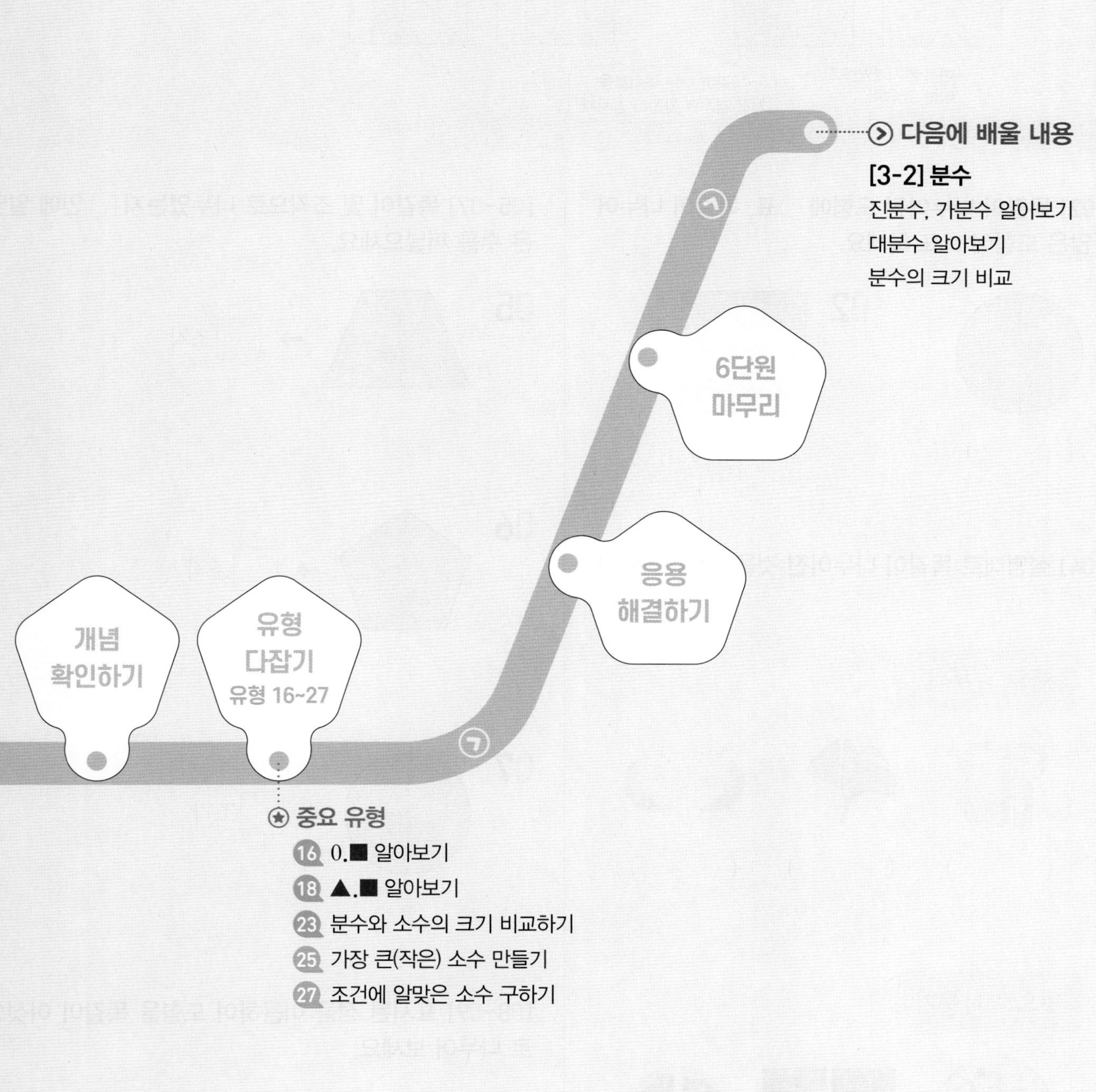

개념
확인하기
유형
다잡기
유형 16~27
응용
해결하기
6단원
마무리
다음에 배울 내용
[3-2] 분수
진분수, 가분수 알아보기
대분수 알아보기
분수의 크기 비교
중요 유형
16 0.■ 알아보기
18 ▲.■ 알아보기
23 분수와 소수의 크기 비교하기
25 가장 큰(작은) 소수 만들기
27 조건에 알맞은 소수 구하기

STEP 1 개념 확인하기

1 똑같이 나누기

똑같이 나누면 모든 조각의 **모양**과 **크기**가 같습니다.

(1) 똑같이 둘로 나누기

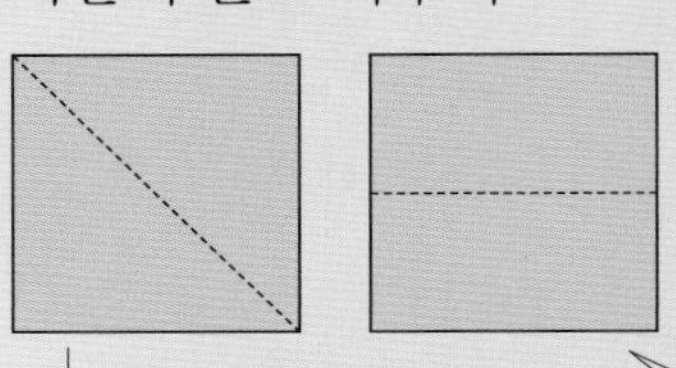
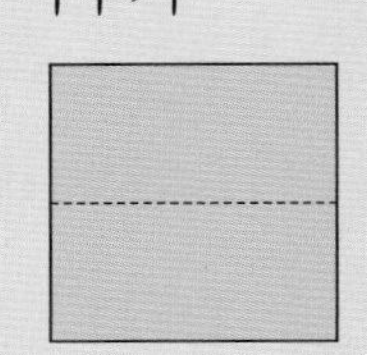

└ 여러 가지 방법으로 나눌 수 있어.

(2) 똑같이 넷으로 나누기

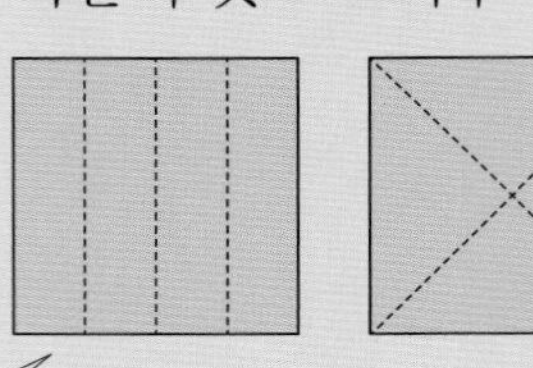

똑같이 나눈 조각들을 서로 겹치면 완전히 겹쳐져.

모양이 같아도 크기가 다르면 똑같이 나누어진 것이 아닙니다.

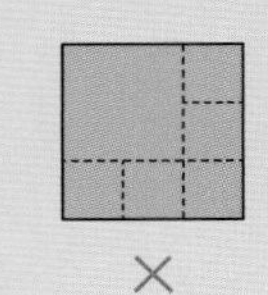
×

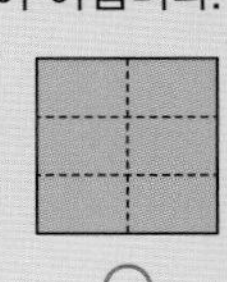
○

[01~02] 똑같이 나누어진 도형에 ○표, 똑같이 나누어지지 않은 도형에 ×표 하세요.

01

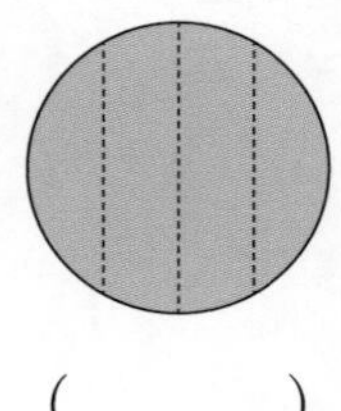

(　　　)

02

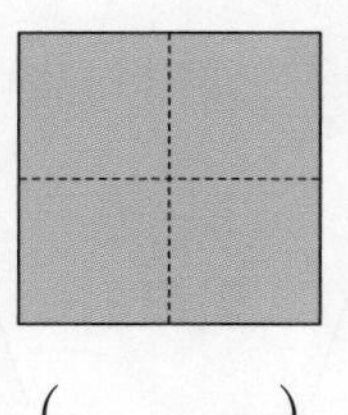

(　　　)

[03~04] 설명대로 똑같이 나누어진 것을 찾아 ○표 하세요.

03 둘로 나누기

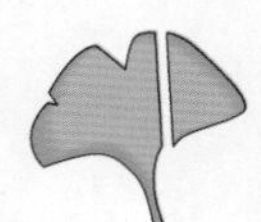

(　　　)　(　　　)　(　　　)

04 넷으로 나누기

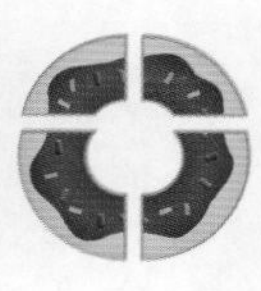

(　　　)　(　　　)　(　　　)

[05~07] 똑같이 몇 조각으로 나누었는지 □ 안에 알맞은 수를 써넣으세요.

05

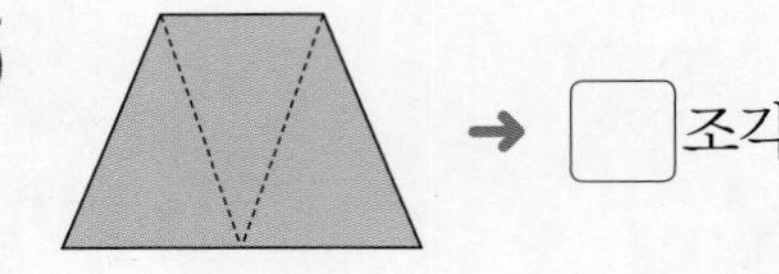

→ □조각

06

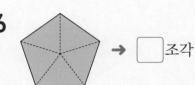

→ □조각

07

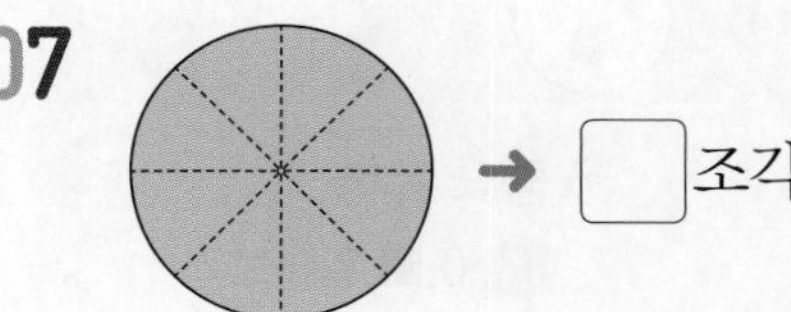

→ □조각

[08~09] 표시된 점을 이용하여 도형을 똑같이 여섯으로 나누어 보세요.

08

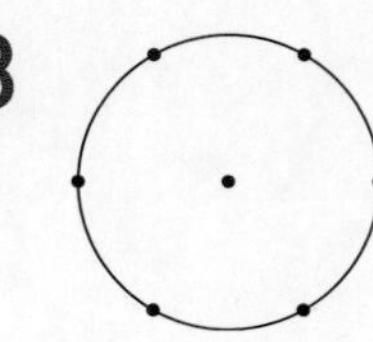

09

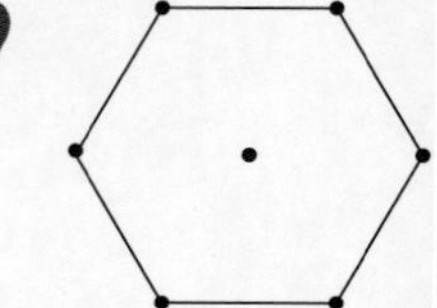

2 분수 알아보기

전체와 부분의 크기

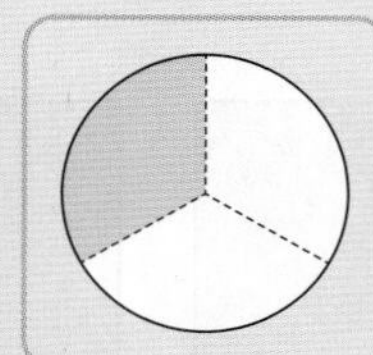

부분 은 전체 를 똑같이 **3**으로 나눈 것 중의 **1**입니다.

분수로 나타내기

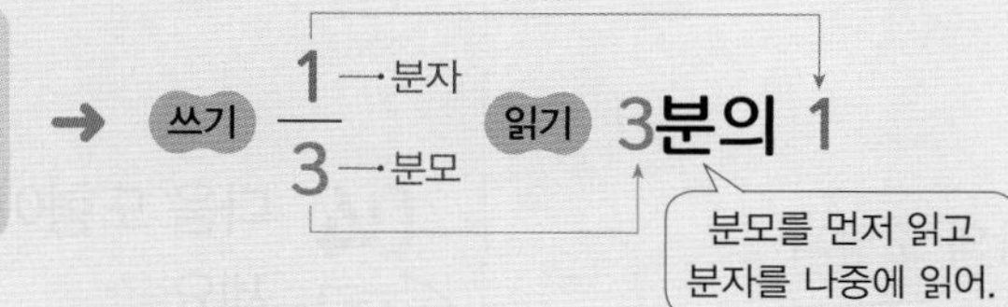

전체를 똑같이 3으로 나눈 것 중의 1
쓰기
1 → 분자
3 → 분모
읽기
3분의 1
분모를 먼저 읽고 분자를 나중에 읽어.

$\frac{1}{3}$, $\frac{2}{5}$와 같은 수를 **분수**라고 합니다. 분수에서 가로선 아래쪽에 있는 수를 **분모**, 위쪽에 있는 수를 **분자**라고 합니다.

색칠한 도형을 분수로 나타내기

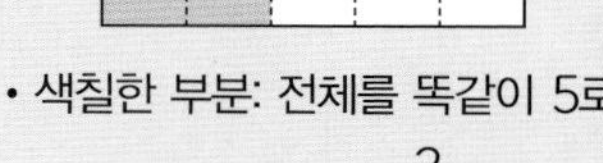

• 색칠한 부분: 전체를 똑같이 5로 나눈 것 중의 2 ➜ $\frac{2}{5}$

• 색칠하지 않은 부분: 전체를 똑같이 5로 나눈 것 중의 3 ➜ $\frac{3}{5}$

6 단원

[01~02] 도형을 보고 ☐ 안에 알맞은 수를 써넣으세요.

01

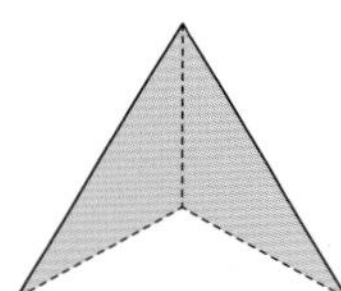

부분 은 전체 를 똑같이 ☐으로 나눈 것 중의 ☐입니다.

02

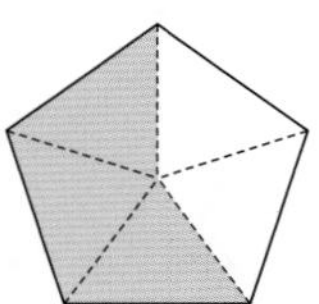

부분 은 전체 를 똑같이 ☐로 나눈 것 중의 ☐입니다.

03 ☐ 안에 '분모' 또는 '분자'를 알맞게 써넣으세요.

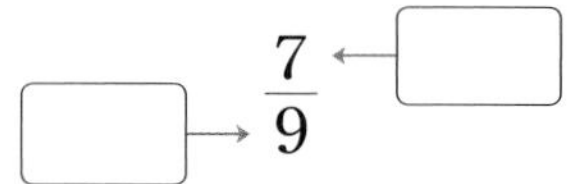

7
9

[04~05] ☐ 안에 알맞게 써넣으세요.

04 전체를 똑같이 8로 나눈 것 중의 5를

$\frac{☐}{☐}$ 라 쓰고 ☐ 라고 읽습니다.

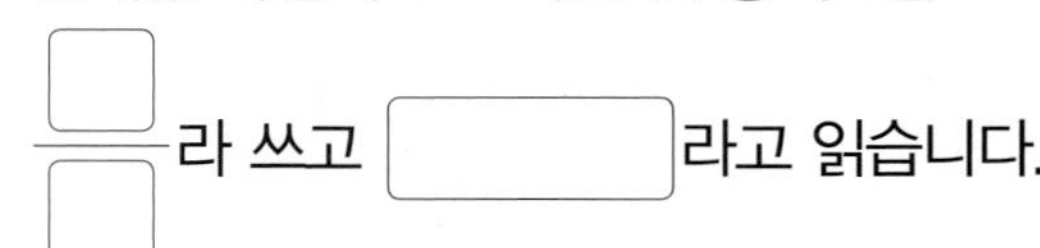

05 전체를 똑같이 9로 나눈 것 중의 6을

$\frac{☐}{☐}$ 이라 쓰고 ☐ 이라고 읽습니다.

STEP 2 # 유형 다잡기

유형 01 **똑같이 나누기**

예제 도형을 똑같이 나누려고 합니다. 똑같이 둘로 나눌 수 있는 점선을 찾아 기호를 쓰세요.

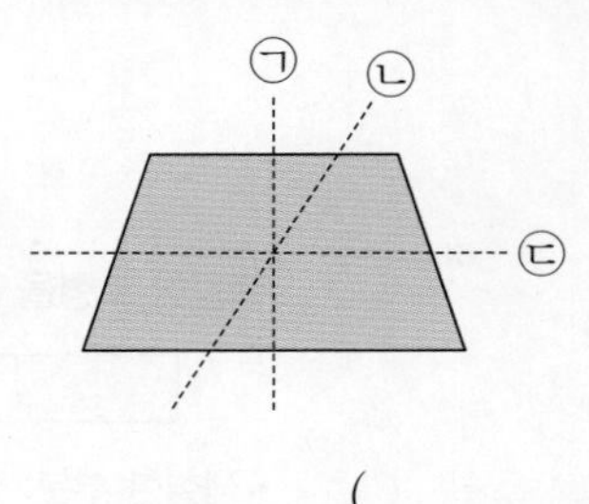

( )

풀이 똑같이 나누어진 도형은 조각의 모양과 [ ]가 같습니다.

01 똑같이 나누어진 도형을 모두 찾아 기호를 쓰세요. (중요★)

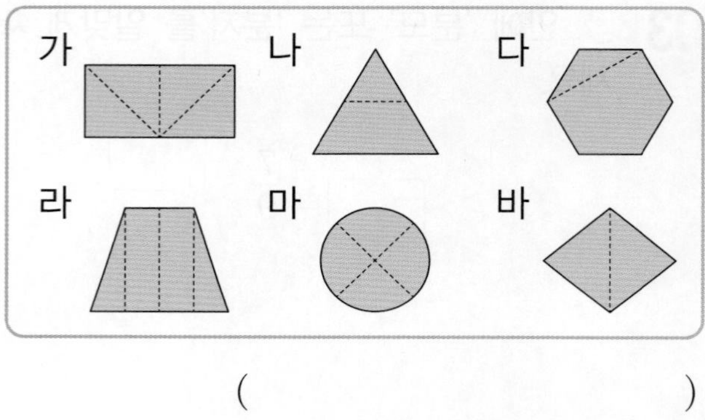

( )

02 오른쪽 도형을 똑같이 둘로 나눈 조각을 찾아 ○표 하세요.

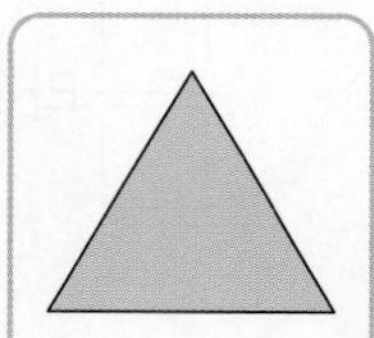

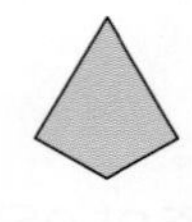 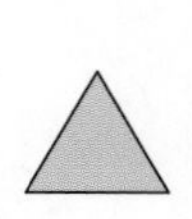 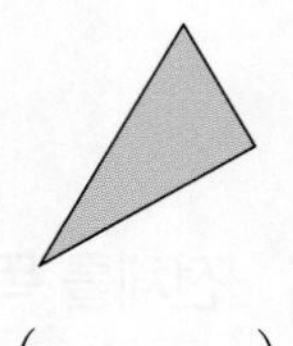

( ) ( ) ( )

03 색종이를 여러 가지 방법으로 똑같이 여덟으로 나누어 보세요.

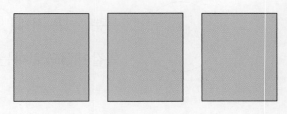

04 다음 도형이 똑같이 나누어지지 않은 이유를 쓰세요. (서술형)

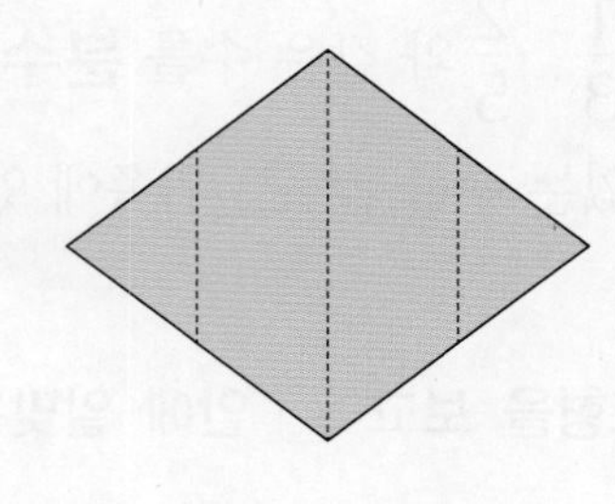

(이유)

유형 02 **전체와 부분 알아보기**

예제 색칠한 부분은 전체를 똑같이 10으로 나눈 것 중의 몇일까요?

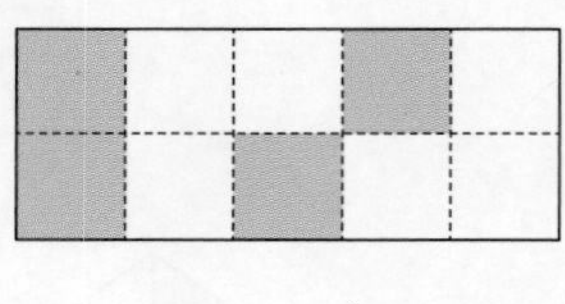

( )

풀이 • 전체: [ ]칸 • 색칠한 칸: [ ]칸

➜ 전체를 똑같이 10으로 나눈 것 중의 [ ]

05 부분은 전체를 똑같이 4로 나눈 것 중의 2입니다. 부분과 전체를 알맞게 이어 보세요.

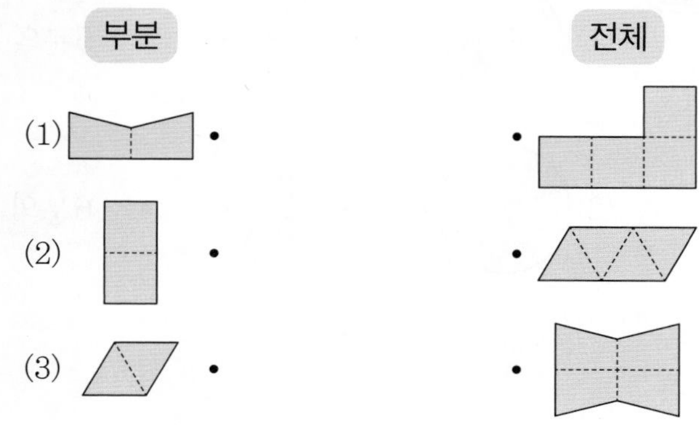

06 오른쪽 도형을 똑같이 8로 나눈 것 중의 3인 것을 찾아 기호를 쓰세요.

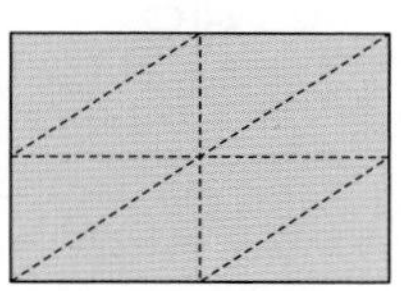

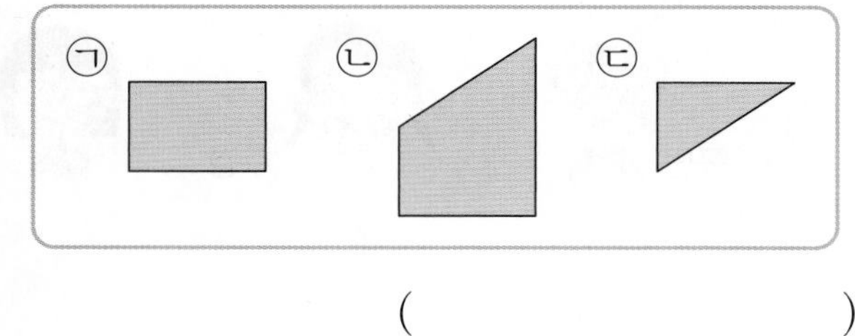

( )

07 전체를 똑같이 6으로 나눈 것 중의 4만큼 색칠한 사람을 모두 찾아 이름을 쓰세요.

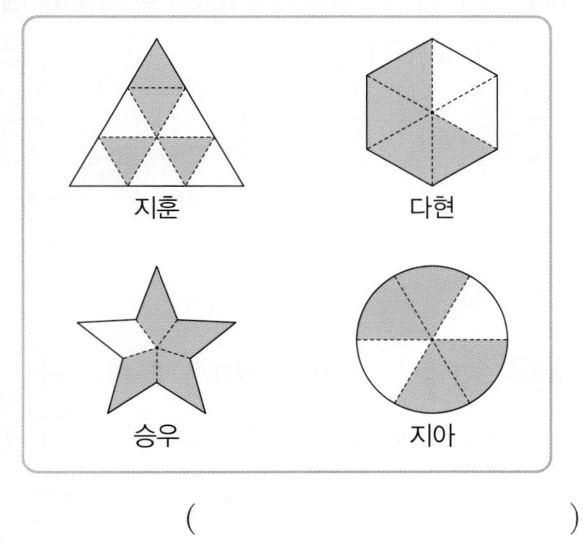

( )

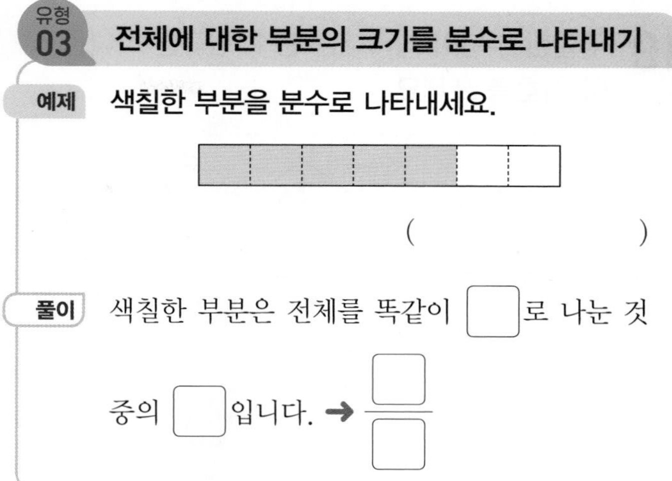

유형 03 전체에 대한 부분의 크기를 분수로 나타내기

예제 색칠한 부분을 분수로 나타내세요.

( )

풀이 색칠한 부분은 전체를 똑같이 □로 나눈 것 중의 □입니다. ➜ $\frac{\square}{\square}$

08 그림에 맞게 분수를 쓰고, 읽어 보세요.

그림	쓰기	읽기

09 중요 색칠한 부분과 색칠하지 않은 부분을 분수로 나타내세요.

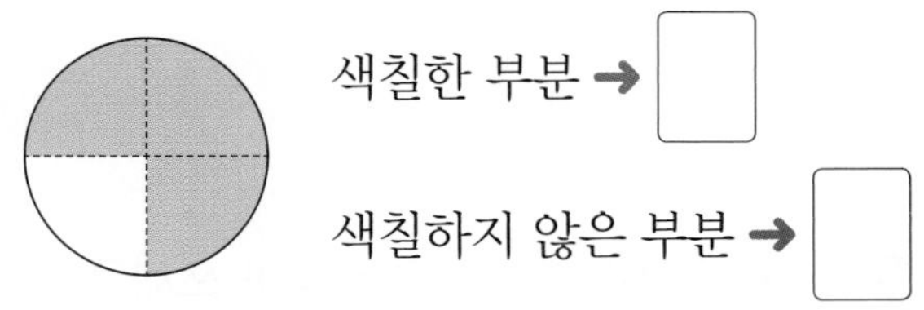

10 색칠한 부분이 나타내는 분수가 다른 하나를 찾아 기호를 쓰세요.

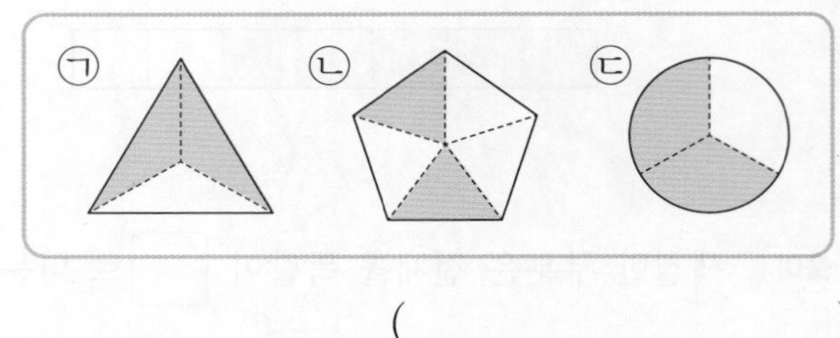

( )

11 창의형 세 가지 색을 이용하여 오른쪽 도형을 모두 색칠하고, 각 색깔로 색칠한 부분을 각각 분수로 나타내세요.

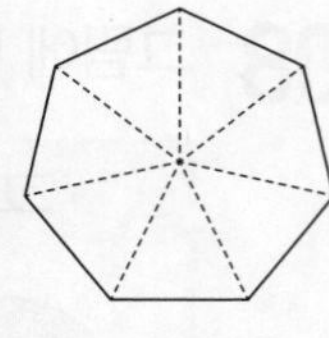

색깔			
분수			

유형 04 **분수 알아보기**

예제 $\frac{3}{8}$을 바르게 읽은 것에 ○표 하세요.

3분의 8 　　 8분의 3

풀이 분수를 읽을 때에는 분모를 먼저 읽고 분자를 나중에 읽습니다.

$\frac{3}{8}$ → □분의 □

12 분자가 5인 분수를 모두 찾아 쓰세요.

$\frac{4}{5}$ $\frac{5}{7}$ $\frac{1}{5}$ $\frac{5}{6}$ $\frac{2}{5}$

( )

13 중요* 관계있는 것끼리 이어 보세요.

(1) 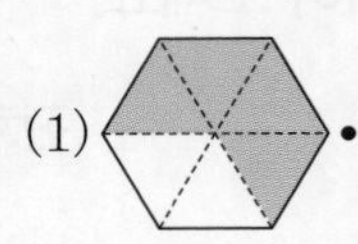 • 　 • $\frac{4}{6}$ • 　 • 5분의 3

(2) • 　 • $\frac{3}{5}$ • 　 • 6분의 4

14 $\frac{2}{9}$에 대해 잘못 설명한 사람을 찾아 이름을 쓰세요.

분자는 2야.
분모는 9네.
2분의 9라고 읽어.
규민
주경
연서

( )

유형 05 **분수만큼을 그림으로 나타내기**

예제 주어진 분수만큼 색칠하려면 몇 칸을 더 색칠해야 할까요?

$\frac{5}{9}$

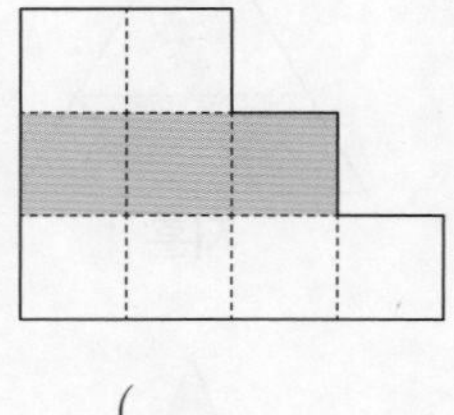

( )

풀이 9칸 중 □칸에 색칠해야 합니다.

➜ 더 색칠해야 할 칸수: 5−□=□(칸)

15 $\frac{2}{5}$ 만큼 색칠해 보세요.

(1)

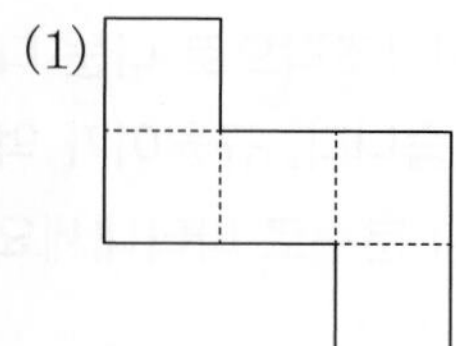

(2)

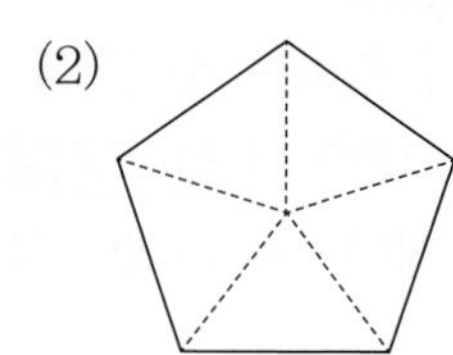

16 다음 도형에서 전체의 $\frac{7}{10}$은 초록색, 전체의 $\frac{3}{10}$은 보라색으로 색칠해 보세요.

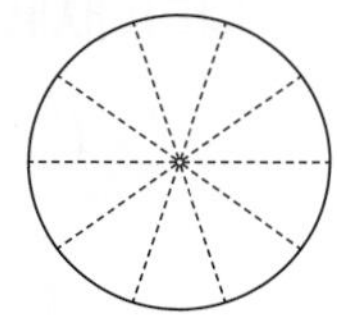

17 서술형

해인이와 수연이는 $\frac{1}{3}$을 다음과 같이 색칠하였습니다. 잘못 색칠한 사람은 누구인지 이름을 쓰고, 그 이유를 쓰세요.

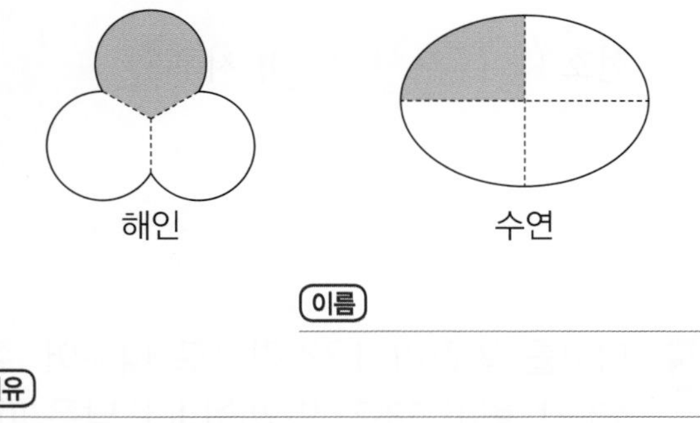

이름

이유

18 도형을 똑같이 나누어 전체의 $\frac{3}{4}$만큼 색칠해 보세요.

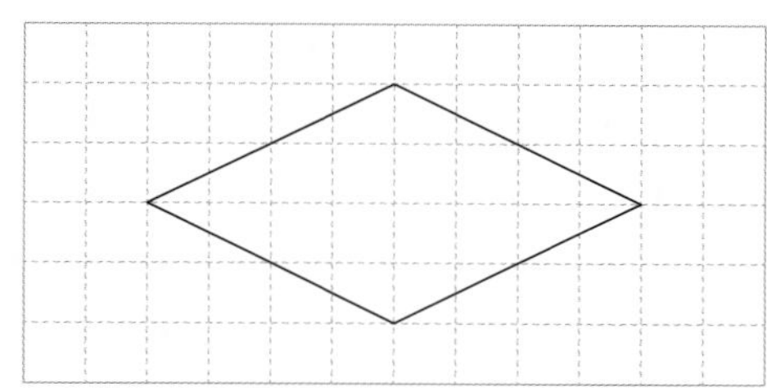

+플러스 유형 06 **부분을 보고 전체 구하기**

예제 〈부분〉을 보고 전체를 바르게 나타낸 것에 ○표 하세요.

〈부분〉

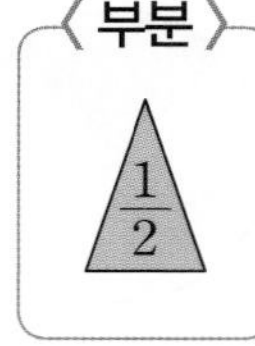

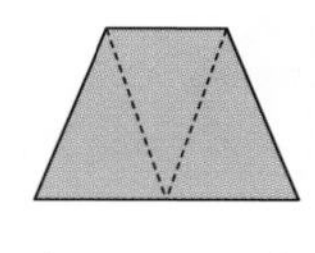

( )

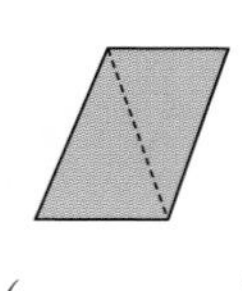

( )

풀이 부분이 전체의 $\frac{1}{2}$이므로 전체는 주어진 부분이 ☐개 모인 모양이어야 합니다.

19 준호가 가지고 있는 조각과 설명을 보고 전체에 알맞은 도형이 아닌 것을 찾아 기호를 쓰세요.

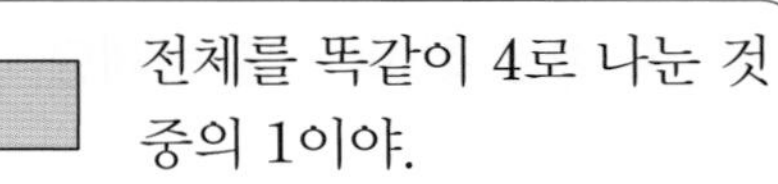

전체를 똑같이 4로 나눈 것 중의 1이야.

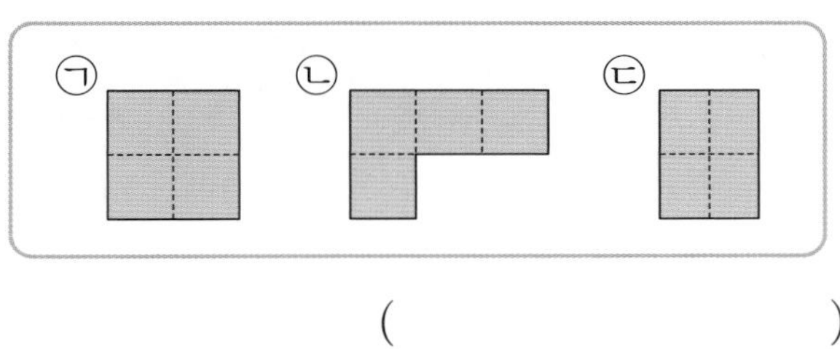

( )

6 단원

20 부분을 보고 전체를 그려 보세요.

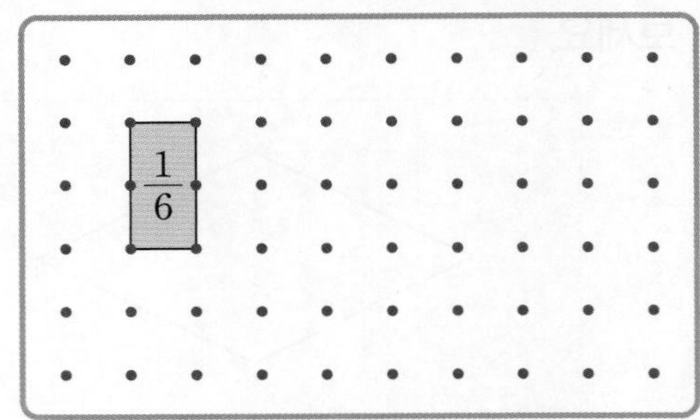

21 색칠한 부분은 전체를 똑같이 몇으로 나눈 것 중의 1입니다. 전체를 똑같이 나누어 보세요.

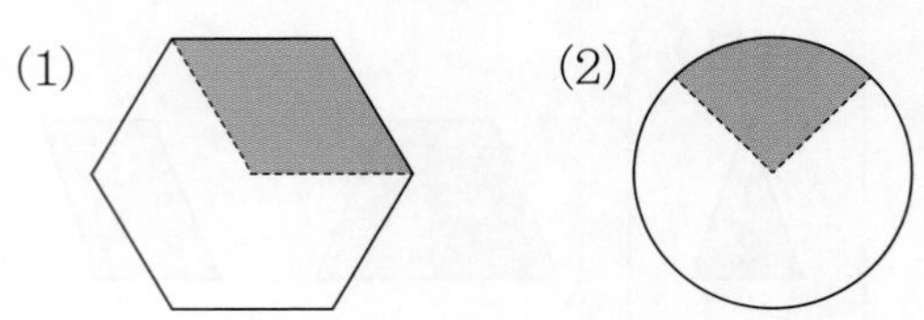

22 오른쪽 도형은 전체를 똑같이 6으로 나눈 것 중의 2입니다. 전체에 알맞은 도형을 찾아 ○표 하세요.

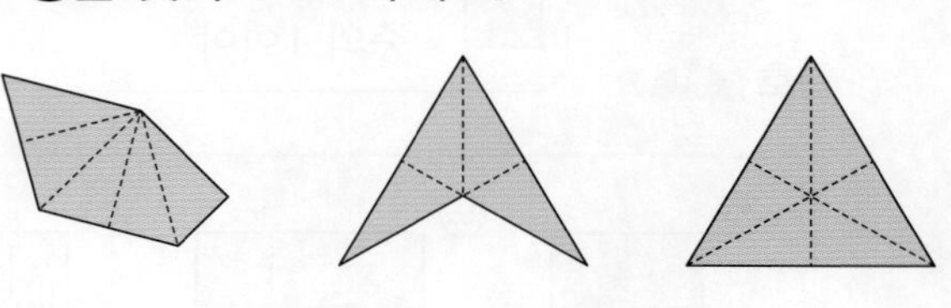

( ) ( ) ( )

유형 07 **실생활 속 분수 알아보기**

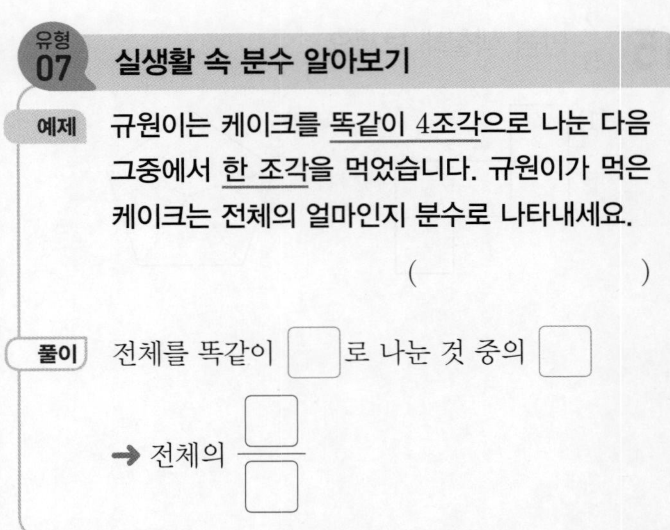

예제 규원이는 케이크를 똑같이 4조각으로 나눈 다음 그중에서 한 조각을 먹었습니다. 규원이가 먹은 케이크는 전체의 얼마인지 분수로 나타내세요.

( )

풀이 전체를 똑같이 □로 나눈 것 중의 □

→ 전체의 $\frac{\square}{\square}$

23 (중요) 혜윤이는 치즈를 똑같이 5조각으로 나눈 것 중의 4조각을 먹었습니다. 남은 치즈는 전체의 얼마인지 분수로 나타내세요.

( )

24 리본 1개를 똑같이 나눈 다음 그림과 같이 선호와 지우가 나누어 가졌습니다. 두 사람이 나누어 가진 리본의 길이는 전체의 얼마인지 각각 분수로 나타내세요.

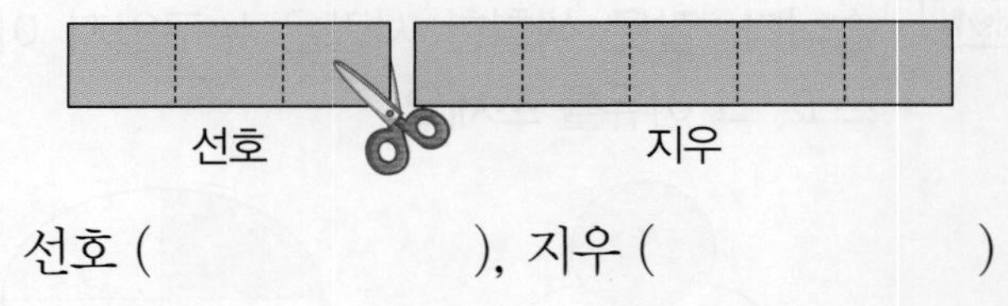

선호 ( ), 지우 ( )

25 피자를 똑같이 12조각으로 나누어 주원이가 4조각, 형이 5조각 먹었습니다. 남은 피자는 전체의 얼마인지 분수로 나타내세요.

( )

STEP 1 # 개념 확인하기

• 정답 42쪽

3 단위분수의 크기 비교하기

단위분수 알아보기

분수 중에서 $\frac{1}{2}$, $\frac{1}{3}$, $\frac{1}{4}$과 같이 **분자가 1**인 분수를 **단위분수**라고 합니다.

$\frac{1}{2}$과 $\frac{1}{3}$의 크기 비교

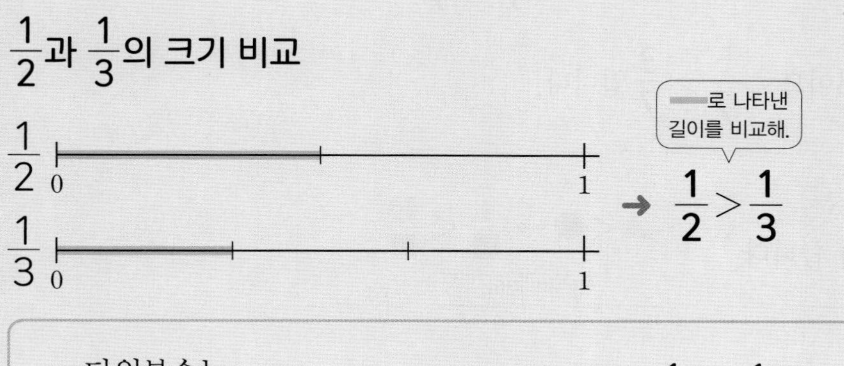

단위분수는 분모가 작을수록 더 큽니다.

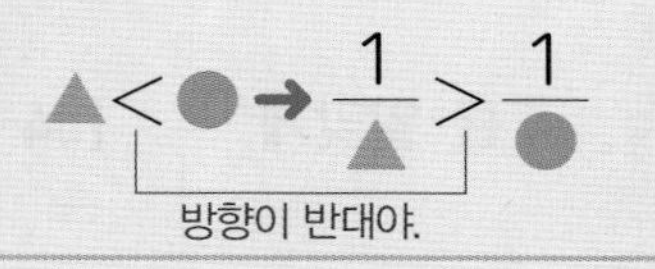

분모가 클수록 똑같이 나눈 것 중의 하나는 더 작아집니다.

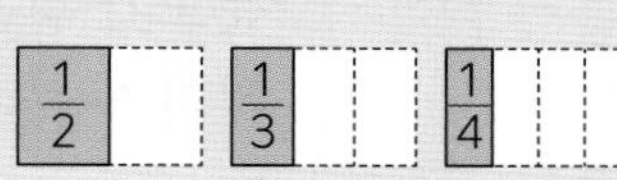

분수의 분자가 같으면 분모가 작을수록 더 큽니다.

$\frac{3}{6} < \frac{3}{5} < \frac{3}{4}$

01 분자가 1인 분수를 무엇이라고 하는지 쓰세요.

( )

[02~03] 그림을 보고 더 큰 수에 ○표 하세요.

$\frac{1}{5}$	$\frac{1}{5}$	$\frac{1}{5}$	$\frac{1}{5}$	$\frac{1}{5}$		
$\frac{1}{6}$	$\frac{1}{6}$	$\frac{1}{6}$	$\frac{1}{6}$	$\frac{1}{6}$	$\frac{1}{6}$	
$\frac{1}{7}$	$\frac{1}{7}$	$\frac{1}{7}$	$\frac{1}{7}$	$\frac{1}{7}$	$\frac{1}{7}$	$\frac{1}{7}$

02 $\frac{1}{5}$ $\frac{1}{6}$

03 $\frac{1}{6}$ $\frac{1}{7}$

04 $\frac{1}{4}$과 $\frac{1}{6}$의 크기를 비교하려고 합니다. 그림을 보고 알맞은 말에 ○표 하세요.

$\frac{1}{4}$ (4칸 중 1칸 색칠)

$\frac{1}{6}$ (6칸 중 1칸 색칠)

$\frac{1}{4}$이 $\frac{1}{6}$보다 더 (큽니다 , 작습니다).

[05~06] ○ 안에 >, =, <를 알맞게 써넣으세요.

05 3 ○ 7 → $\frac{1}{3}$ ○ $\frac{1}{7}$

06 8 ○ 2 → $\frac{1}{8}$ ○ $\frac{1}{2}$

6 단원

4 분모가 같은 분수의 크기 비교하기

$\frac{5}{7}$와 $\frac{3}{7}$의 크기 비교

$\frac{5}{7}$ [막대] $\frac{5}{7}$는 $\frac{1}{7}$이 5개

$\frac{3}{7}$ [막대] $\frac{3}{7}$은 $\frac{1}{7}$이 3개

5 > 3이므로 $\frac{5}{7} > \frac{3}{7}$입니다.

분모가 같은 분수는
분자가 클수록 더 큽니다.

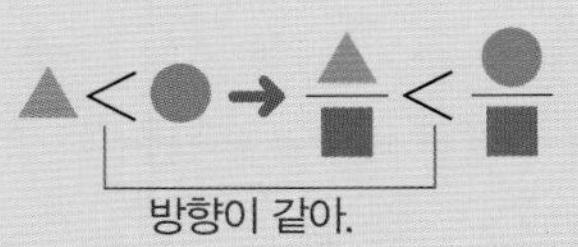

$\frac{▲}{■}$는 $\frac{1}{■}$이 ▲개입니다.

[01~03] 그림을 보고 ○ 안에 >, =, <를 알맞게 써넣으세요.

01

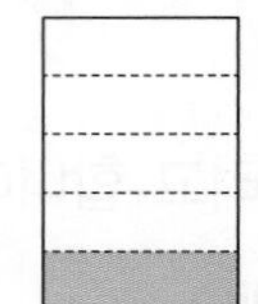

$\frac{1}{5}$ ○ $\frac{4}{5}$

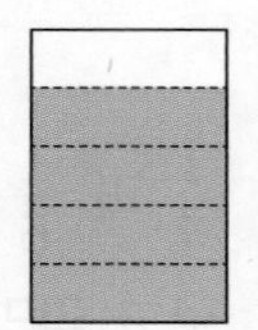

02

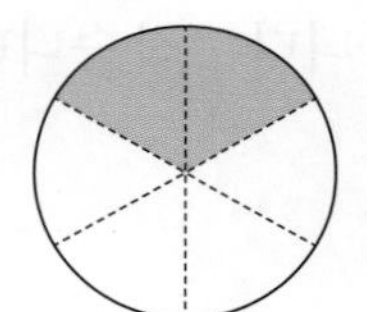

$\frac{2}{6}$ ○ $\frac{5}{6}$

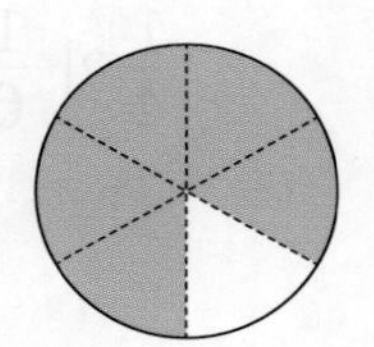

03

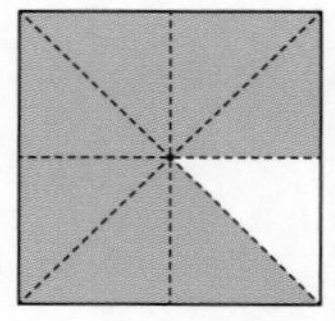

$\frac{7}{8}$ ○ $\frac{4}{8}$

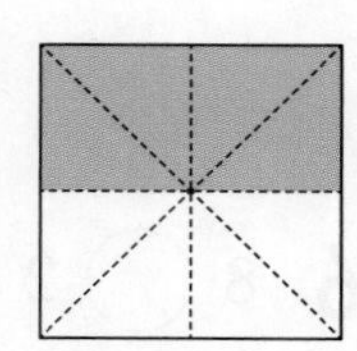

[04~05] □ 안에 알맞은 수를 써넣고, ○ 안에 >, =, <를 알맞게 써넣으세요.

04

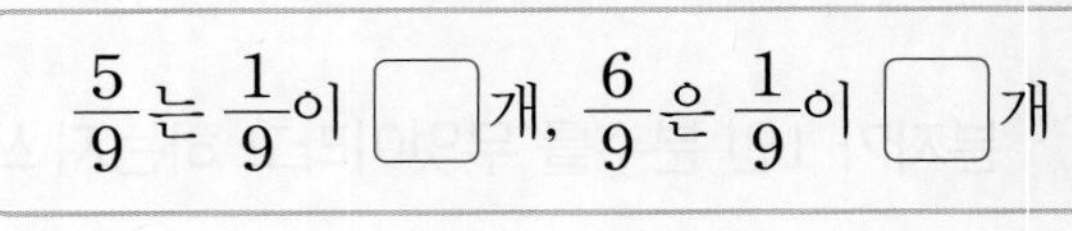

$\frac{5}{9}$는 $\frac{1}{9}$이 □개, $\frac{6}{9}$은 $\frac{1}{9}$이 □개

$\frac{5}{9}$ ○ $\frac{6}{9}$

05

$\frac{8}{10}$은 $\frac{1}{10}$이 □개, $\frac{3}{10}$은 $\frac{1}{10}$이 □개

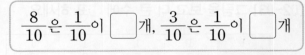

$\frac{8}{10}$ ○ $\frac{3}{10}$

[06~07] 더 큰 수에 ○표 하세요.

06

$\frac{4}{11}$ $\frac{8}{11}$

07

$\frac{9}{13}$ $\frac{7}{13}$

[08~11] 수직선을 보고 ◯ 안에 >, =, <를 알맞게 써넣으세요.

08

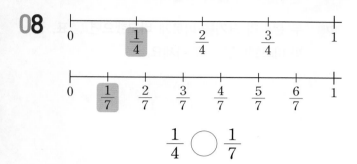

수직선: 0, $\frac{1}{4}$, $\frac{2}{4}$, $\frac{3}{4}$, 1

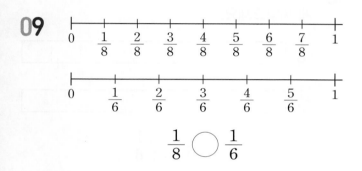

수직선: 0, $\frac{1}{7}$, $\frac{2}{7}$, $\frac{3}{7}$, $\frac{4}{7}$, $\frac{5}{7}$, $\frac{6}{7}$, 1

$\frac{1}{4}$ ◯ $\frac{1}{7}$

09

수직선: 0, $\frac{1}{8}$, $\frac{2}{8}$, $\frac{3}{8}$, $\frac{4}{8}$, $\frac{5}{8}$, $\frac{6}{8}$, $\frac{7}{8}$, 1

수직선: 0, $\frac{1}{6}$, $\frac{2}{6}$, $\frac{3}{6}$, $\frac{4}{6}$, $\frac{5}{6}$, 1

$\frac{1}{8}$ ◯ $\frac{1}{6}$

10

수직선: 0, $\frac{1}{9}$, $\frac{2}{9}$, $\frac{3}{9}$, $\frac{4}{9}$, $\frac{5}{9}$, $\frac{6}{9}$, $\frac{7}{9}$, $\frac{8}{9}$, 1

$\frac{7}{9}$ ◯ $\frac{8}{9}$

11

수직선: 0, $\frac{1}{10}$, $\frac{2}{10}$, $\frac{3}{10}$, $\frac{4}{10}$, $\frac{5}{10}$, $\frac{6}{10}$, $\frac{7}{10}$, $\frac{8}{10}$, $\frac{9}{10}$, 1

$\frac{9}{10}$ ◯ $\frac{6}{10}$

[12~15] 분수의 크기를 비교하여 ◯ 안에 >, =, <를 알맞게 써넣으세요.

12 $\frac{1}{5}$ ◯ $\frac{1}{4}$

13 $\frac{1}{2}$ ◯ $\frac{1}{4}$

14 $\frac{7}{8}$ ◯ $\frac{3}{8}$

15 $\frac{11}{15}$ ◯ $\frac{8}{15}$

16 $\frac{1}{6}$보다 큰 분수에 ◯표 하세요.

$\frac{1}{3}$ $\frac{1}{7}$

17 $\frac{4}{7}$보다 작은 분수에 △표 하세요.

$\frac{2}{7}$ $\frac{6}{7}$

18 $\frac{5}{12}$보다 큰 분수에 ◯표, $\frac{5}{12}$보다 작은 분수에 △표 하세요.

$\frac{4}{12}$ $\frac{11}{12}$ $\frac{2}{12}$ $\frac{8}{12}$

6 단원

STEP 2 유형 다잡기

유형 08 단위분수 알아보기

예제 단위분수를 모두 찾아 ○표 하세요.

$\frac{1}{9}$ $\frac{2}{3}$ $\frac{5}{7}$ $\frac{1}{2}$

풀이 단위분수: 분자가 □인 분수

01 □ 안에 알맞은 분수를 써넣으세요.

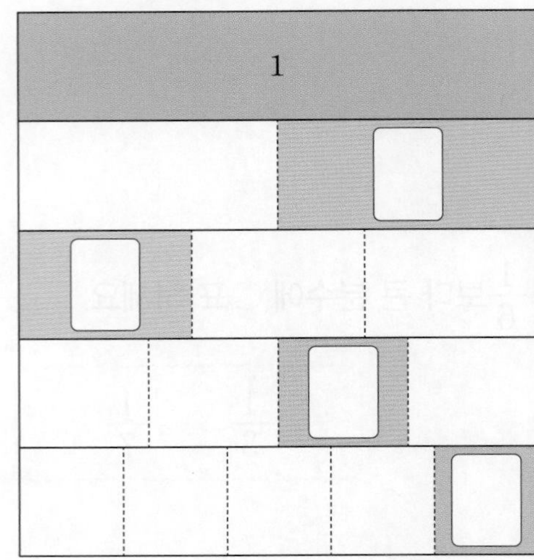
1

02 리아가 설명하는 분수를 쓰고, 읽어 보세요.

리아
분모가 8인
단위분수야.

쓰기 (　　　　　　)

읽기 (　　　　　　)

유형 09 단위분수의 크기 비교하기

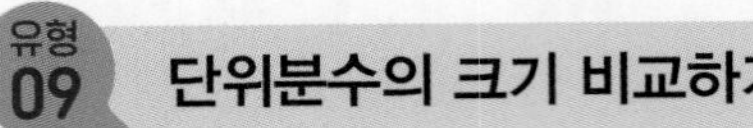

예제 두 분수의 크기를 바르게 비교했으면 ○표, 잘못 비교했으면 ×표 하세요.

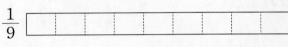

$\frac{1}{14} > \frac{1}{12}$

(　　　　　　)

풀이 두 단위분수의 분모의 크기를 비교하면

14 ○ 12이므로 $\frac{1}{14}$ ○ $\frac{1}{12}$입니다.

03 분수만큼 색칠하고, ○ 안에 >, =, <를 알맞게 써넣으세요.

$\frac{1}{9}$ □□□□□□□□□

$\frac{1}{6}$ □□□□□□

$\frac{1}{9}$ ○ $\frac{1}{6}$

04 중요* 분수의 크기를 바르게 비교한 사람의 이름을 쓰세요.

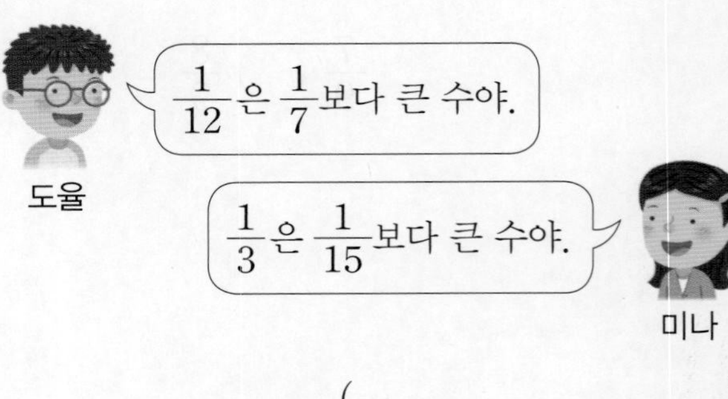
$\frac{1}{12}$은 $\frac{1}{7}$보다 큰 수야.
도율
$\frac{1}{3}$은 $\frac{1}{15}$보다 큰 수야.
미나

(　　　　　　)

05 분수의 크기를 비교하여 가장 큰 분수에 ○표, 가장 작은 분수에 △표 하세요.

$\frac{1}{8}$ $\frac{1}{4}$ $\frac{1}{5}$

06 $\frac{1}{17}$보다 작은 분수는 모두 몇 개일까요?

$\frac{1}{13}$ $\frac{1}{21}$ $\frac{1}{6}$ $\frac{1}{25}$

( )

07 서술형 현우는 $\frac{1}{5}$과 $\frac{1}{8}$의 크기를 다음과 같이 잘못 비교했습니다. 바르게 고쳐 보세요.

$\frac{1}{5}$과 $\frac{1}{8}$의 크기를 비교해 보면 분모가 5<8이므로 $\frac{1}{5}<\frac{1}{8}$입니다.

바르게 고치기

유형 10 **단위분수로 몇 개인지 알아보기**

예제 다음이 나타내는 분수를 쓰세요.

$\frac{1}{9}$이 8개

( )

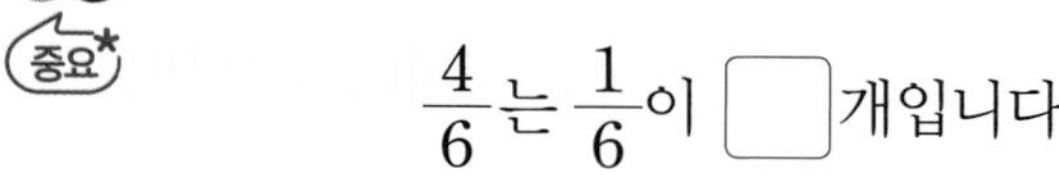

풀이 $\frac{1}{■}$이 ▲개인 수는 $\frac{▲}{■}$입니다.

08 중요 □ 안에 알맞은 수를 써넣으세요.

$\frac{4}{6}$는 $\frac{1}{6}$이 □개입니다.

09 서술형 ㉠과 ㉡의 합을 구하려고 합니다. 풀이 과정을 쓰고, 답을 구하세요.

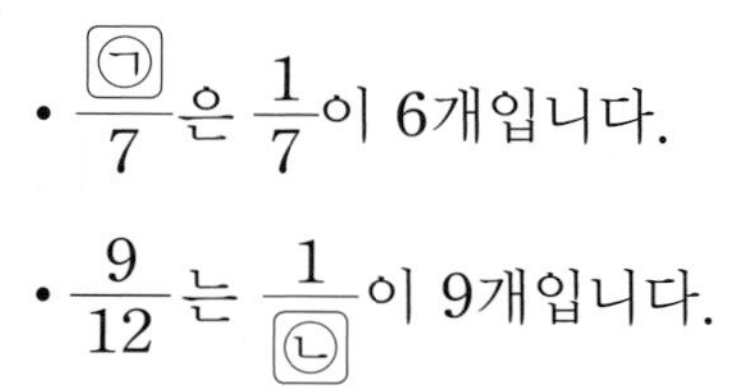

• $\frac{㉠}{7}$은 $\frac{1}{7}$이 6개입니다.

• $\frac{9}{12}$는 $\frac{1}{㉡}$이 9개입니다.

1단계 ㉠, ㉡에 알맞은 수 각각 구하기

2단계 ㉠과 ㉡의 합 구하기

답

유형 11 분모가 같은 분수의 크기 비교하기

예제 더 작은 분수를 쓰세요.

$\frac{6}{13}$ $\frac{4}{13}$

(　　　　　　　)

풀이 분모가 같은 두 분수의 분자의 크기를 비교하면
6 ◯ 4이므로 $\frac{6}{13}$ ◯ $\frac{4}{13}$입니다.

10 $\frac{5}{9}$와 $\frac{8}{9}$을 그림에 ━로 나타내고, 알맞은 말에 ○표 하세요.

$\frac{5}{9}$ 0 ─────────── 1

$\frac{8}{9}$ 0 ─────────── 1

$\frac{5}{9}$는 $\frac{8}{9}$보다 더 (큽니다 , 작습니다).

11 창의형 □ 안에 서로 다른 한 자리 수를 써넣어 분수를 만들고, 두 분수 중 더 작은 분수의 기호를 쓰세요.

- 가: $\frac{1}{12}$이 □개인 수
- 나: 12분의 □

(　　　　　　　)

12 중요* 가장 큰 분수를 찾아 쓰세요.

$\frac{5}{8}$ $\frac{4}{8}$ $\frac{7}{8}$

(　　　　　　　)

13 분수의 크기를 비교하여 작은 분수부터 차례로 쓰세요.

$\frac{3}{11}$ $\frac{9}{11}$ $\frac{6}{11}$ $\frac{10}{11}$

(　　　　　　　)

유형 12 실생활 속 분수의 크기 비교

예제 수아와 준우는 각각 똑같은 양의 찰흙을 가지고 있었습니다. 수아는 찰흙 전체의 $\frac{1}{4}$, 준우는 찰흙 전체의 $\frac{1}{9}$을 사용했습니다. 수아와 준우 중에서 찰흙을 더 적게 사용한 사람은 누구일까요?

(　　　　　　　)

풀이 분모의 크기를 비교하면
4 ◯ 9이므로 $\frac{1}{4}$ ◯ $\frac{1}{9}$입니다.

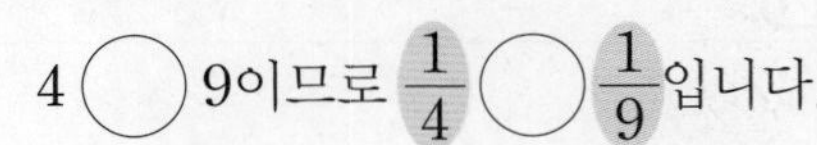

→ 찰흙을 더 적게 사용한 사람: □

14 준기와 진주는 길이가 같은 철사를 한 개씩 가지고 있었습니다. 준기는 철사 전체의 $\frac{5}{6}$, 진주는 철사 전체의 $\frac{2}{6}$를 사용했습니다. 철사를 더 많이 사용한 사람의 이름을 쓰세요.

( )

15 서술형 하루 동안 박물관 관람객 수 중에서 전체의 $\frac{1}{3}$은 오전에 관람하였고, 나머지는 모두 오후에 관람하였습니다. 오전과 오후 중에서 관람객이 더 적었던 때는 언제인지 풀이 과정을 쓰고, 답을 구하세요.

1단계 오후 관람객 수는 전체의 얼마인지 분수로 나타내기

2단계 오전과 오후 중에서 관람객이 더 적었던 때는 언제인지 구하기

답

16 주영이가 3일 동안 달린 거리입니다. 가장 긴 거리를 달린 요일은 무슨 요일일까요?

요일	월요일	화요일	수요일
달린 거리	$\frac{1}{7}$ km	$\frac{1}{3}$ km	$\frac{1}{14}$ km

( )

17 지원이가 화단 전체의 $\frac{2}{15}$에는 장미를, 화단 전체의 $\frac{7}{15}$에는 튤립을, 화단 전체의 $\frac{6}{15}$에는 민들레를 심었습니다. 화단의 가장 넓은 부분에 심은 꽃은 무엇일까요?

( )

+플러스 유형 13 **크고 작은 조건에 알맞은 분수 구하기**

예제 **분모가 8인 분수 중에서 $\frac{3}{8}$보다 크고 $\frac{6}{8}$보다 작은 분수를 모두 쓰세요.**

( )

풀이 분모가 8인 분수인 $\frac{▲}{8}$가 $\frac{3}{8}$보다 크고 $\frac{6}{8}$보다 작으려면 ▲는 □보다 크고 □보다 작아야 합니다.

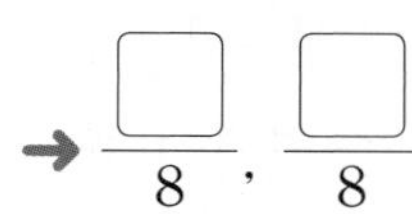

→ $\frac{□}{8}$, $\frac{□}{8}$

18 두 사람이 말하는 조건을 만족하는 분수는 모두 몇 개일까요?

분모가 10인 분수야.
분자가 4보다 크고 9보다 작아.
규민
주경

( )

19 서술형

조건에 알맞은 분수는 모두 몇 개인지 풀이 과정을 쓰고, 답을 구하세요.

• 분모가 7보다 작은 단위분수입니다.
• $\frac{1}{3}$보다 작은 분수입니다.

1단계 조건에 알맞은 분수 모두 찾기

2단계 조건에 알맞은 분수는 모두 몇 개인지 구하기

답

플러스 유형 14 여러 가지 분수 만들기

예제 4장의 수 카드 1, 2, 6, 7 중 2장을 사용하여 만들 수 있는 단위분수를 모두 쓰세요.

(　　　　　　　　)

풀이 단위분수는 분자가 □인 분수입니다.

만들 수 있는 단위분수: $\frac{1}{\square}$, $\frac{1}{\square}$, $\frac{1}{\square}$

20 서연이가 주사위를 4번 던져 나온 눈의 수 중 1개를 분자로 사용하여 분모가 6인 분수를 만들려고 합니다. 만들 수 있는 분수 중에서 가장 큰 수와 가장 작은 수를 각각 구하세요.

가장 큰 수 (　　　　　　　　)

가장 작은 수 (　　　　　　　　)

21 3장의 수 카드 중 2장을 골라 한 번씩만 사용하여 만들 수 있는 가장 작은 단위분수를 구하세요.

1　3　9

(　　　　　　　　)

플러스 유형 15 분수의 크기 비교에서 □ 안에 알맞은 수 구하기

예제 ♥가 될 수 있는 수를 모두 찾아 ○표 하세요.

$\frac{12}{16} < \frac{♥}{16}$

(10 , 11 , 12 , 13 , 14 , 15)

풀이 $\frac{12}{16} < \frac{♥}{16}$이므로 □ < ♥입니다.

♥가 될 수 있는 수: □, □, □

22 2부터 9까지의 수 중에서 □ 안에 들어갈 수 있는 수를 모두 쓰세요.

$\frac{1}{\square} < \frac{1}{5}$

(　　　　　　　　)

23 1부터 9까지의 수 중에서 □ 안에 들어갈 수 있는 수는 모두 몇 개일까요?

$\frac{3}{14} < \frac{\square}{14} < \frac{9}{14}$

(　　　　　　　　)

STEP 1 개념 확인하기

• 정답 45쪽

5 소수 알아보기

1보다 작은 소수 알아보기

$\frac{1}{10}$은 0.1이라 쓰고, 영 점 일이라고 읽습니다.

0.1과 같은 수를 소수라 하고 '.'을 소수점이라고 합니다.

분수		$\frac{1}{10}$	$\frac{2}{10}$	$\frac{3}{10}$	…	$\frac{9}{10}$
소수	쓰기	0.1	0.2	0.3	…	0.9
	읽기	영 점 일	영 점 이	영 점 삼	…	영 점 구

0.1이 9개인 수야.

■가 한 자리 수일 때 분수를 소수로 나타내기

$\frac{■}{10}$=0.■

1보다 큰 소수 알아보기

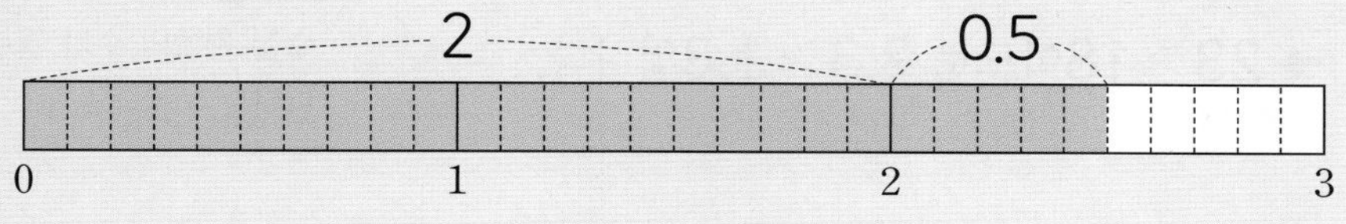

2와 0.5만큼을 2.5라 쓰고, 이 점 오라고 읽습니다.

2 cm 5 mm는 몇 cm인지 소수로 나타내기

1 mm=0.1 cm이므로 5 mm=0.5 cm입니다.

2 cm 5 mm
➜ 2 cm와 0.5 cm
➜ 2.5 cm

6 단원

01 그림을 보고 □ 안에 알맞은 수나 말을 써넣으세요.

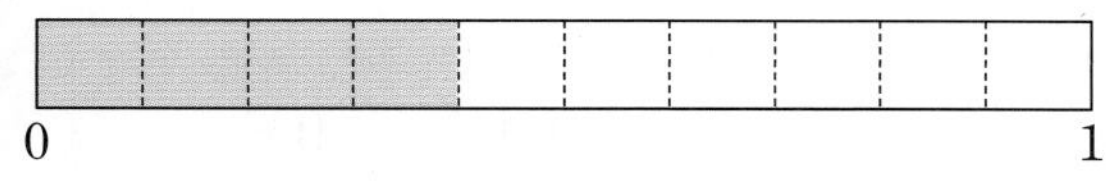

색칠한 부분을 분수로 나타내면 □이고, 소수로 나타내면 □라 쓰고 □라고 읽습니다.

02 $\frac{6}{10}$을 소수로 쓰고, 읽어 보세요.

쓰기	읽기

03 그림을 보고 □ 안에 알맞은 수나 말을 써넣으세요.

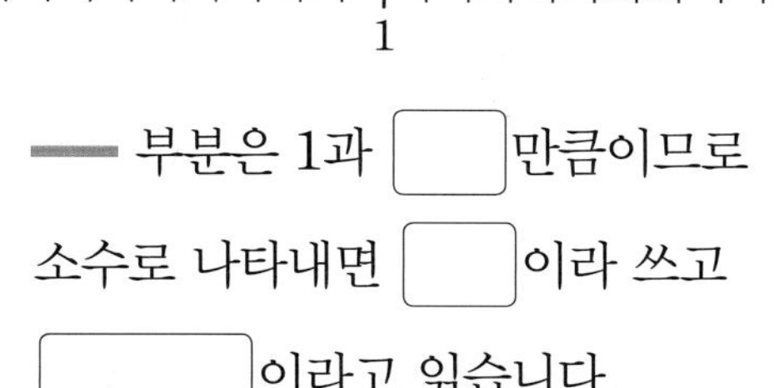

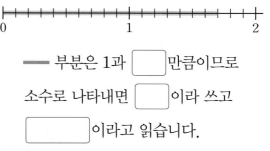

— 부분은 1과 □만큼이므로 소수로 나타내면 □이라 쓰고 □이라고 읽습니다.

[04~05] 소수를 읽어 보세요.

04 0.8

(　　　　　　　　)

05 9.4

(　　　　　　　　)

STEP 1 개념 확인하기

6 소수의 크기 비교하기

0.4와 0.7의 크기 비교

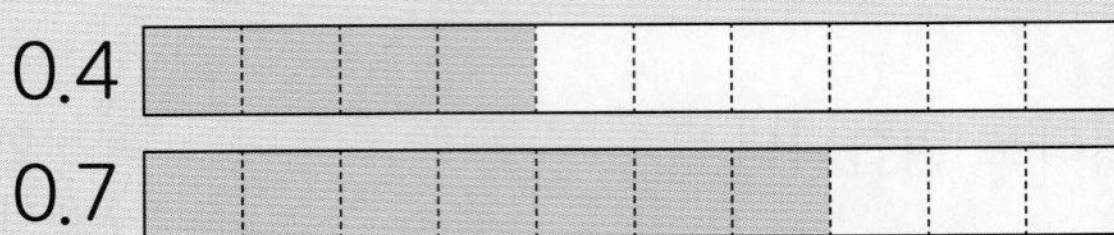

0.4는 0.1이 4개
0.7은 0.1이 7개 → 4 < 7이므로 0.4 < 0.7입니다.

0.■는 0.1이 ■개,
▲.●는 0.1이 ▲●개입니다.

2.3과 1.8의 크기 비교

2.3은 0.1이 23개
1.8은 0.1이 18개 → 23 > 18이므로 2.3 > 1.8입니다.

소수 ■.▲의 크기 비교

- 소수점 왼쪽의 수가 같으면 소수점 오른쪽의 수가 클수록 더 큽니다.
- 소수점 왼쪽의 수가 다르면 소수점 왼쪽의 수가 클수록 더 큽니다.

[01~02] 그림을 보고 ○ 안에 >, =, <를 알맞게 써넣으세요.

01

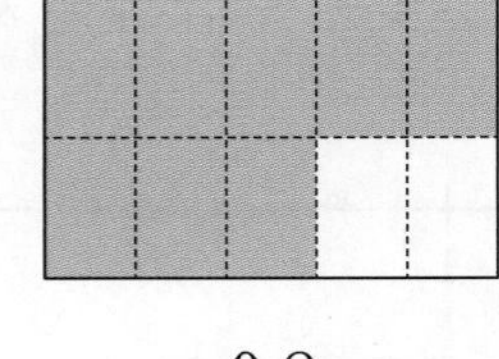

0.8 ○ 0.3

02

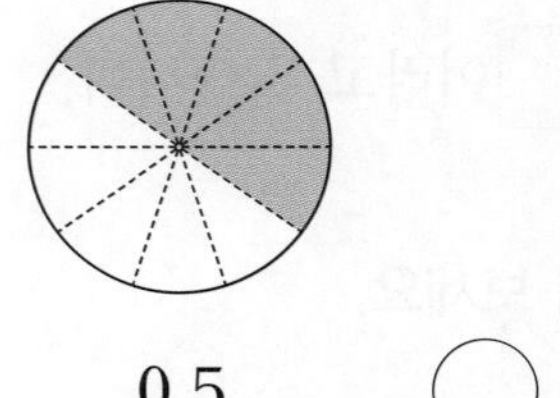 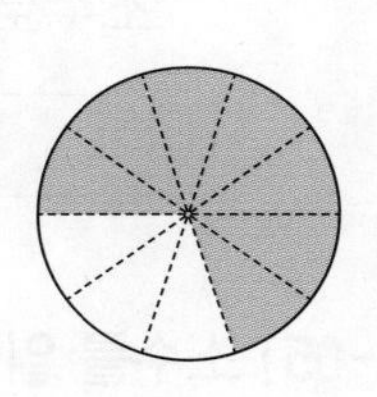

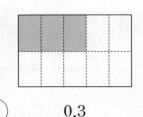

0.5 ○ 0.7

03 수직선을 보고 알맞은 말에 ○표 하세요.

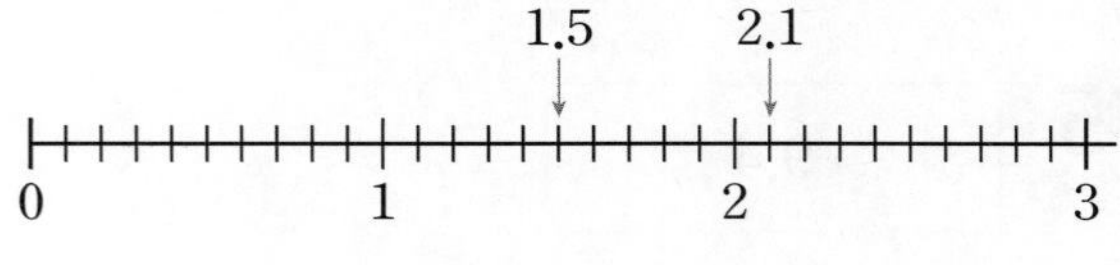

1.5는 2.1보다 더 (큽니다 , 작습니다).

[04~05] □ 안에 알맞은 수를 써넣고, ○ 안에 >, =, <를 알맞게 써넣으세요.

04

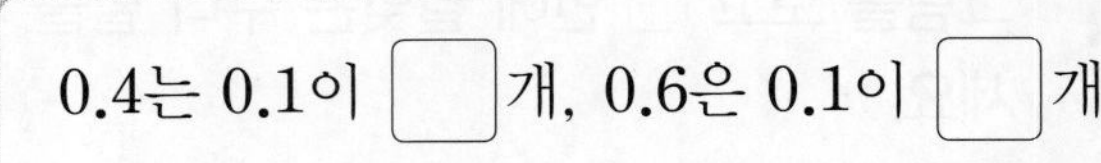

0.4는 0.1이 □개, 0.6은 0.1이 □개

0.4 ○ 0.6

05

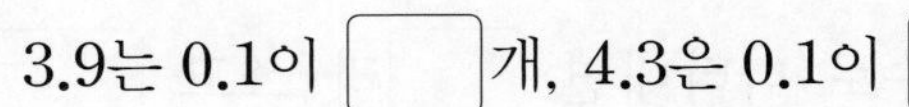

3.9는 0.1이 □개, 4.3은 0.1이 □개

3.9 ○ 4.3

[06~07] 더 큰 수에 ○표 하세요.

06 4.1   2.5

07 5.8   5.9

08 빈칸에 알맞게 써넣으세요.

분수	소수	소수 읽기
$\frac{1}{10}$		
	0.4	
		영 점 칠

[09~10] 소수로 나타내세요.

09 칠 점 삼 → (　　　　)

10 구 점 이 → (　　　　)

[11~14] □ 안에 알맞은 수를 써넣으세요.

11 0.2는 0.1이 □개입니다.

12 $\frac{1}{10}$이 □개이면 0.8입니다.

13 7.2는 0.1이 □개입니다.

14 0.1이 35개이면 □입니다.

[15~18] 소수의 크기를 비교하여 ○ 안에 >, =, <를 알맞게 써넣으세요.

15 0.1 ○ 0.3

16 6.1 ○ 4.7

17 3.8 ○ 3.7

18 5.6 ○ 5.9

[19~20] 빈칸에 더 큰 수를 써넣으세요.

19

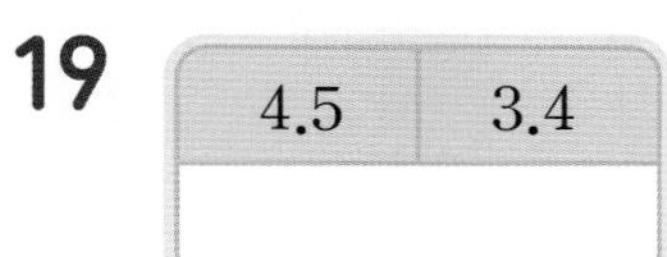

4.5	3.4

20

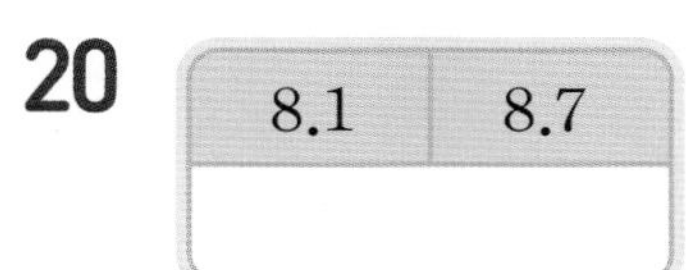

8.1	8.7

[21~22] 가장 큰 수에 ○표, 가장 작은 수에 △표 하세요.

21 0.8　　0.2　　0.1

22 7.3　　6.8　　8.1

STEP 2 # 유형 다잡기

유형 16 0.■ 알아보기

예제 전체가 1일 때 0.4만큼 색칠해 보세요.

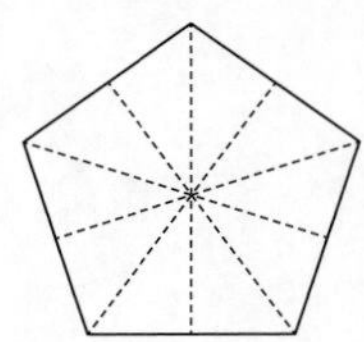

풀이 0.4는 0.1이 ☐개입니다.

➜ 전체를 똑같이 10으로 나눈 것 중의 ☐를 색칠합니다.

01 ☐ 안에 알맞은 소수를 써넣으세요.

02 중요 전체가 1일 때 색칠한 부분을 분수와 소수로 각각 나타내세요.

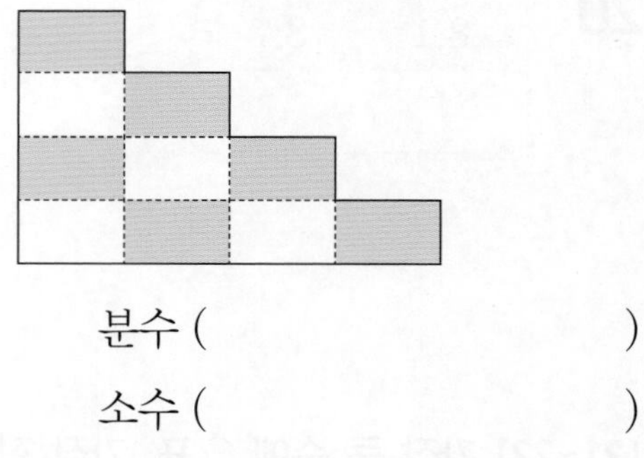

분수 (　　　　　　　　)

소수 (　　　　　　　　)

03 도율이가 말한 수를 소수로 쓰세요.

(　　　　　　　　)

04 서술형 색칠한 부분이 전체의 0.7이 되려면 몇 칸을 더 색칠해야 하는지 풀이 과정을 쓰고, 답을 구하세요.

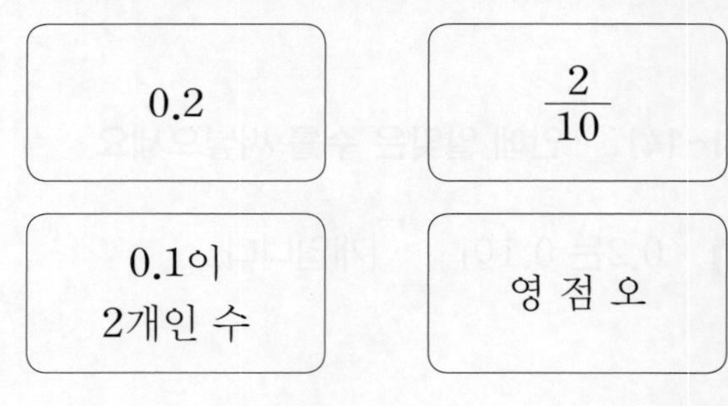

1단계 색칠한 부분이 전체의 0.7이 되려면 모두 몇 칸이 색칠되어야 하는지 알아보기

2단계 몇 칸을 더 색칠해야 하는지 구하기

답

05 나타내는 수가 다른 하나에 색칠해 보세요.

0.2	$\frac{2}{10}$
0.1이 2개인 수	영 점 오

06 ☐ 안에 알맞은 수가 더 큰 것을 찾아 기호를 쓰세요.

㉠ 0.8은 0.1이 ☐개입니다.
㉡ 0.1이 ☐개이면 0.9입니다.

(　　　　　　　　)

유형 17 분수를 소수로, 소수를 분수로 나타내기

예제 □ 안에 알맞은 수를 써넣으세요.

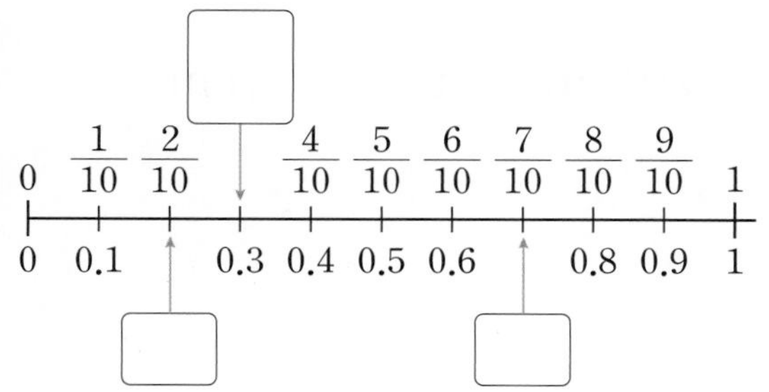

풀이 분수는 소수로, 소수는 분수로 나타냅니다.

$\frac{2}{10}$=□, 0.3=$\frac{□}{□}$, $\frac{7}{10}$=□

07 소수를 분수로 나타내세요.

(1) 0.4=□ (2) 0.6=□

08 다음을 소수로 나타내고, 읽어 보세요.

$\frac{9}{10}$

쓰기 ( )

읽기 ( )

09 잘못 설명한 사람의 이름을 쓰세요.

( )

10 다음을 만족하는 수를 분수와 소수로 각각 나타내세요.

• 분모가 10입니다.
• 분자가 4보다 크고 6보다 작습니다.

분수 ( )

소수 ( )

유형 18 ▲.■ 알아보기

예제 물은 모두 몇 컵인지 소수로 나타내세요.

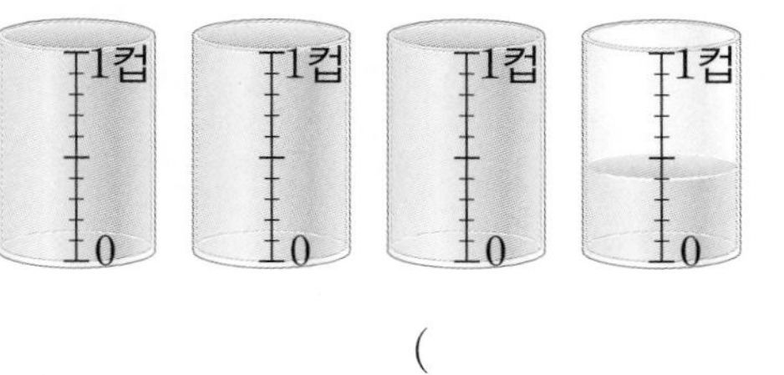

( )

풀이 컵 3개와 작은 눈금 □칸만큼 들어 있습니다.

➜ 3과 □만큼이므로 □컵입니다.

11 □ 안에 알맞은 소수를 써넣고, 읽어 보세요.

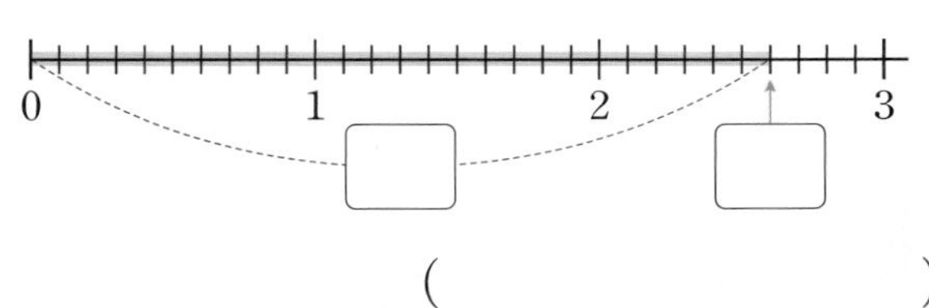

( )

12 관계있는 것끼리 이어 보세요.

(1) 0.1이 51개 • • 6.7

(2) 4와 0.8만큼 • • 5.1

(3) 육 점 칠 • • 4.8

6 단원

13 서술형 ■+▲는 얼마인지 풀이 과정을 쓰고, 답을 구하세요.

- 0.7은 0.1이 ■개입니다.
- ▲.2는 0.1이 52개입니다.

1단계 ■와 ▲에 알맞은 수 각각 구하기

2단계 ■+▲는 얼마인지 구하기

답

14 크기가 다른 하나를 찾아 ○표 하세요.

삼 점 이	0.1이 35개인 수	3.2
( )	( )	( )

+플러스 유형 19 **길이에서 소수 알아보기**

예제 다음 길이는 몇 cm인지 소수로 나타내세요.

8 cm보다 5 mm만큼 더 긴 길이

( )

풀이 1 mm=☐ cm

→ 8 cm ☐ mm=☐ cm

15 중요 ☐ 안에 알맞은 소수를 써넣으세요.

(1) 2 mm=☐ cm

(2) 9 cm 4 mm=☐ cm

16 빗자루와 신발주머니의 길이는 각각 몇 m인지 소수로 나타내세요.

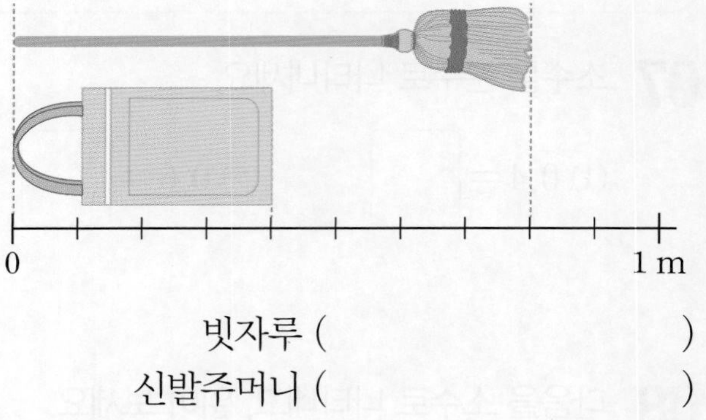

빗자루 ( )

신발주머니 ( )

17 옷핀의 길이는 몇 cm인지 소수로 나타내세요.

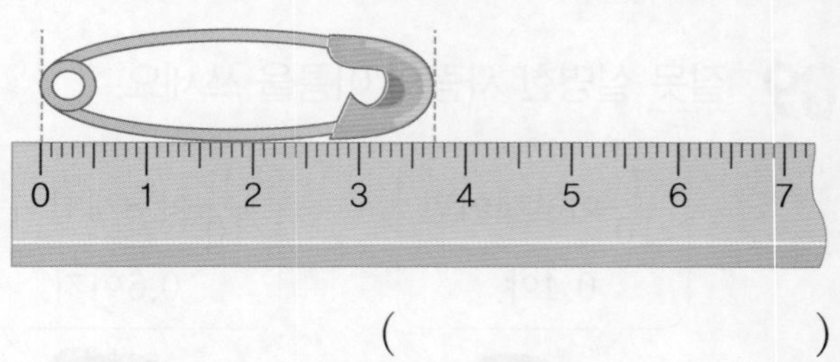

( )

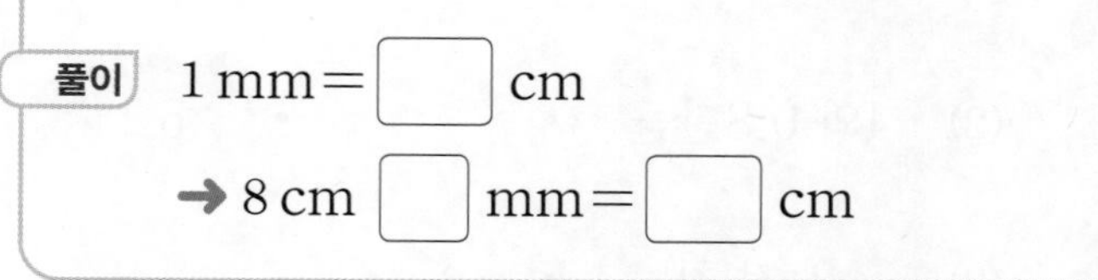

18 다음 중 틀린 것은 어느 것일까요? (　　　　)

① 6 cm 2 mm = 6.2 cm
② 104 mm = 1.4 cm
③ 12 cm 8 mm = 12.8 cm
④ 56 mm = 5.6 cm
⑤ 8 cm 1 mm = 8.1 cm

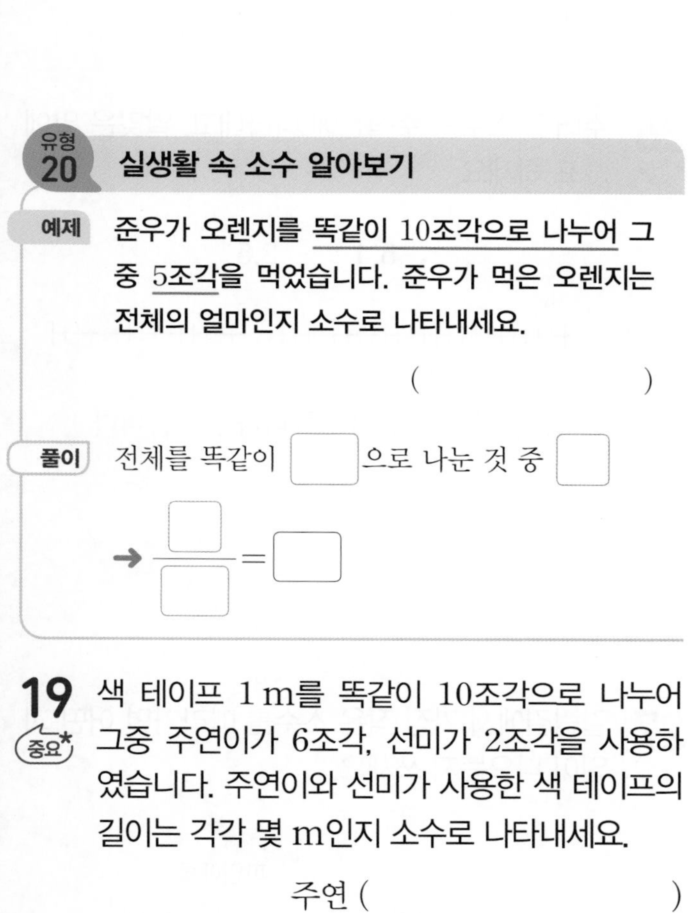

유형 20 실생활 속 소수 알아보기

예제 준우가 오렌지를 똑같이 10조각으로 나누어 그 중 5조각을 먹었습니다. 준우가 먹은 오렌지는 전체의 얼마인지 소수로 나타내세요.

(　　　　　　　　)

풀이 전체를 똑같이 □으로 나눈 것 중 □

→ $\frac{\square}{\square}$ = □

19 (중요) 색 테이프 1 m를 똑같이 10조각으로 나누어 그중 주연이가 6조각, 선미가 2조각을 사용하였습니다. 주연이와 선미가 사용한 색 테이프의 길이는 각각 몇 m인지 소수로 나타내세요.

주연 (　　　　　　　　)
선미 (　　　　　　　　)

20 연수는 주스를 1컵 마시고 0.2컵만큼 더 마셨습니다. 연수가 마신 주스는 모두 몇 컵인지 소수로 나타내세요.

(　　　　　　　　)

21 지수는 부침개를 똑같이 10조각으로 나누어 전체의 $\frac{3}{10}$만큼을 먹었습니다. 지수가 먹고 남은 부침개는 전체의 얼마인지 소수로 나타내세요.

(　　　　　　　　)

22 (서술형) 희윤이네 집에서 기르는 콩나물의 길이가 어제는 6 cm였고, 오늘은 어제보다 8 mm 더 자랐습니다. 오늘 콩나물의 길이는 몇 cm인지 소수로 나타내려고 합니다. 풀이 과정을 쓰고, 답을 구하세요.

(1단계) 오늘 콩나물의 길이는 몇 cm 몇 mm인지 구하기

(2단계) 오늘 콩나물의 길이는 몇 cm인지 소수로 나타내기

(답) ____________

이게 필요할 거야.
앗! 이건 소수점!
mm
cm

6 단원

유형 21 0.■인 소수의 크기 비교하기

예제 0.7보다 큰 소수를 찾아 쓰세요.

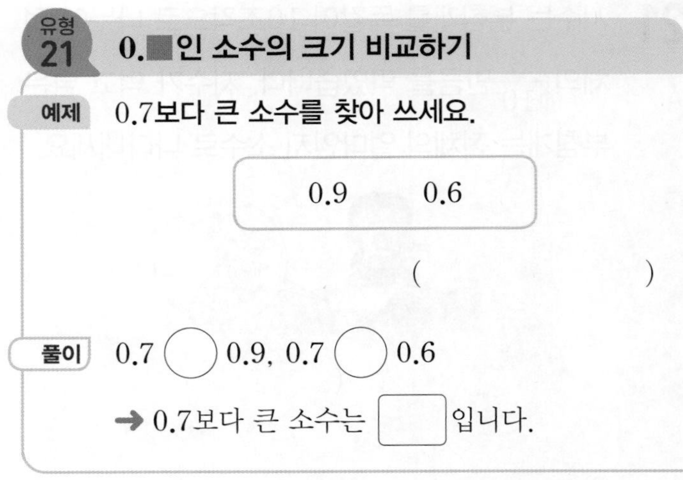

( )

풀이 0.7 ◯ 0.9, 0.7 ◯ 0.6

➜ 0.7보다 큰 소수는 ☐ 입니다.

23 창의형 그림에 색칠하여 서로 다른 소수로 나타내고, 두 소수의 크기를 비교하여 ○ 안에 >, =, <를 알맞게 써넣으세요.

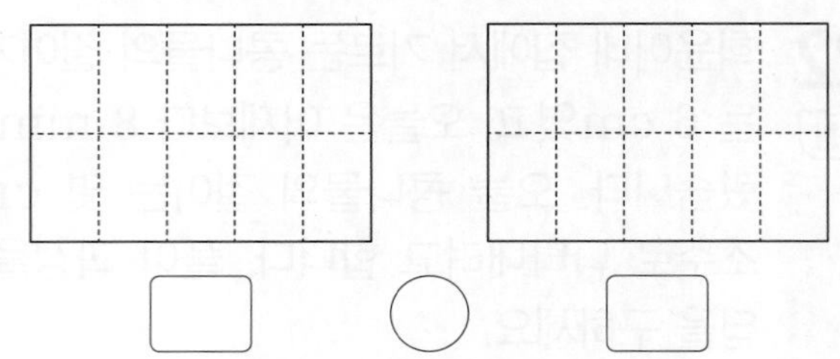

24 가장 작은 소수를 말한 사람의 이름을 쓰세요.

( )

25 주어진 소수 중에서 0.4보다 작은 수는 모두 몇 개일까요?

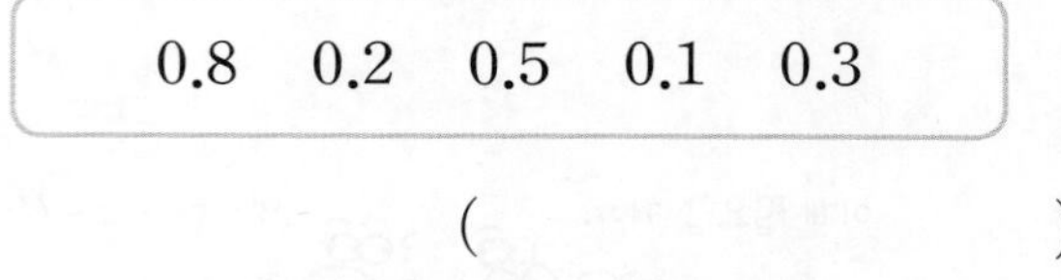

( )

유형 22 ▲.■인 소수의 크기 비교하기

예제 더 큰 소수에 색칠해 보세요.

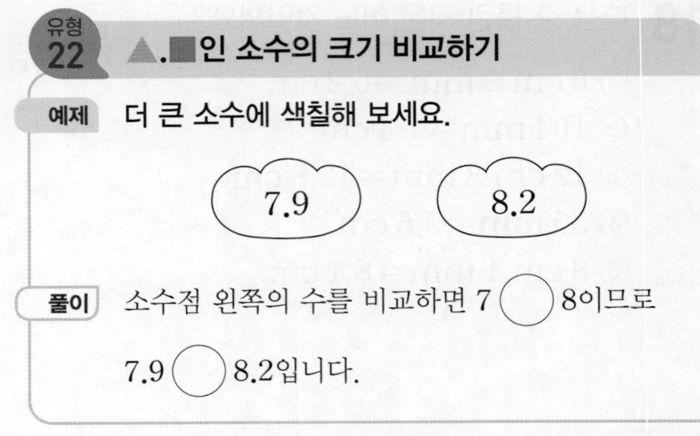

풀이 소수점 왼쪽의 수를 비교하면 7 ◯ 8이므로 7.9 ◯ 8.2입니다.

26 중요 주어진 소수를 수직선에 나타내고, 알맞은 말에 ○표 하세요.

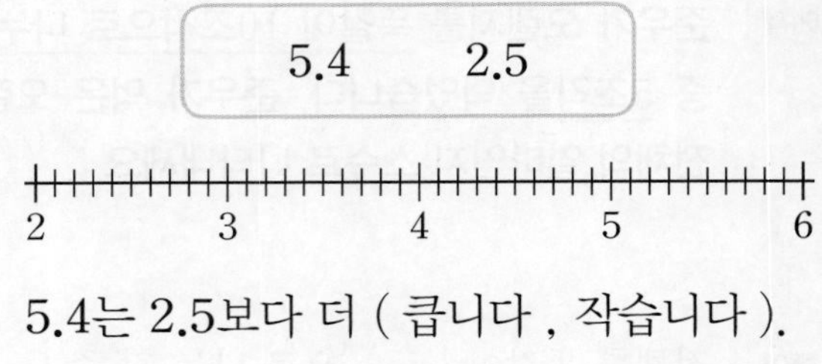

5.4는 2.5보다 더 (큽니다 , 작습니다).

27 갈림길에서 가장 작은 소수를 따라가면 어떤 과일이 나오는지 쓰세요.

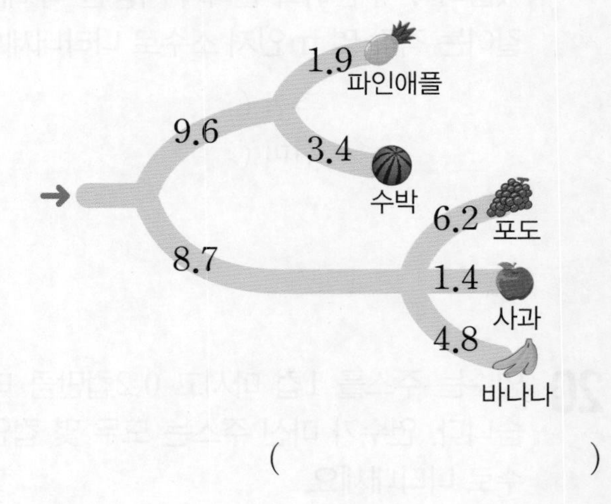

( )

28 더 작은 수를 찾아 기호를 쓰세요.

㉠ 0.1이 31개인 수
㉡ 4와 0.2만큼의 수

( )

29 수의 크기를 비교하여 큰 수부터 차례로 쓰세요.

5.3 1.8 1.4 6.2

( )

유형 23 분수와 소수의 크기 비교하기

예제 두 수의 크기를 비교하여 ◯ 안에 >, =, <를 알맞게 써넣으세요.

$0.2 \bigcirc \frac{4}{10}$

풀이 $\frac{4}{10}$를 소수로 나타내면 □입니다.

$0.2 \bigcirc \square \rightarrow 0.2 \bigcirc \frac{4}{10}$

30 두 수의 크기를 바르게 비교한 것에 ○표 하세요.

$0.3 > \frac{5}{10}$ ( )

$\frac{7}{10} < 0.9$ ( )

31 학교와 병원 중 석이네 집에서 더 가까운 곳은 어디일까요?

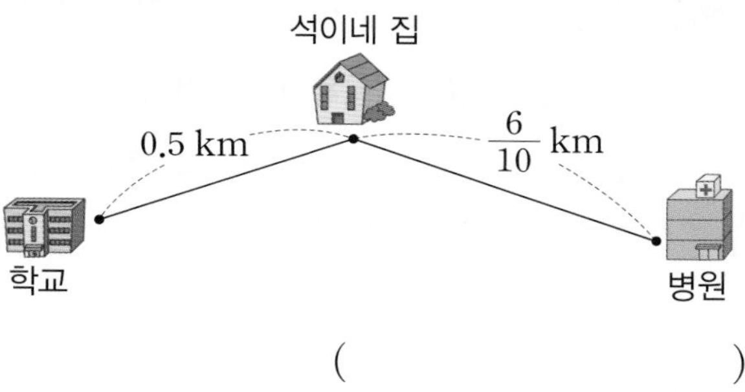

( )

32 서술형 수의 크기를 비교하여 가장 큰 수를 찾아 쓰려고 합니다. 풀이 과정을 쓰고, 답을 구하세요.

$0.6 \quad \frac{2}{10} \quad 0.9 \quad \frac{7}{10}$

1단계 분수를 소수로 나타내기

2단계 가장 큰 수 찾기

답

33 수의 크기를 비교하여 작은 수부터 차례로 기호를 쓰세요.

㉠ 10분의 8
㉡ 1과 0.9만큼의 수
㉢ 일 점 오

( )

6 단원

유형 24 실생활 속 소수의 크기 비교

예제 식용유와 참기름을 모양과 크기가 같은 병에 각각 담았습니다. 식용유가 $\frac{4}{10}$병, 참기름이 0.5병만큼 있을 때 식용유와 참기름 중에서 양이 더 적은 것은 무엇일까요?

(　　　　　　)

풀이 $\frac{4}{10}$=☐이므로 ☐◯0.5입니다.

➜ 양이 더 적은 것은 ☐입니다.

34 세호의 멀리뛰기 기록은 1.2 m이고, 아인이의 멀리뛰기 기록은 2.1 m입니다. 세호와 아인이 중에서 더 멀리 뛴 사람은 누구일까요?

(　　　　　　)

35 서술형 정원에 있는 해바라기의 키는 1 m보다 0.2 m만큼 더 큽니다. 튤립의 키는 0.1 m씩 7번 잰 길이와 같고, 산세베리아의 키는 0.8 m입니다. 해바라기, 튤립, 산세베리아 중에서 키가 가장 작은 것은 무엇인지 풀이 과정을 쓰고, 답을 구하세요.

1단계 각 식물의 키를 m로 나타내기

2단계 키가 가장 작은 것 구하기

답

36 시우가 가지고 있는 연필은 8 cm 3 mm이고, 리아가 가지고 있는 연필은 7.9 cm, 민재가 가지고 있는 연필은 8 cm보다 $\frac{7}{10}$ cm 더 깁니다. 긴 연필을 가지고 있는 사람부터 차례로 이름을 쓰세요.

(　　　　　　)

+플러스 유형 25 가장 큰(작은) 소수 만들기

예제 수 카드 2, 8, 5 중 두 수를 골라 한 번씩만 사용하여 소수 ■.▲를 만들려고 합니다. 만들 수 있는 소수 중에서 가장 큰 수를 구하세요.

(　　　　　　)

풀이 가장 큰 수를 만들려면 왼쪽에 놓이는 수부터 가장 큰 수를 놓습니다.

☐>☐>☐이므로 ■에 ☐, ▲에 ☐를 놓아 ☐를 만듭니다.

37 중요★ 칠판에 적힌 수 중에서 두 수를 골라 한 번씩만 사용하여 소수 ■.▲를 만들려고 합니다. 만들 수 있는 소수 중에서 가장 작은 수를 구하세요.

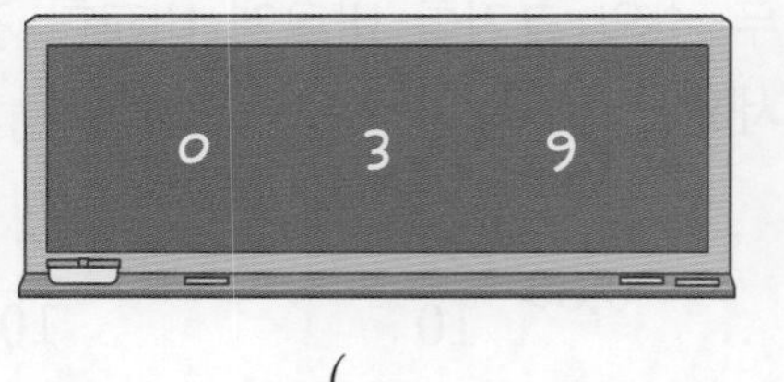

(　　　　　　)

38 4개의 수 4, 2, 9, 5 중 두 수를 골라 한 번씩만 사용하여 소수 ■.▲를 만들려고 합니다. 만들 수 있는 소수 중에서 가장 큰 수와 가장 작은 수를 각각 구하세요.

가장 큰 수 (　　　　　　　　　　)

가장 작은 수 (　　　　　　　　　　)

+플러스 유형 26

소수의 크기 비교에서 □ 안에 알맞은 수 구하기

예제 1부터 9까지의 수 중에서 □ 안에 들어갈 수 있는 수를 모두 구하세요.

$3.7 < 3.\square$

(　　　　　　　　　　)

풀이 소수점 왼쪽의 수가 같으므로 소수점 오른쪽의 수를 비교하면 $\square < \square$입니다.

→ □ 안에 들어갈 수 있는 수: □, □

39 □ 안에 들어갈 수 있는 수를 모두 찾아 ○표 하세요.

$0.\square < \frac{4}{10}$

(1 , 2 , 3 , 4 , 5 , 6 , 7 , 8 , 9)

40 종이가 찢어져서 일부분이 보이지 않습니다. 1부터 9까지의 수 중에서 찢어진 곳에 들어갈 수 있는 수는 모두 몇 개일까요?

$4.3 < 4.\ \ < 4.8$

(　　　　　　　　　　)

조건에 알맞은 소수 구하기

예제 조건을 모두 만족하는 소수 ■.▲를 구하세요.

- 소수점 왼쪽의 수가 0입니다.
- $\frac{8}{10}$보다 큽니다.

(　　　　　　　　　　)

풀이 소수점 왼쪽의 수가 0인 수: 0.▲

$\frac{8}{10}=\square$보다 커야 하므로 조건을 모두 만족하는 소수는 □입니다.

41 두 사람이 설명하는 소수 □.□가 될 수 있는 수를 모두 구하세요.

(　　　　　　　　　　)

42 ㉠, ㉡, ㉢을 모두 만족하는 소수를 구하세요.

㉠ 0.2와 0.7 사이의 소수 □.□입니다.

㉡ $\frac{6}{10}$보다 작은 수입니다.

㉢ 0.1이 4개인 수보다 큰 수입니다.

(　　　　　　　　　　)

STEP 3 응용 해결하기

색칠한 부분을 분수와 소수로 나타내기

1 그림에서 색칠한 부분은 도형 전체의 얼마인지 분수와 소수로 각각 나타내세요.

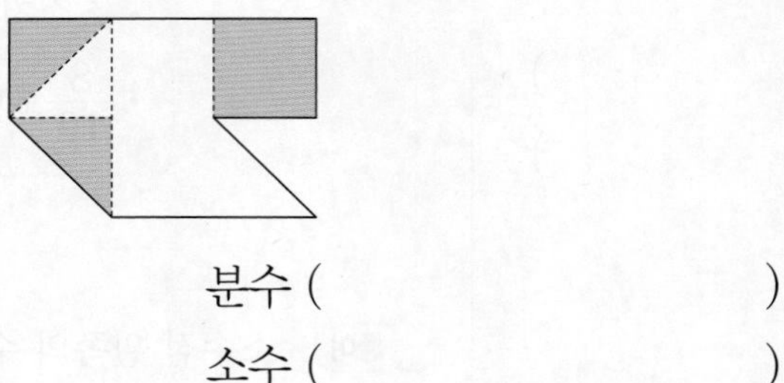

분수 (　　　　　　　　　　)

소수 (　　　　　　　　　　)

해결 tip

조각의 모양이 같지 않은 그림을 보고 분수와 소수로 나타내려면?

가장 작은 조각과 모양과 크기가 같은 조각이 되도록 전체를 똑같이 나눕니다.

남은 양이 더 많은 사람 구하기

서술형

2 같은 양의 우유를 사서 윤지는 전체의 $\frac{3}{4}$만큼 마셨고, 호석이는 전체의 $\frac{8}{9}$만큼 마셨습니다. 남은 우유가 더 많은 사람은 누구인지 풀이 과정을 쓰고, 답을 구하세요.

풀이

답

전체의 $\frac{▲}{■}$만큼을 먹었을 때의 남은 양은?

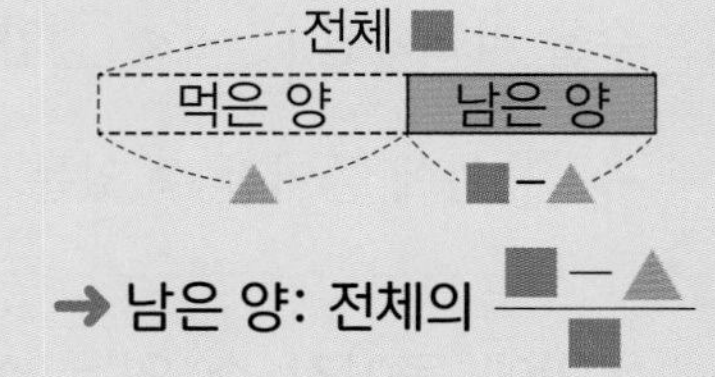

➜ 남은 양: 전체의 $\frac{■-▲}{■}$

이어 붙인 색 테이프의 전체 길이를 소수로 나타내기

3 길이가 3 cm 5 mm인 색 테이프 2장을 6 mm 겹치게 이어 붙였습니다. 이어 붙인 색 테이프의 전체 길이는 몇 cm인지 소수로 나타내세요.

(　　　　　　　　　　)

• 정답 49쪽

세 분수의 크기 비교하기

4 상자에 있는 구슬 중에서 파란색은 전체의 $\frac{1}{6}$, 노란색은 전체의 $\frac{3}{6}$, 보라색은 전체의 $\frac{1}{8}$입니다. 파란색, 노란색, 보라색 중에서 가장 적게 있는 구슬의 색깔부터 차례로 쓰세요.

( )

해결 tip

세 분수의 크기를 한 번에 비교할 수 없다면?

크기 비교를 할 수 있는 두 분수끼리 각각 비교한 후 세 분수를 비교합니다.

$\frac{1}{3} < \frac{2}{3}$, $\frac{2}{3} > \frac{1}{5}$

$\rightarrow \frac{1}{5} < \frac{1}{3} < \frac{2}{3}$

분수와 소수의 크기 비교하기

서술형

5 다음 수 중에서 $\frac{7}{10}$보다 크고 1.3보다 작은 수는 모두 몇 개인지 풀이 과정을 쓰고, 답을 구하세요.

$\frac{3}{10}$	1.1	0.5	$\frac{9}{10}$
1과 0.4만큼인 수		$\frac{1}{10}$이 8개인 수	

풀이

답

남은 부분은 전체의 얼마인지 분수로 나타내기

6 케이크 한 개를 똑같이 12조각으로 나누었습니다. 그중 강빈이가 3조각을 먹고 지훈이는 강빈이가 먹고 남은 케이크의 $\frac{4}{9}$만큼을 먹었습니다. 강빈이와 지훈이가 먹고 남은 케이크는 전체의 얼마인지 분수로 나타내세요.

( )

6 단원

• 정답 49쪽

공통으로 들어갈 수 있는 수 구하기

7 □ 안에 공통으로 들어갈 수 있는 수를 모두 구하세요.

㉠ $\frac{1}{10}<\frac{1}{\square}<\frac{1}{5}$

㉡ $\frac{3}{12}<\frac{\square}{12}<\frac{8}{12}$

(1) ㉠에서 □ 안에 들어갈 수 있는 수를 모두 구하세요.

( )

(2) ㉡에서 □ 안에 들어갈 수 있는 수를 모두 구하세요.

( )

(3) □ 안에 공통으로 들어갈 수 있는 수를 모두 구하세요.

( )

해결 tip

조건을 만족하는 소수의 개수 구하기

8 조건을 만족하는 소수 ■.▲는 모두 몇 개인지 구하세요.

• ■+▲=5
• ■.▲<2.5

(1) ■.▲<2.5에서 ■가 될 수 있는 수를 모두 구하세요.

( )

(2) 조건을 만족하는 소수 ■.▲를 모두 구하세요.

( )

(3) 조건을 만족하는 소수 ■.▲는 모두 몇 개일까요?

( )

두 자리 수 ■▲와 소수 ■.▲의 차이는?

• 두 자리 수 ■▲<15
➜ ■가 될 수 있는 수: 1

• 소수 ■.▲<1.5
➜ ■가 될 수 있는 수: 0, 1

■.▲의 소수점 왼쪽에는 0이 올 수 있습니다.

맞힌 개수

01 똑같이 셋으로 나누어진 것을 찾아 기호를 쓰세요.

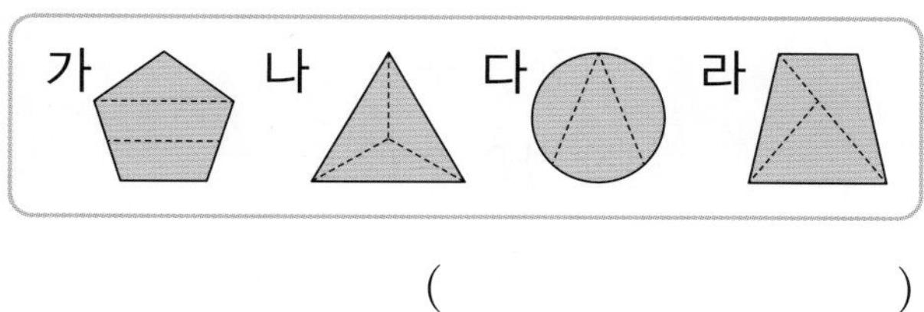

( )

02 □ 안에 알맞은 소수를 써넣으세요.

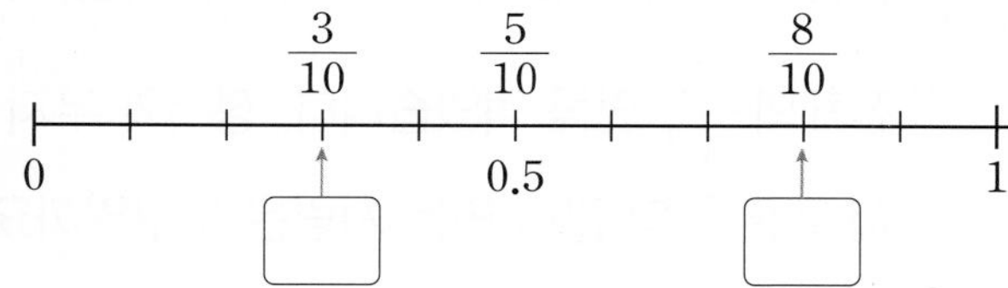

03 분수를 소수로, 소수를 분수로 나타내세요.

(1) $\frac{9}{10}=\square$ (2) $\frac{7}{10}=\square$

(3) $0.3=\square$ (4) $0.6=\square$

04 도화지 3장을 색칠했습니다. 도화지 한 장을 1로 나타낼 때 색칠한 부분을 소수로 쓰고, 읽어 보세요.

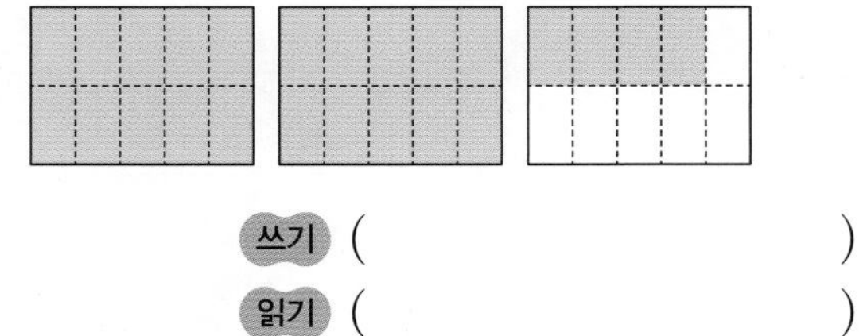

쓰기 ( )

읽기 ( )

05 □ 안에 알맞은 수를 써넣고, ○ 안에 >, =, <를 알맞게 써넣으세요.

$\frac{4}{6}$는 $\frac{1}{6}$이 □개

$\frac{2}{6}$는 $\frac{1}{6}$이 □개

→ $\frac{4}{6}$ ○ $\frac{2}{6}$

06 색칠한 부분과 색칠하지 않은 부분을 분수로 나타내세요.

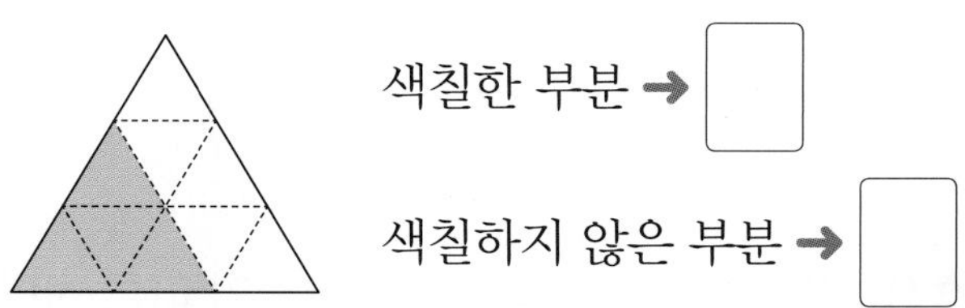

색칠한 부분 → □

색칠하지 않은 부분 → □

07 부분은 전체를 똑같이 5로 나눈 것 중의 3입니다. 부분과 전체를 알맞게 이어 보세요.

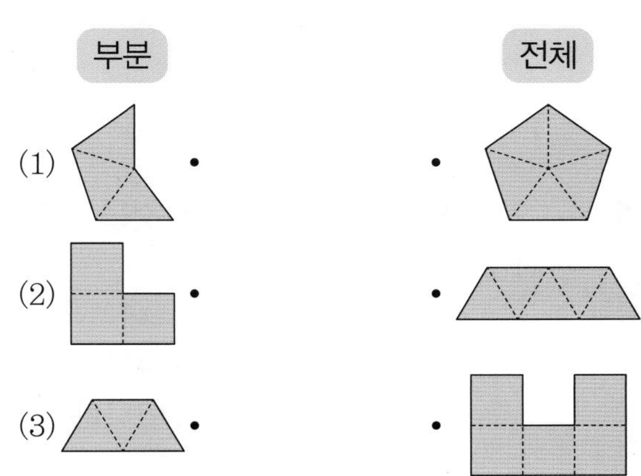

6 단원

08 표시된 점을 이용하여 도형을 똑같이 여섯으로 나누어 보세요.

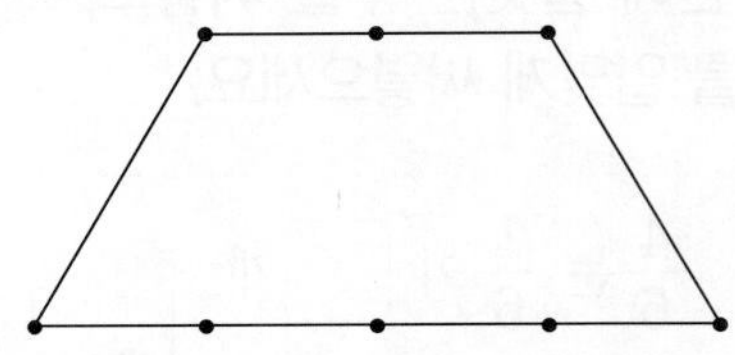

09 단위분수의 크기를 잘못 비교한 것에 ×표 하세요.

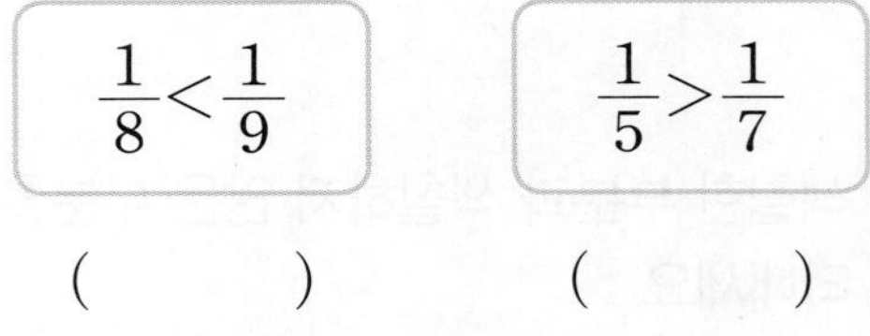

$\frac{1}{8}<\frac{1}{9}$ ( )

$\frac{1}{5}>\frac{1}{7}$ ( )

10 색칠한 부분이 나타내는 분수가 다른 하나를 찾아 기호를 쓰세요.

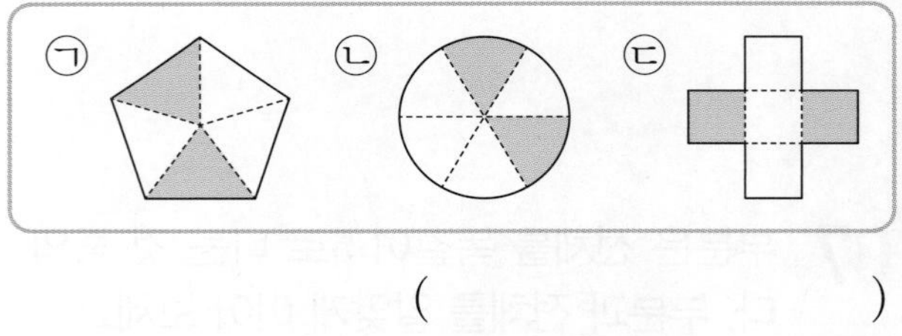

( )

11 □ 안에 알맞은 수가 더 큰 것을 찾아 기호를 쓰세요.

㉠ 0.1이 □개이면 5.4입니다.
㉡ 3.9는 0.1이 □개입니다.

( )

12 가장 큰 수와 가장 작은 수를 각각 찾아 쓰세요.

$\frac{1}{20}$ $\frac{1}{5}$ $\frac{1}{6}$

가장 큰 수 ( )

가장 작은 수 ( )

13 멜론 한 통을 정수는 전체의 $\frac{7}{12}$만큼, 우지는 전체의 $\frac{5}{12}$만큼 먹었습니다. 정수와 우지 중에서 멜론을 더 많이 먹은 사람은 누구일까요?

( )

14 서술형

야구장 입장객 수 중에서 전체의 $\frac{1}{4}$은 여자였고, 나머지는 남자였습니다. 야구장에 남자와 여자 중에서 누가 더 많이 입장했는지 풀이 과정을 쓰고, 답을 구하세요.

풀이

답

15 2부터 9까지의 수 중에서 □ 안에 들어갈 수 있는 가장 큰 수를 구하세요.

$$\frac{1}{\square} > \frac{1}{7}$$

(　　　　　　　　)

16 수의 크기를 비교하여 큰 수부터 차례로 기호를 쓰세요.

㉠ 6과 0.7만큼의 수
㉡ $\frac{1}{10}$이 62개인 수
㉢ 육 점 오

(　　　　　　　　)

17 서술형 혜린이가 색 테이프 1 m를 똑같이 10조각으로 나누어 그중 7조각을 사용하였습니다. 혜린이가 사용하고 남은 색 테이프의 길이는 몇 m인지 소수로 나타내려고 합니다. 풀이 과정을 쓰고, 답을 구하세요.

풀이

답

18 호두파이를 똑같이 8조각으로 나누어 진우가 2조각, 교원이가 1조각 먹었습니다. 남은 호두파이는 전체의 얼마인지 분수로 나타내세요.

(　　　　　　　　)

19 은우가 십자수를 하는 데 빨간색 실을 0.7 m, 노란색 실을 1.5 m, 파란색 실을 $\frac{4}{10}$ m 사용했습니다. 많이 사용한 실부터 차례로 색깔을 쓰세요.

(　　　　　　　　)

20 서술형 1부터 9까지의 수 중에서 □ 안에 들어갈 수 있는 수는 모두 몇 개인지 구하려고 합니다. 풀이 과정을 쓰고, 답을 구하세요.

$$0.4 < 0.\square < 0.8$$

풀이

답

6 단원

맞힌 개수

1단원 | 유형 01

01 □ 안에 알맞은 수를 써넣으세요.

$$\begin{array}{r} 7\ 1\ 2 \\ +\ 2\ 5\ 3 \\ \hline \square\square\square \end{array}$$

5단원 | 유형 11

02 시계를 보고 시각을 읽어 보세요.

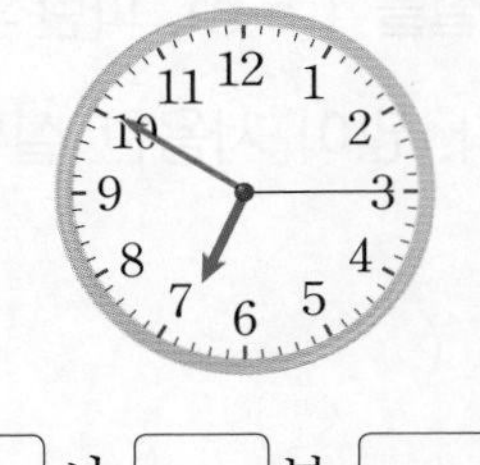

□시 □분 □초

2단원 | 유형 04

03 각을 읽어 보세요.

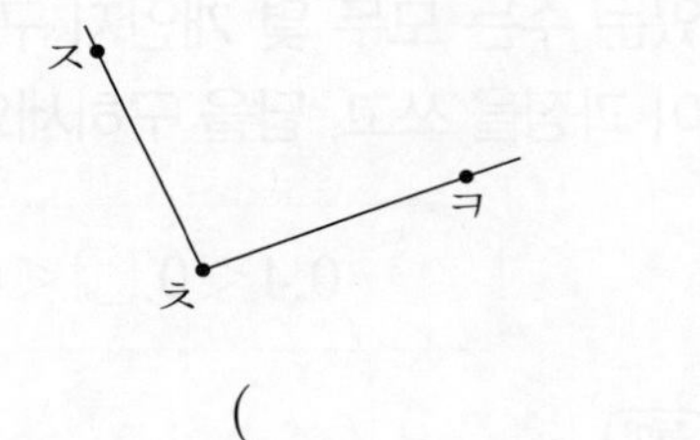

(　　　　　　)

3단원 | 유형 04

04 곱셈식을 나눗셈식 2개로 나타내세요.

$8 \times 7 = 56$ → $56 \div \square = \square$, $56 \div \square = \square$

6단원 | 유형 01

05 똑같이 나누어지지 않은 것을 모두 찾아 기호를 쓰세요.

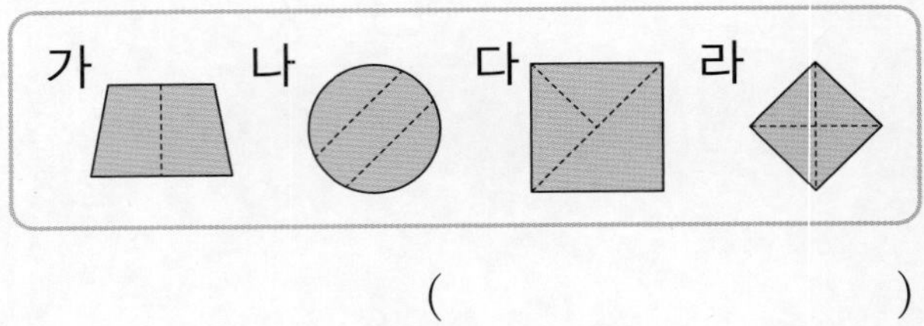

(　　　　　　)

4단원 | 유형 03

06 두 수의 곱을 구하세요.

94　　2

(　　　　　　)

2단원 | 유형 02

07 점을 이용하여 두 선을 각각 그어 보세요.

선분 ㄷㄹ　　직선 ㄴㅁ

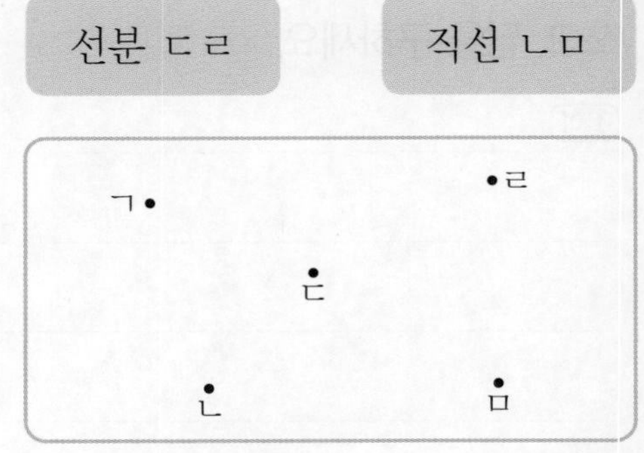

4단원 | 유형 08

08 계산 결과가 같은 것끼리 이어 보세요.

(1)	20×3 •	•	42×3
(2)	21×6 •	•	28×2
(3)	14×4 •	•	15×4

1단원 | 유형 19

09 계산 결과를 비교하여 ○ 안에 >, =, <를 알맞게 써넣으세요.

706−251 ○ 832−360

4단원 | 유형 12

10 계산을 잘못한 사람을 찾아 이름을 쓰고, 바르게 계산한 값을 구하세요.

유빈	지호
$\begin{array}{r} 13 \\ \times \ \ 5 \\ \hline 55 \end{array}$	$\begin{array}{r} 18 \\ \times \ \ 4 \\ \hline 72 \end{array}$

(,)

5단원 | 유형 04

11 다음에서 틀린 것을 찾아 기호를 쓰세요.

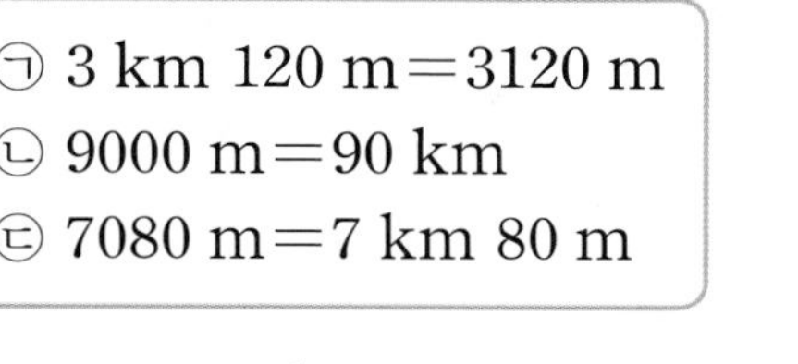
㉠ 3 km 120 m=3120 m
㉡ 9000 m=90 km
㉢ 7080 m=7 km 80 m

( )

2단원 | 유형 15

12 다음 도형은 정사각형입니다. 이 정사각형의 네 변의 길이의 합은 몇 cm일까요?

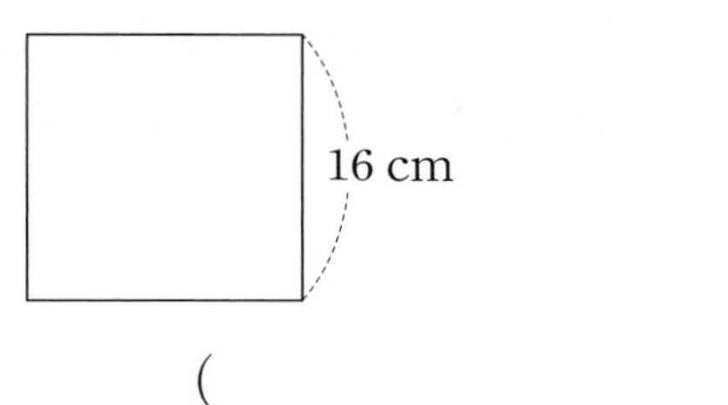

( )

1단원 | 유형 15

13 서술형 다음이 나타내는 수보다 248만큼 더 작은 수는 얼마인지 풀이 과정을 쓰고, 답을 구하세요.

100이 9개, 10이 2개, 1이 6개인 수

풀이

답

전단원 총정리

5단원 | 유형 05

14 노란색 끈 47 mm와 초록색 끈 5 cm 1 mm가 있습니다. 길이가 더 긴 끈의 색깔을 쓰세요.

( )

6단원 | 유형 12

15 서술형 성우와 효진이는 크기가 같은 색종이를 한 장씩 가지고 있습니다. 성우는 색종이 전체의 $\frac{7}{9}$, 효진이는 색종이 전체의 $\frac{5}{9}$를 사용했습니다. 색종이를 더 적게 사용한 사람은 누구인지 풀이 과정을 쓰고, 답을 구하세요.

풀이

답

6단원 | 유형 19

16 미소가 가지고 있는 빨간색 색연필의 길이는 8 cm이고, 파란색 색연필은 빨간색 색연필보다 5 mm 더 깁니다. 파란색 색연필의 길이는 몇 cm인지 소수로 나타내세요.

( )

1단원 | 유형 12

17 두 수의 합이 가장 작도록 두 수를 골라 □ 안에 써넣고 계산해 보세요.

133　351　168　254

□ + □ = □

3단원 | 유형 18

18 1부터 9까지의 한 자리 수 중에서 □ 안에 들어갈 수 있는 가장 큰 수를 구하세요.

36÷6>□

( )

6단원 | 유형 22

19 수의 크기를 비교하여 가장 큰 수를 찾아 기호를 쓰세요.

㉠ 4와 0.2만큼인 수
㉡ $\frac{1}{10}$이 39개인 수
㉢ 사 점 일

( )

• 정답 51쪽

2단원 | 유형 20

20 도형에서 찾을 수 있는 크고 작은 직각삼각형은 모두 몇 개일까요?

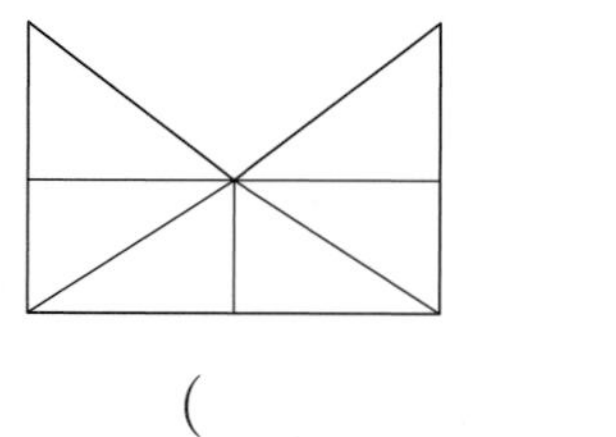

( )

3단원 | 유형 15

21 서술형 어떤 수를 4로 나누었더니 몫이 6이 되었습니다. 어떤 수를 3으로 나눈 몫은 얼마인지 풀이 과정을 쓰고, 답을 구하세요.

풀이

답

5단원 | 유형 15

22 왼쪽 시계가 나타내는 시각에서 40분 50초 후의 시각을 오른쪽 시계에 나타내세요.

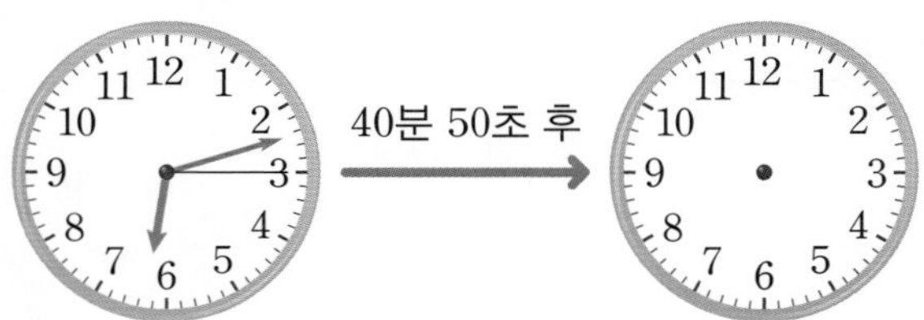

4단원 | 유형 15

23 ㉠과 ㉡에 알맞은 수의 합을 구하세요.

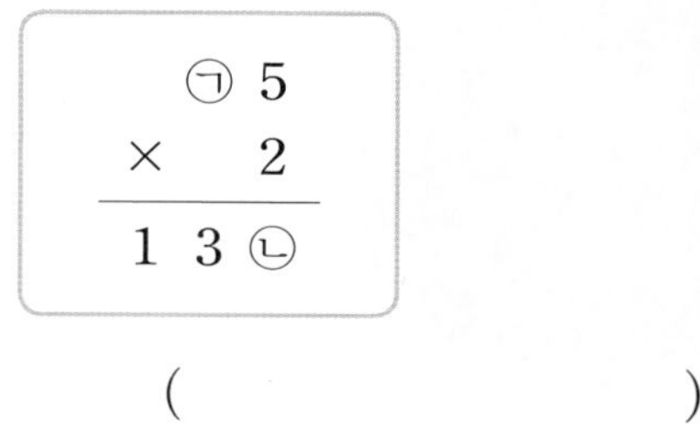

$$\begin{array}{r} ㉠\ 5 \\ \times \quad 2 \\ \hline 1\ 3\ ㉡ \end{array}$$

( )

6단원 | 유형 13

24 조건에 알맞은 분수를 구하세요.

- 단위분수입니다.
- 분모는 7보다 작습니다.
- $\frac{1}{5}$보다 작은 분수입니다.

( )

3단원 | 유형 16

25 길이가 32 m인 길의 양쪽에 8 m 간격으로 쓰레기통을 놓으려고 합니다. 길의 처음과 끝에도 쓰레기통을 놓는다면 필요한 쓰레기통은 모두 몇 개일까요? (단, 쓰레기통의 두께는 생각하지 않습니다.)

( )

MEMO

큐브 유형

초등 수학

3·1

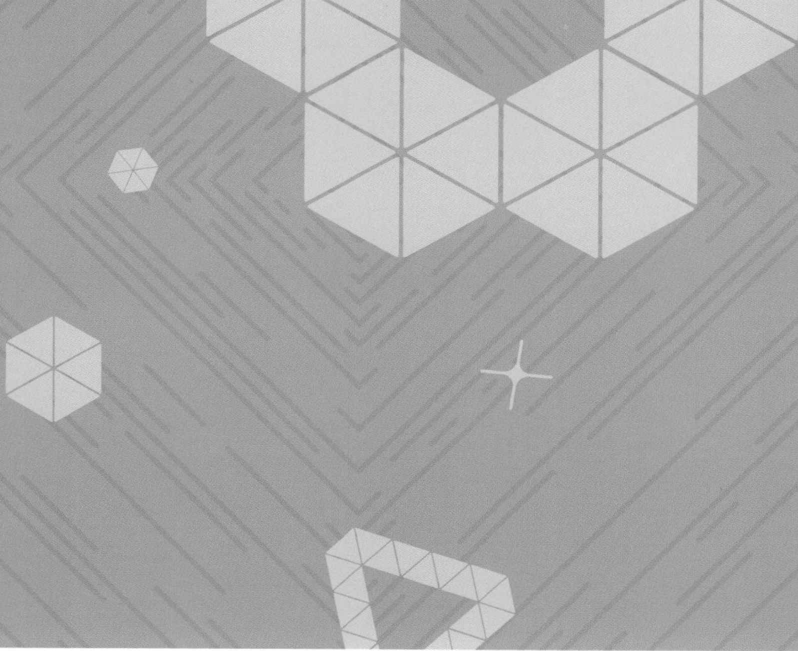

서술형 강화책

서술형 다지기 | 서술형 완성하기

동아출판

서술형 강화책

차례

초등 수학 **3·1**

큐브 유형

서술형 강화책

초등 수학

3·1

각각의 수를 구하여 크기 비교하기

1 과일 가게에 참외가 276개 있습니다. 사과는 참외보다 248개 더 많고, 망고는 사과보다 345개 더 적습니다. **가장 많이 있는 과일부터 차례로** 쓰려고 합니다. 풀이 과정을 쓰고, 답을 구하세요.

조건 정리

- 참외의 수: ☐개
- (사과의 수)=(참외의 수)+☐
- (망고의 수)=(사과의 수)−☐

풀이

❶ **사과의 수 구하기**

(사과의 수)=(참외의 수)+☐

=276+☐=☐(개)

'~보다 더 많이'는
덧셈식을 세워 구해봐.

❷ **망고의 수 구하기**

(망고의 수)=(사과의 수)−☐

=☐−☐=☐(개)

그렇다면 '~보다 더 적게'는
어떤 식을 세워야 할까?

❸ **많이 있는 과일부터 차례로 쓰기**

☐>☐>☐이므로

가장 많이 있는 과일부터 차례로 쓰면 ☐, ☐, ☐입니다.

답 ☐, ☐, ☐

• 정답 53쪽

유사 **1-1** 색 테이프가 세 개 있습니다. 노란색 테이프는 길이는 빨간색 테이프의 길이보다 167 cm 더 짧고, 파란색 테이프의 길이는 노란색 테이프의 길이보다 317 cm 더 깁니다. 빨간색 테이프의 길이가 556 cm일 때 **가장 긴 색 테이프부터 차례로** 쓰려고 합니다. 풀이 과정을 쓰고, 답을 구하세요.

풀이

답

발전 **1-2** 서로 다른 3개의 수 ㉮, ㉯, ㉰가 있습니다. **세 수의 합은 얼마인지** 풀이 과정을 쓰고, 답을 구하세요.

- ㉮는 ㉯보다 298만큼 더 큰 수입니다.
- ㉯는 ㉰보다 178만큼 더 작은 수입니다.
- ㉰는 325입니다.

1단계 ㉯ 구하기

2단계 ㉮ 구하기

3단계 세 수의 합 구하기

답

⊙ 두 곳 사이의 거리 구하기

2 그림을 보고 **집에서 도서관까지의 거리는 몇 m인지** 풀이 과정을 쓰고, 답을 구하세요.

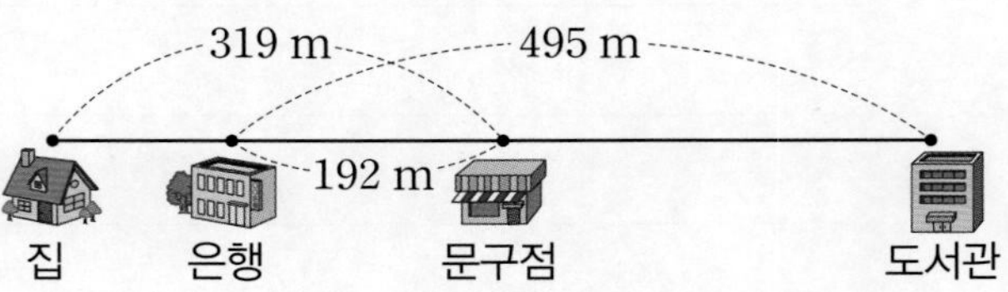

조건 정리
- (집 ~ 문구점) = ☐ m
- (은행 ~ 도서관) = ☐ m
- (은행 ~ 문구점) = ☐ m

풀이 ❶ 집에서 문구점까지의 거리와 은행에서 도서관까지의 거리의 합 구하기

(집 ~ 문구점) + (은행 ~ 도서관)

= ☐ + ☐ = ☐ (m)

❷ 집에서 도서관까지의 거리 구하기

(집 ~ 도서관)

= ☐ − (은행 ~ 문구점)

= ☐ − ☐ = ☐ (m)

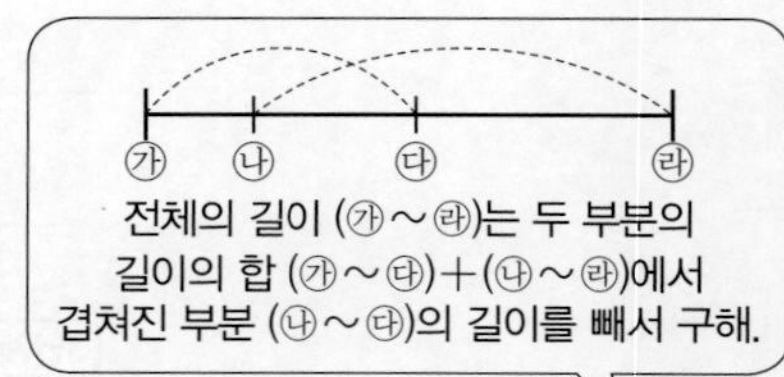

㉮
㉯
㉰
㉱
전체의 길이 (㉮ ~ ㉱)는 두 부분의
길이의 합 (㉮ ~ ㉰) + (㉯ ~ ㉱)에서
겹쳐진 부분 (㉯ ~ ㉰)의 길이를 빼서 구해.

답 ☐ m

유사 **2-1** 그림을 보고 **집에서 우체국까지의 거리는 몇 m인지** 풀이 과정을 쓰고, 답을 구하세요.

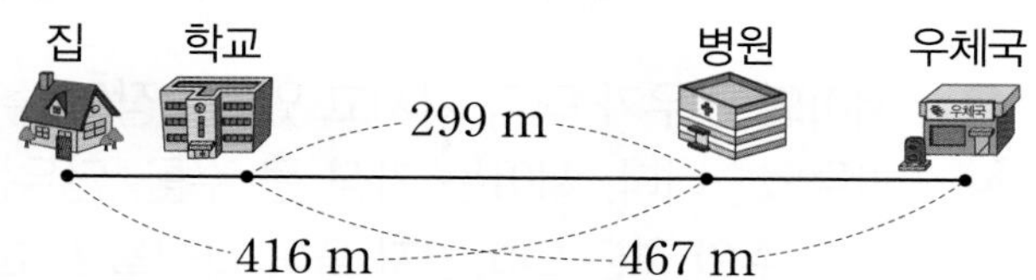

풀이

답

발전 **2-2** 그림을 보고 ㉯**에서** ㉰**까지의 길이는 몇 cm인지** 풀이 과정을 쓰고, 답을 구하세요.

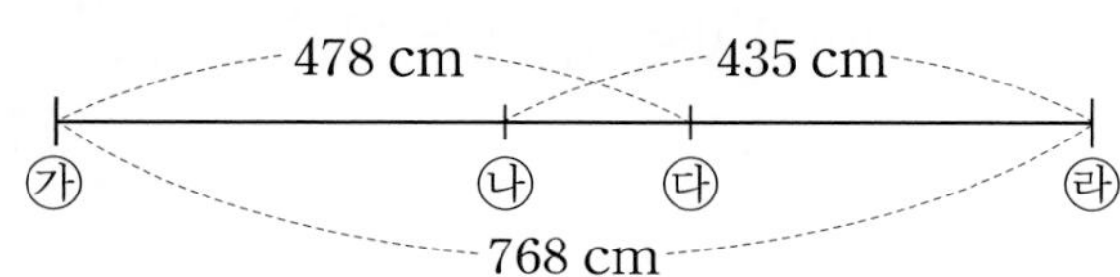

1단계 ㉮에서 ㉰까지의 길이와 ㉯에서 ㉱까지의 길이의 합 구하기

2단계 ㉯에서 ㉰까지의 길이 구하기

답

수 카드로 만든 수의 합 또는 차 구하기

3 서아와 단우가 각각 가지고 있는 3장의 수 카드를 한 번씩만 사용하여 세 자리 수를 만들었습니다. 서아는 가장 큰 수를, 단우는 가장 작은 수를 만들었을 때 **두 사람이 만든 수의 합은 얼마인지** 풀이 과정을 쓰고, 답을 구하세요.

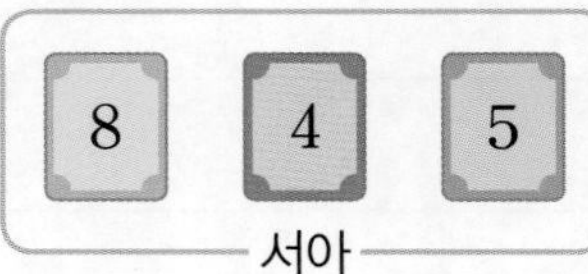

서아

1 7 6

단우

조건 정리

- 서아가 가지고 있는 수 카드의 수: 8, □, □
- 단우가 가지고 있는 수 카드의 수: 1, □, □

풀이

❶ 서아가 만들 수 있는 가장 큰 수 구하기

서아가 가지고 있는 수 카드의 크기를 비교하면

$8 > \square > \square$ 입니다.

→ 서아가 만들 수 있는 가장 큰 수: □

높은 자리부터 큰 수를
차례로 놓으면
가장 큰 수를 만들 수 있어.

❷ 단우가 만들 수 있는 가장 작은 수 구하기

단우가 가지고 있는 수 카드의 크기를 비교하면

$1 < \square < \square$ 입니다.

→ 단우가 만들 수 있는 가장 작은 수: □

가장 작은 수는 어떻게
만들어야 하는지 생각해 봐!

❸ 두 사람이 만든 수의 합 구하기

두 사람이 만든 수의 합은

$\square + \square = \square$ 입니다.

답 □

유사 **3-1** 정하와 현수가 각각 가지고 있는 3장의 수 카드를 한 번씩만 사용하여 세 자리 수를 만들었습니다. 정하는 가장 작은 수를, 현수는 가장 큰 수를 만들었을 때 **두 사람이 만든 수의 차는 얼마인지** 풀이 과정을 쓰고, 답을 구하세요.

1 단원

발전 **3-2** 5장의 수 카드 중 3장을 골라 한 번씩만 사용하여 세 자리 수를 만들려고 합니다. 만들 수 있는 **가장 큰 수와 두 번째로 작은 수의 합은 얼마인지** 풀이 과정을 쓰고, 답을 구하세요.

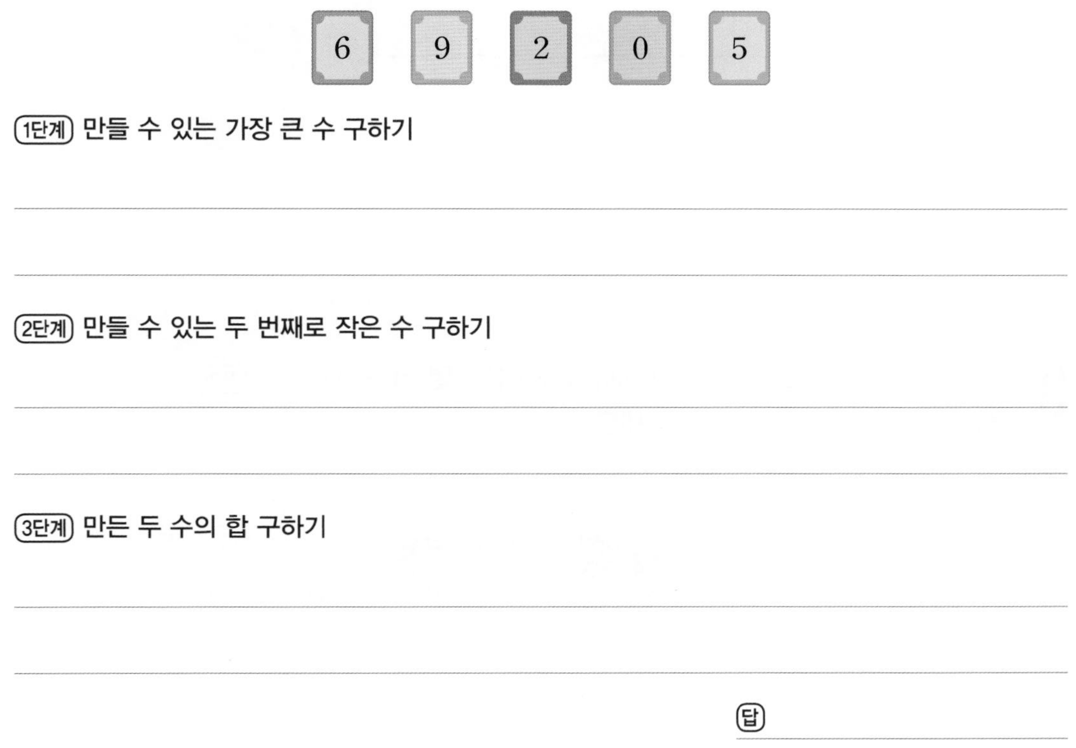

6
9
2
0
5
1단계 만들 수 있는 가장 큰 수 구하기
2단계 만들 수 있는 두 번째로 작은 수 구하기
3단계 만든 두 수의 합 구하기
답

1 승주, 예나, 민호는 한 달 동안 같은 책을 읽었습니다. 승주는 예나보다 책을 144쪽 더 많이 읽었고, 예나는 민호보다 195쪽 더 적게 읽었습니다. 민호가 책을 313쪽 읽었을 때 **책을 많이 읽은 사람부터 차례로 쓰려고** 합니다. 풀이 과정을 쓰고, 답을 구하세요.

풀이

답

2 서로 다른 3개의 수 ㉮, ㉯, ㉰가 있습니다. ㉮, ㉯, ㉰ 중에서 **가장 큰 수와 가장 작은 수의 차는 얼마인지** 풀이 과정을 쓰고, 답을 구하세요.

- ㉮는 ㉯보다 337만큼 더 작은 수입니다.
- ㉯는 ㉰보다 257만큼 더 큰 수입니다.
- ㉰는 662입니다.

풀이

답

3 그림을 보고 **학교에서 서점까지의 거리는 몇 m인지** 풀이 과정을 쓰고, 답을 구하세요.

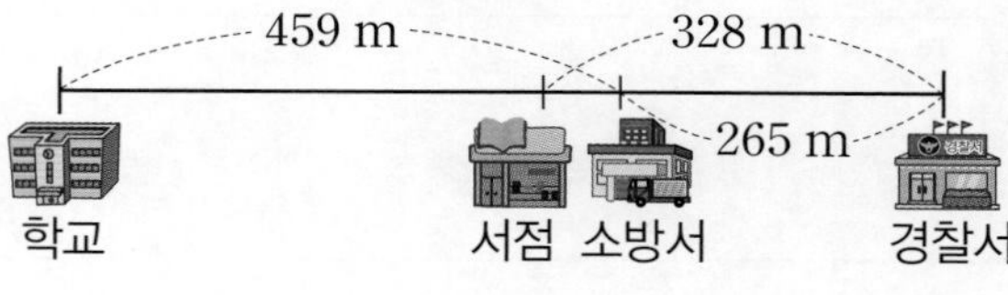

풀이

답

4 그림을 보고 ㉯에서 ㉰**까지의 길이는 몇 m인지** 풀이 과정을 쓰고, 답을 구하세요.

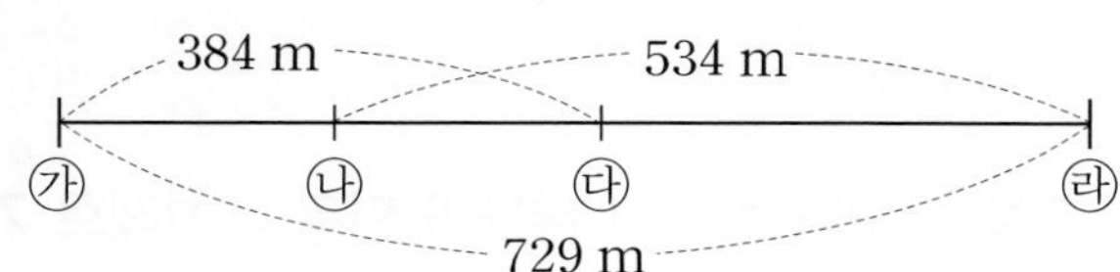

풀이

답

5 진영이와 민채가 각각 가지고 있는 3장의 수 카드를 한 번씩만 사용하여 두 번째로 큰 세 자리 수를 만들었습니다. **두 사람이 만든 수의 합은 얼마인지** 풀이 과정을 쓰고, 답을 구하세요.

진영 4 6 3

민채 7 2 0

풀이

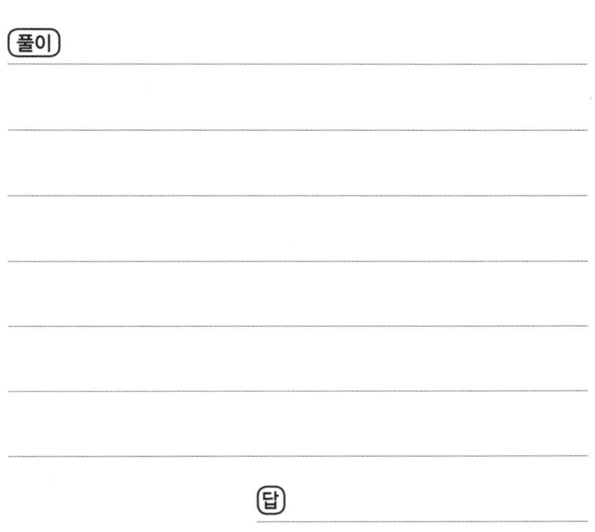

답

6 5장의 수 카드 중 3장을 골라 한 번씩만 사용하여 세 자리 수를 만들려고 합니다. 만들 수 있는 **두 번째로 큰 수와 가장 작은 수의 차는 얼마인지** 풀이 과정을 쓰고, 답을 구하세요.

5 8 4 2 6

풀이

답

직각의 수 비교하기

1 각 도형에서 찾을 수 있는 직각의 수를 구하여 **직각이 많은 도형부터 차례로 기호를** 쓰려고 합니다. 풀이 과정을 쓰고, 답을 구하세요.

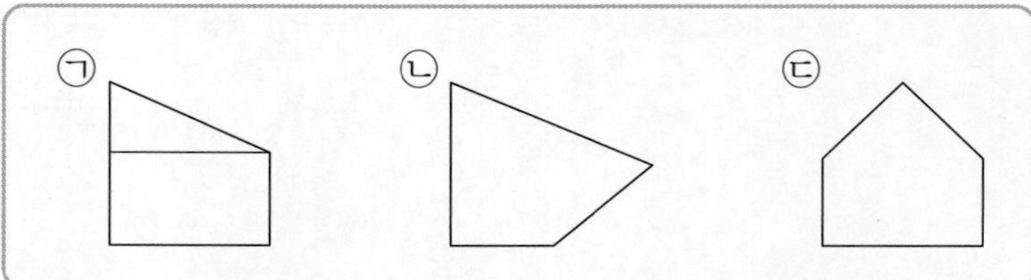

풀이 ❶ ㉠, ㉡, ㉢의 직각의 수 각각 구하기

직각의 수를 각각 구하면

㉠ □개, ㉡ □개, ㉢ □개입니다.

종이를 반듯하게 두 번 접어 만든 직각과 꼭 맞게 겹쳐지는지 확인할 수 있어.

❷ 직각이 많은 도형부터 차례로 기호 쓰기

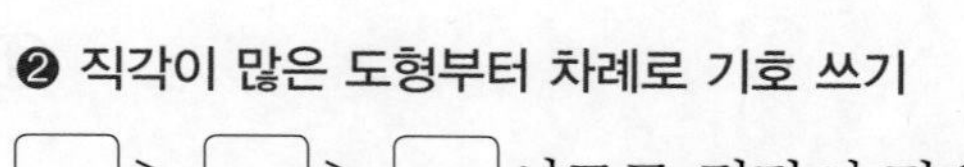

□ > □ > □이므로 직각이 많은 도형부터

차례로 기호를 쓰면 □, □, □입니다.

답 □, □, □

• 정답 55쪽

유사 **1-1** 각 도형에서 찾을 수 있는 직각의 수를 구하여 **직각이 많은 도형부터 차례로 기호를** 쓰려고 합니다. 풀이 과정을 쓰고, 답을 구하세요.

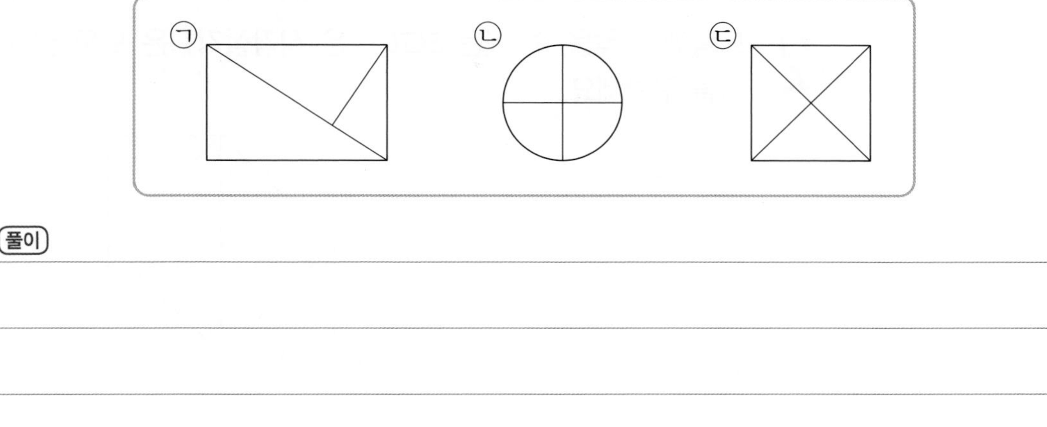

풀이

답

2 단원

발전 **1-2** 각 도형에서 찾을 수 있는 직각을 모두 찾으려고 합니다. 직각의 수가 가장 많은 도형과 가장 적은 도형의 **직각의 수의 차는 몇 개인지** 풀이 과정을 쓰고, 답을 구하세요.

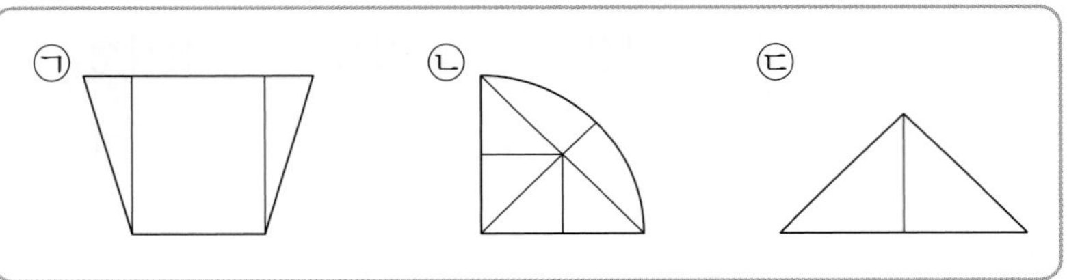

1단계 ㉠, ㉡, ㉢의 직각의 수 각각 구하기

2단계 직각이 가장 많은 도형과 가장 적은 도형의 직각의 수의 차 구하기

답

크고 작은 도형의 수 구하기

2 도형에서 찾을 수 있는 **크고 작은 직각삼각형은 모두 몇 개인지** 풀이 과정을 쓰고, 답을 구하세요.

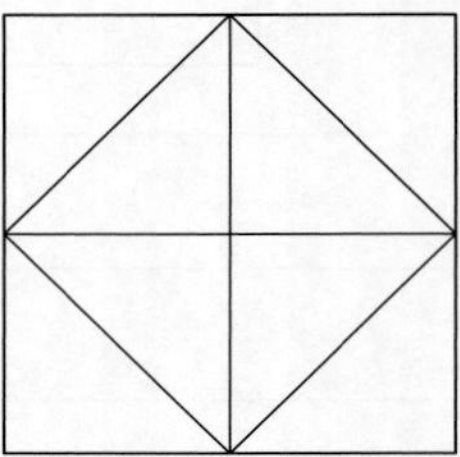

조건 정리

- 작은 직각삼각형 ☐개로 이루어진 도형
- 도형에서 찾을 수 있는 직각삼각형:
  작은 직각삼각형 ☐개짜리, ☐개짜리

풀이 ❶ 작은 직각삼각형의 수에 따라 찾을 수 있는 직각삼각형의 수 구하기

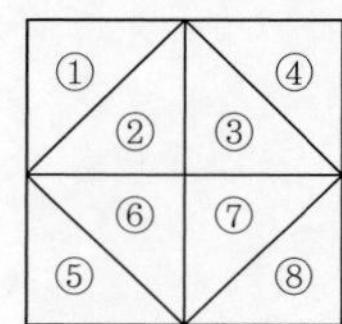

- 작은 직각삼각형 ☐개짜리 직각삼각형:
  ①, ②, ③, ④, ⑤, ⑥, ⑦, ⑧ ➜ ☐개
- 작은 직각삼각형 ☐개짜리 직각삼각형:
  ②+③, ③+⑦, ⑥+⑦, ②+⑥ ➜ ☐개

직각을 먼저 찾고,
그 직각을 포함한 삼각형을 찾아봐.

❷ 찾을 수 있는 크고 작은 직각삼각형의 수 구하기

도형에서 찾을 수 있는 크고 작은 직각삼각형은
모두 ☐+☐=☐(개)입니다.

답 ☐개

유사 **2-1** 도형에서 찾을 수 있는 **크고 작은 직사각형은 모두 몇 개인지** 풀이 과정을 쓰고, 답을 구하세요.

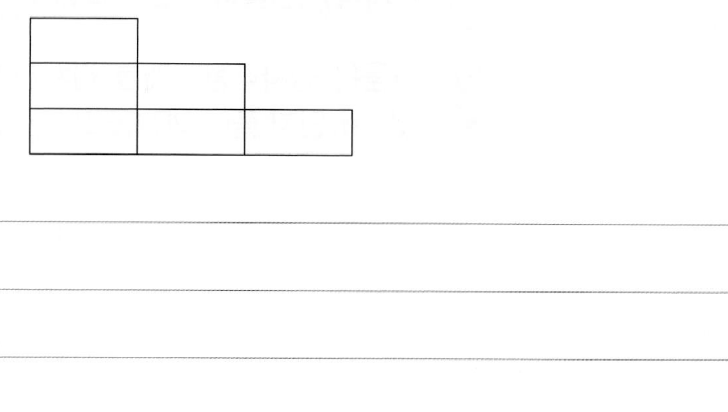

풀이

답

발전 **2-2** 정사각형을 여러 개 이어 붙여 만든 도형입니다. 도형에서 **색칠한 정사각형을 포함하는 크고 작은 정사각형은 모두 몇 개인지** 풀이 과정을 쓰고, 답을 구하세요.

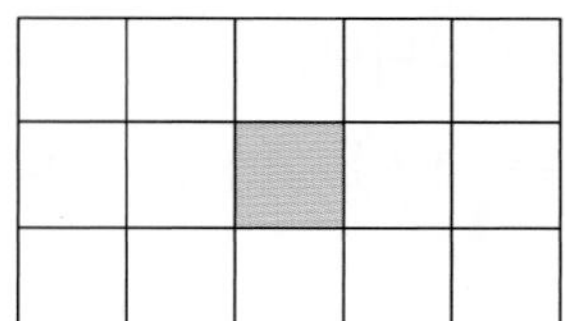

1단계 색칠한 정사각형을 포함하는 정사각형은 몇 개인지 작은 정사각형의 수에 따라 각각 구하기

2단계 색칠한 정사각형을 포함하는 크고 작은 정사각형의 수 구하기

답

정사각형을 붙여서 만든 도형에서 선분의 길이 구하기

3 다음은 정사각형 2개를 겹치지 않게 붙여서 만든 도형입니다. **선분 ㄱㅂ의 길이는 몇 cm인지** 풀이 과정을 쓰고, 답을 구하세요.

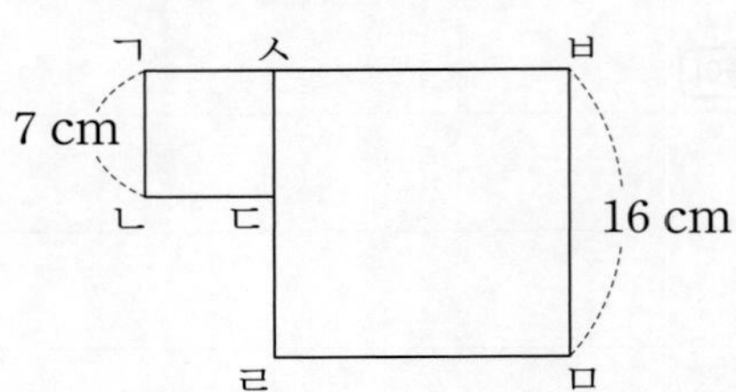

조건 정리
- 선분 ㄱㄴ의 길이: ☐ cm
- 선분 ㅂㅁ의 길이: ☐ cm

풀이

❶ 선분 ㄱㅅ의 길이 구하기

사각형 ㄱㄴㄷㅅ은 한 변의 길이가 ☐ cm인 정사각형입니다.

➜ (선분 ㄱㅅ)=(선분 ㄱㄴ)=☐ cm

정사각형은 네 변의 길이가 모두 같아.

❷ 선분 ㅅㅂ의 길이 구하기

사각형 ㅅㄹㅁㅂ은 한 변의 길이가 ☐ cm인 정사각형입니다.

➜ (선분 ㅅㅂ)=(선분 ㅂㅁ)=☐ cm

선분 ㄱㅂ의 길이를 구하기 위해 먼저 알아야 할 선분의 길이를 모두 구해야 해.

❸ 선분 ㄱㅂ의 길이 구하기

(선분 ㄱㅂ)=(선분 ㄱㅅ)+(선분 ㅅㅂ)

=☐+☐=☐ (cm)

답 ☐ cm

• 정답 55쪽

유사 **3-1** 오른쪽은 정사각형 2개를 겹치지 않게 붙여서 만든 도형입니다. ㉮**의 길이는 몇 cm인지** 풀이 과정을 쓰고, 답을 구하세요.

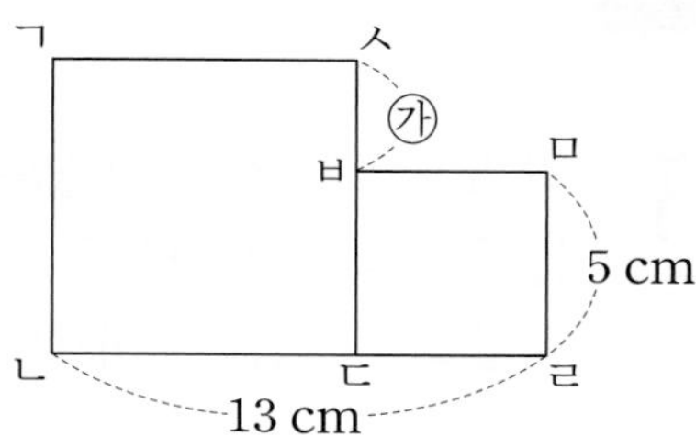

풀이

답

발전 **3-2** 다음은 정사각형 2개를 겹치지 않게 붙여서 만든 도형입니다. 도형을 둘러싼 **굵은 선의 길이는 몇 cm인지** 풀이 과정을 쓰고, 답을 구하세요.

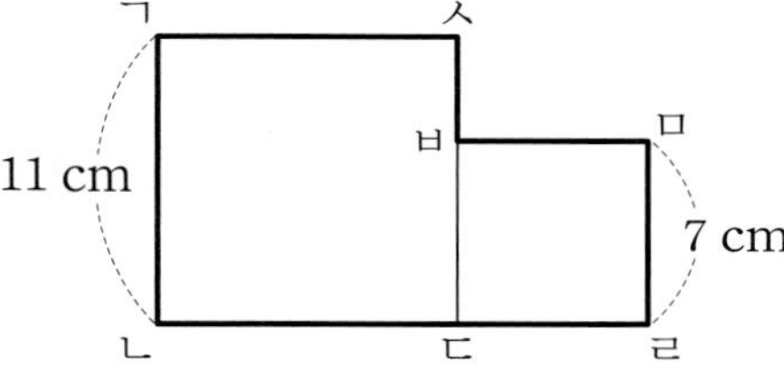

1단계 선분 ㅅㅂ의 길이 구하기

2단계 도형을 둘러싼 굵은 선의 길이 구하기

답

1 각 도형에서 찾을 수 있는 직각의 수를 구하여 **직각이 많은 도형부터 차례로 기호**를 쓰려고 합니다. 풀이 과정을 쓰고, 답을 구하세요.

㉠ ㉡ ㉢

풀이

답

2 각 도형에서 찾을 수 있는 직각을 모두 찾으려고 합니다. 직각의 수가 가장 많은 도형과 가장 적은 도형의 **직각의 수의 차는 몇 개인지** 풀이 과정을 쓰고, 답을 구하세요.

㉠ ㉡ ㉢

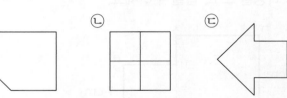

풀이

답

3 도형에서 찾을 수 있는 **크고 작은 직사각형은 모두 몇 개인지** 풀이 과정을 쓰고, 답을 구하세요.

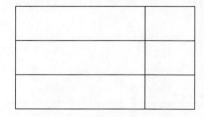

풀이

답

4 직각삼각형을 여러 개 이어 붙여 만든 도형입니다. 도형에서 **색칠한 삼각형을 포함하는 크고 작은 직각삼각형은 모두 몇 개인지** 풀이 과정을 쓰고, 답을 구하세요.

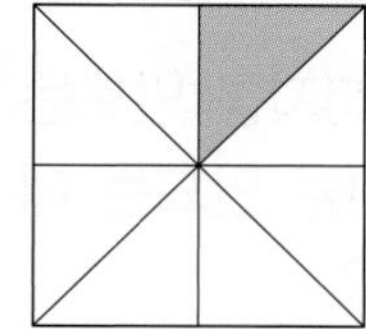

풀이

답

5 사각형 ㄱㄴㅇㅅ과 사각형 ㅅㄹㅁㅂ은 정사각형입니다. **선분 ㅇㄹ의 길이는 몇 cm인지** 풀이 과정을 쓰고, 답을 구하세요.

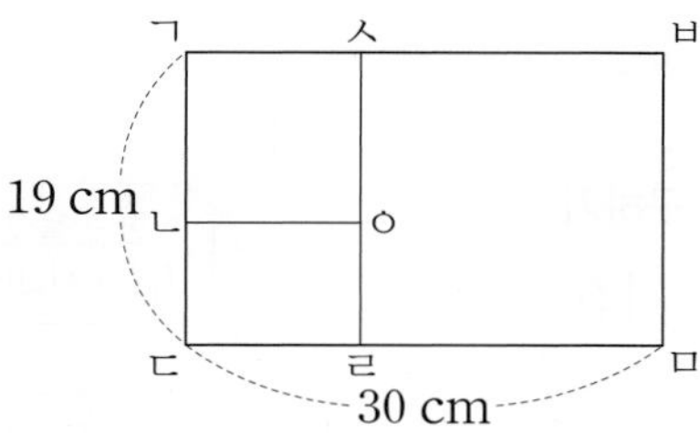

풀이

답

6 다음은 정사각형 3개를 겹치지 않게 붙여서 만든 도형입니다. 도형을 둘러싼 **굵은 선의 길이는 몇 cm인지** 풀이 과정을 쓰고, 답을 구하세요.

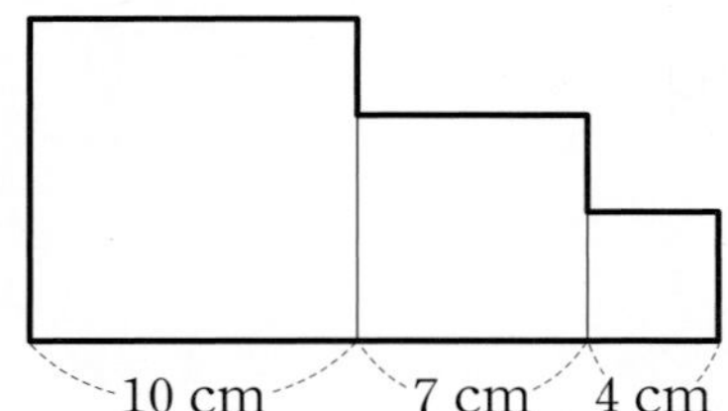

풀이

답

걸리는 시간 구하기

1 민혁이와 선재가 일정한 빠르기로 같은 모양의 피자를 만드는 데 다음과 같이 시간이 걸렸습니다. 민혁이와 선재 중에서 **피자 한 판을 만드는 데 걸린 시간이 더 적은 사람은 누구인지** 풀이 과정을 쓰고, 답을 구하세요.

	만든 피자의 양	걸린 시간
민혁	7판	63분
선재	4판	32분

조건 정리

- 민혁이가 피자 7판을 만드는 데 걸린 시간: ☐분
- 선재가 피자 4판을 만드는 데 걸린 시간: ☐분

풀이

❶ 민혁이가 피자 한 판을 만드는 데 걸린 시간 구하기

(민혁이가 피자 한 판을 만드는 데 걸린 시간)

=☐÷☐=☐(분)

한 판을 만드는 데 걸린 시간은
(걸린 시간)÷(피자 판 수)로 구해.

❷ 선재가 피자 한 판을 만드는 데 걸린 시간 구하기

(선재가 피자 한 판을 만드는 데 걸린 시간)

=☐÷☐=☐(분)

❸ 피자 한 판 만드는 데 걸린 시간이 더 적은 사람 구하기

☐분<☐분이므로 피자 한 판을 만드는 데

걸린 시간이 더 적은 사람은 ☐입니다.

답 ☐

• 정답 57쪽

유사 **1-1** 정우와 찬서가 각각 일정한 빠르기로 같은 모양의 햄버거를 만드는 데 다음과 같이 시간이 걸렸습니다. 정우와 찬서 중에서 **햄버거 한 개를 만드는 데 걸린 시간이 더 많은 사람은 누구인지** 풀이 과정을 쓰고, 답을 구하세요.

	만든 햄버거의 양	걸린 시간
정우	8개	40분
찬서	5개	30분

풀이

답

발전 **1-2** 은아는 목걸이와 팔찌를 각각 일정한 빠르기로 만들고 있습니다. 목걸이 8개를 만드는 데 72분이 걸리고, 팔찌 7개를 만드는 데 35분이 걸립니다. **목걸이 5개, 팔찌 5개를 만드는 데 걸린 시간은 모두 몇 시간 몇 분인지** 풀이 과정을 쓰고, 답을 구하세요.

1단계 목걸이 한 개, 팔찌 한 개를 만드는 데 걸린 시간 각각 구하기

2단계 목걸이 5개, 팔찌 5개를 만드는 데 걸린 시간 각각 구하기

3단계 걸린 시간은 모두 몇 시간 몇 분인지 구하기

답

만들 수 있는 정사각형의 수 구하기

2 그림과 같은 직사각형 모양의 도화지를 잘라서 한 변의 길이가 5 cm인 정사각형을 만들려고 합니다. **만들 수 있는 정사각형은 모두 몇 개인지** 풀이 과정을 쓰고, 답을 구하세요.

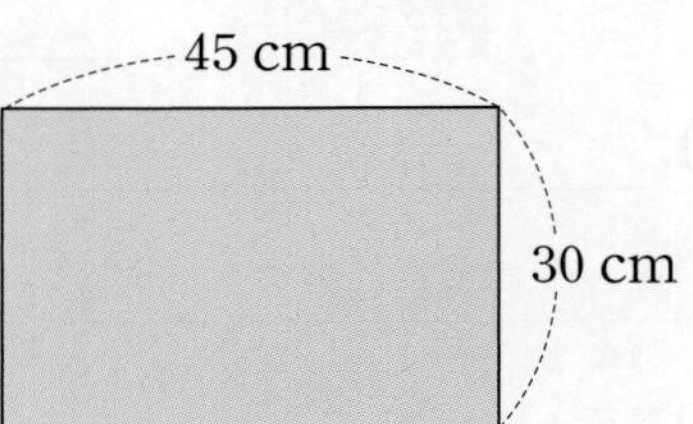

조건 정리

• 긴 변의 길이가 ☐ cm, 짧은 변의 길이가 ☐ cm인 직사각형 모양의 도화지

• 한 변의 길이가 ☐ cm인 정사각형 만들기

풀이

❶ 도화지의 긴 변을 5 cm씩 나누었을 때 몇 칸으로 나눌 수 있는지 구하기

도화지의 긴 변의 길이는 ☐ cm이므로

☐ ÷ 5 = ☐ (칸)으로 나눌 수 있습니다.

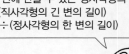

(긴 변에 만들 수 있는 정사각형의 수)
=(직사각형의 긴 변의 길이)
÷(정사각형의 한 변의 길이)

❷ 도화지의 짧은 변을 5 cm씩 나누었을 때 몇 칸으로 나눌 수 있는지 구하기

도화지의 짧은 변의 길이는 ☐ cm이므로

☐ ÷ 5 = ☐ (칸)으로 나눌 수 있습니다.

❸ 만들 수 있는 정사각형은 몇 개인지 구하기

만들 수 있는 정사각형은 ☐ × ☐ = ☐ (개)입니다.

답 ☐ 개

• 정답 57쪽

유사 **2-1** 그림과 같은 직사각형 모양의 종이를 잘라서 한 변의 길이가 4 cm인 정사각형을 만들려고 합니다. **만들 수 있는 정사각형은 모두 몇 개인지** 풀이 과정을 쓰고, 답을 구하세요.

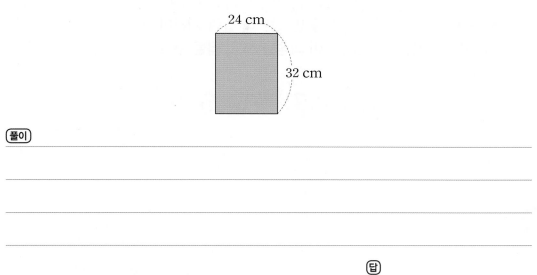

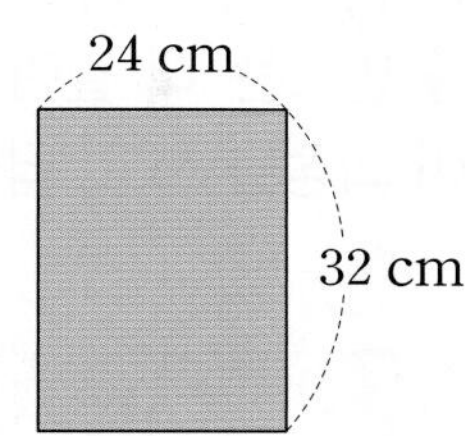

풀이

답

3 단원

발전 **2-2** 그림과 같은 정사각형을 남는 부분 없이 잘라서 크기가 같은 정사각형을 9개 만들었습니다. **만든 정사각형의 한 변의 길이는 몇 cm인지** 풀이 과정을 쓰고, 답을 구하세요.

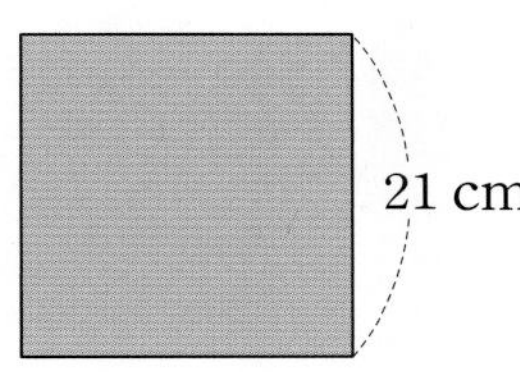

1단계 주어진 정사각형의 한 변을 몇 칸으로 나누어야 하는지 알아보기

2단계 만든 정사각형의 한 변의 길이 구하기

답

1 현주와 민재가 각각 일정한 빠르기로 같은 모양의 만두를 만드는 데 다음과 같이 시간이 걸렸습니다. 현주와 민재 중에서 **만두 한 개를 만드는 데 걸린 시간이 더 많은 사람은 누구인지** 풀이 과정을 쓰고, 답을 구하세요.

	만든 만두의 양	걸린 시간
현주	6개	24분
민재	9개	27분

풀이

답

2 크림빵 28개는 한 접시에 4개씩 담고, 단팥빵 54개는 한 접시에 6개씩 담았습니다. 크림빵과 단팥빵 중에서 **어느 것이 몇 접시 더 많은지** 풀이 과정을 쓰고, 답을 구하세요.

풀이

답 ,

3 은성이가 철사를 이용하여 장식을 만들고 있습니다. 각 모양을 만들 때 일정한 빠르기로 만들어 별 모양 7개를 만드는 데 42분, 꽃 모양 9개를 만드는 데 81분이 걸립니다. **별 모양 6개, 꽃 모양 6개를 만드는 데 걸린 시간은 모두 몇 시간 몇 분인지** 풀이 과정을 쓰고, 답을 구하세요.

풀이

답

4 그림과 같은 직사각형 모양의 종이를 잘라서 한 변의 길이가 7 cm인 정사각형을 만들려고 합니다. **만들 수 있는 정사각형은 몇 개인지** 풀이 과정을 쓰고, 답을 구하세요.

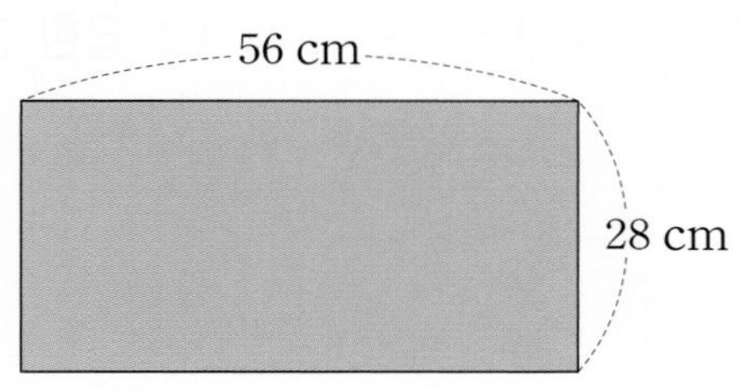

5 한 변이 42 cm인 정사각형 모양의 종이를 잘라서 긴 변이 7 cm, 짧은 변이 6 cm인 직사각형을 만들려고 합니다. **만들 수 있는 직사각형은 몇 개인지** 풀이 과정을 쓰고, 답을 구하세요.

6 그림과 같은 정사각형을 남는 부분 없이 잘라서 크기가 같은 정사각형을 36개 만들었습니다. **만든 정사각형의 한 변의 길이는 몇 cm인지** 풀이 과정을 쓰고, 답을 구하세요.

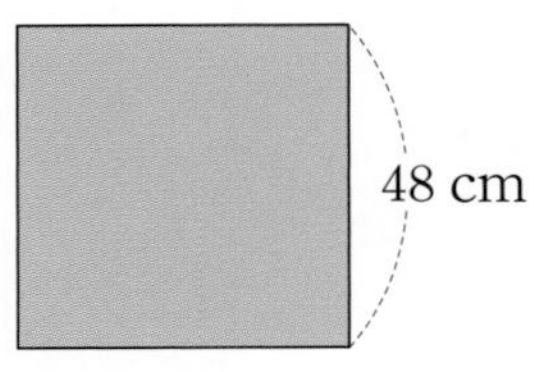

⊙ 어떤 수 구하여 계산하기

1 어떤 수를 3으로 나누었더니 몫이 8이 되었습니다. **어떤 수에 4를 곱한 값은 얼마인지** 풀이 과정을 쓰고, 답을 구하세요.

조건 정리 • (어떤 수)÷☐=☐

풀이 ❶ 어떤 수 구하기

(어떤 수)÷☐=☐이므로

(어떤 수)=☐×☐=☐입니다.

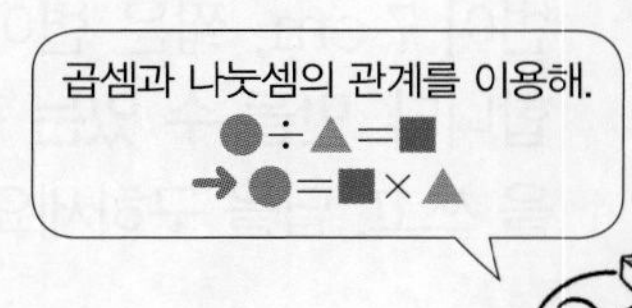

❷ 어떤 수에 4를 곱한 값 구하기

(어떤 수에 4를 곱한 값)=☐×4=☐

답 ☐

• 정답 58쪽

유사 **1-1** 어떤 수에 6을 더했더니 530이 되었습니다. **어떤 수에 5를 곱한 값은 얼마인지** 풀이 과정을 쓰고, 답을 구하세요.

풀이

답

발전 **1-2** 어떤 수에 7을 곱해야 할 것을 잘못하여 어떤 수를 7로 나누었더니 80이 되었습니다. **바르게 계산한 값은 얼마인지** 풀이 과정을 쓰고, 답을 구하세요.

1단계 어떤 수 구하기

2단계 바르게 계산한 값 구하기

답

곱셈한 결과의 합 또는 차 구하기

2 지은이네 가족이 갯벌 체험을 가서 바지락과 맛조개를 다음과 같이 캤습니다. 바지락과 맛조개 중에서 **어느 것을 몇 개 더 많이 캤는지** 풀이 과정을 쓰고, 답을 구하세요.

바지락의 수	맛조개의 수
한 봉지에 10개씩 9봉지	한 봉지에 36개씩 2봉지

조건 정리
- 바지락의 수: 한 봉지에 ☐개씩 9봉지
- 맛조개의 수: 한 봉지에 ☐개씩 2봉지

풀이
❶ 바지락의 수 구하기

바지락은 한 봉지에 ☐개씩 9봉지입니다.

(바지락의 수)=☐×9=☐(개)

한 봉지에 ■개씩 ▲봉지
➔■×▲

❷ 맛조개의 수 구하기

맛조개는 한 봉지에 ☐개씩 2봉지입니다.

(맛조개의 수)=☐×2=☐(개)

❸ 어느 것을 몇 개 더 많이 캤는지 구하기

바지락의 수와 맛조개의 수를 비교하면

☐>☐이므로

☐을 ☐−☐=☐(개) 더 많이 캤습니다.

답 ☐, ☐개

• 정답 58쪽

유사 **2-1** 공원에 세발자전거가 28대, 두발자전거가 69대 있습니다. 공원에 있는 세발자전거와 두발자전거의 **바퀴는 모두 몇 개인지** 풀이 과정을 쓰고, 답을 구하세요.

풀이

답

4 단원

발전 **2-2** 다음은 꽃 가게에서 오늘 판매한 장미, 백합, 국화의 수입니다. 장미, 백합, 국화 중 **가장 많이 팔린 꽃은 가장 적게 팔린 꽃보다 몇 송이 더 많이 팔렸는지** 풀이 과정을 쓰고, 답을 구하세요.

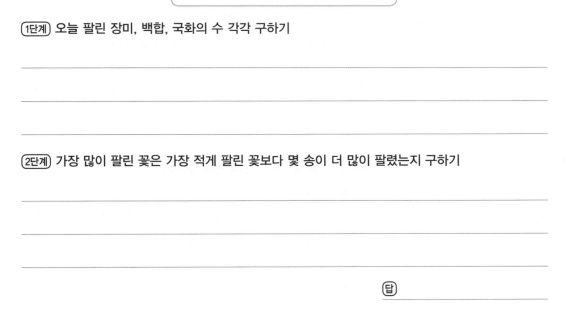

장미: 한 묶음에 31송이씩 5묶음
백합: 한 묶음에 25송이씩 8묶음
국화: 한 묶음에 44송이씩 6묶음

1단계 오늘 팔린 장미, 백합, 국화의 수 각각 구하기

2단계 가장 많이 팔린 꽃은 가장 적게 팔린 꽃보다 몇 송이 더 많이 팔렸는지 구하기

답

이어 붙인 색 테이프의 전체 길이 구하기

3 길이가 33 cm인 색 테이프 7장을 그림과 같이 5 cm씩 겹쳐서 이어 붙였습니다. **이어 붙인 색 테이프의 전체 길이는 몇 cm인지** 풀이 과정을 쓰고, 답을 구하세요.

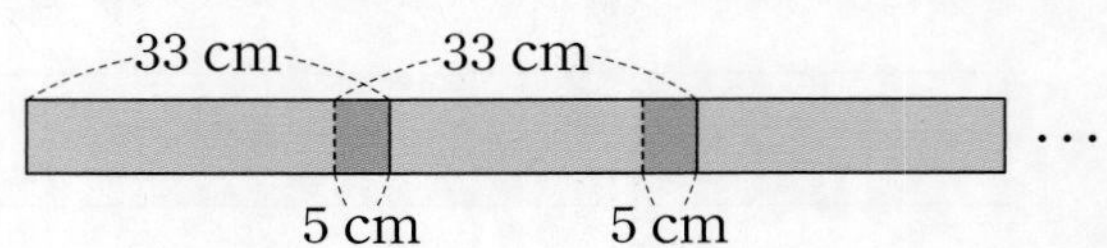

조건 정리
- 길이가 ☐ cm인 색 테이프 7장
- 겹쳐진 한 부분의 길이: ☐ cm

풀이

❶ 색 테이프 7장의 길이의 합 구하기

길이가 ☐ cm인 색 테이프 7장입니다.

(색 테이프 7장의 길이의 합)=☐×7=☐ (cm)

❷ 겹쳐진 부분의 길이의 합 구하기

겹쳐진 부분이 7−☐=☐(군데)이므로

(겹쳐진 부분의 길이의 합)=5×☐=☐ (cm)입니다.

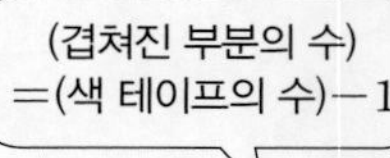

❸ 이어 붙인 색 테이프의 전체 길이 구하기

(이어 붙인 색 테이프의 전체 길이)

=(색 테이프 7장의 길이의 합)−(겹쳐진 부분의 길이의 합)

=☐−☐=☐ (cm)

답 ☐ cm

유사 **3-1** 길이가 46 cm인 색 테이프 9장을 그림과 같이 8 cm씩 겹쳐서 이어 붙였습니다. **이어 붙인 색 테이프의 전체 길이는 몇 cm인지** 풀이 과정을 쓰고, 답을 구하세요.

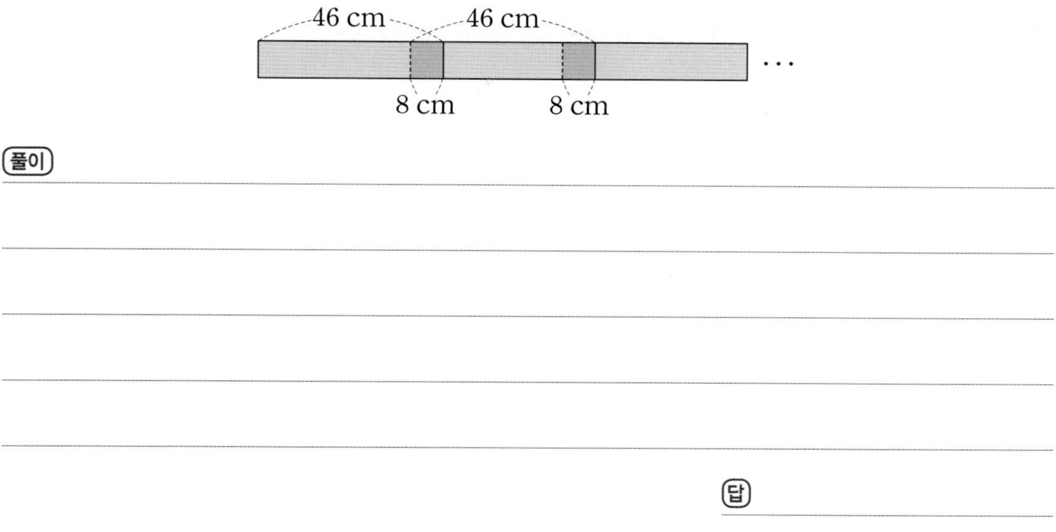

풀이

답

발전 **3-2** 길이가 52 cm인 색 테이프 8장을 그림과 같이 일정한 길이만큼 겹쳐서 이어 붙였습니다. 이어 붙인 색 테이프의 전체 길이가 374 cm라면 **겹쳐진 한 부분의 길이는 몇 cm인지** 풀이 과정을 쓰고, 답을 구하세요.

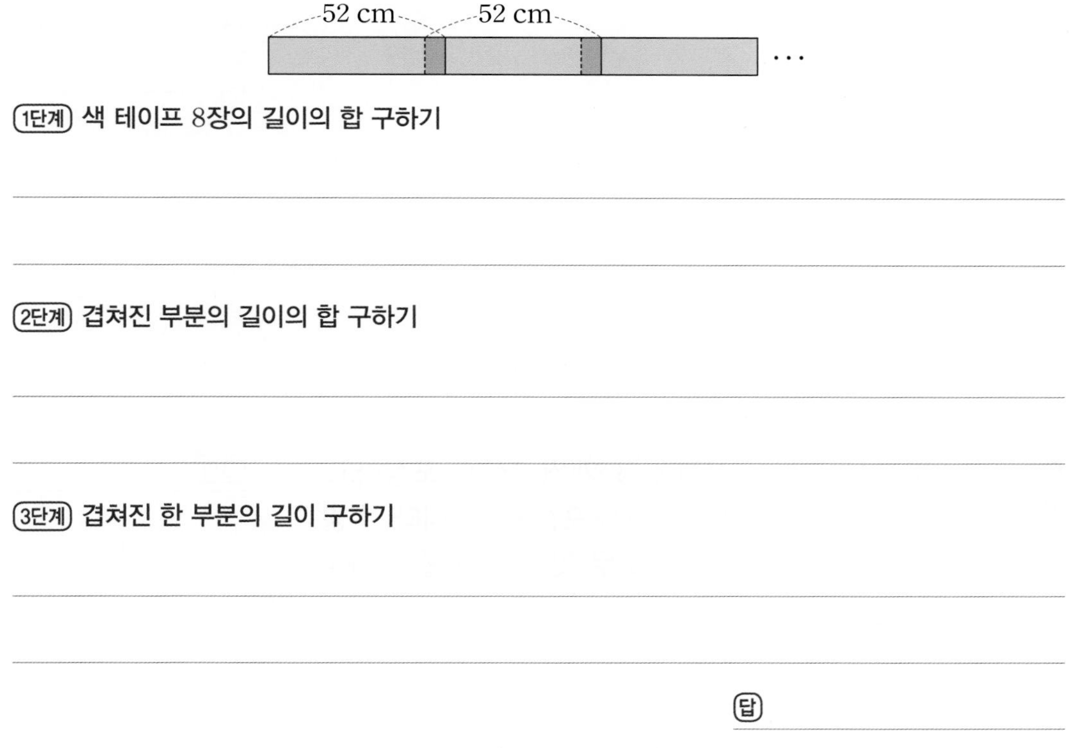

1단계 색 테이프 8장의 길이의 합 구하기

2단계 겹쳐진 부분의 길이의 합 구하기

3단계 겹쳐진 한 부분의 길이 구하기

답

1 어떤 수에서 5를 뺐더니 77이 되었습니다. **어떤 수에 3을 곱한 값은 얼마인지** 풀이 과정을 쓰고, 답을 구하세요.

풀이

답

2 어떤 수에 8을 곱해야 할 것을 잘못하여 어떤 수를 8로 나누었더니 4가 되었습니다. **바르게 계산한 값은 얼마인지** 풀이 과정을 쓰고, 답을 구하세요.

3 수영이는 사탕을 한 상자에 35개씩 4상자 포장하고, 경호는 한 상자에 18개씩 7상자 포장하였습니다. 수영이와 경호가 **포장한 사탕은 모두 몇 개인지** 풀이 과정을 쓰고, 답을 구하세요.

• 정답 59쪽

4 다음은 과일 가게에서 오늘 판매한 사과, 배, 복숭아의 수입니다. 사과, 배, 복숭아 중 **가장 많이 팔린 과일은 가장 적게 팔린 과일보다 몇 개 더 많이 팔렸는지** 풀이 과정을 쓰고, 답을 구하세요.

> 사과: 한 상자에 21개씩 7상자
> 배: 한 상자에 16개씩 9상자
> 복숭아: 한 상자에 28개씩 6상자

풀이

답

5 길이가 73 cm인 색 테이프 5장을 그림과 같이 11 cm씩 겹쳐서 이어 붙였습니다. **이어 붙인 색 테이프의 전체 길이는 몇 cm인지** 풀이 과정을 쓰고, 답을 구하세요.

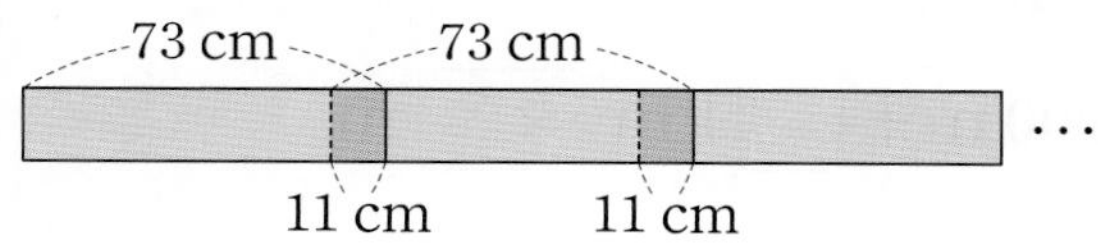

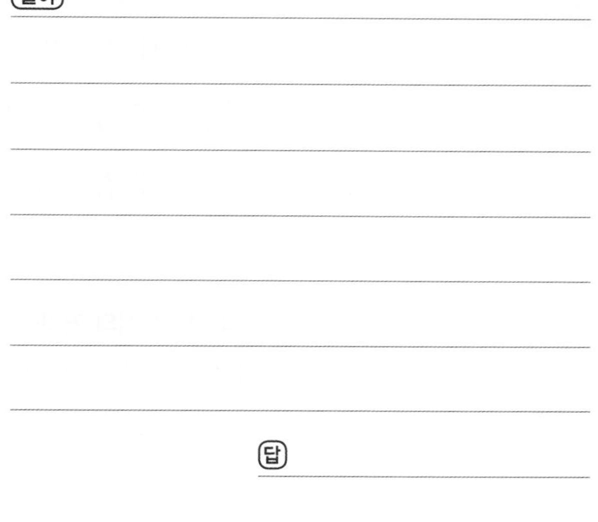
풀이

답

6 길이가 49 cm인 색 테이프 9장을 그림과 같이 일정한 길이만큼 겹쳐서 이어 붙였습니다. 이어 붙인 색 테이프의 전체 길이가 377 cm라면 **겹쳐진 한 부분의 길이는 몇 cm인지** 풀이 과정을 쓰고, 답을 구하세요.

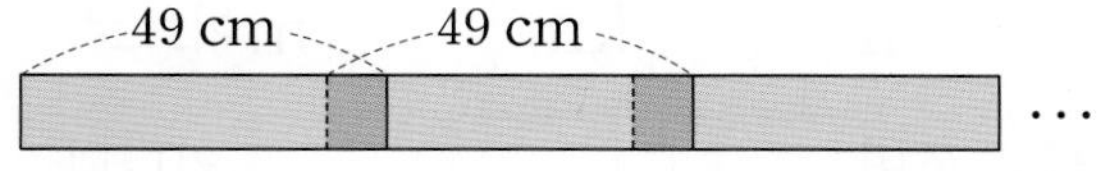

풀이

답

4 단원

거리 비교하기

1 희동이네 집에서 **먼 장소부터 차례로 이름**을 쓰려고 합니다. 풀이 과정을 쓰고, 답을 구하세요.

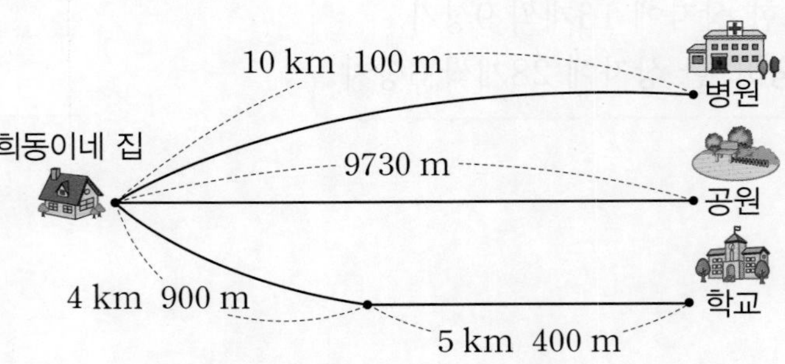

조건 정리

- (희동이네 집 ~ 병원) = 10 km ☐ m
- (희동이네 집 ~ 공원) = ☐ m
- (희동이네 집 ~ 학교) = 4 km 900 m + ☐ km ☐ m

풀이

❶ 각 장소까지의 거리를 몇 km 몇 m로 나타내기

(희동이네 집 ~ 공원) = 9730 m
= ☐ m + 730 m
= ☐ km ☐ m

(희동이네 집 ~ 학교) = 4 km 900 m + ☐ km ☐ m
= ☐ km ☐ m

❷ 먼 장소부터 차례로 쓰기

☐ km ☐ m > 10 km ☐ m > ☐ km ☐ m이므로

희동이네 집에서 먼 장소부터 차례로 쓰면 ☐, ☐, ☐입니다.

답 ☐, ☐, ☐

유사 **1-1** 이서네 집에서 **가까운 건물부터 차례로 이름**을 쓰려고 합니다. 풀이 과정을 쓰고, 답을 구하세요.

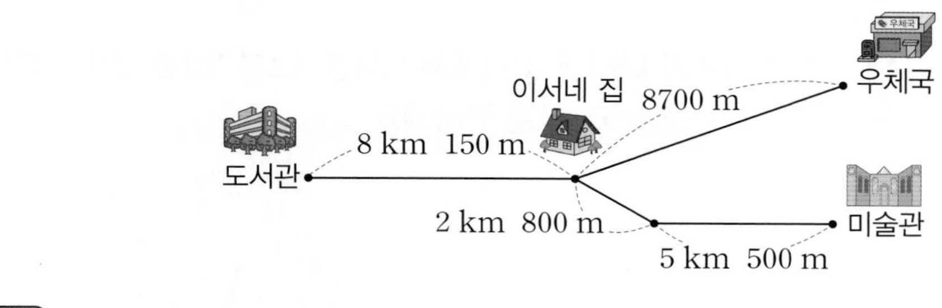

풀이

답

발전 **1-2** 은성이가 마라톤 연습을 위해 4일 동안 오전과 오후에 달린 거리를 적은 것입니다. **가장 긴 거리를 달린 날은 며칠인지** 풀이 과정을 쓰고, 답을 구하세요.

	오전	오후
14일	2 km 800 m	3 km
15일	1500 m	3700 m
16일	×	5 km
17일	1 km 300 m	4 km 200 m

1단계 날짜별 달린 거리를 각각 구하여 몇 km 몇 m로 나타내기

2단계 가장 긴 거리를 달린 날 구하기

답

시계가 나타내는 시각에서 시간의 합과 차 구하기

2 다음 **시계가 나타낸 시각에서 2시간 42분 33초 후의 시각은 몇 시 몇 분 몇 초인지** 풀이 과정을 쓰고, 답을 구하세요.

조건 정리 • 구하려는 시각:

시계가 나타낸 시각에서 □시간 □분 □초 후의 시각

풀이 ❶ **시계가 나타낸 시각 알아보기**

초바늘이 2를 가리키면 □초이므로

시계가 나타내는 시각은 □시 □분 □초입니다.

❷ **2시간 42분 33초 후의 시각 구하기**

구하려는 시각:

□시 □분 □초＋2시간 42분 33초

'~전'의 시각은 시간의 차로, '~후'의 시각은 시간의 합으로 구할 수 있어.

답 □시 □분 □초

• 정답 61쪽

유사 **2-1** 다음 **시계가 나타낸 시각에서 1시간 28분 45초 전의 시각은 몇 시 몇 분 몇 초인지** 풀이 과정을 쓰고, 답을 구하세요.

풀이

답

5 단원

발전 **2-2** 도연이가 숙제를 시작한 시각과 끝낸 시각을 나타낸 것입니다. **숙제를 하는 데 걸린 시간은 몇 시간 몇 분 몇 초인지** 풀이 과정을 쓰고, 답을 구하세요.

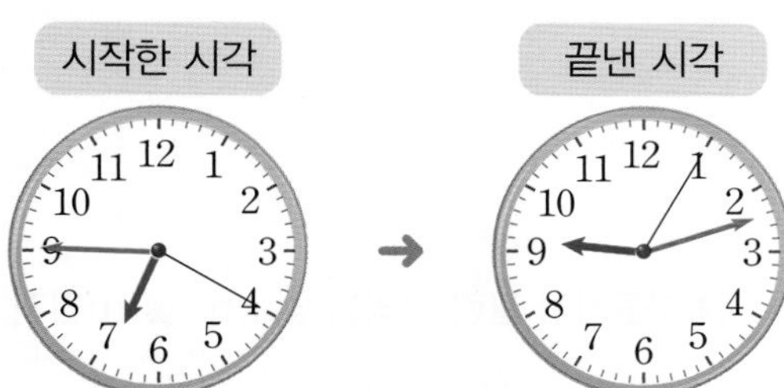

1단계 숙제를 시작한 시각과 끝낸 시각 알아보기

2단계 숙제를 하는 데 걸린 시간 구하기

답

일정한 빠르기로 갈 때 움직인 거리 구하기

3 10분 동안 8 km 200 m를 달리는 자동차가 있습니다. 이 자동차가 같은 빠르기로 7시 20분부터 8시까지 쉬지 않고 달렸다면 **자동차가 달린 거리는 몇 km 몇 m인지** 풀이 과정을 쓰고, 답을 구하세요.

조건 정리
- 자동차가 10분 동안 달리는 거리: ☐ km ☐ m
- 자동차가 달린 시간: 7시 20분부터 ☐시까지

풀이

❶ 자동차가 달린 시간은 몇 분인지 구하기

(자동차가 달린 시간)

=8시−7시 20분=☐분

❷ 자동차가 달린 거리는 몇 km 몇 m인지 구하기

10분+10분+10분+10분=☐분입니다.

➜ (자동차가 달린 거리)

=8 km 200 m+8 km 200 m

+☐ km ☐ m+☐ km ☐ m

=☐ km ☐ m

같은 빠르기로
10분에 ● km만큼 이동하면
20분에는 (●+●) km만큼,
30분에는 (●+●+●) km만큼, ...
이동해.

답 ☐ km ☐ m

• 정답 61쪽

유사 **3-1** 15분 동안 16 km 100 m를 달리는 자동차가 있습니다. 이 자동차가 같은 빠르기로 4시부터 5시까지 쉬지 않고 달렸다면 **자동차가 달린 거리는 몇 km 몇 m인지** 풀이 과정을 쓰고, 답을 구하세요.

풀이

답

발전 **3-2** 연아는 12분 동안 1 km 600 m를 가는 빠르기로, 성훈이는 8분 동안 900 m를 가는 빠르기로 자전거를 탔습니다. 두 사람이 48분 동안 쉬지 않고 각각 같은 빠르기로 자전거를 탔다면 **자전거를 탄 거리가 더 긴 사람은 누구인지** 풀이 과정을 쓰고, 답을 구하세요.

1단계 연아가 48분 동안 자전거를 탄 거리는 몇 km 몇 m인지 구하기

2단계 성훈이가 48분 동안 자전거를 탄 거리는 몇 km 몇 m인지 구하기

3단계 자전거를 탄 거리가 더 긴 사람 알아보기

답

1 산 입구에서 본 등산로 지도입니다. 등산로 1길, 2길, 3길 중에서 **가장 짧은 길부터 차례로** 쓰려고 합니다. 풀이 과정을 쓰고, 답을 구하세요.

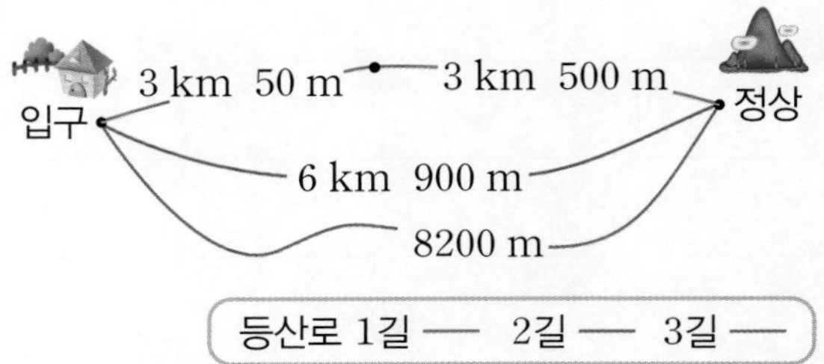

풀이

답

2 윤서가 마라톤 연습을 위해 4일 동안 오전과 오후에 달린 거리를 적은 것입니다. **가장 긴 거리를 달린 날은 며칠인지** 풀이 과정을 쓰고, 답을 구하세요.

	오전	오후
20일	4 km 800 m	×
21일	2 km 300 m	1 km 800 m
22일	×	4300 m
23일	2050 m	2500 m

풀이

답

3 다음 **시계가 나타낸 시각에서 3시간 37분 18초 후의 시각은 몇 시 몇 분 몇 초인지** 풀이 과정을 쓰고, 답을 구하세요.

풀이

답

• 정답 61쪽

4 민준이가 수영을 시작한 시각과 끝낸 시각을 나타낸 것입니다. **수영을 한 시간은 몇 시간 몇 분 몇 초인지** 풀이 과정을 쓰고, 답을 구하세요.

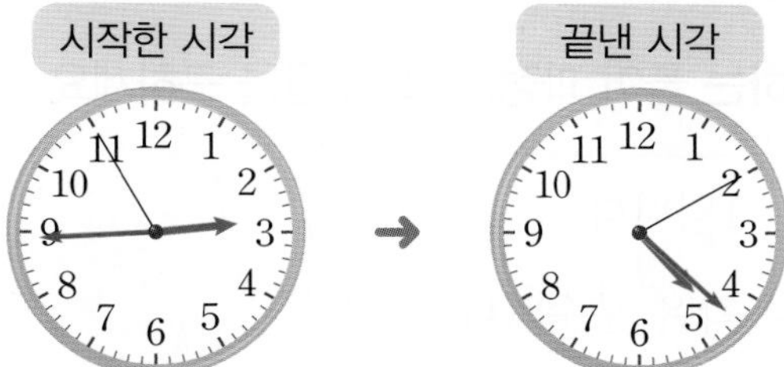

5 20분 동안 23 km 700 m를 달리는 자동차가 있습니다. 이 자동차가 같은 빠르기로 9시부터 10시까지 쉬지 않고 달렸다면 **자동차가 달린 거리는 몇 km 몇 m인지** 풀이 과정을 쓰고, 답을 구하세요.

6 지훈이는 15분 동안 2 km 500 m를 가는 빠르기로, 선후는 10분 동안 1 km 900 m를 가는 빠르기로 인라인스케이트를 탔습니다. 두 사람이 30분 동안 쉬지 않고 각각 같은 빠르기로 인라인스케이트를 탔다면 **인라인스케이트를 탄 거리가 더 긴 사람은 누구인지** 풀이 과정을 쓰고, 답을 구하세요.

조건에 알맞은 수 구하기

1 다음 **조건에 알맞은 분수를 모두 구하는** 풀이 과정을 쓰고, 답을 구하세요.

- 분자는 1입니다.
- $\frac{1}{5}$보다 작은 분수입니다.
- 분모는 10보다 작습니다.

조건 정리

- (분자)= ☐
- (구하려는 분수)< ☐
- (분모)< ☐

풀이 ❶ 분모가 될 수 있는 수 모두 구하기

분자가 1인 분수이므로

$\frac{1}{■}$로 나타낼 수 있습니다.

$\frac{1}{■}<$ ☐ 이므로 ■는 5보다 (작습니다 , 큽니다).

조건에서 ■는 ☐ 보다 작으므로 ■가 될 수 있는 수는

☐, ☐, ☐, ☐ 입니다.

분자가 1인 분수는 분모가 작을수록 더 큰 분수야.

❷ 조건에 알맞은 분수 모두 구하기

조건에 알맞은 분수는 ☐, ☐, ☐, ☐ 입니다.

답 ☐, ☐, ☐, ☐

• 정답 62쪽

유사 **1-1** 다음 **조건에 알맞은 분수를 모두 구하는** 풀이 과정을 쓰고, 답을 구하세요.

- 단위분수입니다.
- $\frac{1}{8}$보다 큰 분수입니다.
- 분모는 4보다 큽니다.

풀이

답

6 단원

발전 **1-2** 다음 **조건에 알맞은 분수는 모두 몇 개인지** 풀이 과정을 쓰고, 답을 구하세요.

- 분모는 15입니다.
- 분자는 짝수입니다.
- $\frac{11}{15}$보다 작은 분수입니다.

1단계 분자가 될 수 있는 수 모두 구하기

2단계 조건에 알맞은 분수의 개수 구하기

답

분수와 소수의 크기 비교

2 영우, 재희, 다혜는 미술 시간에 다음과 같이 리본을 사용하였습니다. 세 사람 중에서 **리본을 가장 많이 사용한 사람은 누구인지** 풀이 과정을 쓰고, 답을 구하세요.

이름	영우	재희	다혜
사용한 리본의 길이	0.8 m	$\frac{5}{10}$ m	0.9 m

조건 정리

- 영우가 사용한 리본의 길이: □ m
- 재희가 사용한 리본의 길이: □ m
- 다혜가 사용한 리본의 길이: □ m

풀이 ❶ **재희가 사용한 리본의 길이를 소수로 나타내기**

재희가 사용한 리본의 길이를 소수로 나타내면

□ m = □ m입니다.

분수를 소수로 나타내거나
소수를 분수로 나타내어
비교해.

❷ **리본을 가장 많이 사용한 사람 구하기**

소수의 크기를 비교하면

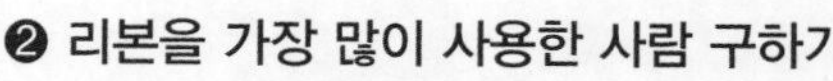
□ > □ > □ 입니다.

따라서 리본을 가장 많이 사용한 사람은 □ 입니다.

답 □

유사 **2-1** 창섭이네 집에서 서점까지의 거리는 $0.7\,km$, 마트까지의 거리는 $1.2\,km$, 병원까지의 거리는 $\frac{9}{10}\,km$입니다. 서점, 마트, 병원 중 **창섭이네 집에서 가장 가까운 곳은 어느 곳인지** 풀이 과정을 쓰고, 답을 구하세요.

풀이

답

발전 **2-2** 초콜릿 한 개를 똑같이 10조각으로 나누어 희수는 전체의 $\frac{2}{10}$만큼, 윤주는 전체의 0.3만큼 먹고, 연우가 나머지를 먹었습니다. 희수, 윤주, 연우 중에서 **초콜릿을 많이 먹은 사람부터 차례로** 쓰려고 합니다. 풀이 과정을 쓰고, 답을 구하세요.

1단계 윤주가 먹은 초콜릿의 양을 분수로 나타내기

2단계 연우가 먹은 초콜릿의 양을 분수로 나타내기

3단계 초콜릿을 많이 먹은 사람부터 차례로 쓰기

답

걸리는 시간 구하기

3 벽면의 $\frac{1}{7}$만큼을 페인트로 칠하는 데 10분이 걸립니다. 같은 빠르기로 이 벽면의 $\frac{5}{7}$ **만큼을 페인트로 칠하는 데 걸리는 시간은 몇 분인지** 풀이 과정을 쓰고, 답을 구하세요.

조건 정리 • 벽면의 $\frac{1}{7}$만큼을 페인트로 칠하는 데 걸리는 시간: ☐분

풀이 ❶ $\frac{5}{7}$는 $\frac{1}{7}$의 몇 배인 수인지 구하기

$\frac{5}{7}$는 $\frac{1}{7}$이 ☐개인 수이므로

$\frac{5}{7}$는 $\frac{1}{7}$의 ☐배입니다.

❷ 벽면의 $\frac{5}{7}$만큼을 페인트로 칠하는 데 걸리는 시간 구하기

벽면의 $\frac{1}{7}$만큼을 페인트로 칠하는 데 ☐분이 걸리므로

벽면의 $\frac{5}{7}$만큼을 페인트로 칠하는 데 걸리는 시간은

☐ × ☐ = ☐(분)입니다.

답 ☐분

• 정답 63쪽

유사 **3-1** 달팽이가 $\frac{1}{11}$ m를 기어 가는 데 9분이 걸렸습니다. 같은 빠르기로 달팽이가 $\mathbf{\frac{8}{11}}$ **m를 기어 가는 데 걸리는 시간은 몇 분인지** 풀이 과정을 쓰고, 답을 구하세요.

풀이

답

발전 **3-2** 감자를 밭 전체의 $\frac{1}{6}$만큼 캐는 데 20분이 걸렸습니다. 같은 빠르기로 **남은 밭의 감자를 모두 캐는 데 걸리는 시간은 몇 시간 몇 분인지** 풀이 과정을 쓰고, 답을 구하세요.

1단계 남은 밭의 양을 분수로 나타내기

2단계 남은 밭은 $\frac{1}{6}$의 몇 배인 수인지 구하기

3단계 남은 밭의 감자를 모두 캐는 데 걸리는 시간은 몇 시간 몇 분인지 구하기

답

6 단원

1 다음 **조건에 알맞은 분수를 모두 구하는** 풀이 과정을 쓰고, 답을 구하세요.

- 단위분수입니다.
- 분모는 1보다 큽니다.
- $\frac{1}{6}$보다 큰 분수입니다.

풀이

답

2 다음 **조건을 만족하는 소수 ■.▲는 모두 몇 개인지** 풀이 과정을 쓰고, 답을 구하세요.

- 0.1이 31개인 수보다 큽니다.
- 3과 0.7만큼인 수보다 작습니다.

풀이

답

3 비가 서울에는 $\frac{8}{10}$ cm, 대전에는 1.5 cm, 부산에는 0.7 cm 내렸습니다. **비가 가장 많이 내린 도시는 어디인지** 풀이 과정을 쓰고, 답을 구하세요.

풀이

답

• 정답 64쪽

4 호두파이 한 판을 똑같이 10조각으로 나누어 현우는 전체의 $\frac{5}{10}$만큼, 준이는 전체의 0.1만큼 먹고, 민규가 나머지를 먹었습니다. 현우, 준이, 민규 중에서 **호두파이를 많이 먹은 사람부터 차례로** 쓰려고 합니다. 풀이 과정을 쓰고, 답을 구하세요.

5 물이 일정하게 나오는 수도꼭지로 욕조의 $\frac{1}{10}$만큼을 채우는 데 15분이 걸립니다. 이 수도꼭지로 욕조의 $\mathbf{\frac{7}{10}}$**만큼을 채우는 데 걸리는 시간은 몇 분인지** 풀이 과정을 쓰고, 답을 구하세요.

6 화단 전체의 $\frac{1}{9}$에 물을 주는 데 12분이 걸렸습니다. 같은 빠르기로 **남은 화단에 모두 물을 주는 데 걸리는 시간은 몇 시간 몇 분인지** 풀이 과정을 쓰고, 답을 구하세요.

6 단원

MEMO

큐브 유형

서술형 강화책 | 초등 수학 3·1

엄마표 학습 **큐브**

큡챌린지란?

큐브로 6주간 매주 자녀와
학습한 내용을 기록하고,
같은 목표를 가진 엄마들과 소통하며
함께 성장할 수 있는
엄마표 학습단입니다.

엄마표 학습, 큐브로 시작!

큡챌린지

수학은 큡

큡챌린지 이런 점이 좋아요

계획적인 학습
동기부여
학습고민 나눔
학습 혜택

학습 태도 변화

습관 형성 · 성취감 · 자신감

학습단 참여 후 우리 아이는
"꾸준히 학습하는 습관이 잡혔어요."
"성취감이 높아졌어요."
"수학에 자신감이 생겼어요."

학습 지속률

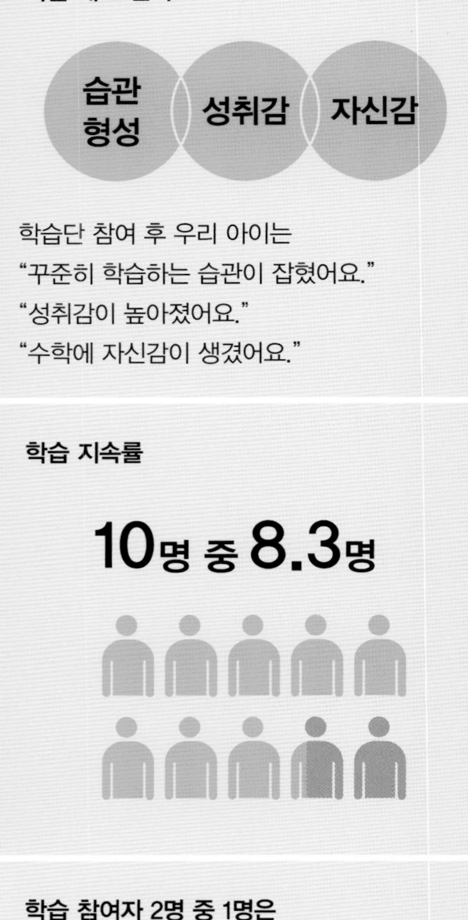

학습 스케줄

매일 4쪽씩 학습!

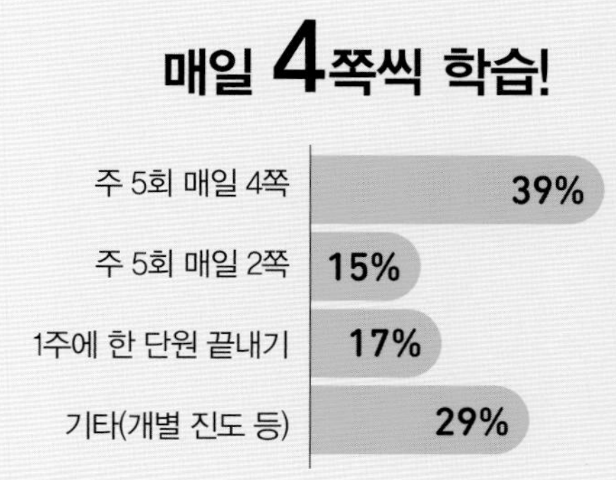

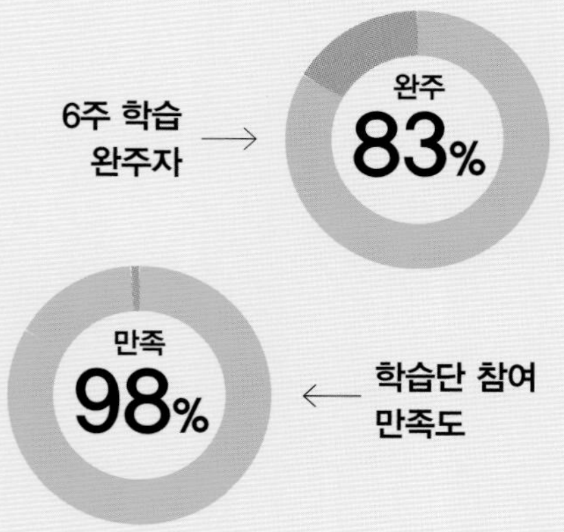

학습 참여자 2명 중 1명은

6주 간 1권 끝!

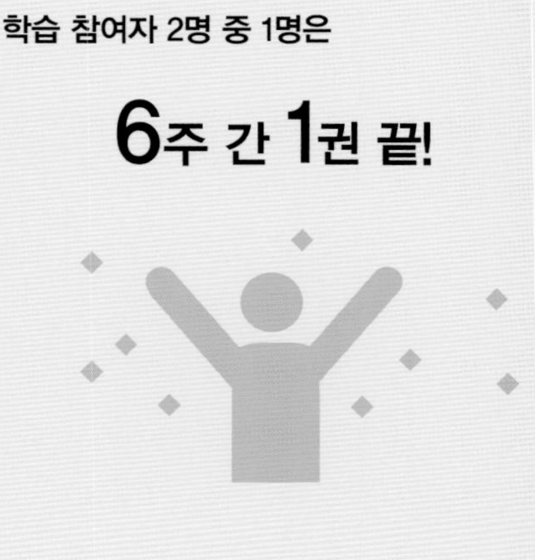

큐브 유형

초등 수학

3·1

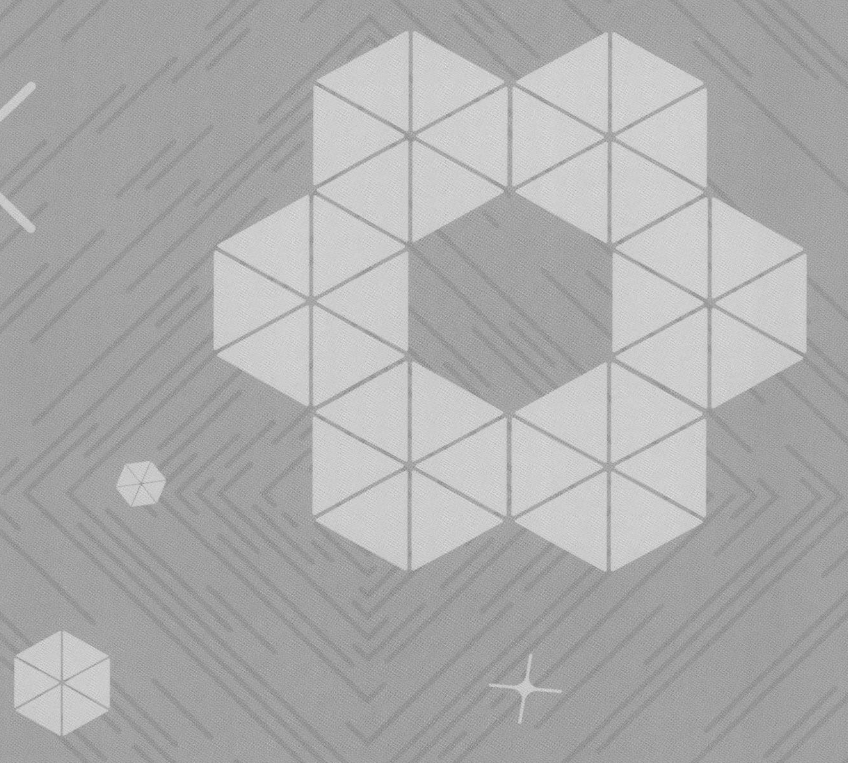

모바일 쉽고 편리한 빠른 정답

정답 및 풀이

동아출판

정답 및 풀이

차례

초등 수학 3·1

모바일 빠른 정답

QR코드를 찍으면 **정답 및 풀이**를 쉽고 빠르게 확인할 수 있습니다.

유형책

정답 및 풀이

모바일 빠른 정답
QR코드를 찍으면 정답 및 풀이를 쉽고 빠르게 확인할 수 있습니다.

1 덧셈과 뺄셈

008쪽 1 STEP 개념 확인하기

01 7, 700　02 3, 30
03 8, 8　04 738
05 8, 2, 6　06 3, 9, 9
07 6, 8, 1　08 946
09 498

08 $\begin{array}{r} 4\ 1\ 2 \\ +\ 5\ 3\ 4 \\ \hline 9\ 4\ 6 \end{array}$

09 $\begin{array}{r} 3\ 8\ 1 \\ +\ 1\ 1\ 7 \\ \hline 4\ 9\ 8 \end{array}$

009쪽 1 STEP 개념 확인하기

01 672　02 519
03 (위에서부터) 1, 6, 3, 4
04 (위에서부터) 1, 7, 1, 6
05 (위에서부터) 1, 8, 2, 9
06 529　07 683

01 • 일 모형: 9+3=12(개)
• 십 모형: 1+5+1=7(개)
• 백 모형: 2+4=6(개)
➔ 259+413=672

02 • 일 모형: 5+4=9(개)
• 십 모형: 5+6=11(개)
• 백 모형: 1+3+1=5(개)
➔ 355+164=519

03~05 일, 십의 자리 수끼리의 합이 10이거나 10보다 크면 각각 십, 백의 자리로 받아올림합니다.

06 $\begin{array}{r} {}^{1}\quad\ \ \\ 1\ 5\ 7 \\ +\ 3\ 7\ 2 \\ \hline 5\ 2\ 9 \end{array}$

07 $\begin{array}{r} {}^{1}\quad\ \ \\ 2\ 3\ 4 \\ +\ 4\ 4\ 9 \\ \hline 6\ 8\ 3 \end{array}$

010쪽 1 STEP 개념 확인하기

01 714　02 1105
03 (위에서부터) 1, 1, 8, 3, 5 / 835
04 (위에서부터) 1, 1, 9, 4, 3 / 943
05 (위에서부터) 1, 1, 1, 4, 2, 2 / 1422

01 • 일 모형: 9+5=14(개)
• 십 모형: 1+6+4=11(개)
• 백 모형: 1+4+2=7(개)
➔ 469+245=714

02 • 일 모형: 8+7=15(개)
• 십 모형: 1+5+4=10(개)
• 백 모형: 1+5+5=11(개)
➔ 558+547 =1105

011쪽 1 STEP 개념 확인하기

01 예 (수직선: 200, 300, 400, 500, 600, 700 / 301, 596 표시, 300과 600에 ○표)
02 예 300, 600
03 예 300, 600, 900
04 '500+300'에 색칠　05 '400+800'에 색칠
06 '300+400'에 색칠　07 '700+600'에 색칠

01 수에 가까운 몇백으로 어림하여 ○표 합니다.
301 → 약 300, 596 → 약 600

03 301+596을 어림셈하면 약 900입니다.

04 514는 500에 가깝고 295는 300에 가깝습니다.
➔ 500+300

05 426은 400에 가깝고 781은 800에 가깝습니다.
➔ 400+800

06 292는 300에 가깝고 394는 400에 가깝습니다.
➔ 300+400

07 706은 700에 가깝고 611은 600에 가깝습니다.
➔ 700+600

유형책 1 단원

012쪽 2STEP 유형 다잡기

01 859 / 풀이 8, 5, 9
01 800, 50, 7, 857
02 ( ) ( ) (○)
03 (1) 995 (2) 579
04 (위에서부터) 759, 346
05 예 5, 1, 0, 832
02 861 / 풀이 11, 십, (위에서부터) 1, 8, 6, 1
06 442
07 ③
08 964
09 567
10 837
03 1033 / 풀이 (위에서부터) 1, 1, 1, 0, 3, 3
11

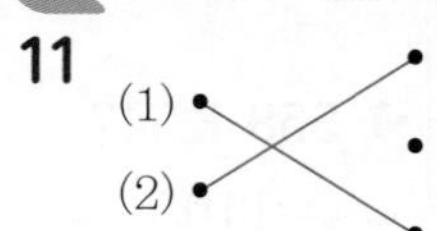

02
$$\begin{array}{r} 562 \\ +114 \\ \hline 676 \end{array}$$

04
$$\begin{array}{r} 212 \\ +134 \\ \hline 346 \end{array} \rightarrow \begin{array}{r} 346 \\ +413 \\ \hline 759 \end{array}$$

05 채점 가이드 주어진 수 카드를 이용하여 세 자리 수를 만들고, 합을 바르게 구했는지 확인합니다. 세 자리 수를 만들 때 0은 백의 자리에 올 수 없습니다.

06 1 은 12개: 12
10 은 3개: 30
100 은 4개: 400
➔ 127+315=442

07 일의 자리 계산 8+6=14에서 10을 십의 자리로 받아올림한 수이므로 실제로 10을 나타냅니다.

08 625+339=964

09 375+192=567

10 삼각형 안에 있는 수는 645와 192입니다.
➔ 645+192=837

11 (1)
$$\begin{array}{r} {}^{1}\,{}^{1}\quad \\ 437 \\ +385 \\ \hline 822 \end{array}$$
(2)
$$\begin{array}{r} {}^{1}\,{}^{1}\quad \\ 294 \\ +168 \\ \hline 462 \end{array}$$

014쪽 2STEP 유형 다잡기

12 1181
13 1단계 예 백 모형 5개, 십 모형 4개, 일 모형 6개이므로 수 모형이 나타내는 수는 546입니다. ▶ 2점
2단계 546보다 185만큼 더 큰 수는 546+185=731입니다. ▶ 3점
답 731
14 952
04 500에 ○표
/ 풀이 예 200, 300, 200, 300, 500
15 예 300, 300, 600
16 예 약 900, 915
17 설명 예 497은 500보다 작고, 184는 200보다 작습니다. 497+184는 어림셈으로 구한 700보다 작아야 하므로 잘못 계산했습니다. ▶ 5점
18 연필, 지우개 / 연필, 풀
05 1231포기 / 풀이 856, 375, 1231
19 415 cm
20 600에 ○표 / 612명
21 398+266=664 / 664개
22 964개

12
$$\begin{array}{r} {}^{1}\,{}^{1}\quad \\ 487 \\ +694 \\ \hline 1181 \end{array}$$

14 658>469>294이므로 가장 큰 수는 658, 가장 작은 수는 294입니다.
➔ 658+294=952

15 317 → 약 300, 294 → 약 300
➔ 어림셈: 300+300=600

16 • 712는 700에 가깝고, 203은 200에 가깝습니다.
➔ 어림셈: 700+200=900
• 실제 계산 결과: 712+203=915

17 참고 497+184=681

18 각 가격을 어림하면 연필: 약 300원, 자: 약 800원, 지우개: 약 400원, 풀: 약 700원, 가위: 약 900원입니다. 두 가지 학용품의 가격의 합이 1000원을 넘지 않아야 하므로 연필과 지우개 또는 연필과 풀을 살 수 있습니다.

19 (빨간색 끈의 길이)=(노란색 끈의 길이)+164
=251+164=415 (cm)

20 297+315 ➔ 어림셈: 300+300=600
(윤서네 학교 학생 수)=297+315=612(명)

21 (단팥빵과 크림빵의 수의 합)
=(단팥빵의 수)+(크림빵의 수)
=398+266=664(개)

22 (곰 인형의 수)=416+132=548(개)
➔ (토끼 인형과 곰 인형의 수)=416+548
=964(개)

016쪽 2STEP 유형 다잡기

06 ㉠ / 풀이 10, 10
23 준호, 953
24 이유 예 일의 자리 계산과 십의 자리 계산에서 각각 바로 윗자리로 받아올림하지 않아 잘못되었습니다. ▶3점

바르게 계산
$$\begin{array}{r} 5\ 6\ 2 \\ +\ 2\ 8\ 9 \\ \hline 8\ 5\ 1 \end{array}$$ ▶2점

07 > / 풀이 633, 569, 633, >, 569
25 (   ) (○)
26 1단계 예 • 호랑이: 356+188=544
• 원숭이: 196+379=575
• 하마: 247+246=493 ▶3점
2단계 493<544<575이므로 계산 결과가 작은 동물부터 차례로 쓰면 하마, 호랑이, 원숭이입니다. ▶2점
답 하마, 호랑이, 원숭이
27 식물원
08 1246 / 풀이 717, 1246
28 954 **29** 619 cm
30 1108번
09 792 / 풀이 428, 364, 428, 364, 792
31 1690원

23 준호: 일의 자리 계산 7+6=13에서 10을 십의 자리로 받아올림하지 않아 잘못되었습니다.

25 464+598=1062, 623+477=1100
➔ 1062<1100

27 • 식물원을 지나가는 길: 379+265=644 (m)
• 장미탑을 지나가는 길: 656 m
• 동물원을 지나가는 길: 386+282=668 (m)
➔ 644<656<668이므로 식물원을 지나가는 길이 가장 짧습니다.

28 268+139+547=407+547=954

29 (삼각형의 세 변의 길이의 합)
=176+248+195=424+195=619 (cm)

30 (세 사람이 넘은 줄넘기 횟수의 합)
=274+482+352=756+352=1108(번)

31 • 민선: 100원짜리 8개 → 800원, 10원짜리 5개 → 50원 → 850원
• 윤주: 100원짜리 7개 → 700원, 10원짜리 14개 → 140원 → 840원
➔ 850+840=1690(원)

018쪽 2STEP 유형 다잡기

32 1단계 예 규민이가 설명하는 수는 180, 리아가 설명하는 수는 97+88=185입니다. ▶3점
2단계 두 사람이 설명하는 수의 합은 180+185=365입니다. ▶2점
답 365
10 298, 561(또는 561, 298)
/ 풀이 561, 561, 859, 839
33 (   ) (○) (   ) (○)
34 248, 195
11 6, 7 / 풀이 6, 7
35 8 **36** 2
37 685, 747
12 729에 ×표 / 풀이 943, 856, 729, 729
38 1264
39 143, 278, 421(또는 278, 143, 421)
40 627

유형책 1단원

33 합의 일의 자리 수가 5가 되는 두 수는 (439, 376), (668, 267)입니다.
439+376=815 (×), 668+267=935 (○)

34 실내화를 받으려면 적힌 두 수의 합이 443이어야 합니다. 합의 일의 자리 수가 3이 되는 두 수는 (165, 248), (248, 195)입니다.
165+248=413 (×), 248+195=443 (○)

35 • 일의 자리 계산: 7+6=13에서 십의 자리로 받아올림이 있습니다.
• 십의 자리 계산: 1+3+♥=12 → ♥=8

36 • 일의 자리 계산: 2+8=10
• 십의 자리 계산: 1+6+㉡=13 → ㉡=6
• 백의 자리 계산: 1+㉠+9=14 → ㉠=4
➔ ㉡−㉠=6−4=2

37
$$\begin{array}{r} 6\ 8\ ㉠ \\ +\ ㉡\ 4\ 7 \\ \hline 1\ 4\ 3\ 2 \end{array}$$
• 일의 자리 계산: ㉠+7=12 → ㉠=5
• 십의 자리 계산: 1+8+4=13
• 백의 자리 계산: 1+6+㉡=14 → ㉡=7
➔ 두 수는 685, 747입니다.

38 합이 가장 크려면 가장 큰 세 자리 수를 만들어 더해야 합니다.
7>4>1이므로 가장 큰 세 자리 수는 741입니다.
➔ 741+523=1264

39 두 수의 합이 가장 작으려면 가장 작은 수인 143과 두 번째로 작은 수인 278을 더해야 합니다.
➔ 143+278=421

40 합이 가장 작으려면 두 수의 백의 자리부터 작은 수를 놓아 식을 만들어야 합니다.
2<3<5<6<8<9이므로 합이 가장 작은 덧셈식은 258+369, 358+269, 268+359, 259+368 등이고 이 때의 합은 627입니다.

020쪽 1STEP 개념 확인하기

01 2, 4, 4, 244　**02** 3, 4, 5, 345
03 7, 1, 4　**04** 1, 6, 0
05 3, 4, 3　**06** 211
07 232

06
$$\begin{array}{r} 6\ 8\ 1 \\ -\ 4\ 7\ 0 \\ \hline 2\ 1\ 1 \end{array}$$

07
$$\begin{array}{r} 9\ 9\ 4 \\ -\ 7\ 6\ 2 \\ \hline 2\ 3\ 2 \end{array}$$

021쪽 1STEP 개념 확인하기

01 1, 10　**02** 4, 2, 6
03 426
04 (위에서부터) 5, 3, 4, 9
05 (위에서부터) 6, 2, 9, 3
06 (위에서부터) 7, 10, 6, 5, 2
07 183　**08** 115

02 • 일 모형: 10+4−8=6(개)
• 십 모형: 8−1−5=2(개)
• 백 모형: 6−2=4(개)

04 일의 자리 수 7에서 8을 뺄 수 없으므로 십의 자리에서 일의 자리로 받아내림합니다.

05 십의 자리 수 2에서 3을 뺄 수 없으므로 백의 자리에서 십의 자리로 받아내림합니다.

06 십의 자리 수 1에서 6을 뺄 수 없으므로 백의 자리에서 십의 자리로 받아내림합니다.

07
$$\begin{array}{r} {\scriptstyle 2\ 10}\ \ \\ \not{3}\ 0\ 8 \\ -\ 1\ 2\ 5 \\ \hline 1\ 8\ 3 \end{array}$$

08
$$\begin{array}{r} {\scriptstyle 1\ 10} \\ 2\ \not{2}\ 4 \\ -\ 1\ 0\ 9 \\ \hline 1\ 1\ 5 \end{array}$$

022쪽 1STEP 개념 확인하기

01 379　**02** 184
03 (위에서부터) 7, 11, 10, 3, 3, 6 / 336
04 (위에서부터) 5, 14, 10, 2, 7, 6 / 276
05 (위에서부터) 6, 12, 10, 4, 7, 3 / 473

01 • 일 모형: 10+3−4=9(개)
• 십 모형: 10+4−1−6=7(개) → 643−264=379
• 백 모형: 6−1−2=3(개)

02 • 일 모형: 10+1−7=4(개)
• 십 모형: 10+3−1−4=8(개) → 431−247=184
• 백 모형: 4−1−2=1(개)

023쪽 1 STEP 개념 확인하기

01 예 405, 798 (수직선: 300, 400, 500, 600, 700, 800)
02 예 800, 400
03 예 800, 400, 400
04 '400−300'에 색칠 **05** '700−500'에 색칠
06 '700−100'에 색칠 **07** '600−200'에 색칠

01 수에 가까운 몇백으로 어림하여 ○표 합니다.
798 → 약 800, 405 → 약 400

03 798−405를 어림셈하면 약 400입니다.

04 387은 400에 가깝고 299는 300에 가깝습니다.
→ 400−300

05 714는 700에 가깝고 513은 500에 가깝습니다.
→ 700−500

06 692는 700에 가깝고 115는 100에 가깝습니다.
→ 700−100

07 603은 600에 가깝고 196은 200에 가깝습니다.
→ 600−200

024쪽 2 STEP 유형 다잡기

13 241 / 풀이 4, 2, 241
01 122
02 예 792 − 541 (792 → 700, 92; 541 → 500, 41)

$$\begin{array}{r} 700 \\ -\,500 \\ \hline 200 \end{array} \qquad \begin{array}{r} 92 \\ -\,41 \\ \hline 51 \end{array}$$

/ 251

03 181 **04** 254
14 504 / 풀이 십, (위에서부터) 3, 5, 0, 4
05 (1) 542 (2) 193 **06** 227
07 290
15 457 / 풀이 >, 710, 253, 457
08 110 **09** (1) (2)

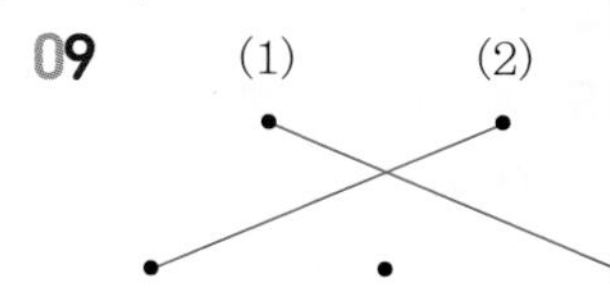

10 373
11 (1단계) 예 156<183<207<224이므로
가장 긴 변의 길이는 224 cm, 가장 짧은 변의 길이는 156 cm입니다. ▶ 2점
(2단계) 가장 긴 변과 가장 짧은 변의 길이의 차는 224−156=68 (cm)입니다. ▶ 3점
답 68 cm

01 974>852이므로
(두 수의 차)=974−852=122입니다.

03 파란색 화분에 적힌 수는 792, 611입니다.
792>611이므로 792−611=181입니다.

04
$$\begin{array}{r} 4\,8\,5 \\ -\,2\,3\,1 \\ \hline 2\,5\,4 \end{array}$$

05 (1)
$$\begin{array}{r} {}^{5\,10} \\ 7\,\not{6}\,1 \\ -\,2\,1\,9 \\ \hline 5\,4\,2 \end{array}$$
(2)
$$\begin{array}{r} {}^{4\,10} \\ \not{5}\,1\,8 \\ -\,3\,2\,5 \\ \hline 1\,9\,3 \end{array}$$

06 461(가장 큰 수) > 289 > 234(가장 작은 수) → 461−234=227

07 100이 6개, 10이 4개, 1이 7개인 수: 647
647보다 357만큼 더 작은 수 → 647−357=290

08 일의 자리로 받아내림하고 남은 수 1과 백의 자리에서 받아내림한 수 10이므로 실제로 나타내는 수는 100+10=110입니다.

09 (1)
$$\begin{array}{r} {}^{3\,12\,10} \\ \not{4}\,\not{3}\,7 \\ -\,1\,9\,8 \\ \hline 2\,3\,9 \end{array}$$
(2)
$$\begin{array}{r} {}^{7\,11\,10} \\ \not{8}\,\not{2}\,3 \\ -\,5\,7\,4 \\ \hline 2\,4\,9 \end{array}$$

10 541보다 168만큼 더 작은 수 → 541−168=373

026쪽 2STEP 유형 다잡기

16 '700−400'에 ○표 / 풀이 예 700, 400
12 예 500, 300, 200
13 '적은', '많은', '적습니다'에 ○표
14 예슬
15 예 100 ▶ 2점
설명 예 두 수를 각각 몇백으로 어림하면 903 → 약 900, 792 → 약 800입니다. 903−792는 약 900−800=100입니다. ▶ 3점
17 667명 / 풀이 816, 149, 667
16 135장 17 예 200 m
18 은미, 185표
18 ㉠ / 풀이 247, 258
19 이유 예 받아내림을 하지 않고 각 자리의 큰 수에서 작은 수를 빼어 잘못 계산했습니다. ▶ 3점
바르게 계산

$$\begin{array}{r} 745 \\ -\,469 \\ \hline 276 \end{array}$$ ▶ 2점

20 도율
19 (○) ( ) / 풀이 461, 419, 461, >, 419
21 ㉠

12 496 → 약 500, 316 → 약 300
496−316 → 어림셈: 500−300=200

13 500보다 작은 수에서 300보다 큰 수를 빼면 계산 결과는 200보다 작습니다.

14 도영: 800에서 400보다 큰 수를 빼면 계산 결과는 400보다 작습니다.

16 100장씩 3묶음은 300장, 10장씩 1묶음은 10장이므로 색종이는 모두 310장입니다.
→ (남은 색종이의 수)=310−175=135(장)

17 697−503을 구하면 됩니다. 697을 어림하면 약 700, 503을 어림하면 약 500이므로 공원까지 가는 데 약 700−500=200 (m)를 더 가야 합니다.

18 271<456이므로 은미가 456−271=185(표) 더 많이 얻었습니다.

20 • 더 입장할 수 있는 사람 수: 800−592=208(명)
• 입장한 남자 수: 592−355=237(명)
→ 잘못 설명한 사람은 도율입니다.
참고 도율: 십의 자리 계산에서 일의 자리로 받아내림한 수를 빼지 않아 잘못 계산했습니다.

21 ㉠ 823−358=465
㉡ 319+193=512
→ 465<512이므로 더 작은 수는 ㉠입니다.

028쪽 2STEP 유형 다잡기

22 3, 1, 2 23 ㉢, ㉣
20 758, 315 / 풀이 315, 961, 443, 203
24

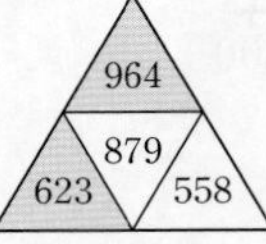

25 예 100, '작은'에 ○표 / 403, 379, 24
21 175 / 풀이 320, 320, 175
26 1단계 예 8>5>4이므로 만들 수 있는 가장 큰 세 자리 수는 854입니다. ▶ 2점
2단계 854보다 239만큼 더 큰 수는 854+239=1093입니다. ▶ 3점
답 1093
27 989 28 558
22 6, 4 / 풀이 6, 4
29 815, 347 30 4

22 956−412=544, 545−217=328, 713−356=357
→ 328<357<544

23 ㉠ 547−208=339 ㉡ 656−399=257
㉢ 732−256=476 ㉣ 533−107=426
→ 257<339<400<426<476

24 차의 일의 자리 수가 1이 되는 두 수는 (964, 623), (879, 558)입니다.
964−623=341 (○), 879−558=321 (×)

25 채점 가이드 주어진 수를 사용했을 때 나오는 차를 어림해 보고 조건을 만족시키는 뺄셈식이 나오도록 조건을 정했는지 확인합니다.

27 6>4>3이므로 만들 수 있는 세 자리 수 중에서 가장 큰 수는 643이고, 가장 작은 수는 346입니다.
→ 643+346=989

28 9>6>4>0이므로 만들 수 있는 세 자리 수 중에서 가장 큰 수는 964이고, 가장 작은 수는 406입니다.
➔ 964−406=558

29
$$\begin{array}{r} 8\ 1\ ㉠ \\ -\ 3\ ㉡\ 7 \\ \hline 4\ 6\ 8 \end{array}$$
• 일의 자리 계산: 10+㉠−7=8 → ㉠=5
• 십의 자리 계산: 10+1−1−㉡=6 → ㉡=4
➔ 은설이가 뺄셈을 한 세 자리 수: 815, 347

30 일의 자리 계산: 10+◆−9=8 → ◆=7
$$\begin{array}{r} {\scriptstyle 6\ 16\ 10} \\ \not7\ \not7\ 7 \\ -\ 2\ 7\ 9 \\ \hline \boxed{4}\ 9\ 8 \end{array}$$

030쪽 2STEP 유형 다잡기

(23) 569에 ×표 / 풀이 805, 569, 472, 569
31 663　**32** 531
(24) 529 / 풀이 776, 529
33 496　**34** 1212
35 365대　**36** 342개
(25) 277 cm / 풀이 412, 412, 518, 277
37 현우, 188 m
38 1단계 예 (㉠~㉢)+(㉡~㉣)
=274+291=565 (cm) ▸ 2점
2단계 (㉡~㉢)=(㉠~㉢)+(㉡~㉣)−(㉠~㉣)
=565−406=159 (cm) ▸ 3점
답 159 cm
(26) 333 / 풀이 271, 333
39 152

31 차가 가장 크려면 가장 큰 수에서 가장 작은 수를 빼야 합니다. 가장 큰 수: 942, 가장 작은 수: 279
➔ 942−279=663

32 차가 가장 크려면 가장 큰 수에서 가장 작은 수를 빼야 합니다. 7>6>5>4>3>2이므로 만들 수 있는 세 자리 수 중에서 가장 큰 수는 765이고, 가장 작은 수는 234입니다.
➔ 765−234=531

33 285+528−317=813−317=496

34 894>565>247이므로 가장 큰 수는 894, 가장 작은 수는 247입니다.
➔ 894−247+565=647+565=1212

35 (지금 주차장에 있는 자동차 수)
=(처음에 있던 자동차 수)−(나간 자동차 수)
+(들어온 자동차 수)
=318−132+179=186+179=365(대)

36 (팔고 남은 옥수수의 수)
=(어제 딴 옥수수의 수)+(오늘 딴 옥수수의 수)
−(판 옥수수의 수)
=391+195−244=586−244=342(개)

37 현우: ㉡에서 ㉢까지의 길이는 615−427을 이용해서 구합니다.
(㉠~㉢)=(㉠~㉡)+(㉡~㉢)
➔ (㉡~㉢)=(㉠~㉢)−(㉠~㉡)
=615−427=188 (m)

39 275+□=427, □=427−275=152

032쪽 2STEP 유형 다잡기

40 336
41 1단계 예 • 142+■=529,
■=529−142=387
• ▲−758=165, ▲=165+758=923 ▸ 3점
2단계 387<923이므로
▲−■=923−387=536입니다. ▸ 2점
답 536
(27) 178 / 풀이 333, 333, 178
42 379　**43** 89
(28) 598 / 풀이 177, 177, 177, 775, 598
44 예 −, +, / 643　**45** ㉠
(29) 765, 772에 ○표 / 풀이 760, 760, 765, 772
46 181, 195, 198에 ○표
47 746　**48** 201
49 1, 2

유형책 1단원

40 찢어진 종이에 적힌 세 자리 수를 □라 하면
485+□=821, □=821−485=336입니다.
→ 찢어진 종이에 적힌 세 자리 수는 336입니다.

42 어떤 수를 □라 하면 □+296=675입니다.
→ □=675−296=379

43 어떤 수를 □라 하면 □+369=827이므로
□=827−369=458입니다.
따라서 바르게 계산하면 458−369=89입니다.

44 396★149=396−149+396=247+396=643
채점 가이드 스스로 만든 규칙에 맞게 계산했으면 정답으로 인정합니다. 단, "가−나−가"와 같이 약속한 경우 답을 구할 수 없음을 알고 약속을 다시 만들어 볼 수 있도록 지도해 주세요.

45 ㉠ 285◈266=285+285−266
=570−266=304
㉡ 423◈579=423+423−579
=846−579=267
→ 304>267이므로 더 큰 것은 ㉠입니다.

46 960−761=199
199>□이므로 □ 안에 들어갈 수 있는 수는 181, 195, 198입니다.

47 932−□=187이라 하면 □=932−187=745입니다. 932−□<187을 만족하는 □의 값은 745보다 커야 합니다.
따라서 □ 안에 들어갈 수 있는 가장 작은 세 자리 수는 746입니다.

48 943−255=688이므로 찢어진 부분의 수를 □라 하면 486+□<688입니다.
486+□=688에서 □=688−486=202이므로
486+□<688을 만족하는 □의 값은 202보다 작아야 합니다.
→ 찢어진 부분에 올 수 있는 가장 큰 세 자리 수는 201입니다.

49
```
  1
  1 6 4
+ □ 9 0
-------
  ▲ 5 4
```
▲54<490이므로 백의 자리 계산에서 1+1+□가 4이거나 4보다 작아야 합니다.
→ □ 안에 들어갈 수 있는 수는 1, 2입니다.

034쪽 3STEP 응용 해결하기

1 582, 359, 256(또는 359, 582, 256) / 685

2
❶ 토요일과 일요일의 입장객 수 각각 구하기 ▶ 3점
❷ 어느 요일에 몇 명 더 많이 입장하였는지 구하기 ▶ 2점

예 ❶ (토요일의 입장객 수)=548+376
=924(명)
(일요일의 입장객 수)=379+415=794(명)
❷ 924>794이므로 토요일에
924−794=130(명) 더 많이 입장하였습니다.
답 토요일, 130명

3 205

4
❶ 진우가 읽은 책의 쪽수 구하기 ▶ 2점
❷ 현주가 읽은 책의 쪽수 구하기 ▶ 2점
❸ 책을 많이 읽은 사람부터 차례로 쓰기 ▶ 1점

예 ❶ 은성이는 279쪽 읽었고, 진우는 은성이보다 108쪽 더 적게 읽었으므로
279−108=171(쪽) 읽었습니다.
❷ 현주는 진우보다 178쪽 더 많이 읽었으므로
171+178=349(쪽) 읽었습니다.
❸ 349>279>171이므로 책을 많이 읽은 사람부터 차례로 쓰면 현주, 은성, 진우입니다.
답 현주, 은성, 진우

5 124개 **6** 366

7 (1) 278 (2) 287 (3) 565

8 (1) 800 (2) 276 (3) 524

1 □+□−□의 계산 결과가 가장 크게 되려면 가장 큰 수와 두 번째로 큰 수의 합에서 가장 작은 수를 빼야 합니다.
582>359>256이므로
582+359−256=941−256=685입니다.

3 (왼쪽 삼각형의 세 변의 길이의 합)
=189+237+164
=426+164=590 (cm)
두 삼각형은 세 변의 길이의 합이 같으므로 오른쪽 삼각형의 세 변의 길이의 합도 590 cm입니다.
126+259+□=590, 385+□=590,
□=590−385=205

5 오른쪽 바구니에는 왼쪽 바구니보다 콩이 529－281＝248(개) 더 많이 담겨 있습니다. 124＋124＝248이므로 오른쪽 바구니에서 왼쪽 바구니로 콩을 124개 옮기면 두 바구니에 담긴 콩의 수가 같아집니다.

참고 콩 124개를 옮겼을 때 두 바구니에 담긴 콩의 수를 구해 확인해 봅니다.
- 왼쪽 바구니: 281＋124＝405(개)
- 오른쪽 바구니: 529－124＝405(개)

6
- 476＝315＋□라고 하면 □＝476－315＝161입니다. 따라서 476＜315＋□에서 □는 161보다 커야 합니다.
- 315＋□＝844라고 하면 □＝844－315＝529입니다. 따라서 315＋□＜844에서 □는 529보다 작아야 합니다.

➔ 161＜□＜529에서 □ 안에 들어갈 수 있는 세 자리 수는 162, 163, ..., 527, 528입니다.
따라서 가장 큰 수와 가장 작은 수의 차는 528－162＝366입니다.

7 (1) ㉯＋549＝827, ㉯＝827－549＝278
(2) ㉮는 ㉯의 십의 자리 숫자와 일의 자리 숫자를 서로 바꾼 수와 같으므로 287입니다.
(3) ㉮＋㉯＝287＋278＝565

8 (1) 472＋328＝800
(2) 328＋196＋㉠＝800, 524＋㉠＝800, ㉠＝800－524＝276
(3) 276＋㉡＝800, ㉡＝800－276＝524

037쪽 1단원 마무리

01 487
02 (위에서부터) 5, 14, 10, 3, 5, 9
03 (위에서부터) 79, 16, 79, 16, 300, 63, 363
04 1, 100　　05 예 200
06 218　　07 예 500, 538
08 845, 187　　09 635, 1222
10 ＜　　11 예 700 m
12 363
13
❶ 잘못된 이유 쓰기 ▶ 3점
❷ 뺄셈식을 바르게 계산하기 ▶ 2점

예 ❶ 백의 자리 계산에서 백의 자리에서 십의 자리로 받아내림한 수를 빼지 않아 잘못되었습니다.

❷
$$\begin{array}{r} 8\ 2\ 5 \\ -\ 1\ 7\ 4 \\ \hline 6\ 5\ 1 \end{array}$$

14 주경　　15 536
16
❶ 가장 큰 수와 가장 작은 수 각각 만들기 ▶ 2점
❷ 가장 큰 수와 가장 작은 수의 차 구하기 ▶ 3점

예 ❶ 만들 수 있는 세 자리 수 중에서 가장 큰 수는 831이고, 가장 작은 수는 138입니다.
❷ (가장 큰 수와 가장 작은 수의 차)
＝831－138＝693
답 693

17 (위에서부터) 3, 6, 4
18
❶ 예승이가 모은 딱지 수 구하기 ▶ 2점
❷ 재인이와 예승이가 모은 딱지 수의 합 구하기 ▶ 3점

예 ❶ (예승이가 모은 딱지 수)
＝185＋119＝304(장)
❷ (재인이와 예승이가 모은 딱지 수의 합)
＝185＋304＝489(장)
답 489장

19 245　　20 1046

01
- 일 모형: 4＋3＝7(개)
- 십 모형: 2＋6＝8(개)
- 백 모형: 1＋3＝4(개)

➔ 124＋363＝487

03 500－200, 79－16을 계산하고 계산한 값을 더합니다.

04 십의 자리 계산 1＋6＋5＝12에서 10을 백의 자리로 받아올림한 수이므로 실제로 100을 나타냅니다.

05 796 → 약 800, 602 → 약 600
796－602 ➔ 어림셈: 800－600＝200

06
$$\begin{array}{r} {\scriptstyle 7\ 10} \\ 9\ \not{8}\ 1 \\ -\ 7\ 6\ 3 \\ \hline 2\ 1\ 8 \end{array}$$

07 • 416은 400에 가깝고 122는 100에 가깝습니다.
➔ 어림셈: 400+100=500
• 실제 계산 결과: 416+122=538

08 • 합: 329+516=845
• 차: 516−329=187

09 284+351=635
635+587=1222

10 649+578=1227
➔ $1227<1230$

11 392를 어림하면 약 400, 297을 어림하면 약 300이므로 집에서 소방서를 거쳐 공원까지 가는 거리는 약 400+300=700 (m)입니다.

12 $\underset{\text{가장 큰 수}}{\underline{542}}>315>\underset{\text{가장 작은 수}}{\underline{179}}$
➔ 542−179=363

14 • 주경: 900보다 큰 수에서 600보다 작은 수를 빼면 계산 결과는 300보다 큽니다.
• 규민: 500보다 작은 수에서 200보다 큰 수를 빼면 계산 결과는 300보다 작습니다.
따라서 바르게 어림한 사람은 주경입니다.

15 ㉠ 100이 1개이면 100, 10이 8개이면 80, 1이 4개이면 4이므로 184입니다.
㉡ 100이 3개이면 300, 10이 5개이면 50, 1이 2개이면 2이므로 352입니다.
➔ 184+352=536

17

```
   7 5 ㉠
 − 2 ㉡ 9
 ─────────
   ㉢ 8 4
```

• 일의 자리 계산: 10+㉠−9=4 → ㉠=3
• 십의 자리 계산: 10+5−1−㉡=8 → ㉡=6
• 백의 자리 계산: 7−1−2=㉢ → ㉢=4

19 찢어진 종이에 적힌 세 자리 수를 □라 하면
392+□=637, □=637−392=245입니다.
➔ 찢어진 종이에 적힌 세 자리 수는 245입니다.

20 어떤 수를 □라 하면
□−394=258, □=258+394=652입니다.
➔ 바르게 계산하면 652+394=1046입니다.

2 평면도형

042쪽 1 STEP 개념 확인하기

01 가, 라 **02** 나, 다
03 선분 **04** 직선
05 ( )( )(○)
06 (○)( )( )
07 ( )( )(○)
08 '선분 ㅂㅁ'에 색칠
09 '반직선 ㅇㅅ'에 색칠
10 ○ **11** ×
12 ○ **13** 나
14 가

01 곧은 선: 구부러지거나 휘어지지 않고 반듯하게 쭉 뻗은 선 ➔ 가, 라

02 굽은 선: 구부러지거나 휘어진 선 ➔ 나, 다

05 선분은 두 점을 곧게 이은 선입니다.

06 직선은 선분을 양쪽으로 끝없이 늘인 곧은 선입니다.

07 반직선은 한 점에서 시작하여 한쪽으로 끝없이 늘인 곧은 선입니다.

08 점 ㅁ과 점 ㅂ을 곧게 이은 선이므로 선분 ㅁㅂ(또는 선분 ㅂㅁ)입니다.
참고 직선 ㅁㅂ은 선분 ㅁㅂ을 양쪽으로 끝없이 늘인 곧은 선입니다.

09 점 ㅇ에서 시작하여 점 ㅅ을 지나는 반직선이므로 반직선 ㅇㅅ입니다.
참고 반직선 ㅅㅇ은 점 ㅅ에서 시작하여 점 ㅇ을 지나는 반직선입니다.

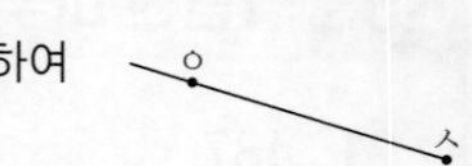

10 참고 • 선분 : 양쪽 모두 끝이 있음.
• 직선 : 양쪽 모두 끝이 없음.
• 반직선 : 한쪽은 끝이 있고 다른 한쪽은 끝이 없음.

11 반직선 ㄱㄴ과 반직선 ㄴㄱ은 시작점과 끝없이 늘인 방향이 각각 다르므로 같다고 말할 수 없습니다.

13 가는 반직선 ㅊㅈ입니다.

14 나는 직선 ㄹㅁ입니다.

044쪽 1STEP 개념 확인하기

01 (○) (   ) (   )
02 (   ) (○) (   )
03 (위에서부터) 변, 변, 꼭짓점
04 ㅂㅁㄹ / ㅁ / ㅁㄹ, ㅁㅂ
05 ㅈㅇㅅ / 점 ㅇ / 변 ㅇㅅ, 변 ㅇㅈ

01 곧은 선이 아니거나 두 반직선이 한 점으로부터 시작하지 않는 도형은 각이 아닙니다.

03 각을 이루는 두 반직선을 각의 변이라고 합니다. 각을 이루는 두 반직선이 만나는 점을 각의 꼭짓점이라고 합니다.

045쪽 1STEP 개념 확인하기

01 직각
02 ○
03 ×
04 ×
05 ○
06 (○) (   )
07 (   ) (○)
08

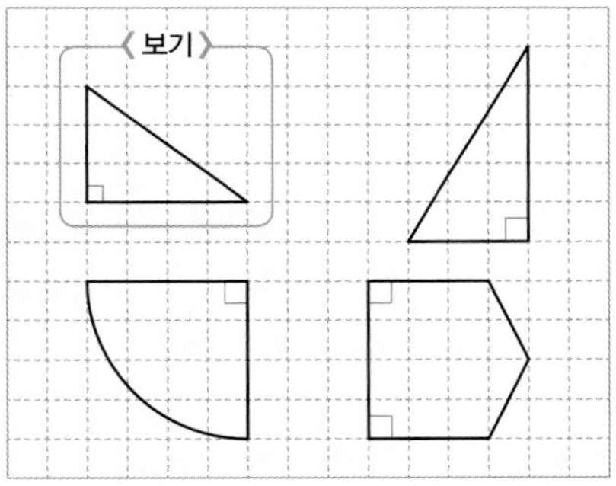

02~05 삼각자의 직각 부분과 꼭 맞게 겹쳐지면 직각입니다.

06 삼각자의 직각인 부분을 따라 그려야 하므로 직각을 바르게 그린 것은 왼쪽입니다.

07 두 삼각자가 직각을 이루는 부분을 따라 그려야 하므로 직각을 바르게 그린 것은 오른쪽입니다.

08 모눈종이의 모눈은 직각으로 이루어져 있습니다. 모눈과 꼭 맞게 겹쳐지는 각을 찾아 표시합니다.

046쪽 2STEP 유형 다잡기

01 직선 ㅁㅂ(또는 직선 ㅂㅁ)
/ 풀이 ㅂ, ㅁㅂ(또는 ㅂㅁ)

01 ②

02

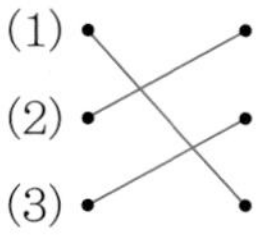

03 답 주경 ▶ 2점
이유 예 점 ㅂ에서 시작하여 점 ㅁ을 지나도록 그어야 하는데 점 ㅁ에서 시작하여 점 ㅂ을 지나도록 그었습니다. ▶ 3점

04 ㉢

05 선분 ㄷㄹ(또는 선분 ㄹㄷ), 선분 ㅅㅇ(또는 선분 ㅇㅅ) / 직선 ㅁㅂ(또는 직선 ㅂㅁ), 직선 ㅋㅌ(또는 직선 ㅌㅋ) / 반직선 ㄱㄴ, 반직선 ㅊㅈ

02  / 풀이 ㄴ, ㄷ

06

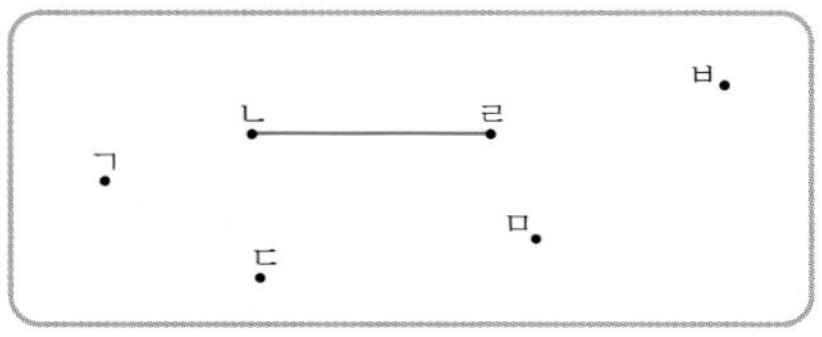

07

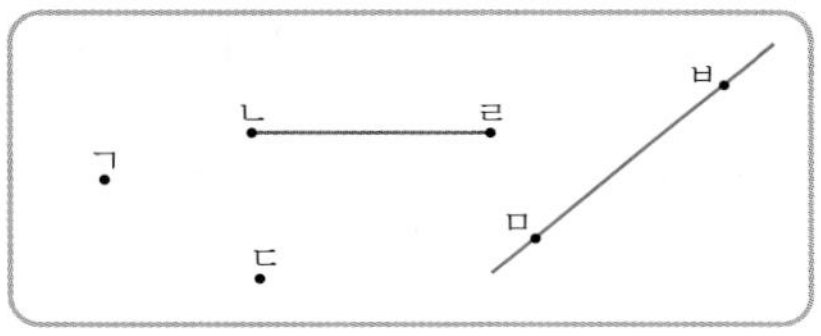

08

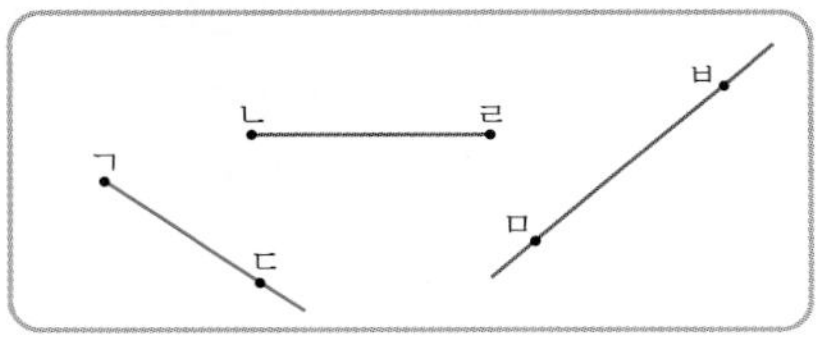

09

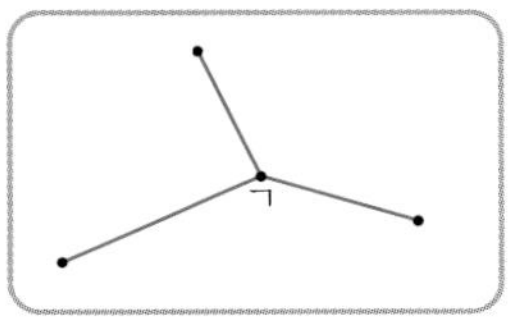

10

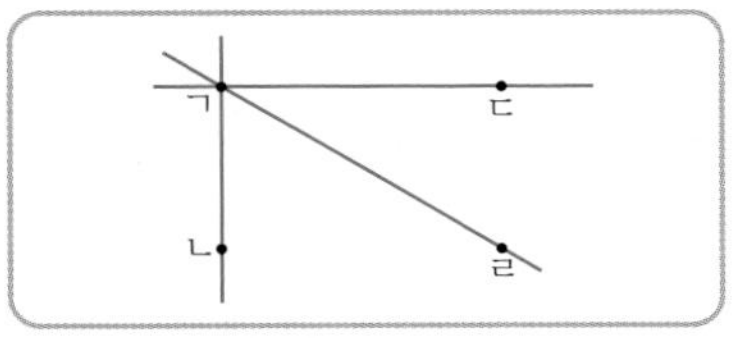

/ 직선 ㄱㄴ(또는 직선 ㄴㄱ), 직선 ㄱㄷ(또는 직선 ㄷㄱ), 직선 ㄱㄹ(또는 직선 ㄹㄱ)

유형책 2 단원

03 2개 / 풀이 ㅁㅂ, ㅂㅁ
11 유진

01 점 ㄱ과 점 ㄴ을 곧게 이은 선을 찾습니다.
참고 선분은 두 점 사이의 가장 짧은 길이입니다.

02 (1) 점 ㅂ과 점 ㅅ을 지나는 직선 ➔ 직선 ㅂㅅ
(2) 점 ㅂ에서 시작하여 점 ㅅ을 지나는 반직선
➔ 반직선 ㅂㅅ
(3) 점 ㅂ과 점 ㅅ을 이은 선분 ➔ 선분 ㅂㅅ

04 ㉢ 직선은 양쪽 모두 끝이 없습니다.

05 선분: 두 점을 곧게 이은 선
직선: 선분을 양쪽으로 끝없이 늘인 곧은 선
반직선: 한 점에서 시작하여 한쪽으로 끝없이 늘인 곧은 선

06 선분 ㄴㄹ: 점 ㄴ과 점 ㄹ을 찾아 두 점을 곧게 선으로 잇습니다.

07 직선 ㅁㅂ: 점 ㅁ과 점 ㅂ을 찾아 두 점을 모두 지나는 직선을 긋습니다.

08 반직선 ㄱㄷ: 점 ㄱ에서 시작하여 점 ㄷ을 지나는 반직선을 긋습니다.

09 모두 3개의 선분을 그을 수 있습니다.

10 직선을 그을 때에는 곧은 선이 두 점을 지나도록 긋습니다.

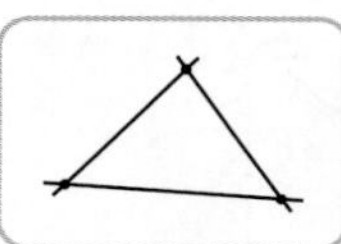
2개의 점을 이어 그을 수 있는 직선은 모두 3개이므로 바르게 구한 사람은 유진입니다.

048쪽 2STEP 유형 다잡기

12 6개
04 각 ㄹㅁㅂ(또는 각 ㅂㅁㄹ)
/ 풀이 ㅁ, ㄹㅁㅂ(또는 ㅂㅁㄹ)
13 각 ㅈㅊㅋ(또는 각 ㅋㅊㅈ) / 변 ㅊㅈ, 변 ㅊㅋ
14 (1) ◯ (2) ✕ (3) ◯
15 5개
16 기호 ㉢ ▶ 2점
이유 예 곧은 선이 아닌 부분이 있기 때문에 각이 아닙니다. ▶ 3점
05 , 2개 / 풀이 직각, 2
17 각 ㅁㅂㅅ(또는 각 ㅅㅂㅁ)
18 1단계 예 직각의 수가 가는 1개, 나는 4개, 다는 2개입니다. ▶ 3점
2단계 직각의 수가 적은 도형부터 차례로 기호를 쓰면 가, 다, 나입니다. ▶ 2점
답 가, 다, 나
19 오후 3시
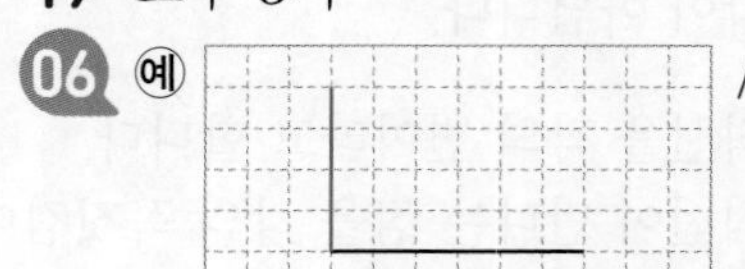
/ 풀이 직각
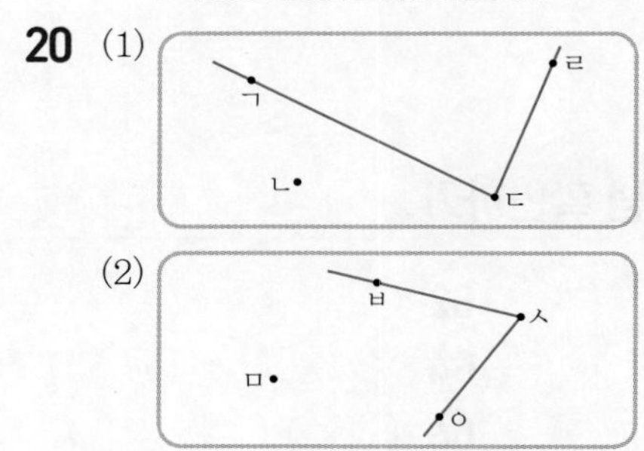

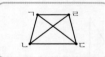

12
그을 수 있는 선분: 선분 ㄱㄴ, 선분 ㄱㄷ, 선분 ㄱㄹ, 선분 ㄴㄷ, 선분 ㄴㄹ, 선분 ㄷㄹ
➔ 그을 수 있는 선분은 모두 6개입니다.

13 각을 읽을 때에는 각의 꼭짓점이 가운데에 오도록 읽습니다.
참고 각은 시계 반대 방향으로 읽는 것이 일반적이지만 필요에 따라 시계 방향과 시계 반대 방향으로 읽는 것을 모두 허용합니다.

14 (2) 각 ㄹㄷㅁ 또는 각 ㅁㄷㄹ이라고 읽습니다.

15 ➔ 5개

17 삼각자의 직각 부분을 이용하면 직각을 쉽게 찾을 수 있습니다.

19 긴바늘이 12를 가리킬 때 짧은바늘과 이루는 각이 직각인 시각은 3시와 9시입니다.

참고 시계의 긴바늘이 12를 가리키면 '몇 시'를 나타냅니다.

20 (1) 점 ㄷ이 각의 꼭짓점이 되도록 점 ㄱ, 점 ㄷ, 점 ㄹ을 이어 각을 그립니다.
(2) 점 ㅅ이 각의 꼭짓점이 되도록 점 ㅂ, 점 ㅅ, 점 ㅇ을 이어 각을 그립니다.

050쪽 2STEP 유형 다잡기

21
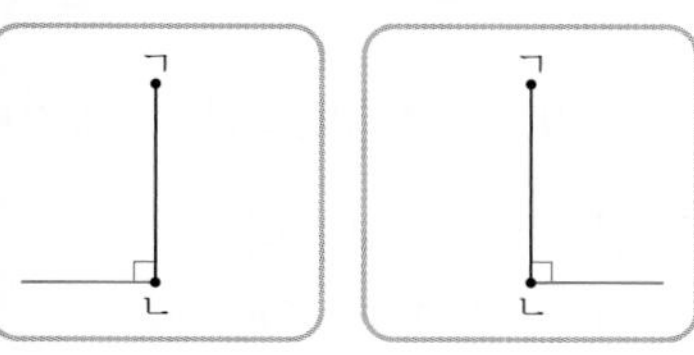

22 ㉩
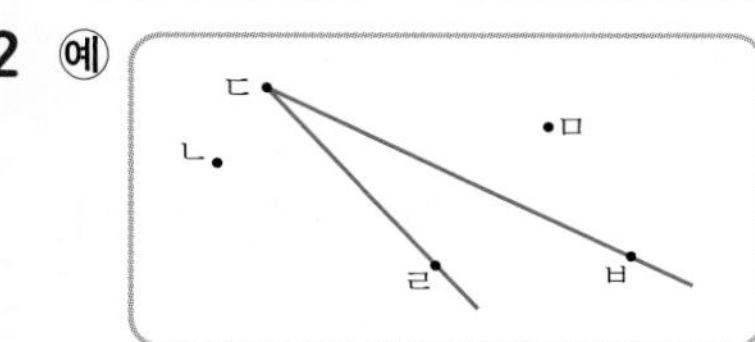

/ 각 ㄹㄷㅂ(또는 각 ㅂㄷㄹ)

07 3개 / 풀이 3

23 3개　　24 6개

25 1단계 ㉩ • 각 1개로 이루어진 각:
각 ㄱㅇㄴ, 각 ㄴㅇㄷ, 각 ㄷㅇㄹ
• 각 2개로 이루어진 각: 각 ㄱㅇㄷ, 각 ㄴㅇㄹ
• 각 3개로 이루어진 각: 각 ㄱㅇㄹ ▶ 3점
2단계 (도형에서 찾을 수 있는 각의 수)
$=3+2+1=6$(개) ▶ 2점
답 6개

21 삼각자의 직각 부분을 점 ㄴ에 대고 그립니다.

22 채점 가이드 각은 한 점에서 그은 두 반직선으로 이루어진 도형이므로 여러 가지 방법으로 각을 그릴 수 있습니다. 한 점을 기준으로 두 반직선을 긋고, 각의 꼭짓점이 가운데에 오도록 바르게 읽었는지 확인합니다.

23 각 ㄴㄱㄹ(또는 각 ㄹㄱㄴ)
각 ㄴㄱㄷ(또는 각 ㄷㄱㄴ) → 3개
각 ㄹㄱㄷ(또는 각 ㄷㄱㄹ)

24 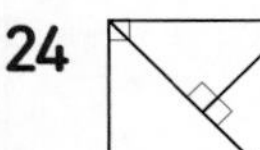 삼각자의 직각 부분과 꼭 맞게 겹쳐지는 각을 찾으면 직각은 모두 6개입니다.

051쪽 1STEP 개념 확인하기

01 (○)(　)(　)
02 (　)(　)(○)
03 (　)(　)(○)
04 '한'에 ○표, 직각　　05 3
06 '없습니다'에 ○표
07 ㉩
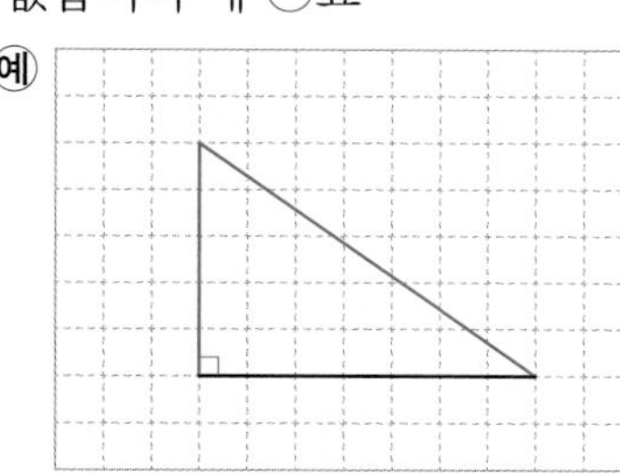

01 한 각이 직각인 삼각형을 찾습니다.

02 주의 도형에 직각이 있다고 무조건 직각삼각형이라고 생각하지 않도록 주의합니다.

06 직각이 있는 '삼각형'만 직각삼각형이라고 합니다.

07 모눈종이의 모눈을 이용하여 한 각이 직각인 삼각형을 그립니다.

052쪽 1STEP 개념 확인하기

01 직사각형　　02 △
03 ○　　04 ○
05 △　　06 ○
07 ×
08
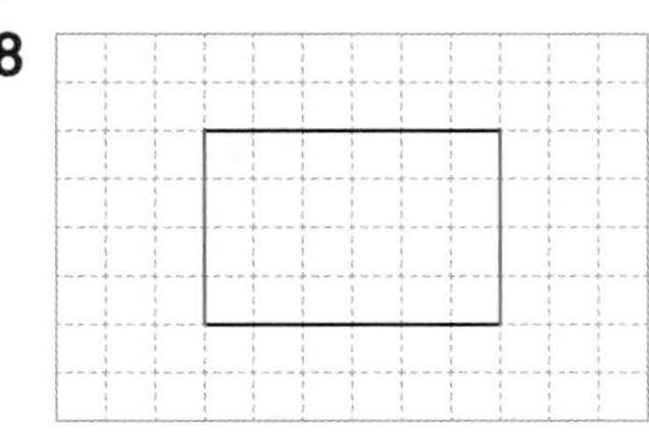

02~05 네 각이 모두 직각인 사각형을 직사각형이라고 합니다.

06 직사각형은 변과 꼭짓점이 각각 4개입니다.

07 직사각형은 네 각이 모두 직각입니다.

08 네 각이 모두 직각이 되도록 나머지 두 변을 그립니다.

053쪽 1STEP 개념 확인하기

01 직각, '같으므로'에 ○표
02 나
03 가
04 4
05 4
06 4
07

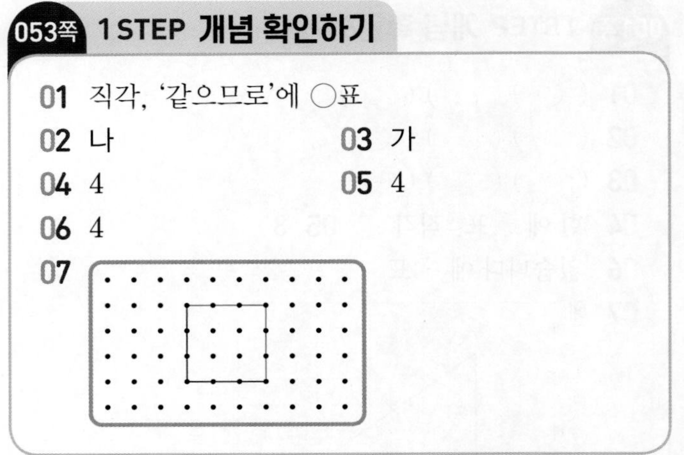

02 네 각이 모두 직각인 사각형은 가, 나이고, 이 중 네 변의 길이가 모두 같은 사각형은 나입니다.

03 네 각이 모두 직각인 사각형은 가, 나이고, 이 중 네 변의 길이가 모두 같은 사각형은 가입니다.

07 네 변의 길이가 모두 같고 네 각이 모두 직각이 되도록 나머지 두 변을 그립니다.

054쪽 2STEP 유형 다잡기

08 / 풀이 직각

01 2개
02 3, 3, 1
03 ㉡
04 같은 점 예 한 각이 직각입니다. ▶ 2점
다른 점 변의 길이가 다릅니다. ▶ 3점

09 예 / 풀이 직각

05 ⑤
06 예

10 다 / 풀이 다
07 시우
08

09 (위에서부터) 4, 9
10 ㉡

11 / 풀이 직각

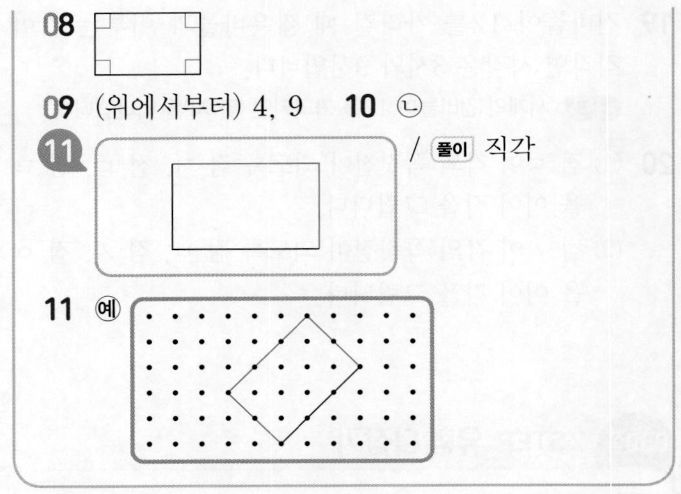

11 예

01 한 각이 직각인 삼각형을 찾으면 모두 2개입니다.

03 ㉠ 직각삼각형은 한 각이 직각입니다.
참고 직각이 2개인 삼각형은 그릴 수 없습니다.
→ 만나지 않음.

05 ⑤와 이으면 한 각이 직각인 삼각형이 됩니다.

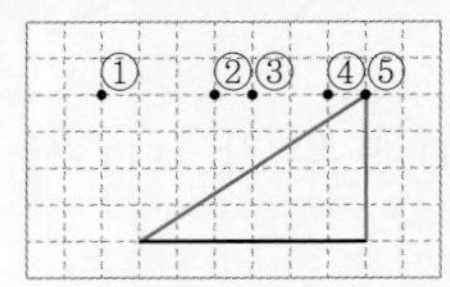

06 삼각형의 두 변이 직각을 이루도록 세 점을 이어 직각삼각형을 2개 그립니다.

07 네 각이 모두 직각인 사각형 모양의 물건을 찾습니다.

08 직사각형은 네 각이 모두 직각이므로 네 각에 모두 표시합니다.

09 직사각형은 마주 보는 두 변의 길이가 같습니다.

10 ㉡ 직사각형은 네 각의 크기가 직각으로 모두 같습니다.

11 네 각이 모두 직각이 되도록 사각형을 그립니다.

056쪽 2STEP 유형 다잡기

12 예

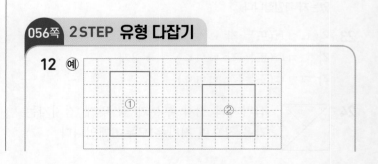

12 22 cm / 풀이 6, 6, 22
13 38 cm　　**14** 11
15 1단계 • 가: (네 변의 길이의 합)
$=8+5+8+5=26$ (cm)
• 나: (네 변의 길이의 합)
$=10+4+10+4=28$ (cm) ▶ 4점
2단계 26 cm < 28 cm이므로 네 변의 길이의 합이 더 긴 직사각형은 나입니다. ▶ 1점
답 나
13 가, 라 / 풀이 직각, 가, 라
16 7, 7, 7　　**17** 정사각형
18 이유 예 정사각형은 네 각이 모두 직각이고 네 변의 길이가 모두 같아야 하는데 주어진 도형은 네 각이 모두 직각이 아니므로 정사각형이 아닙니다. ▶ 5점
14 예

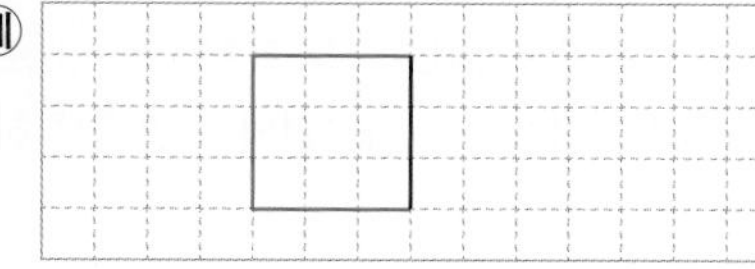

/ 풀이 3, 직각
19 예

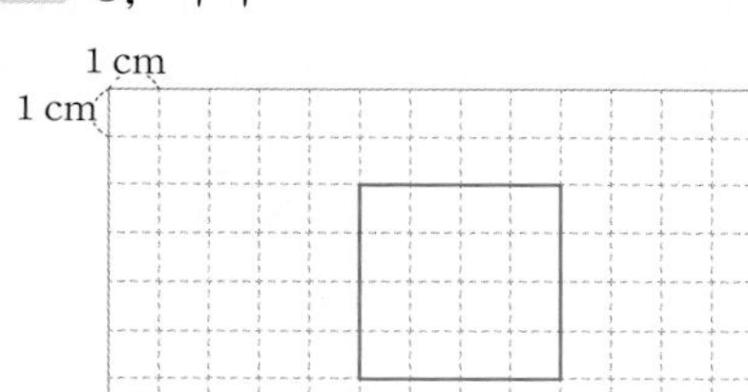

20

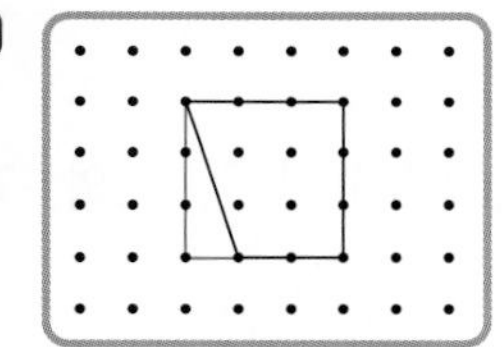

12 모눈종이의 모눈은 직각으로 이루어져 있으므로 모눈을 이용하여 조건에 맞는 직사각형을 그립니다.

13 직사각형은 마주 보는 두 변의 길이가 같으므로 나머지 두 변의 길이는 12 cm, 7 cm입니다.
(네 변의 길이의 합) $=12+7+12+7=38$ (cm)

14 직사각형은 마주 보는 두 변의 길이가 같으므로 $\square+6+\square+6=34$입니다.
➔ $\square+\square+12=34$, $\square+\square=22$, $\square=11$

16 정사각형은 네 변의 길이가 모두 같습니다.

17 • 4개의 선분으로 둘러싸인 도형 ➔ 사각형
• 사각형이면서 네 각이 모두 직각 ➔ 직사각형
• 직사각형이면서 네 변의 길이가 모두 같음.
➔ 정사각형
주의 도형의 이름을 답할 때 도형의 특징을 가장 잘 표현한 이름으로 답할 수 있도록 합니다.

19 변의 길이가 모눈 4칸으로 모두 같고 네 각이 직각이 되도록 정사각형을 그립니다.

20 꼭짓점 한 개를 옮겨서 네 각이 모두 직각이고, 네 변의 길이가 모두 같은 사각형이 되도록 그립니다.

058쪽 2STEP 유형 다잡기

15 12 cm / 풀이 3, 3, 3, 3, 12
21 36 cm
22 1단계 예 정사각형은 네 변의 길이가 모두 같습니다.
(사용한 철사의 길이)
$=7+7+7+7=28$ (cm) ▶ 3점
2단계 (남은 철사의 길이)
$=30-28=2$ (cm) ▶ 2점
답 2 cm
23 8 cm
16 ㉢ / 풀이 정, 직
24 '직사각형', '정사각형'에 ○표
25 나
26 답 할 수 있습니다. ▶ 2점
이유 예 정사각형은 네 각이 모두 직각인 사각형이므로 직사각형이라고 할 수 있습니다. ▶ 3점
17 직각삼각형, 2개 / 풀이 2
27 정사각형　　**28** 3개
18 예

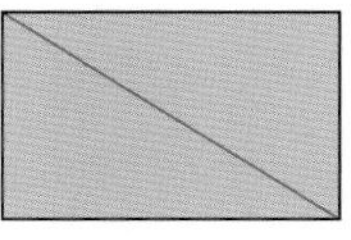

/ 풀이 직각
29 예

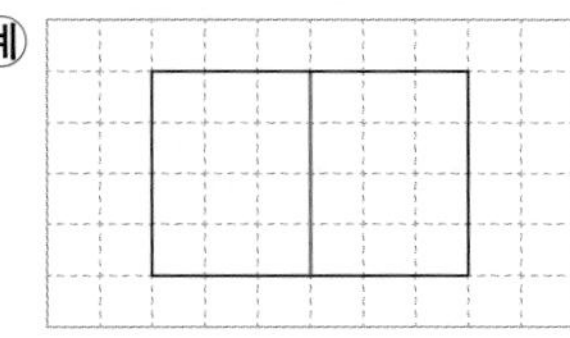

유형책 2단원

21 정사각형은 네 변의 길이가 모두 같습니다.
(정사각형의 네 변의 길이의 합)
$=9+9+9+9=36$ (cm)

23 (직사각형의 네 변의 길이의 합)
$=11+5+11+5=32$ (cm)
$8+8+8+8=32$이므로 정사각형의 한 변의 길이는 8 cm입니다.

24 네 각이 모두 직각이므로 직사각형이고, 네 변의 길이도 모두 같으므로 정사각형이라고 할 수 있습니다.

25 직사각형은 가와 나이고 이 중 정사각형이 아닌 도형은 나입니다.

27 네 각이 모두 직각이고 네 변의 길이가 모두 같으므로 정사각형입니다.
주의 도형의 이름을 답할 때 도형의 특징을 가장 잘 표현한 이름으로 답할 수 있도록 합니다.

28 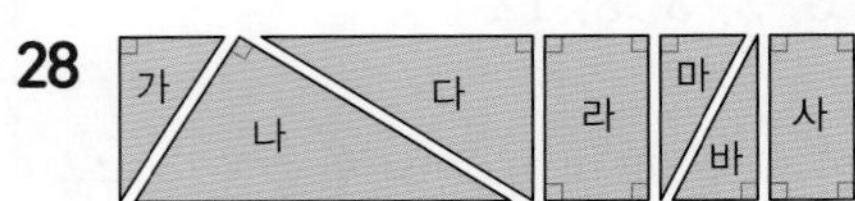

• 직각삼각형: 가, 나, 다, 마, 바 → 5개
• 직사각형: 라, 사 → 2개
➔ 직각삼각형은 직사각형보다 $5-2=3$(개) 더 많습니다.

29 네 각이 모두 직각이고 두 사각형의 크기가 같도록 선분을 한 개 긋습니다.

060쪽 2STEP 유형 다잡기

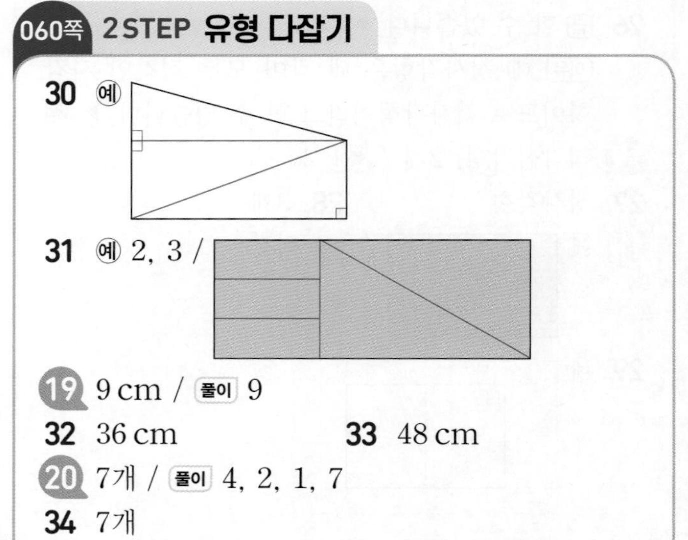

30 예

31 예 2, 3 /

19 9 cm / 풀이 9
32 36 cm **33** 48 cm
20 7개 / 풀이 4, 2, 1, 7
34 7개

35 1단계 예 • 작은 정사각형 1개로 이루어진 정사각형: 9개
• 작은 정사각형 4개로 이루어진 정사각형: 4개
• 작은 정사각형 9개로 이루어진 정사각형: 1개
▶ 3점

2단계 (크고 작은 정사각형의 수)
$=9+4+1=14$(개) ▶ 2점

답 14개

36 5개
21 48 cm / 풀이 8, 8, 48
37 40 cm **38** 52 cm

30 다른 정답 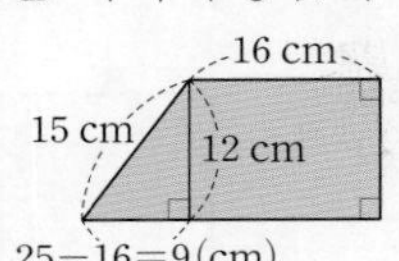

31 채점 가이드 □ 안에 써넣은 도형의 수와 만들어진 도형의 수가 같은지 확인합니다. 직각삼각형도 직사각형도 아닌 도형이 만들어질 수 있으나 직각삼각형과 직사각형의 수만 일치하면 정답으로 인정합니다.

32 가장 큰 직사각형은 긴 변의 길이가 16 cm, 짧은 변의 길이가 12 cm인 직사각형입니다.

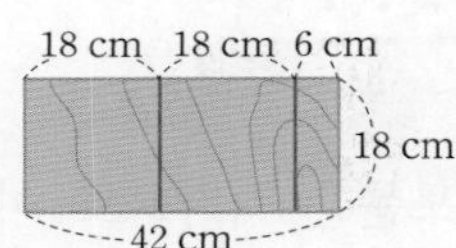

(남은 직각삼각형의 세 변의 길이의 합)
$=15+9+12=36$ (cm)

33 만들 수 있는 가장 큰 정사각형의 한 변의 길이는 18 cm입니다.

18 cm 18 cm 6 cm
18 cm
42 cm

정사각형을 2개 만들고 남은 판자의 서로 다른 두 변의 길이는 각각 $42-18-18=6$ (cm), 18 cm입니다.
➔ (남은 판자의 네 변의 길이의 합)
$=6+18+6+18=48$ (cm)

34
①, ②, ③, ④

• 사각형 1개로 이루어진 직사각형:
①, ②, ③, ④ → 4개

• 사각형 2개로 이루어진 직사각형:
②+③ → 1개
• 사각형 3개로 이루어진 직사각형:
①+②+③ → 1개
• 사각형 4개로 이루어진 직사각형:
①+②+③+④ → 1개
➔ (크고 작은 직사각형의 수)
$=4+1+1+1=7$(개)

36 • 작은 직각삼각형 1개로 이루어진 직각삼각형: 1개
• 작은 직각삼각형 2개로 이루어진 직각삼각형: 2개
• 작은 직각삼각형 4개로 이루어진 직각삼각형: 2개
➔ (색칠된 직각삼각형을 포함하는 크고 작은 직각삼각형의 수)$=1+2+2=5$(개)

37 도형을 둘러싼 빨간색 선의 길이는 7 cm인 변 4개와 3 cm인 변 4개의 길이의 합과 같습니다.
(7 cm인 변 4개의 길이의 합)$=7\times4=28$ (cm)
(3 cm인 변 4개의 길이의 합)$=3\times4=12$ (cm)
➔ (빨간색 선의 길이)$=28+12=40$ (cm)

38
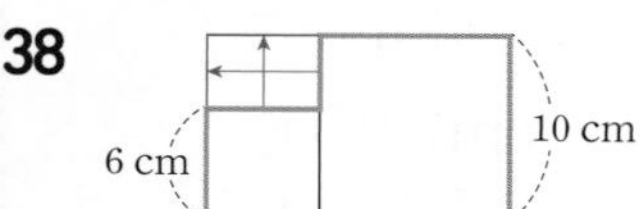

선을 옮기면 노란색 선의 길이는 긴 변의 길이가 $6+10=16$ (cm), 짧은 변의 길이가 10 cm인 직사각형의 네 변의 길이의 합과 같습니다.
(노란색 선의 길이)$=16+10+16+10=52$ (cm)

062쪽 3STEP 응용 해결하기

1 10개

2
> ❶ 직사각형의 긴 변과 짧은 변 한 줄에 만들 수 있는 정사각형의 수 구하기 ▶ 3점
> ❷ 만들 수 있는 정사각형의 개수 구하기 ▶ 2점

예 ❶ $5\times5=25$이므로 직사각형의 긴 변 한 줄에는 정사각형을 5개까지 만들 수 있습니다.
$5\times3=15$이므로 직사각형의 짧은 변 한 줄에는 정사각형을 3개까지 만들 수 있습니다.
❷ 따라서 5개씩 3줄로 자르면 정사각형은 $5\times3=15$(개)까지 만들 수 있습니다.
답 15개

3 8개 **4** 36 cm

5 20개

6
> ❶ 이어 붙여 만든 직사각형의 긴 변의 길이와 짧은 변의 길이 구하기 ▶ 3점
> ❷ 이어 붙여 만든 직사각형의 네 변의 길이의 합 구하기 ▶ 2점

예 ❶ (이어 붙여 만든 직사각형의 긴 변의 길이)
$=15+15+15-3-3=39$ (cm)
(이어 붙여 만든 직사각형의 짧은 변의 길이)
$=6$ cm
❷ (이어 붙여 만든 직사각형의 네 변의 길이의 합)
$=39+6+39+6=90$ (cm)
답 90 cm

7 (1) 4 cm, 7 cm, 9 cm (2) 2 cm

8 (1) 예 2 cm, 2 cm
(2) 20 cm

1 두 점을 곧게 이은 선을 선분이라 합니다. 꺾이지 않은 선의 수를 세면 선분은 모두 10개입니다.

3 직각삼각형은 모두 8개 만들어 집니다.

4 (직각삼각형의 나머지 한 변의 길이)
$=12-4-5=3$ (cm)
빨간색 선의 길이는 직각삼각형의 각 변의 길이의 3배의 합과 같습니다.
$3\times3=9$ (cm), $4\times3=12$ (cm), $5\times3=15$ (cm)
➔ (빨간색 선의 길이)$=9+12+15=36$ (cm)

5 한 점에서 그을 수 있는 반직선의 수는 각각 4개씩입니다. 따라서 점 5개로 그을 수 있는 반직선은 모두 $4\times5=20$(개)입니다.

참고

7 (1) 정사각형 가의 한 변의 길이: (선분 ㄱㄴ)$=4$ cm
정사각형 다의 한 변의 길이: (선분 ㅂㅁ)$=9$ cm
정사각형 나의 한 변의 길이:
(선분 ㄷㄹ)
$=$(선분 ㄴㅁ)$-$(선분 ㄴㄷ)$-$(선분 ㄹㅁ)
$=20-4-9=7$ (cm)
(2) (선분 ㅅㅇ)$=$(선분 ㅅㄹ)$-$(선분 ㅇㄹ)
$=$(선분 ㅂㅁ)$-$(선분 ㄷㄹ)
$=9-7=2$ (cm)

8 (1) 모눈 한 칸의 가로와 세로가 2 cm이므로 모눈 한 칸은 한 변의 길이가 2 cm인 정사각형입니다. 모눈 4칸으로 만들 수 있는 직사각형을 모두 그립니다.
(2)
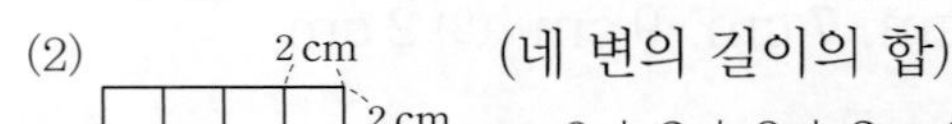

(네 변의 길이의 합)
$=8+2+8+2=20$ (cm)
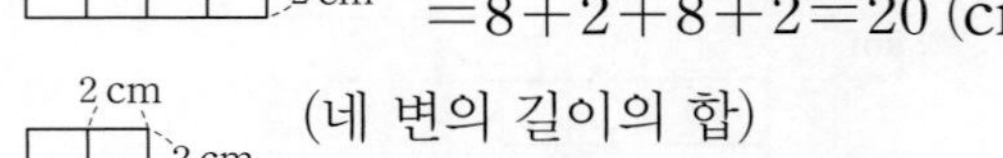

(네 변의 길이의 합)
$=4+4+4+4=16$ (cm)
20 cm$>$16 cm이므로 네 변의 길이의 합이 가장 클 때의 합은 20 cm입니다.

065쪽 2단원 마무리

01 반직선 **02** ( )(○)( )
03 각 ㄱㄴㄷ(또는 각 ㄷㄴㄱ)
04 **05** ①, ③
06 예
07 8 **08** 3개
09 각이 아닌 이유 설명하기 ▶ 5점
이유 예 각은 한 점에서 그은 두 반직선으로 이루어진 도형입니다. 주어진 도형은 한 점에서 만나지 않으므로 각이 아닙니다.
10 6개 **11** 예
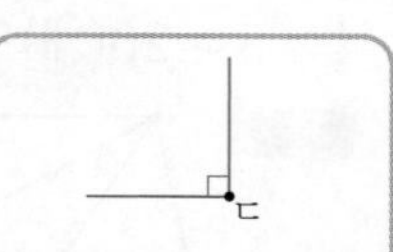

12 20 cm
13 '사각형', '직사각형', '정사각형'에 ○표
14 4
15 ❶ 직사각형은 정사각형이라고 할 수 있는지 없는지 쓰기 ▶ 2점
❷ ❶의 이유 설명하기 ▶ 3점
답 ❶ 할 수 없습니다.
이유 예 ❷ 직사각형은 네 변의 길이가 모두 같지는 않을 수도 있으므로 정사각형이라고 할 수 없습니다.
16 각 ㄴㄱㄷ(또는 각 ㄷㄱㄴ), 각 ㄷㄱㄹ(또는 각 ㄹㄱㄷ), 각 ㄴㄱㄹ(또는 각 ㄹㄱㄴ)
17 다
18 ❶ 직사각형의 네 변의 길이의 합을 구하는 식 세우기 ▶ 2점
❷ 직사각형의 길이가 다른 한 변의 길이 구하기 ▶ 3점
예 ❶ 직사각형의 마주 보는 두 변의 길이는 같습니다.
길이가 다른 한 변의 길이를 □ cm라 하면
(네 변의 길이의 합)$=9+$□$+9+$□
$=32$ (cm)입니다.
❷ □$+$□$+18=32$, □$+$□$=14$, □$=7$
따라서 직사각형의 길이가 다른 한 변의 길이는 7 cm입니다.
답 7 cm
19 4개 **20** 14 cm

01 한 점에서 시작하여 한쪽으로 끝없이 늘인 곧은 선을 반직선이라고 합니다.

02 한 점에서 그은 두 반직선으로 이루어진 도형을 각이라고 합니다.
주의 곡선으로 이루어진 도형은 각이 아닙니다.

03 각을 읽을 때에는 꼭짓점이 가운데에 오도록 읽습니다.

04 삼각자의 직각 부분과 꼭 맞게 겹쳐지면 직각입니다.

05 한 각이 직각인 삼각형을 직각삼각형이라고 합니다.

06 네 각이 모두 직각이 되도록 사각형을 그립니다.
참고 직사각형을 그릴 때에는 마주 보는 두 변의 길이가 같도록 그려야 합니다.

07 정사각형은 네 변의 길이가 모두 같습니다.

08 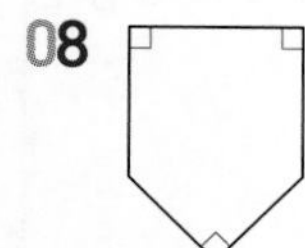 삼각자의 직각 부분과 꼭 맞게 겹쳐지는 각을 찾으면 직각은 모두 3개입니다.

10 선분을 양쪽으로 끝없이 늘인 곧은 선은 모두 6개 그을 수 있습니다.

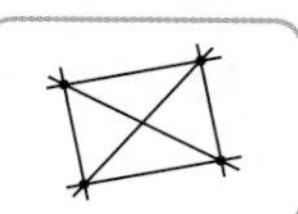

11 삼각자의 직각 부분을 점 ㄷ에 대고 그립니다.

12 정사각형은 네 변의 길이가 모두 같습니다.
➔ (네 변의 길이의 합)$=5+5+5+5=20$ (cm)

13 네 개의 선분으로 둘러싸인 도형이므로 사각형, 네 각이 모두 직각이고, 네 변의 길이가 모두 같으므로 직사각형, 정사각형이라고 할 수 있습니다.

14 ㉠ 직각삼각형은 변이 3개 있습니다.
㉡ 직각삼각형은 직각이 1개 있습니다.
➔ $3+1=4$

16 점 ㄱ에서 만나는 두 선분을 모두 찾습니다.

17

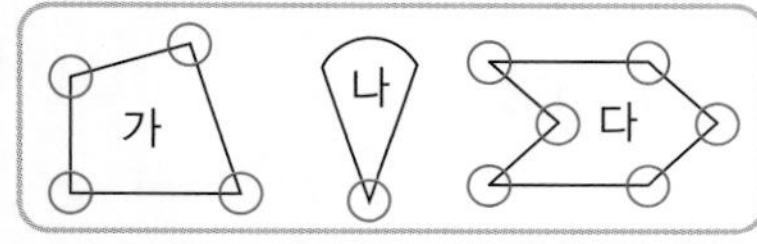

각의 수가 가는 4개, 나는 1개, 다는 6개입니다.
➔ 각의 수가 가장 많은 도형은 다입니다.

19

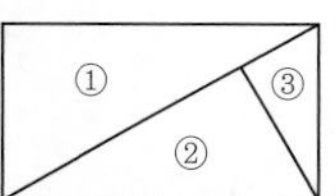

• 삼각형 1개로 이루어진 직각삼각형:
①, ②, ③ → 3개
• 삼각형 2개로 이루어진 직각삼각형:
②+③ → 1개
➔ (크고 작은 직각삼각형의 수)$=3+1=4$(개)

20 (정사각형 나의 네 변의 길이의 합)
$=11+11+11+11=44$ (cm)
직사각형 가의 긴 변의 길이를 □ cm라 하면
$\square+8+\square+8=44$, $\square+\square+16=44$,
$\square+\square=28$, $\square=14$입니다.
➔ 직사각형 가의 긴 변의 길이는 14 cm입니다.

3 나눗셈

070쪽 1 STEP 개념 확인하기

01 5 **02** 2, 5
03 5
04 예

05 2, 7, 2, 2

071쪽 1 STEP 개념 확인하기

01 5, 15, 15 **02** 5, 5
03 5, 3, 3 **04** 4, 7
05 8, 2

04

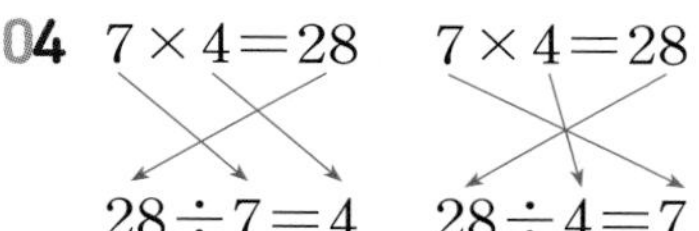

05

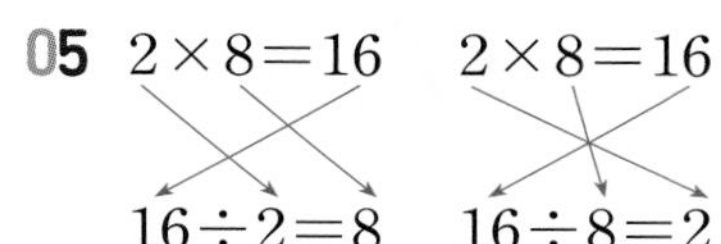

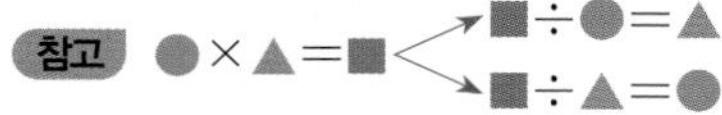

072쪽 1 STEP 개념 확인하기

01 2, 2 **02** 3, 3
03 9, 9 / 9 **04** 6, 6 / 6
05 3, 8

05 3단 곱셈구구에서 곱이 나누어지는 수 24가 되는 곱셈식을 찾습니다.
$3\times\boxed{8}=24$이므로 $24\div3=\boxed{8}$입니다.

유형책 3 단원

073쪽 2STEP 유형 다잡기

01 40, 8, 5 / 풀이 몫
01 '$36 \div 4 = 9$'에 색칠
02 24 나누기 6은 4와 같습니다.
03 주경 **04** ㉠, ㉡
02 16, 4, 4 / 풀이 4
05 (　　) (○)

01 $72 \div 9 = 8$ (몫) $36 \div 4 = 9$ (몫)

02 ■÷●=▲ ➔ ■ 나누기 ●는 ▲와 같습니다.

03 주경: 나눗셈식 $35 \div 7 = 5$로 나타내야 합니다.

04 ㉠ 나누어지는 수는 27, 나누는 수는 3입니다.
㉡ 9는 27을 3으로 나눈 몫입니다.

05 복숭아 18개를 접시 6개에 똑같이 나누어 담으면 $18 \div 6$이고, 접시 한 개에 3개씩 담을 수 있으므로 $18 \div 6 = 3$입니다.

074쪽 2STEP 유형 다잡기

06 예 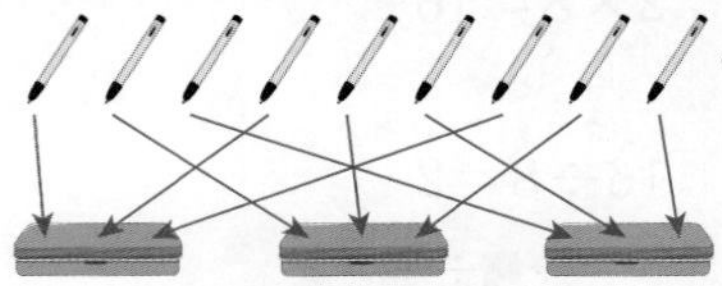 , 3자루
07 $10 \div 5 = 2$ / 2개
08 예 3명이 나누어 먹기 고구마 12개를 3명이 똑같이 나누어 먹으면 $12 \div 3 = 4$이므로 한 명이 4개씩 먹을 수 있습니다. ▶ 2점
4명이 나누어 먹기 고구마 12개를 4명이 똑같이 나누어 먹으면 $12 \div 4 = 3$이므로 한 명이 3개씩 먹을 수 있습니다. ▶ 3점
03 예  , 5묶음
/ 풀이 5
09 (1) 3 (2) 45, 5 **10** 28, 7, 4
11 $42 \div 6 = 7$,
$42 - 6 - 6 - 6 - 6 - 6 - 6 - 6 = 0$
12 이름 준호 ▶ 2점
이유 예 30에서 5씩 6번 빼면 0이 되므로 6명에게 나누어 줄 수 있습니다. ▶ 3점
13 $14 \div 2 = 7$ / 7봉지
04 24, 24, 3
14 (1) 2, 18, 9, 18 (2) 48, 8, 48, 6
15 ㉠, ㉣

06 볼펜 9자루를 필통 3개에 똑같이 나누어 담으면 필통 한 개에 3자루씩 담을 수 있습니다.

07 콩 10개를 화분 5개에 똑같이 나누면 화분 한 개에 2개씩 심을 수 있습니다. ➔ $10 \div 5 = 2$(개)

09 (1) 15에서 5를 3번 빼면 0이 됩니다. ➔ $15 \div 5 = 3$
(2) 45에서 9를 5번 빼면 0이 됩니다. ➔ $45 \div 9 = 5$

11 바둑돌 42개를(42) 한 통에 6개씩 담으면($\div 6$) 통은 7개가 필요합니다($=7$). ➔ $42 \div 6 = 7$

13 토마토 14개를 2개씩 묶으면 7묶음이 됩니다.
$14 - 2 - 2 - 2 - 2 - 2 - 2 - 2 = 0$ (7번) ➔ $14 \div 2 = 7$

15 $63 \div 7 = 9$ → $7 \times 9 = 63$, $9 \times 7 = 63$

076쪽 2STEP 유형 다잡기

05 곱셈식 $3 \times 7 = 21$, $7 \times 3 = 21$
나눗셈식 $21 \div 3 = 7$, $21 \div 7 = 3$
/ 풀이 7, 21, 3, 21 / 21, 7, 21, 3
16 4, 4 **17** 9, 9
18 4, $4 \times 4 = 16$
19 예 곱셈식 8, 7, 56
나눗셈식 $56 \div 8 = 7$, $56 \div 7 = 8$
06 8 / 풀이 8, 8, 8
20 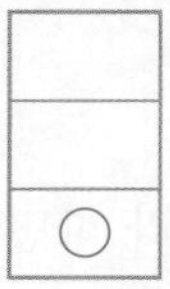
21 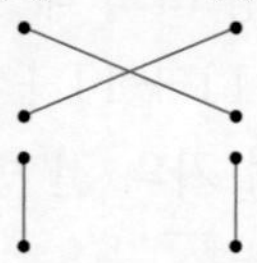

22 7, 7, 42 / 7개
07 7단 / 풀이 7, 7

23 (1) 5 (2) 9 **24** ㉠, ㉢

25 1단계 예 나누는 수가 3이므로 3단 곱셈구구에서 곱이 27인 곱셈식을 찾으면 $3\times9=27$입니다. ▶ 3점

2단계 $27\div3=9$이므로 몫은 9입니다. ▶ 2점

답 9

16 36칸을 9칸씩 색칠하면 4줄이 됩니다.

17 36칸을 4칸씩 색칠하면 9줄이 됩니다.

19 채점 가이드 서로 다른 두 수의 곱을 바르게 구하고 곱셈식을 나눗셈식 2개로 나타냈는지 확인합니다. 서로 같은 수를 사용한 곱셈식이면 나눗셈식을 1개로만 나타낼 수 있음을 추가로 지도할 수 있습니다.

20 $72\div8=\square \rightarrow 8\times\square=72$가 되는 식을 찾습니다.
→ 필요한 곱셈식은 $8\times9=72$입니다.

21 (1) $12\div3=\square$
→ $3\times4=12$이므로 $12\div3$의 몫은 4입니다.
(2) $30\div6=\square$
→ $6\times5=30$이므로 $30\div6$의 몫은 5입니다.

22 $42\div6=\boxed{7} \leftrightarrow 6\times\boxed{7}=42$
→ 꼬치는 7개 필요합니다.

23 (1) 곱이 25가 되는 곱셈식을 찾으면 $5\times5=25$이므로 $25\div5$의 몫은 5입니다.
(2) 곱이 45가 되는 곱셈식을 찾으면 $5\times9=45$이므로 $45\div5$의 몫은 9입니다.

24 나누는 수가 4인 나눗셈을 모두 찾으면 ㉠, ㉢입니다.

078쪽 2STEP 유형 다잡기

08 8 / 풀이 8, 8

26 (1) 7 (2) 3

27 예

72÷8	21÷7	6÷3
10÷5	15÷5	18÷2

28 9 **29** 15

09 7칸 / 풀이 28, 4, 7

30 4첩 **31** 3개

32 9장

10 < / 풀이 6, 7, 6, <, 7

33 (△) ( ) **34** $24\div3=8$ / 8

35 1단계 예 ㉠ $25\div5=5$ ㉡ $16\div8=2$
㉢ $54\div9=6$ ▶ 3점

2단계 $6>5>2$이므로 몫이 큰 것부터 차례로 기호를 쓰면 ㉢, ㉠, ㉡입니다. ▶ 2점

답 ㉢, ㉠, ㉡

36 연서

26 (1) $9\times7=63$이므로 $63\div9=7$입니다.
(2) $6\times3=18$이므로 $18\div6=3$입니다.

27 $72\div8=9$, $21\div7=3$, $6\div3=2$,
$10\div5=2$, $15\div5=3$, $18\div2=9$

28 $36>9>6>4$ → $36\div4=9$

29 • $8\times8=64$이므로 $64\div8$의 몫은 8입니다.
• $5\times7=35$이므로 $35\div5$의 몫은 7입니다.
→ (두 나눗셈의 몫의 합)$=8+7=15$

30 (한 상자에 담는 한약의 수)
=(한약 한 제의 수)÷(상자의 수)
$=20\div5=4$(첩)

31 네 잎 클로버 한 개의 잎의 수는 4장입니다.
(네 잎 클로버의 수)
=(전체 잎의 수)÷(네 잎 클로버 한 개의 잎의 수)
$=12\div4=3$(개)

32 (필요한 도화지의 수)
=(만들 초대장의 수)
÷(도화지 한 장으로 만들 수 있는 초대장의 수)
$=54\div6=9$(장)

33 $45\div9=5$, $48\div6=8$
→ $5<8$

34 $24\div8=3$, $24\div3=8$, $24\div4=6$
$8>6>3$이므로 몫이 가장 큰 나눗셈식은 $24\div3=8$입니다.

36 현우: $28\div7=4$
연서: $30\div6=5$
규민: $10\div5=2$
→ $5>4>2$이므로 몫이 가장 큰 사람은 연서입니다.

유형책 3 단원

080쪽 2STEP 유형 다잡기

11 8, 12에 ○표 / 풀이 4, 4

37 ㉢ **38** 3개

12 8명 / 풀이 4, 16, 16, 2, 8

39 4개

40 1단계 예 (전체 쿠키의 수)
$=37+3=40$(개) ▶ 2점
2단계 (상자 한 개에 담은 쿠키의 수)
$=40\div8=5$(개) ▶ 3점
답 5개

41 6봉지

13 7 / 풀이 12, 24, 42

42 3, 6, 9 **43** 1, 2, 3 / 2, 4, 6

14 2 / 풀이 2, 2

44 56 **45** 5

37 ㉢ 공깃돌 30개를 5묶음으로 똑같이 나누면 한 묶음에 6개씩으로 남김없이 나눌 수 있습니다.

38 3으로 남김없이 똑같이 나눌 수 있는 수는 3단 곱셈구구의 값이므로 12, 21, 27로 모두 3개입니다.

39 (친구들에게 나누어 준 풍선 수)$=32-4=28$(개)
(친구 한 명에게 나누어 준 풍선 수)$=28\div7=4$(개)

41 (접시에 놓은 빵의 수)$=9\times4=36$(개)
➜ (봉지의 수)$=36\div6=6$(봉지)

42 ㉠㉡÷㉢=4라 하면 ㉢×4=㉠㉡이므로 ㉢에 6, 9, 3을 넣어 계산해 봅니다.
$6\times4=24$, $9\times4=36$, $3\times4=12$
이 중 수 카드로 만들 수 있는 곱셈식은 $9\times4=36$이므로 나눗셈식으로 나타내면 $36\div9=4$입니다.

43 ■÷4=●이라 하면 ■=4×●이므로 수 카드로 만든 두 자리 수 중 4단 곱셈구구의 값이 되는 수를 찾습니다. $4\times3=12$, $4\times6=24$이므로
$12\div4=3$, $24\div4=6$입니다.

44 □÷7=8 → 7×8=□, 7×8=56, □=56

45 $81\div9=9$입니다.
45÷□=9 → 9×□=45, 9×5=45, □=5

082쪽 2STEP 유형 다잡기

15 7 / 풀이 15, 35, 35, 7

46 □÷3=8 / 24

47 1단계 예 어떤 수를 □라 하면 □÷9=4입니다.
9×4=□, 9×4=36이므로 □=36입니다.
▶ 3점
2단계 어떤 수를 6으로 나눈 몫은 $36\div6=6$입니다. ▶ 2점
답 6

16 10개 / 풀이 7, 9, 9, 10

48 6 cm **49** 16그루

17 7 cm / 풀이 28, 4, 7

50 6 cm

51 1단계 예 (삼각형 한 개를 만드는 데 사용한 끈의 길이)$=24\div4=6$ (cm) ▶ 3점
2단계 (만든 삼각형의 한 변의 길이)
$=6\div3=2$ (cm) ▶ 2점
답 2 cm

18 7, 8에 ○표 / 풀이 6, 6, 7, 8

52 4 **53** 4, 6

54 2개

46 어떤 수를 □라 하면 □÷3=8입니다.
3×8=□, 3×8=24이므로 □=24입니다.
따라서 어떤 수는 24입니다.

48 꽃을 10송이 심었으므로 꽃과 꽃 사이의 간격은 9군데입니다.
(꽃과 꽃 사이의 간격)$=54\div9=6$ (cm)

49 (간격의 수)$=56\div8=7$(군데)
(한쪽에 필요한 나무의 수)$=7+1=8$(그루)
➜ (양쪽에 필요한 나무의 수)$=8\times2=16$(그루)
주의 길의 양쪽에 필요한 나무의 수를 구해야 하므로 한쪽에 필요한 나무의 수의 2배를 해야 합니다.

50 삼각형의 한 변의 길이를 □ cm라 하면 초록색 선의 길이는 □ cm의 7배입니다.
초록색 선의 길이가 42 cm이므로 □×7=42에서 42÷7=□, □=6입니다.

52 $15\div3=5$이므로 5>□입니다.
➜ □ 안에 들어갈 수 있는 가장 큰 수는 4입니다.

53 12÷●=▲라 하고 곱셈식으로 나타내면 ●×▲=12입니다. 곱이 12가 되는 곱셈식을 찾으면 2×6=12, 3×4=12, 4×3=12, 6×2=12입니다. ▲가 4보다 작아야 하므로 ●가 될 수 있는 수는 4와 6입니다.

54 45÷9=5이므로 □÷4의 몫은 5보다 작아야 합니다.
□÷4=4일 때 4×4=16이므로 □=16입니다.
□÷4=3일 때 4×3=12이므로 □=12입니다.
□÷4=2일 때 4×2=8이므로 □=8입니다.
따라서 □ 안에 들어갈 수 있는 두 자리 수는 16, 12로 모두 2개입니다.

084쪽 3STEP 응용 해결하기

1 27 **2** 15

3
❶ 4단 곱셈구구에서 곱의 십의 자리 숫자가 2인 경우 찾기 ▶ 2점
❷ 몫이 될 수 있는 수는 모두 몇 개인지 구하기 ▶ 3점

예 ❶ 4단 곱셈구구에서 곱의 십의 자리 숫자가 2인 경우는 4×5=20, 4×6=24, 4×7=28입니다.
❷ 나눗셈식으로 나타내면 20÷4=5, 24÷4=6, 28÷4=7이므로 몫이 될 수 있는 수는 5, 6, 7로 모두 3개입니다.
답 3개

4 36, 4, 9 / 24, 8, 3

5
❶ 인형 1개를 만드는 데 걸리는 시간 구하기 ▶ 2점
❷ 인형 9개를 만드는 데 걸리는 시간 구하기 ▶ 2점
❸ 몇 시간 몇 분으로 나타내기 ▶ 1점

예 ❶ (인형 한 개를 만드는 데 걸리는 시간)
=40÷5=8(분)
❷ (인형 9개를 만드는 데 걸리는 시간)
=8×9=72(분)
❸ 60분=1시간이므로
72분=60분+12분=1시간 12분입니다.
답 1시간 12분

6 3, 9

7 (1) 2, 4, 8 (2) 2, 3, 4, 6 (3) 4 cm

8 (1) 7개 (2) 18개

1 • ♥÷6=6에서 6×6=36이므로 ♥=36입니다.
• ♥=36이므로 36÷◆=4입니다.
4×◆=36, 4×9=36이므로 ◆=9입니다.
➔ ♥−◆=36−9=27

2 • 4×㉠=20이므로 20÷4=㉠, ㉠=5입니다.
• ㉡×6=18이므로 18÷6=㉡, ㉡=3입니다.

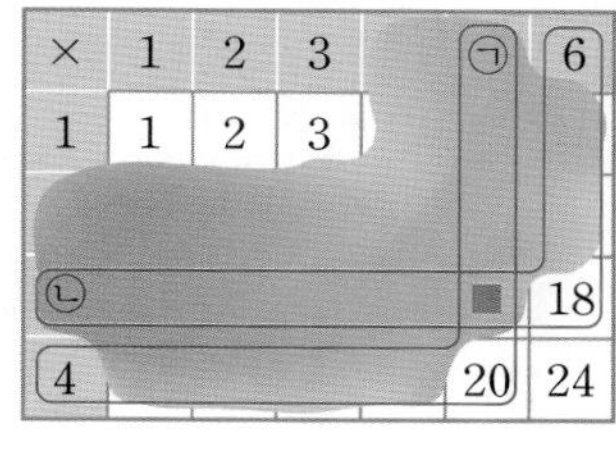

➔ ■는 3과 5가 만나는 곳에 있으므로 ■에 알맞은 수는 3×5=15입니다.

4 • 몫이 가장 크려면 가장 큰 두 자리 수를 가장 작은 한 자리 수로 나누어야 합니다.
36>24이고 4<6<8이므로 36÷4=9입니다.
• 몫이 가장 작으려면 가장 작은 두 자리 수를 가장 큰 한 자리 수로 나누어야 합니다.
24<36이고 8>6>4이므로 24÷8=3입니다.

6 두 수를 ■와 ▲(■>▲)라고 하면
■+▲=12, ■÷▲=3입니다.
▲×3=■이므로 ■=▲+▲+▲입니다.
■+▲=▲+▲+▲+▲=▲×4=12입니다.
➔ 12÷4=▲, ▲=3이므로 ■=3×3=9입니다.

7 (1) 16÷2=8, 16÷4=4, 16÷8=2
(2) 12÷2=6, 12÷3=4, 12÷4=3, 12÷6=2
(3) 16과 12를 모두 남김없이 똑같이 나눌 수 있는 수는 2, 4이고 이 중 더 큰 수는 4입니다.
따라서 만들 수 있는 가장 큰 정사각형의 한 변의 길이는 4 cm입니다.

8 (1) (땅의 한 변에 꽂는 깃발의 간격 수)
=36÷6=6(군데)
➔ (땅의 한 변에 꽂는 깃발의 수)
=6+1=7(개)
(2) 땅의 한 변에 7개씩 깃발을 꽂으면 7×3=21(개)입니다.
이때, 세 꼭짓점에 꽂는 깃발은 두 번씩 겹치므로 필요한 깃발은 모두 21−3=18(개)입니다.

유형책 3 단원

087쪽 3단원 마무리

01 4
02 56, 8
03 30, 6
04 6, 4, 4, 6
05 3, 3 / 3명
06 ①, ④
07 (1) ─ (3), (2) ─ (2), (3) ─ (1)
08 <
09 5 / 7×5=35, 5×7=35
10 3
11

> ❶ 가장 큰 수와 가장 작은 수 각각 구하기 ▶ 2점
> ❷ 나눗셈의 몫 구하기 ▶ 3점

예 ❶ 48>24>9>6이므로 가장 큰 수는 48, 가장 작은 수는 6입니다.
❷ 48÷6=8
답 8

12 예 방법 1 21−7−7−7=0
방법 2 21÷7=3
/ 3명
13 예 3, 5
14 9쪽
15 연서
16

> ❶ 정사각형의 성질 알기 ▶ 2점
> ❷ 정사각형의 한 변의 길이 구하기 ▶ 3점

예 ❶ 정사각형은 네 변의 길이가 모두 같습니다.
❷ (만든 정사각형의 한 변의 길이)
=20÷4=5 (cm)
답 5 cm

17 8
18 7개
19

> ❶ 어떤 수 구하기 ▶ 3점
> ❷ 어떤 수를 4로 나눈 몫 구하기 ▶ 2점

예 ❶ 어떤 수를 □라 하면 □÷8=2입니다.
8×2=□, 8×2=16이므로 □=16입니다.
❷ 어떤 수를 4로 나눈 몫은 16÷4=4입니다.
답 4

20 42

02 56 나누기 7은 8과 같습니다.
→ 56÷7=8

03 30−5−5−5−5−5−5=0 → 30÷5=6
(6번)

06 나누는 수가 7인 나눗셈식을 모두 찾습니다.
① 14÷7=□
→ 7×□=14, 7×2=14, □=2
④ 63÷7=□
→ 7×□=63, 7×9=63, □=9

07 (1) 16÷4=4 ─ 36÷9=4
(2) 35÷5=7 ─ 42÷6=7
(3) 72÷8=9 ─ 18÷2=9

08 • 8×5=40 → 40÷8=5
• 4×7=28 → 28÷4=7
→ 5<7

09 35÷7=5 → 7×5=35, 5×7=35

10 32÷4=8, 45÷9=5 → 8−5=3

13 클립 15개를 3묶음으로 똑같이 나누면 한 묶음에 5개씩입니다. → 15÷3=5

14 일주일은 7일입니다.
→ (하루에 읽어야 하는 쪽수)
=(전체 쪽수)÷(읽는 날수)
=63÷7=9(쪽)

15 미나: 18÷3=6, 연서: 27÷3=9,
도율: 10÷2=5
→ 9>6>5이므로 몫이 가장 큰 나눗셈을 말한 사람은 연서입니다.

17 14÷2=7
56÷□=7 → 7×□=56, 7×8=56, □=8

18 (전체 바둑돌의 수)=24+25=49(개)
(한 상자에 담은 바둑돌의 수)=49÷7=7(개)

20 수 카드 중에서 2장을 골라 만들 수 있는 두 자리 수는 23, 24, 32, 34, 42, 43입니다.
7로 남김없이 똑같이 나눌 수 있는 수는 7단 곱셈구구의 값이 되는 수입니다.
7×6=42 → 42÷7=6
따라서 7로 남김없이 똑같이 나눌 수 있는 두 자리 수는 42입니다.

4 곱셈

092쪽 1STEP 개념 확인하기

01 20, 8, 28　　02 60, 3, 63
03 0, 8, 0　　04 6, 9, 6
05 26　　06 88

03 • $0\times4=0$에서 0을 일의 자리에 씁니다.
• $2\times4=8$에서 8을 십의 자리에 씁니다.

04 • $2\times3=6$에서 6을 일의 자리에 씁니다.
• $3\times3=9$에서 9를 십의 자리에 씁니다.

05~06 올림이 없는 (두 자리 수)×(한 자리 수)의 계산에서 일의 자리를 계산한 값은 일의 자리에 쓰고, 십의 자리를 계산한 값은 십의 자리에 씁니다.

093쪽 1STEP 개념 확인하기

01 120, 8, 128　　02 150, 9, 159
03 6, 1, 4, 6　　04 0, 4, 5, 0
05 168　　06 244

03 • $3\times2=6$에서 6을 일의 자리에 씁니다.
• $7\times2=14$에서 4를 십의 자리에, 1을 백의 자리에 씁니다.

04 • $0\times5=0$에서 0을 일의 자리에 씁니다.
• $9\times5=45$에서 5를 십의 자리에, 4를 백의 자리에 씁니다.

05~06 십의 자리에서 올림이 있는 (두 자리 수)×(한 자리 수)의 계산에서 일의 자리 수와의 곱은 일의 자리에 쓰고, 십의 자리 수와의 곱은 백의 자리와 십의 자리에 씁니다.

094쪽 2STEP 유형 다잡기

01 4, 80 / 풀이 4, 4, 80
01 6, 60　　02 준호
03 30, 90
02 36 / 풀이 6, 30, 36
04 (1) 82 (2) 77　　05 93
06 86
07 1단계 예 삼각형에 적힌 두 수는 11과 6입니다. ▶ 2점
2단계 $11\times6=66$ ▶ 3점
답 66
03 729 / 풀이 9, 720, 729
08 $70\times2=140$
$2\times2=\ \ 4$
$72\times2=144$
09 (1) 306 (2) 188
10
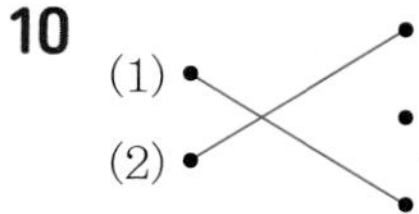

04 > / 풀이 126, 126, >
11 (△) (　)

02 리아: $10\times5=50$
→ 바르게 계산한 사람은 준호입니다.

03 $10\times3=30$, $30\times3=90$

05 $\begin{array}{r} 31 \\ \times\ \ 3 \\ \hline 93 \end{array}$　　06 $\begin{array}{r} 43 \\ \times\ \ 2 \\ \hline 86 \end{array}$

08 $72=70+2$이므로 70과 2에 각각 2를 곱한 다음 두 곱을 더합니다.

09 (1) $\begin{array}{r} 51 \\ \times\ \ 6 \\ \hline 306 \end{array}$　　(2) $\begin{array}{r} 94 \\ \times\ \ 2 \\ \hline 188 \end{array}$

10 (1) $21\times9=189$, $63\times3=189$
(2) $32\times4=128$, $64\times2=128$
참고 $31\times5=155$

11 $44\times2=88$, $32\times3=96$
→ $88<96$이므로 계산 결과가 더 작은 쪽은 왼쪽입니다.

유형책 4 단원

096쪽 2STEP 유형 다잡기

12 '51×5'에 색칠 **13** ㉢, ㉠, ㉣, ㉡

05 36개 / 풀이 12, 3, 36

14 22×4=88 / 88명

15 232개

16 1단계 예 (알사탕의 수)=20×3=60(개)
(막대사탕의 수)=24×2=48(개) ▶ 4점
2단계 (알사탕과 막대사탕의 수의 합)
=60+48=108(개) ▶ 1점
답 108개

06 4 / 풀이 120, 120, 120, 4

17 4 **18** 3, 30

07 79 / 풀이 80, 80, 79

19 1단계 예 12×4=48, 10×5=50 ▶ 3점
2단계 48<♣<50이므로 ♣에 알맞은 두 자리 수는 49입니다. ▶ 2점
답 49

20 5개 **21** 255

12 41×6=246, 31×8=248, 51×5=255
➔ 255>250>248>246이므로 계산 결과가 250보다 큰 것은 51×5입니다.

13 ㉠ 42×3=126 ㉡ 40×4=160
㉢ 43×2=86 ㉣ 53×3=159
➔ 86<126<159<160이므로 곱이 작은 것부터 차례로 기호를 쓰면 ㉢, ㉠, ㉣, ㉡입니다.

14 (재우네 학교 3학년 전체 학생 수)
=(한 반의 학생 수)×(반 수)
=22×4=88(명)

15 오리의 다리는 2개, 양의 다리는 4개입니다.
(오리의 다리 수)=34×2=68(개)
(양의 다리 수)=41×4=164(개)
➔ (오리와 양의 다리 수의 합)
=68+164=232(개)

17 42×2=84이므로 21×□=84입니다.
21+21+21+21=84이므로 □=4입니다.
(4번)

18 10×6=60
• 20×㉠=60에서 20+20+20=60이므로 ㉠=3입니다.
• ㉡×2=60에서 ㉡+㉡=60, 30+30=60이므로 ㉡=30입니다.

20 30×3=90, 32×3=96
90<□<96이므로 □ 안에 들어갈 수 있는 두 자리 수는 91, 92, 93, 94, 95로 모두 5개입니다.

21 ㉠ 63×2=126 ㉡ 43×3=129
➔ 126과 129 사이에 있는 세 자리 수는 127, 128이므로 합은 127+128=255입니다.

098쪽 1STEP 개념 확인하기

01 80, 14, 94 **02** 60, 18, 78
03 1, 6 / 1, 7, 6 **04** 2, 4 / 2, 6, 4
05 1, 92 **06** 2, 57

03 • 8×2=16에서 6을 일의 자리에 쓰고, 1은 십의 자리 위에 작게 씁니다.
• 3×2=6에 올림한 수 1을 더하여 7을 십의 자리에 씁니다.

04 • 6×4=24에서 4를 일의 자리에 쓰고, 2는 십의 자리 위에 작게 씁니다.
• 1×4=4에 올림한 수 2를 더하여 6을 십의 자리에 씁니다.

099쪽 1STEP 개념 확인하기

01 100, 12, 112 **02** 120, 24, 144
03 1, 2 / 1, 2, 5, 2 **04** 1, 5 / 1, 3, 1, 5
05 1, 296 **06** 4, 342

03 • 4×3=12에서 2를 일의 자리에 쓰고, 1은 십의 자리 위에 작게 씁니다.
• 8×3=24, 24+1=25에서 5를 십의 자리에, 2를 백의 자리에 씁니다.

04 • $3\times5=15$에서 5를 일의 자리에 쓰고, 1은 십의 자리 위에 작게 씁니다.
• $6\times5=30$, $30+1=31$에서 1을 십의 자리에, 3을 백의 자리에 씁니다.

100쪽 1STEP 개념 확인하기

01 50, 100에 ○표 **02** 30, 90에 ○표
03 (○) ( ) **04** ( ) (○)
05 예 30 **06** 예 30, 150
07 예 40 **08** 예 40, 360

01 48×2를 어림셈으로 구하면 약 $50\times2=100$입니다.

02 33×3을 어림셈으로 구하면 약 $30\times3=90$입니다.

05 28은 30에 가까우므로 28은 약 30입니다.

07 42는 40에 가까우므로 42는 약 40입니다.

101쪽 2STEP 유형 다잡기

08 48 / 풀이 3, 30, 18, 18, 48
01 (1) 96 (2) 76 **02** ㉢
03 50, 75 **04** 30
09 365 / 풀이 15, 350, 365
05
$$\begin{array}{r} {}^{2} \\ 46 \\ \times\ \ 4 \\ \hline 184 \end{array}$$
06 (1) 168 (2) 258

01 올림한 수를 작게 표시하여 계산에서 빠뜨리지 않도록 주의합니다.

02 ㉠ 27씩 3묶음 ➔ ㉢ 27+27+27 ➔ 27×3
㉡ 27의 2배 ➔ 27×2

03
$$\begin{array}{r} {}^{1} \\ 25 \\ \times\ \ 2 \\ \hline 50 \end{array} \qquad \begin{array}{r} {}^{1} \\ 25 \\ \times\ \ 3 \\ \hline 75 \end{array}$$

04 일의 자리 계산 $7\times5=35$에서 올림한 수 3이므로 실제로 30을 나타냅니다.

05 $6\times4=24$이므로 자리에 맞게 올림한 수 2를 작게 적어 계산합니다.

06 (1)
$$\begin{array}{r} {}^{2} \\ 24 \\ \times\ \ 7 \\ \hline 168 \end{array}$$
(2)
$$\begin{array}{r} {}^{1} \\ 86 \\ \times\ \ 3 \\ \hline 258 \end{array}$$

102쪽 2STEP 유형 다잡기

07 (1)•, (2)•, (3)• (선 잇기) **08** 278
09 1단계 예 96>74>8>7이므로 가장 큰 수는 96, 가장 작은 수는 7입니다. ▶ 2점
2단계 (가장 큰 수)×(가장 작은 수)
$=96\times7=672$ ▶ 3점
답 672
10 150에 ○표 / 풀이 50, 50, 150
10 '30×6'에 색칠 / 180
11 70, 560 / '클'에 ○표
12 어림셈으로 구하기 | 실제로 계산하기
예
$$\begin{array}{r} 60 \\ \times\ \ 6 \\ \hline 360 \end{array} \qquad \begin{array}{r} 62 \\ \times\ \ 6 \\ \hline 372 \end{array}$$
13 이름 빛나 ▶ 2점
이유 예 더 큰 수로 어림하여 계산한 값은 실제 계산한 값보다 큽니다. 따라서 37×7은 280보다 작습니다. ▶ 3점
11 72, 70, '12×6'에 ○표 / 풀이 72, 70, 72, >, 70
14 <
15 (○) (△) ( )
12 지호 / 풀이 27, 십, 지호
16 (×) ( )

07 (1) $26\times5=130$
(2) $56\times6=336$
(3) $65\times3=195$

유형책 4 단원

08 $67\times2=134$, $48\times3=144$
→ $134+144=278$

10 33을 어림하면 약 30이므로 33×6은
약 $30\times6=180$으로 어림셈을 할 수 있습니다.

11 어림셈으로 구한 값은 72보다 작은 70으로 어림해서 구한 것이므로 실제 계산 결과는 어림셈으로 구한 값보다 큽니다.

12 62는 약 60으로 어림할 수 있습니다.
어림셈: $60\times6=360$, 실제 계산: $62\times6=372$

13 참고 $37\times7=259$

14 $23\times4=92$, $34\times3=102$ → $92<102$

15 $22\times7=154$, $58\times2=116$, $35\times4=140$
→ $154>140>116$

16 $\begin{array}{r} {}^{2}\quad \\ 2\,6 \\ \times\quad 4 \\ \hline 1\,0\,4 \end{array}$ 십의 자리의 계산에서 $2\times4=8$과 올림한 수 2를 더하여 10으로 써야 합니다.

104쪽 2STEP 유형 다잡기

17 $\begin{array}{r} 1\,3 \\ \times\quad 7 \\ \hline 2\,1 \\ 7\, \\ \hline 9\,1 \end{array}$

18 ㉢, 108

19 이유 예 일의 자리 계산에서 $2\times6=12$이므로 10을 올림하여 $40\times6=240$과 더해야 하는데 더하지 않고 계산하였습니다. ▶ 3점

바르게 계산 $\begin{array}{r} 4\,2 \\ \times\quad 6 \\ \hline 2\,5\,2 \end{array}$ ▶ 2점

13 175개 / 풀이 35, 5, 175

20 $27\times8=216$ / 216명

21 42, 84

22 예 160마리

23 8팩

14 모닝빵, 4개
/ 풀이 5, 80, 4, 76, 모닝빵, 80, 76, 4

24 어제

25 1단계 예 (한솔이가 담은 콩의 수)
$=23\times6=138$(개)
(수호가 담은 콩의 수)
$=17\times8=136$(개) ▶ 4점
2단계 $138>136$이므로 접시에 콩을 더 많이 담은 사람은 한솔입니다. ▶ 1점
답 한솔

26 고구마, 23개

17 십의 자리를 계산한 값 $1\times7=7$은 십의 자리에 써야 합니다.

18 ㉢ 일의 자리 계산에서 $7\times4=28$이므로 20을 올림하여 $20\times4=80$과 더해야 합니다.

20 (운동장에 서 있는 학생 수)
=(한 줄에 서 있는 학생 수)×(줄 수)
$=27\times8=216$(명)

21 (연서의 붙임딱지 수)$=14\times3=42$(장)
(규민이의 붙임딱지 수)$=42\times2=84$(장)

22 어항 한 개에 넣은 물고기의 수 22를 어림하면 약 20입니다.
→ 어항 8개에 넣은 물고기의 수는
약 $20\times8=160$(마리)입니다.

23 (판 딸기우유의 수)$=12\times9=108$(팩)
(남은 딸기우유의 수)$=116-108=8$(팩)

24 (오늘 만든 팔찌의 수)$=57\times5=285$(개)
→ $357>285$이므로 팔찌를 더 많이 만든 날은 어제입니다.

26 (감자의 수)$=29\times5=145$(개)
(고구마의 수)$=24\times7=168$(개)
→ $145<168$이므로 고구마가 $168-145=23$(개) 더 많습니다.

106쪽 2STEP 유형 다잡기

15 2 / 풀이 2, 2

27 3

28 2, 4

29 3

16 48 cm / 풀이 20, 60, 2, 12, 60, 12, 48

30 354 cm

31 (1단계) 예 (색 테이프 4장의 길이의 합)

$=36\times4=144$ (cm) ▶ 2점

(2단계) 겹쳐진 부분은 $4-1=3$(군데)입니다.

(겹쳐진 부분의 길이의 합)

$=14\times3=42$ (cm) ▶ 2점

(3단계) (전체 길이)

$=144-42=102$ (cm) ▶ 1점

답 102 cm

32 125 cm

17 129 / 풀이 8, 51, 51, 8, 43, 43, 129

33 192

34 (1단계) 예 어떤 수를 □라 하면 $□\div3=9$이므로 $□=9\times3=27$입니다. ▶ 3점

(2단계) 바르게 계산하면 $27\times3=81$입니다. ▶ 2점

답 81

27 • 일의 자리 계산: $2\times6=12$이므로 십의 자리로 올림한 수 1이 있습니다.

• 십의 자리 계산: 지워진 수를 □라 하면 $□\times6=19-1$, $□\times6=18$이므로 $□=3$입니다.

28

$$\begin{array}{r} 8\ ㉠ \\ \times\quad ㉡ \\ \hline 3\ 2\ 8 \end{array}$$

• 십의 자리 계산: $8\times㉡=32$에서 $8\times4=32$이므로 $㉡=4$입니다.

• 일의 자리 계산: $㉠\times㉡=8$에서 $㉠\times4=8$, $2\times4=8$이므로 $㉠=2$입니다.

29 • 일의 자리 계산: $7\times3=21$이므로 $㉡=1$이고 십의 자리로 올림한 수 2가 있습니다.

• 십의 자리 계산: $㉠\times3=8-2$, $㉠\times3=6$이므로 $㉠=2$입니다.

→ $㉠+㉡=2+1=3$

32 (리본 5개의 길이의 합)$=30\times5=150$ (cm)

(겹쳐진 부분의 길이의 합)$=5\times5=25$ (cm)

→ (전체 길이)$=150-25=125$ (cm)

주의 리본을 겹치게 이어 붙여 고리 모양으로 만들면 겹쳐진 부분의 수와 리본의 수가 같습니다.

33 어떤 수를 □라 하면 $□\div6=8$이므로 $□=8\times6=48$입니다.

→ (어떤 수에 4를 곱한 값)$=48\times4=192$

108쪽 2STEP 유형 다잡기

18 1, 2 / 풀이 108, 162, 1, 2

35 1, 2, 3에 ○표

36 (1단계) 예 $41\times3=123$ ▶ 2점

(2단계) $17\times7=119$, $17\times8=136$이므로 □ 안에 들어갈 수 있는 수는 7보다 큰 8, 9입니다. ▶ 3점

답 8, 9

37 4개

19 136 / 풀이 2, 68, 2, 136

38 예 3, 4, 7 / 3, 4, 7, 238

39 216

40 3, 1, 7 / 217

41 5, 7, 4 / 228

20 11, 22 / 풀이 44, 88, 132, 11, 22

42 63 **43** 3개

35 $16\times1=16$, $16\times2=32$, $16\times3=48$, $16\times4=64$, ...입니다.

따라서 □ 안에 들어갈 수 있는 수는 4보다 작은 1, 2, 3입니다.

37 $12\times7=84$, $21\times8=168$이므로 $84<23\times□<168$입니다.

$23\times3=69$, $23\times4=92$, $23\times5=115$, $23\times6=138$, $23\times7=161$, $23\times8=184$입니다.

따라서 □ 안에 들어갈 수 있는 수는 4, 5, 6, 7로 모두 4개입니다.

38 채점 가이드 수 카드로 두 자리 수와 한 자리 수를 만들고, 두 수의 곱을 바르게 구했는지 확인합니다. 내가 만든 수에 따라 곱이 어떻게 될지 예상해 볼 수 있습니다.

39 수 카드의 수의 크기를 비교하면 $2<7<8$이므로 만들 수 있는 가장 작은 두 자리 수는 27입니다.

나머지 수는 8이므로 곱셈식을 만들면 $27\times8=216$입니다.

40 (두 자리 수)×(한 자리 수)의 곱이 가장 크려면 두 번 곱해지는 한 자리 수에 가장 큰 수인 7을 쓰고, 그 다음 큰 수인 3을 두 자리 수의 십의 자리, 나머지 수인 1을 일의 자리에 써야 합니다.

→ $31\times7=217$

유형책 4 단원

41 (두 자리 수)×(한 자리 수)의 곱이 가장 작으려면 두 번 곱해지는 한 자리 수에 가장 작은 수인 4를 쓰고, 남은 수 카드의 수로 가장 작은 두 자리 수를 만들어야 합니다.
남은 수 카드의 수를 비교하면 5<7<9이므로 만들 수 있는 가장 작은 두 자리 수는 57입니다.
➔ 57×4=228

42 두 자리 수의 십의 자리 숫자는 6이고, 일의 자리 숫자를 ■라 하면 두 자리 수는 6■입니다.
6■×3=189에서 ■×3=9이므로 ■=3입니다.
따라서 조건에 맞는 두 자리 수는 63입니다.

43 • 십의 자리 수가 일의 자리 수보다 2만큼 더 큰 두 자리 수는 20, 31, 42, 53, 64, 75, 86, 97입니다.
• 97×5=485, 86×5=430, 75×5=375, 64×5=320, ...이므로 조건에 맞는 두 자리 수는 97, 86, 75로 3개입니다.

110쪽 3STEP 응용 해결하기

1 3
2
❶ 체육관에 모인 학생 수 구하기 ▶ 3점
❷ 준비해야 하는 송편의 수 구하기 ▶ 2점

예 ❶ (체육관에 모인 학생 수)
=21×3=63(명)
❷ (준비해야 하는 송편의 수)
=63×4=252(개)
답 252개

3 로봇 장난감, 1 m 60 cm
4
❶ 가로등 사이의 간격의 수 구하기 ▶ 2점
❷ 도로의 길이 구하기 ▶ 3점

예 ❶ 15+15=30이므로 도로 한쪽에 세운 가로등은 15개입니다.
(간격의 수)=(가로등의 수)−1
=15−1=14(군데)
❷ (도로의 길이)
=(간격의 수)×(가로등 사이의 간격)
=14×9=126 (m)
답 126 m

5 9개
6 15개
7 (1) 150 cm (2) 20 cm (3) 4 cm
8 (1) 60 (2) 61, 74 (3) 5

1 3□×9와 300의 차를 구해 봅니다.
33×9=297 ➔ 300−297=3
34×9=306 ➔ 306−300=6
따라서 33×9일 때 곱이 300에 가장 가깝습니다.

3 • (강아지 장난감이 이동한 거리)
=86×4=344 (cm)
• (로봇 장난감이 이동한 거리)=72×7=504 (cm)
344<504이므로 504−344=160입니다. 로봇 장난감이 160 cm=1 m 60 cm 더 갔습니다.

5 • 40문제를 다 맞혔을 때 점수: 40×5=200(점)
• 39문제를 맞히고 1문제를 틀렸을 때 점수:
39×5=195(점), 1×2=2(점)
→ 195−2=193(점)
• 38문제를 맞히고 2문제를 틀렸을 때 점수:
38×5=190(점), 2×2=4(점)
→ 190−4=186(점)
한 문제를 틀릴 때마다 7점씩 작아집니다.
다 맞혔을 때보다 200−137=63(점) 더 작으므로 틀린 문제는 63÷7=9(개)입니다.

6 딸기 맛 사탕의 수를 □개라 하면 레몬 맛 사탕은 (□×5)개, 포도 맛 사탕은 (□×8)개입니다.
□를 8번 더한 수에서 □를 5번 더한 수를 빼면 □를 3번 더한 것과 같습니다.
(레몬 맛 사탕의 수와 포도 맛 사탕의 수의 차)
=□×3=45
➔ 15+15+15=45이므로 15×3=45입니다.
□=15이므로 딸기 맛 사탕은 15개입니다.

7 (1) (종이테이프 6장의 길이의 합)
=25×6=150 (cm)
(2) (겹쳐진 부분의 길이의 합)
=(종이테이프 6장의 길이의 합)
−(이어 붙인 종이테이프의 전체 길이)
=150−130=20 (cm)
(3) 겹쳐진 부분은 6−1=5(군데)이므로 겹쳐진 한 부분의 길이는 20÷5=4 (cm)입니다.

8 (1) $20\times3=60$
(2) □ 안에 들어갈 수 있는 두 자리 수는 60보다 큰 수이고 모두 14개이므로 61부터 74까지입니다.
(3) $15\times$㉠$=75$여야 하므로
$15\times5=75$, ㉠에 알맞은 수는 5입니다.

113쪽 4단원 마무리

01 5, 50
02 '60×8'에 색칠
03 20
04 244
05 76
06 292
07 (1)–(3) 연결
08 >
09 48, 96

10 ❶ 계산이 잘못된 곳을 찾아 이유 쓰기 ▶ 3점
❷ 바르게 계산하기 ▶ 2점

예 ❶ 십의 자리 계산 $5\times6=30$에서 30을 백의 자리와 십의 자리에 맞춰 쓰지 않았기 때문입니다.

❷
$$\begin{array}{r} 5\ 1 \\ \times\quad 6 \\ \hline 3\ 0\ 6 \end{array}$$

11 150병
12 예 100개

13 ❶ 가장 큰 수와 가장 작은 수 각각 구하기 ▶ 2점
❷ 가장 큰 수와 가장 작은 수의 곱 구하기 ▶ 3점

예 ❶ $36>28>9>5$이므로 가장 큰 수는 36이고, 가장 작은 수는 5입니다.
❷ (가장 큰 수)×(가장 작은 수)
$=36\times5=180$
답 180

14 4
15 84 cm
16 130개
17 288개
18 (위에서부터) 7, 5

19 ❶ 어떤 수 구하기 ▶ 2점
❷ 어떤 수와 8의 곱 구하기 ▶ 3점

예 ❶ 어떤 수를 □라 하면
□$+16=42$, □$=42-16$, □$=26$입니다.
❷ 따라서 어떤 수에 8을 곱하면 $26\times8=208$입니다.
답 208

20 60, 51, 42

02 61을 어림하면 약 60이므로 61×8은 약 60×8로 어림셈을 할 수 있습니다.

03 일의 자리 계산 $8\times3=24$에서 올림한 수 2이므로 실제로 20을 나타냅니다.

07 (1) $20\times6=120$, $30\times4=120$
(2) $10\times4=40$, $20\times2=40$
(3) $60\times3=180$, $90\times2=180$

08 $43\times2=86$, $21\times4=84$ → $86>84$

11 (전체 주스의 수)
=(한 상자에 들어 있는 주스의 수)×(상자의 수)
$=30\times5=150$(병)

12 한 봉지에 넣은 구슬의 수 19를 어림하면 약 20입니다.
→ 5봉지에 넣은 구슬의 수는 약 $20\times5=100$(개)입니다.

14 $11\times8=88$이므로 $22\times$□$=88$입니다.
$22\times4=88$이므로 □ 안에 알맞은 수는 4입니다.

15 (색 테이프 2장의 길이의 합)$=46\times2=92$ (cm)
→ (이어 붙인 색 테이프의 전체 길이)
$=92-8=84$ (cm)

16 (두발자전거의 바퀴 수)$=2\times38=38\times2=76$(개)
(세발자전거의 바퀴 수)$=3\times18=18\times3=54$(개)
→ (두발자전거와 세발자전거의 바퀴 수의 합)
$=76+54=130$(개)

17 (전체 학생 수)$=24\times4=96$(명)
→ (필요한 씨앗의 수)$=96\times3=288$(개)

18 • 일의 자리 계산: $5\times3=15$이므로 일의 자리의 □는 5이고 십의 자리로 올림한 수 1이 있습니다.
• 십의 자리 계산: □$\times3=22-1$,
□$\times3=21$, □$=7$

20 십의 자리 수와 일의 자리 수의 합이 6인 수는 60, 51, 42, 33, 24, 15입니다.
$60\times4=240$, $51\times4=204$, $42\times4=168$, $33\times4=132$, ...이므로 조건에 맞는 두 자리 수는 60, 51, 42입니다.

유형책 4단원

5 길이와 시간

118쪽 1STEP 개념 확인하기

01 10 02 8
03 3, 7
04 6 mm / 6 밀리미터
05 7 cm 1 mm / 7 센티미터 1 밀리미터

02 색 테이프의 길이는 작은 눈금 8칸의 길이이므로 8 mm입니다.

03 색 테이프의 길이는 3 cm보다 7 mm 더 깁니다.
→ 3 cm 7 mm

119쪽 1STEP 개념 확인하기

01 km, 킬로미터 02 5
03 2, 800 04 9 킬로미터
05 7 킬로미터 500 미터
06 8 07 7000

03 2 km보다 800 m 더 긴 길이 → 2 km 800 m

07 7 km 200 m = 7 km + 200 m
= 7000 m + 200 m = 7200 m

120쪽 1STEP 개념 확인하기

01 예 약 2 cm, 1 cm 7 mm
02 예 약 5 cm, 5 cm 4 mm
03 2, 1 04 우체국, 경찰서

01 어림한 길이를 말할 때에는 약 몇 cm 몇 mm 또는 약 몇 mm라고 나타내고, 자로 재어 확인합니다.

04 약 500 m의 3배 정도 거리에 있는 곳을 찾습니다.

121쪽 2STEP 유형 다잡기

01 3 cm 3 mm / 풀이 3, 3, 3, 3
01 (1) 예
(2) 예
02 예 7 / 8 cm 7 mm, 8 센티미터 7 밀리미터
03 6 mm 04 리아
05 3 cm 6 mm

02 채점 가이드 □ 안에 써넣은 수에 따라 8 cm 1 mm부터 8 cm 9 mm까지 다양한 답이 나옵니다. 길이에 맞게 쓰고 읽었으면 정답으로 인정합니다.

04 'mm'는 밀리미터라고 읽습니다.
따라서 5 mm를 바르게 읽은 사람은 리아입니다.
참고 • 5 미터 → 5 m • 5 센티미터 → 5 cm

05 자의 눈금 1에서 시작하였으므로 막대 과자의 길이는 3 cm보다 6 mm 더 긴 3 cm 6 mm입니다.
주의 자의 눈금 1에서부터 쟀으므로 막대 과자의 오른쪽 눈금만 보고 4 cm 6 mm로 답하지 않도록 주의합니다.

122쪽 2STEP 유형 다잡기

02 8 cm 4 mm / 풀이 80, 8, 4
06 (1) 2, 9 (2) 56 07 7, 1, 71
08 ③, ④
03 3, 500 / 풀이 5, 3, 500
09 4 km 300 m / 4 킬로미터 300미터
10 ( )
(○)
( )
11 9 km 640 m
12 바르게 고치기 예 3 km보다 92 m 더 긴 길이는 3 km 92 m입니다. ▶ 5점
04 6800 / 풀이 6000, 6800
13 (1) •
(2) •
(3) •
14 ㉡

15 (위에서부터) 1947 m, 2 km 744 m
16 2480 m

06 (1) 29 mm=20 mm+9 mm=2 cm 9 mm
(2) 5 cm 6 mm=5 cm+6 mm
=50 mm+6 mm=56 mm

07 7 cm 1 mm=7 cm+1 mm
=70 mm+1 mm=71 mm

08 ③ 1 cm 4 mm=10 mm+4 mm=14 mm
④ 38 mm=30 mm+8 mm=3 cm 8 mm

11 9 km보다 640 m 더 먼 거리
➔ 9 km 640 m

13 (1) 5 km 30 m=5 km+30 m
=5000 m+30 m=5030 m
(2) 5 km 3 m=5 km+3 m
=5000 m+3 m=5003 m
(3) 5 km 300 m=5 km+300 m
=5000 m+300 m=5300 m

14 ㉡ 4 km 50 m=4 km+50 m
=4000 m+50 m=4050 m

15 • 한라산: 1 km 947 m=1 km+947 m
=1000 m+947 m
=1947 m
• 백두산: 2744 m=2000 m+744 m
=2 km+744 m
=2 km 744 m

16 2 km 480 m=2 km+480 m
=2000 m+480 m=2480 m

124쪽 2STEP 유형 다잡기

05 (○) (　) / 풀이 4, 7, >, 4, 7
17 (1) > (2) = 　18 백화점
19 노란색
20 1단계 예 네 길이를 모두 mm로 나타냅니다.
㉡ 96 cm 9 mm=969 mm
㉢ 98 cm 3 mm=983 mm ▶ 2점
2단계 988>983>969>908이므로 길이가 긴 것부터 차례로 기호를 쓰면 ㉠, ㉢, ㉡, ㉣입니다. ▶ 3점
답 ㉠, ㉢, ㉡, ㉣
06 × / 풀이 mm
21 (1) 8 mm (2) 259 km
22 규민
23 문장 예 책상의 가로 길이는 약 80 cm입니다.
07 예 약 4 km / 풀이 예 4, 4
24 예 약 5 cm, 5 cm 2 mm
25 예 약 50 mm, 4 cm 7 mm /
예 약 2 cm 5 mm, 2 cm 6 mm
26 공연장, 약수터

17 (1) 1300 m=1000 m+300 m=1 km 300 m
➔ 1 km 300 m>1 km 30 m
(2) 8 km 25 m=8 km+25 m
=8000 m+25 m=8025 m
➔ 8025 m=8025 m

18 연희네 집에서 백화점까지의 거리는 1 km 900 m=1900 m입니다.
➔ 1600<1900이므로 연희네 집에서 더 멀리 떨어진 곳은 백화점입니다.

19 리본의 길이를 모두 cm로 나타냅니다.
노란색 리본: 3 m=300 cm
파란색 리본: 400 mm=40 cm
➔ 300>50>40이므로 가장 긴 리본은 노란색입니다.

21 (1) 휴대 전화의 두께는 1 cm보다 짧으므로 mm 단위를 사용합니다.
(2) 지역과 지역 사이의 거리는 km 단위를 사용합니다.

22 • 연서: 내 신발의 길이는 220 mm야.
• 현우: 내 키는 150 cm야.

23 채점 가이드 보기의 단위 중 하나를 골라 알맞게 사용하여 적절한 문장을 만들면 정답으로 인정합니다. 설명하는 길이와 단위가 어울리는지 확인합니다.

유형책
5 단원

24 선분의 길이는 5 cm보다 2 mm 더 깁니다.
➔ 5 cm 2 mm

25 자 없이 길이를 어림해 보고 자로 재어 확인합니다.

26 마을 회관에서 약 4 km 떨어진 곳에 있는 장소는 마을 회관에서 1 km의 거리의 4배 정도 떨어진 곳에 있는 공연장, 약수터입니다.

126쪽 2STEP 유형 다잡기

08 4, 540 / 풀이 540, 4, 4, 540
27 (1) 5 cm 6 mm (2) 3 km 540 m
28 7, 3 **29** 8 cm 4 mm
30 22 cm 5 mm, 4 cm 3 mm
31 85 km 600 m **32** 13 cm 9 mm
09 길 1 / 풀이 3, 100, 3, 100, <
33 경로 2 **34** 경찰서, 400 m
10 1310 m / 풀이 5, 580, 1, 310, 1310
35 1단계 예 (㉡~㉣)=2900 m=2 km 900 m
(㉠~㉣)=(㉠~㉡)+(㉡~㉣)
=4 km 500 m+2 km 900 m
=7 km 400 m ▶ 3점
2단계 (㉢~㉣)=(㉠~㉣)−(㉠~㉢)
=7 km 400 m−5 km 200 m
=2 km 200 m ▶ 2점
답 2 km 200 m
36 7 km 260 m

27 (1)

$$\begin{array}{r} 4\text{ cm }2\text{ mm} \\ +\ 1\text{ cm }4\text{ mm} \\ \hline 5\text{ cm }6\text{ mm} \end{array}$$

(2)

$$\begin{array}{r} 9\text{ km }850\text{ m} \\ -\ 6\text{ km }310\text{ m} \\ \hline 3\text{ km }540\text{ m} \end{array}$$

28

$$\begin{array}{r} \overset{11}{\cancel{12}}\text{ cm}\ \ \overset{10}{}\phantom{\text{ mm}} \\ -\ \ 4\text{ cm }7\text{ mm} \\ \hline 7\text{ cm }3\text{ mm} \end{array}$$

29 규민: 58 mm=5 cm 8 mm
2 cm 6 mm+5 cm 8 mm=7 cm 14 mm
➔ 10 mm=1 cm이므로
7 cm 14 mm=8 cm 4 mm입니다.

30 91 mm=9 cm 1 mm
합: 9 cm 1 mm+13 cm 4 mm=22 cm 5 mm
차: 13 cm 4 mm−9 cm 1 mm=4 cm 3 mm

31 (서울에서 인천을 지나 수원까지 간 거리)
=37 km 660 m+47 km 940 m
=84 km 1600 m
➔ 1000 m=1 km이므로
84 km 1600 m=85 km 600 m입니다.

32 (사용한 색 테이프의 전체 길이)
=5 cm 3 mm+5 cm 3 mm=10 cm 6 mm
➔ (남은 색 테이프의 길이)
=24 cm 5 mm−10 cm 6 mm
=13 cm 9 mm

33 경로 1: 4 km 400 m+5 km 900 m
=10 km 300 m
경로 2: 5 km 500 m+4 km 100 m
=9 km 600 m
➔ 10 km 300 m>9 km 600 m이므로 경로 2가 더 짧습니다.

34 (집~경찰서~서점)=2 km+1 km 800 m
=3 km 800 m
(집~소방서~서점)=1 km 900 m+2 km 300 m
=4 km 200 m
➔ 3 km 800 m<4 km 200 m이고
4 km 200 m−3 km 800 m=400 m이므로
경찰서를 지나가는 것이 400 m 더 가깝습니다.

36 (㉠~㉢)+(㉡~㉣)
=4 km 900 m+5 km 600 m
=10 km 500 m
(㉠~㉣)=(㉠~㉢)+(㉡~㉣)−(㉡~㉢)
=10 km 500 m−3 km 240 m
=7 km 260 m

128쪽 1STEP 개념 확인하기

01 60 **02** 80
03 60, 1, 2 **04** 6, 40, 10
05 10, 15, 28 **06** 3, 28, 36

02 1분=60초

04 초바늘이 2를 가리키므로 10초입니다.

05 초바늘이 5에서 작은 눈금 3칸을 더 갔으므로 28초입니다.

06 앞에서부터 시, 분, 초의 순서로 읽습니다.

129쪽 1STEP 개념 확인하기

01 9, 55
02 1 / 19, 30
03 1 / 6, 58, 8
04 1 / 6, 9, 11
05 40, 57
06 1, 49, 46
07 50, 14
08 8, 23, 26

02 초 단위끼리의 합이 60보다 크므로 60초를 1분으로 받아올림합니다.

04 분 단위끼리의 합이 60보다 크므로 60분을 1시간으로 받아올림합니다.

130쪽 1STEP 개념 확인하기

01 20, 38
02 60 / 14, 55
03 34, 60 / 7, 16, 30
04 7, 60 / 6, 56, 34
05 4, 5
06 5, 49, 33
07 1, 18, 55
08 2, 47, 24

02 초 단위끼리 뺄 수 없으면 1분을 60초로 받아내림합니다.

04 분 단위끼리 뺄 수 없으면 1시간을 60분으로 받아내림합니다.

131쪽 2STEP 유형 다잡기

11 2시 45분 30초 / 풀이 2, 45, 30
01 
02 ㉡
03 12시 31분 19초
04 180초
05 문장 예 50 m 달리기 기록이 10초입니다.
12 '초'에 ○표 / 풀이 '초'에 ○표
06 (1) 초 (2) 시간 (3) 분

01 25초이므로 초바늘이 5를 가리키도록 그립니다.

02 초바늘이 작은 눈금 한 칸을 가는 동안 걸리는 시간을 1초라고 합니다. 눈 한 번 깜빡이기는 1초 동안 할 수 있습니다.

03 앞에서부터 시, 분, 초의 순서로 읽습니다.

04 초바늘이 시계를 한 바퀴 도는 데 걸리는 시간은 60초이므로 3바퀴 도는 데 걸리는 시간은 $60\times3=180$(초)입니다.

05 채점 가이드 1초가 1분보다 짧은 시간임을 알고, 시간에 맞는 상황으로 문장을 만들었는지 확인합니다.

06 실생활 상황에서 경험하는 일들에 알맞은 시간의 단위를 생각해 봅니다.

132쪽 2STEP 유형 다잡기

07 주경
13 '90초=1분 30초'에 색칠 / 풀이 60, 100, 60, 1, 30
08 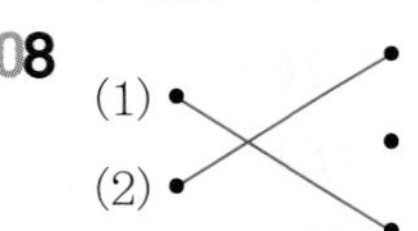

09 바르게 고치기 예 1분은 60초이므로 210초는 3분 30초입니다. ▶5점
10 345초
11 ㉠
14 '4분 20초'에 ○표 / 풀이 240, 260, <, 260
12 (1) < (2) >
13 미나, 준호, 연서
14 현욱
15 8, 39 / 풀이 39, 8, 8, 39
15 (1) 3시 52분 23초 (2) 10시 12분 56초
16 

유형책 5 단원

17 (1단계) 예 시계가 나타낸 시각은 4시 13분 6초입니다. ▶ 2점
(2단계) 초바늘이 45바퀴 돌면 45분이 지난 것입니다.
(초바늘이 45바퀴 돈 후의 시각)
=4시 13분 6초+45분
=4시 58분 6초 ▶ 3점
답 4시 58분 6초

07 도율: 1층부터 10층까지 걸어가는 데 걸린 시간은 3분으로 나타내는 것이 알맞습니다.

08 (1) 3분 18초=180초+18초=198초
(2) 5분 38초=300초+38초=338초

10 5분 45초=300초+45초=345초

11 ㉠ 412초=360초+52초=6분 52초
㉢ 252초=240초+12초=4분 12초

12 (1) 1분 45초=60초+45초=105초
➔ 105초<110초
(2) 470초=420초+50초=7분 50초
➔ 7분 50초>6분 50초

13 연서: 224초=180초+44초=3분 44초
➔ 1분 47초<2분 9초<3분 44초이므로 짧은 시간을 말한 사람부터 차례로 이름을 쓰면 미나, 준호, 연서입니다.

14 • 지연: 1분 16초=60초+16초=76초
• 은아: 1분 21초=60초+21초=81초
➔ 101>81>76이므로 기록이 가장 좋은 사람은 현욱입니다.

15 (1)

	3시	28분	17초
+		24분	6초
	3시	52분	23초

(2)

	1		
	7시	54분	31초
+	2시간	18분	25초
	10시	12분	56초

16 왼쪽 시계가 나타내는 시각은 7시 40분 20초입니다.
(34분 30초 후의 시각)
=7시 40분 20초+34분 30초
=8시 14분 50초

134쪽 2STEP 유형 다잡기

16 3시 31분 42초 / 풀이 41, 30, 3, 31, 42
18 3시간 55분　**19** 5시 8분 53초
20 예 화석 발굴, 움막 체험
(이유) 예 화석 발굴은 21분, 움막 체험은 27분 30초이므로 2가지 체험을 하는 데 걸리는 시간은 21분+27분 30초=48분 30초입니다.
17 5시간 32분 12초 / 풀이 <, 12, 32, 5, 5, 32, 12
21 3시 35분 7초　**22** 7, 9, 49
23 (1단계) 예 • 왼쪽 시계가 나타내는 시각: 2시 35분 5초
• 오른쪽 시계가 나타내는 시각: 5시 53분 18초 ▶ 2점
(2단계) 5시 53분 18초−2시 35분 5초
=3시간 18분 13초 ▶ 3점
답 3시간 18분 13초
18 3분 35초 / 풀이 5, 15, 1, 40, 3, 35
24 2시간 7분　**25** 홍길동전, 1시간 38분
26 5시 3분 6초

18 (도해가 기차와 버스를 탄 시간)
=1시간 25분+2시간 30분=3시간 55분

19 피아노 연습을 시작한 시각: 3시 58분 11초
피아노 연습을 한 시간: 70분 42초
=1시간 10분 42초
➔ (피아노 연습을 끝낸 시각)
=(피아노 연습을 시작한 시각)
+(피아노 연습을 한 시간)
=3시 58분 11초+1시간 10분 42초
=5시 8분 53초

20 채점 가이드 두 시간을 더하여 50분이 넘지 않는 두 체험 활동을 쓰고, 시간의 덧셈을 하여 이유를 알맞게 적었는지 확인합니다.

22

		24	60
	8시	~~25~~분	17초
−	1시간	15분	28초
	7시	9분	49초

24 (수원에서 대천까지 가는 데 걸린 시간)
=(대천에 도착한 시각)−(수원에서 출발한 시각)
=5시 12분−3시 5분=2시간 7분

25 '홍길동전'을 읽는 데 걸린 시간:
210분=180분+30분=3시간 30분
3시간 30분>1시간 52분이므로 '홍길동전'을 읽는 데 3시간 30분−1시간 52분=1시간 38분 더 오래 걸렸습니다.

26 69분 14초=1시간 9분 14초
➔ (시작한 시각)
=(끝난 시각)−(그림 그리기를 하는 데 걸린 시간)
=6시 12분 20초−1시간 9분 14초
=5시 3분 6초

136쪽 2STEP 유형 다잡기

19 ㉡ / 풀이 1, 40, 2, 40, ㉡
27 (×) (　)　**28** 7시 42분 12초
29 이유 예 분끼리의 계산에서 받아올림한 1시간을 시끼리의 계산에서 더하지 않았습니다. ▶3점
바르게 계산

$$\begin{array}{rr} & 8\text{시}\ 49\text{분} \\ + & 23\text{분} \\ \hline & 9\text{시}\ 12\text{분} \end{array}$$ ▶2점

20 7분 39초, 8분 25초, (　) (○)
/ 풀이 7, 39, 8, 25, 7, 39, <, 8, 25
30 >
31 1단계 예 ㉠ 3시간 20분 21초, ㉡ 3시간 51분 58초, ㉢ 3시간 15분 18초 ▶3점
2단계 시간이 짧은 것부터 차례로 기호를 쓰면 ㉢, ㉠, ㉡입니다. ▶2점
답 ㉢, ㉠, ㉡
32 진욱　**33** 현서
21 10시 35분
/ 풀이 45, 10, 15, 10, 15, 20, 10, 35
34 8시 30분　**35** 11시 20분

27 초끼리 더하면 50초+55초=105초입니다.
105초=60초+45초이므로 60초는 1분으로 받아 올림하고, 초에는 45초를 써야 합니다.

28

$$\begin{array}{rrr} & 7\text{시}\ 39\text{분} & \\ + & 3\text{분} & 12\text{초} \\ \hline & 7\text{시}\ 42\text{분} & 12\text{초} \end{array}$$

30 5시간 27분+46분=6시간 13분
➔ 6시간 13분>6시간

32 진욱: 6시 32분 55초−5시 20분 7초
=1시간 12분 48초
➔ 1시간 5분 40초<1시간 12분 48초이므로 컴퓨터를 더 오래 사용한 사람은 진욱입니다.

33 • 현서: 10분 36초+15분 15초=25분 51초
• 연우: 7분 20초+17분 33초=24분 53초
➔ 25분 51초>24분 53초이므로 숙제를 하는 데 시간이 더 오래 걸린 사람은 현서입니다.

34 1회가 끝나는 시각: 10시 5분−15분=9시 50분
➔ 1회 시작 시각: 9시 50분−1시간 20분
=8시 30분

35 2교시가 시작하는 시각: 9시 50분
2교시가 끝나는 시각: 10시 30분 (+40분)
3교시가 시작하는 시각: 10시 40분 (+10분)
3교시가 끝나는 시각: 11시 20분 (+40분)

138쪽 2STEP 유형 다잡기

36 7시 30분
22 2, 49 / 풀이 30, 49, 8, 2
37 (위에서부터) (1) 10, 40, 7 (2) 8, 30, 18
38 2, 11, 15
39 13분 15초, 8분 55초
40 7시 14분 35초
23 12시간 12분 1초 / 풀이 18, 18, 12, 12, 1
41 14시간 18분　**42** 13시간 51분 5초
24 1분 30초 / 풀이 15, 90, 1, 30
43 오전 9시 58분 36초
44 1단계 예 5일 동안 이 시계가 빨라지는 시간은 20초×5=100초=1분 40초입니다. ▶2점
2단계 (5일 후 오후 1시에 이 시계가 가리키는 시각)
=오후 1시+1분 40초
=오후 1시 1분 40초 ▶3점
답 오후 1시 1분 40초

유형책 5 단원

36 (세 번째 기차의 출발 시각)
=11시 15분−1시간 15분=10시
(두 번째 기차의 출발 시각)
=10시−1시간 15분=8시 45분
(첫 번째 기차의 출발 시각)
=8시 45분−1시간 15분=7시 30분

37 (1) • 초: 10+□=50 ➔ □=50−10=40
• 분: □+36=46 ➔ □=46−36=10
• 시: 2+5=□ ➔ □=7
(2) • 초: 33−15=18
• 분: 20−□=50이려면 60분을 받아내림해야 합니다.
➔ 60+20−□=50, 80−□=50, □=30
• 시: □−1−3=4, □−4=4, □=8

38 7시간 42분 25초−□시간 □분 □초
=5시간 31분 10초
➔ 7시간 42분 25초−5시간 31분 10초
=2시간 11분 15초

39 • ㉠+8분 20초=21분 35초
➔ ㉠=21분 35초−8분 20초=13분 15초
• ㉡=21분 35초−12분 40초=8분 55초

40 어떤 시각을 □라 하면
□−1시간 45분=3시 44분 35초입니다.
➔ □=3시 44분 35초+1시간 45분
=5시 29분 35초
따라서 바르게 구한 시각은
5시 29분 35초+1시간 45분=7시 14분 35초입니다.

41 하루는 24시간입니다.
(밤의 길이)=(하루의 길이)−(낮의 길이)
=24시간−9시간 42분
=14시간 18분

42 해가 뜬 시각은 오전 5시 42분 15초이고, 해가 진 시각은 오후 7시 33분 20초=19시 33분 20초입니다.
(낮의 길이)=19시 33분 20초−5시 42분 15초
=13시간 51분 5초

43 (일주일 동안 이 시계가 늦어지는 시간)
=12×7=84(초) ➔ 1분 24초
(일주일 후 오전 10시에 이 시계가 가리키는 시각)
=오전 10시−1분 24초=오전 9시 58분 36초

140쪽 3STEP 응용 해결하기

1 5 km

2 ❶ 동물원에서 집으로 돌아오는 데 걸린 시간 구하기 ▶ 3점
❷ 자동차를 탄 시간 구하기 ▶ 2점

예 ❶ (동물원에서 집으로 돌아오는 데 걸린 시간)
=1시간 30분 25초+24분 40초
=1시간 55분 5초
❷ (자동차를 탄 시간)
=1시간 30분 25초+1시간 55분 5초
=3시간 25분 30초
답 3시간 25분 30초

3 오전 11시 20분 5초

4 4 km 750 m **5** 7 cm 2 mm

6 ❶ 자르는 횟수 구하기 ▶ 2점
❷ 자르는 데 걸리는 시간 구하기 ▶ 3점

예 ❶ 6도막으로 만들려면 6−1=5(번) 잘라야 합니다.
❷ (5번 자르는 데 걸리는 시간)
=1분 7초+1분 7초+1분 7초+1분 7초
+1분 7초
=5분 35초
답 5분 35초

7 (1) 12 mm (2) 3 cm 6 mm
(3) 11 cm 1 mm

8 (1) 3시 4분 25초 (2) 3시 15분 (3) 10분 35초

1 민하네 집에서 공항까지 길을 따라갈 때 가장 짧은 길은 700 m를 5번, 500 m를 3번 더한 것과 같습니다.
(가야 하는 거리)
=700 m+700 m+700 m+700 m+700 m
+500 m+500 m+500 m
=5000 m ➔ 5 km

3 축구 경기가 끝난 시각은
오후 1시 10분 35초=13시 10분 35초입니다.
(축구 경기가 시작된 시각)
=(축구 경기가 끝난 시각)−(축구 경기를 한 시간)
=13시 10분 35초−1시간 50분 30초
=11시 20분 5초

4 2960 m=2 km 960 m
(우체국까지 가는 데 남은 거리)
=2 km 960 m−1 km 170 m=1 km 790 m
➔ (더 달려야 하는 거리)
=1 km 790 m+2 km 960 m
=4 km 750 m

5 3 cm 2 mm=32 mm이므로 책 한 권의 두께는
32÷4=8 (mm)입니다.
(책 9권의 높이)
=8×9=72 (mm) ➔ 7 cm 2 mm

7 (1) 1시간=60분이고 60분=30분+30분이므로 양초는 1시간 동안 6 mm+6 mm=12 mm 줄어듭니다.
(2) (3시간 동안 줄어든 양초의 길이)
=12 mm+12 mm+12 mm
=36 mm=3 cm 6 mm
(3) (처음 양초의 길이)
=7 cm 5 mm+3 cm 6 mm
=11 cm 1 mm

8 (2) (출발해야 하는 시각)=3시 30분−15분
=3시 15분
(3) 3시 15분−3시 4분 25초=10분 35초이므로 지금 시각에서 10분 35초 뒤에 출발해야 합니다.

143쪽 5단원 마무리

01 1, 60　**02** 7, 300
03 2, 45, 30　**04** 4, 21
05 예 약 6 cm, 5 cm 9 mm
06 소진　**07** 약 2 km
08 15분 15초　**09** (　) (×) (　)

10 ❶ 시간의 단위를 같게 나타내기 ▶ 3점
❷ 시간의 길이를 비교하기 ▶ 2점

예 ❶ ㉡ 1분 9초=60초+9초=69초
❷ 69<73<102이므로 짧은 시간부터 차례로 기호를 쓰면 ㉡, ㉠, ㉢입니다.
답 ㉡, ㉠, ㉢

11 3분 26초　**12** ③
13 4 cm 5 mm　**14** 4시간 15분
15 10시 25분 35초　**16** 9시 52분 55초

17 ❶ 시계가 나타내는 시각 구하기 ▶ 2점
❷ 2시간 55분 13초 전의 시각 구하기 ▶ 3점

예 ❶ 시계가 나타내는 시각은 6시 50분 15초입니다.
❷ (2시간 55분 13초 전의 시각)
=6시 50분 15초−2시간 55분 13초
=3시 55분 2초
답 3시 55분 2초

18 ❶ 파란색 끈의 길이를 mm 단위로 나타내기 ▶ 2점
❷ 길이가 가장 긴 끈과 가장 짧은 끈 각각 구하기 ▶ 1점
❸ 가장 긴 끈과 가장 짧은 끈의 길이의 합 구하기 ▶ 2점

예 ❶ 파란색 끈의 길이를 mm 단위로 나타내면 8 cm 2 mm=82 mm입니다.
❷ 88>85>82이므로 가장 긴 끈은 노란색 끈, 가장 짧은 끈은 파란색 끈입니다.
❸ (노란색 끈)+(파란색 끈)
=88 mm+82 mm=170 mm
답 170 mm

19 8 cm 7 mm
20 오전 7시 24분 45초

02 수직선 한 칸은 100 m를 나타냅니다.
➔ 표시된 곳의 길이는 7 km에서 3칸 더 간 곳이므로 7 km 300 m입니다.

03 초바늘은 6을 가리키므로 2시 45분 30초입니다.

04 • 초: 49초−28초=21초
• 분: 10분−6분=4분

유형책 5 단원

06 키는 cm, 칠판의 길이는 m 단위를 사용하면 적절합니다.

07 학교에서 병원까지의 거리는 우체국에서 학교까지의 거리의 2배 정도이므로 약 2 km입니다.

08 6분 35초+8분 40초=14분 75초
➔ 60초=1분이므로 14분 75초=15분 15초입니다.

09 2 km 50 m=2000 m+50 m=2050 m

11 2분 24초+1분 2초=3분 26초

12 ① 8 km 60 m=8060 m ④ 8 km=8000 m
⑤ 8 km 160 m=8160 m
➔ 8600>8160>8060>8006>8000이므로 길이가 가장 긴 것은 ③입니다.

13 자의 눈금 2에서 시작하였으므로 옷핀의 길이는 4 cm보다 5 mm 더 깁니다.
따라서 4 cm 5 mm입니다.

14 87분=60분+27분=1시간 27분
(등산로 입구에서 야영장을 지나 약수터까지 가는 데 걸리는 시간)
=2시간 48분+1시간 27분=4시간 15분

15 같은 단위끼리 계산해야 합니다.

```
   10시 23분
+       2분 35초
-----------------
   10시 25분 35초
```

16 (결승점에 도착한 시각)
=(출발 시각)+(현서의 기록)
=7시 10분 25초+2시간 42분 30초
=9시 52분 55초

19 (두 색 테이프의 길이의 합)
=5 cm 6 mm+5 cm 4 mm=11 cm
➔ (이어 붙인 색 테이프의 전체 길이)
=11 cm−2 cm 3 mm=8 cm 7 mm

20 하루에 45초씩 늦어지고 일주일은 7일이므로 일주일 동안에는 45초×7=315초=5분 15초 늦어집니다.
➔ 일주일 후 오전 7시 30분에 이 시계가 가리키는 시각을 구하면
7시 30분−5분 15초=7시 24분 45초입니다.

6 분수와 소수

148쪽 1STEP 개념 확인하기

01 × **02** ○
03 ( )( )(○)
04 ( )(○)( )
05 3 **06** 5
07 8
08 예 **09** 예

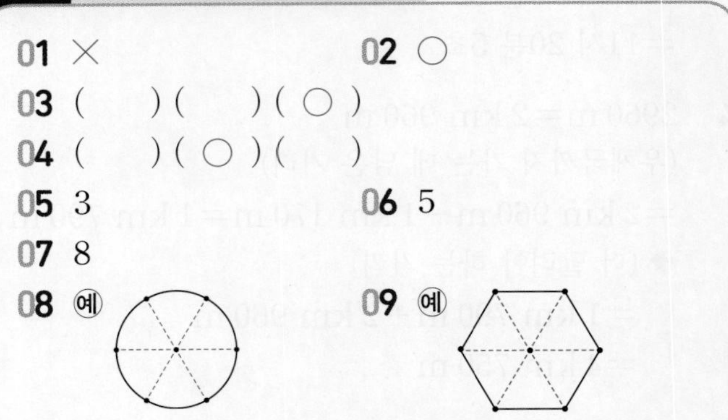

01~02 똑같이 나누어진 도형은 조각의 모양과 크기가 같습니다.

03 둘로 나누어진 부분들의 모양과 크기가 같은 것을 찾습니다.

04 넷으로 나누어진 부분들의 모양과 크기가 같은 것을 찾습니다.

149쪽 1STEP 개념 확인하기

01 3, 2 **02** 5, 3
03 (위에서부터) 분자, 분모
04 $\frac{5}{8}$, 8분의 5 **05** $\frac{6}{9}$, 9분의 6

03 분수에서 가로선 아래쪽에 있는 수를 분모, 가로선 위쪽에 있는 수를 분자라고 합니다.

04 전체를 똑같이 ■로 나눈 것 중의 ▲를 $\frac{▲}{■}$라 쓰고 ■분의 ▲라고 읽습니다.

150쪽 2STEP 유형 다잡기

01 ㉠ / 풀이 크기
01 가, 마, 바

02 (   )(   )(○)

03 예 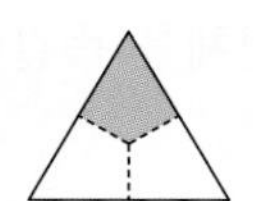 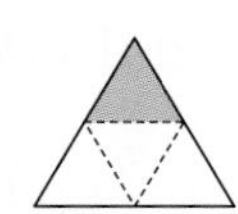 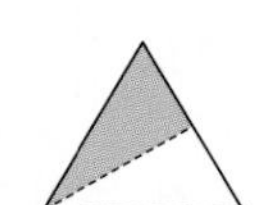

04 이유 예 나누어진 조각의 모양과 크기가 같지 않습니다. ▶5점

02 4 / 풀이 10, 4, 4

05 (1)-(3)의 선 잇기

06 ㉡

07 다현, 지아

03 $\frac{5}{7}$ / 풀이 7, 5, $\frac{5}{7}$

08 (위에서부터) $\frac{1}{2}$, 2분의 1 / $\frac{4}{5}$, 5분의 4

09 $\frac{3}{4}$, $\frac{1}{4}$

01 똑같이 나누어진 도형은 조각의 모양과 크기가 같으므로 서로 겹쳐 보면 남김없이 겹쳐집니다.

02

셋으로 나눈 것 중의 하나 | 넷으로 나눈 것 중의 하나 | 둘로 나눈 것 중의 하나

03 여러 가지 방법으로 똑같이 나눌 수 있습니다. 모양과 크기가 서로 같은 8조각으로 나눕니다.

05 (1) (2) (3)

06 8로 나눈 조각 3개로 이루어진 것을 찾습니다. ➔ ㉡

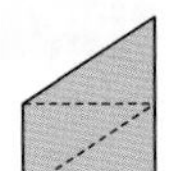

참고 ㉠ 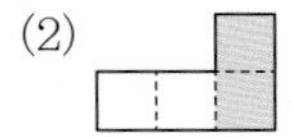 ➔ 전체를 똑같이 8로 나눈 것 중의 2입니다.

㉢ 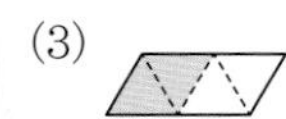 ➔ 전체를 똑같이 8로 나눈 것 중의 1입니다.

07 참고 지훈이는 똑같이 9로 나눈 것 중의 4만큼, 승우는 똑같이 5로 나눈 것 중의 4만큼 색칠했습니다.

08 • 전체를 똑같이 2로 나눈 것 중의 1이므로 $\frac{1}{2}$이라 쓰고, 2분의 1이라고 읽습니다.

• 전체를 똑같이 5로 나눈 것 중의 4이므로 $\frac{4}{5}$라 쓰고, 5분의 4라고 읽습니다.

09 전체를 똑같이 4로 나눈 것 중 3만큼 색칠하고, 1만큼 색칠하지 않았습니다.

➔ 색칠한 부분: $\frac{3}{4}$, 색칠하지 않은 부분: $\frac{1}{4}$

152쪽 2STEP 유형 다잡기

10 ㉡

11 예 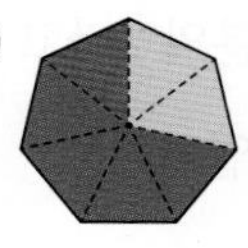 /

빨간색	노란색	파란색
$\frac{1}{7}$	$\frac{2}{7}$	$\frac{4}{7}$

04 '8분의 3'에 ○표 / 풀이 8, 3

12 $\frac{5}{7}$, $\frac{5}{6}$

13 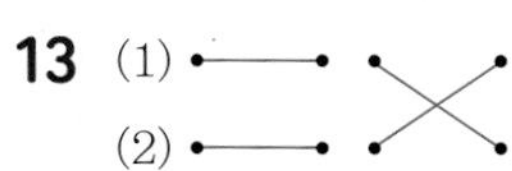

14 연서

05 2칸 / 풀이 5, 3, 2

15 (1) 예 (2) 예

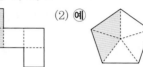

16 예 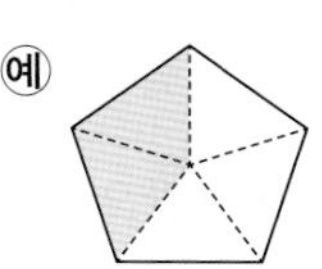

17 이름 수연 ▶2점

이유 예 수연이가 색칠한 도형은 전체를 똑같이 4로 나눈 것 중의 1이므로 $\frac{1}{4}$을 나타냅니다. ▶3점

18 예 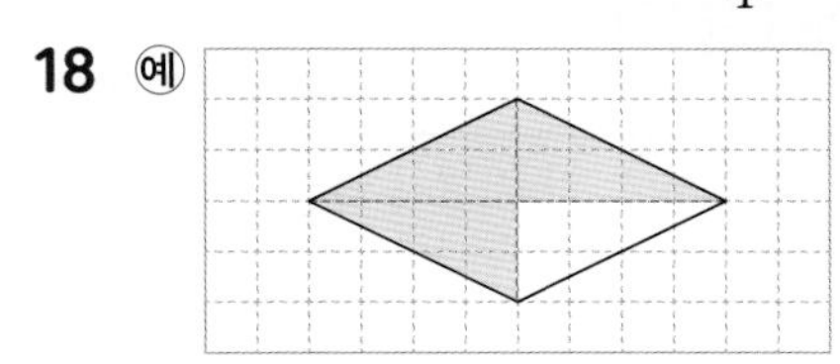

06 (   )(○) / 풀이 2

19 ㉢

10 ㉠, ㉢ 전체를 똑같이 3으로 나눈 것 중의 2 → $\frac{2}{3}$

㉡ 전체를 똑같이 5로 나눈 것 중의 2 → $\frac{2}{5}$

➔ 색칠한 부분이 나타내는 분수가 다른 하나: ㉡

11 채점 가이드 세 가지 색을 이용하여 도형을 색칠하고, 색칠한 부분이 각각 나타내는 분수를 바르게 썼는지 확인합니다. 전체가 똑같이 7칸으로 나누어진 모양이므로 분모는 7, 분자는 각 색칠한 칸 수와 같습니다.

유형책 6 단원

12 가로선 위쪽에 있는 수가 5인 분수를 찾습니다.

13 (1) 전체를 똑같이 6으로 나눈 것 중의 4
→ $\frac{4}{6}$ (6분의 4)
(2) 전체를 똑같이 5로 나눈 것 중의 3
→ $\frac{3}{5}$ (5분의 3)

14 $\frac{2}{9}$에서 분모는 9, 분자는 2이고 9분의 2라고 읽습니다.
따라서 잘못 설명한 사람은 연서입니다.

15 전체가 똑같이 5칸으로 나누어져 있으므로 2칸에 색칠합니다.

16 $\frac{7}{10}$은 전체를 똑같이 10으로 나눈 것 중의 7이고 $\frac{3}{10}$은 전체를 똑같이 10으로 나눈 것 중의 3입니다.
따라서 초록색으로 7칸, 보라색으로 3칸을 색칠합니다.

18 전체를 똑같이 4칸으로 나누고 그중 3칸에 색칠합니다.

19 ㉢ 이루고 있는 조각의 크기가 준호가 가지고 있는 조각의 크기와 다릅니다.

154쪽 2STEP 유형 다잡기

20 예
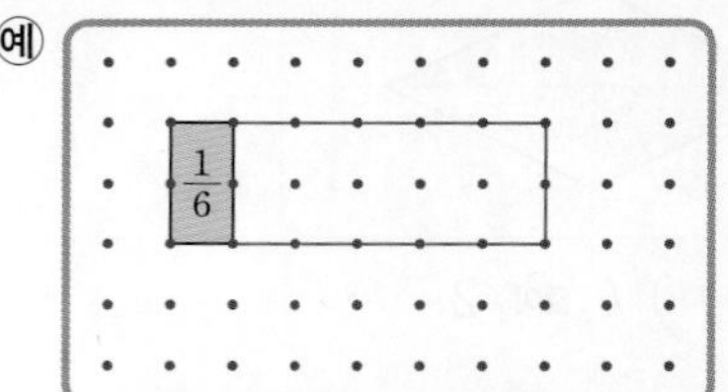

21 (1) (2)
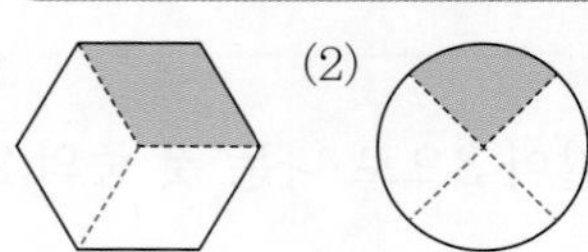

22 ( )( )(○)

07 $\frac{1}{4}$ / 풀이 4, 1, $\frac{1}{4}$

23 $\frac{1}{5}$ **24** $\frac{3}{8}$, $\frac{5}{8}$

25 $\frac{3}{12}$

20 부분은 전체의 $\frac{1}{6}$이므로 전체는 주어진 부분이 6개 모인 모양이 되도록 그립니다.

21 색칠한 부분과 모양과 크기가 같도록 남은 부분을 나눕니다.

22 작은 조각 2개가 전체를 똑같이 6으로 나눈 것 중의 2이므로 작은 조각 1개는 전체를 똑같이 6으로 나눈 것 중의 1입니다.
따라서 전체에 알맞은 도형은 작은 조각이 6개 모인 모양입니다.

23 남은 치즈는 $5-4=1$(조각)입니다.
남은 치즈는 전체를 똑같이 5로 나눈 것 중의 1이므로 전체의 $\frac{1}{5}$입니다.

24 선호는 3조각, 지우는 5조각을 가졌으므로 리본 1개를 $3+5=8$(조각)으로 나눈 것입니다.
선호가 가진 리본은 전체를 똑같이 8로 나눈 것 중의 3이므로 $\frac{3}{8}$, 지우가 가진 리본은 전체를 똑같이 8로 나눈 것 중의 5이므로 $\frac{5}{8}$입니다.

25 주원이와 형이 먹고 남은 피자: $12-4-5=3$(조각)
따라서 남은 피자는 전체를 똑같이 12로 나눈 것 중의 3이므로 전체의 $\frac{3}{12}$입니다.

155쪽 1STEP 개념 확인하기

01 단위분수 **02** $\frac{1}{5}$에 ○표
03 $\frac{1}{6}$에 ○표 **04** '큽니다'에 ○표
05 <, > **06** >, <

02 조각의 크기를 비교하면 $\frac{1}{5}$이 $\frac{1}{6}$보다 더 큽니다.

참고 $\frac{1}{■}$은 전체를 똑같이 ■로 나눈 것 중의 1입니다.

03 조각의 크기를 비교하면 $\frac{1}{6}$이 $\frac{1}{7}$보다 더 큽니다.

05~06 단위분수는 분모가 작을수록 더 큽니다.

156쪽 1 STEP 개념 확인하기

01 $<$　　02 $<$

03 $>$　　04 5, 6, $<$

05 8, 3, $>$

06 $\frac{8}{11}$에 ○표　　07 $\frac{9}{13}$에 ○표

08 $>$　　09 $<$

10 $<$　　11 $>$

12 $<$　　13 $>$

14 $>$　　15 $>$

16 $\frac{1}{3}$에 ○표　　17 $\frac{2}{7}$에 △표

18 △ $\frac{4}{12}$　○ $\frac{11}{12}$　△ $\frac{2}{12}$　○ $\frac{8}{12}$

01 $\frac{4}{5}$의 색칠한 부분이 더 넓으므로 $\frac{1}{5}<\frac{4}{5}$입니다.

02 $\frac{5}{6}$의 색칠한 부분이 더 넓으므로 $\frac{2}{6}<\frac{5}{6}$입니다.

03 $\frac{7}{8}$의 색칠한 부분이 더 넓으므로 $\frac{7}{8}>\frac{4}{8}$입니다.

04 $5<6$이므로 $\frac{5}{9}<\frac{6}{9}$입니다.

05 $8>3$이므로 $\frac{8}{10}>\frac{3}{10}$입니다.

06 $4<8$이므로 $\frac{4}{11}<\frac{8}{11}$입니다.

07 $9>7$이므로 $\frac{9}{13}>\frac{7}{13}$입니다.

09 수직선에서 $\frac{1}{8}$이 $\frac{1}{6}$보다 왼쪽에 있으므로 $\frac{1}{8}<\frac{1}{6}$ 입니다.

11 수직선에서 $\frac{9}{10}$가 $\frac{6}{10}$보다 오른쪽에 있으므로 $\frac{9}{10}>\frac{6}{10}$입니다.

12 $5>4$ → $\frac{1}{5}<\frac{1}{4}$

13 $2<4$ → $\frac{1}{2}>\frac{1}{4}$

참고 단위분수는 분모가 작을수록 더 큽니다.

14 $7>3$이므로 $\frac{7}{8}>\frac{3}{8}$입니다.

15 $11>8$이므로 $\frac{11}{15}>\frac{8}{15}$입니다.

참고 분모가 같은 분수는 분자가 클수록 더 큽니다.

16 단위분수는 분모가 작을수록 더 큽니다.

→ $\frac{1}{6}<\frac{1}{3}$, $\frac{1}{6}>\frac{1}{7}$

17 분모가 같은 분수는 분자가 작을수록 더 작습니다.

→ $\frac{4}{7}>\frac{2}{7}$, $\frac{4}{7}<\frac{6}{7}$

18 분모가 같은 분수는 분자가 클수록 더 크므로 분자의 크기를 비교합니다.

- $\frac{5}{12}$보다 큰 분수: $\frac{11}{12}$, $\frac{8}{12}$
- $\frac{5}{12}$보다 작은 분수: $\frac{4}{12}$, $\frac{2}{12}$

158쪽 2 STEP 유형 다잡기

08 $\frac{1}{9}$, $\frac{1}{2}$에 ○표 / 풀이 1

01 (위에서부터) $\frac{1}{2}$, $\frac{1}{3}$, $\frac{1}{4}$, $\frac{1}{5}$

02 $\frac{1}{8}$, 8분의 1

09 × / 풀이 $>$, $<$

03 예 $\frac{1}{9}$ / $<$

$\frac{1}{6}$

04 미나

05 $\frac{1}{8}$에 △표, $\frac{1}{4}$에 ○표

06 2개

07 바르게 고치기 예 $\frac{1}{5}$과 $\frac{1}{8}$의 크기를 비교해 보면 분모가 $5<8$이므로 $\frac{1}{5}>\frac{1}{8}$입니다. ▶ 5점

유형책 6 단원

10 $\frac{8}{9}$

08 4

09 (1단계) 예 $\frac{1}{7}$이 6개인 수는 $\frac{6}{7}$이므로 ㉠=6입니다.

$\frac{9}{12}$는 $\frac{1}{12}$이 9개인 수이므로 ㉡=12입니다. ▶ 3점

(2단계) ㉠+㉡=6+12=18 ▶ 2점

답 18

01 전체를 똑같이 ■로 나눈 것 중의 1은 $\frac{1}{■}$입니다.

02 단위분수는 분자가 1인 분수입니다. 따라서 분모가 8인 단위분수는 $\frac{1}{8}$이고, 8분의 1이라고 읽습니다.

03 $\frac{1}{9}$은 전체를 똑같이 9로 나눈 것 중의 1에 색칠하고, $\frac{1}{6}$은 전체를 똑같이 6으로 나눈 것 중의 1에 색칠합니다.

→ $\frac{1}{9}<\frac{1}{6}$

04 도율: 분자가 모두 1이므로 분모의 크기를 비교하면 $12>7$에서 $\frac{1}{12}<\frac{1}{7}$입니다.

05 분자가 모두 1로 같으므로 분모의 크기를 비교합니다.

$8>5>4$ → $\frac{1}{8}<\frac{1}{5}<\frac{1}{4}$

06 분자가 모두 1로 같으므로 분모가 17보다 큰 분수를 찾으면 $\frac{1}{21}$, $\frac{1}{25}$입니다.

→ $\frac{1}{17}$보다 작은 분수는 모두 2개입니다.

07 참고 단위분수는 분모가 작을수록 더 큰 수입니다.

160쪽 2STEP 유형 다잡기

11 $\frac{4}{13}$ / 풀이 >, >

10 $\frac{5}{9}$ (수직선 0~1)

$\frac{8}{9}$ (수직선 0~1)

/ '작습니다'에 ○표

11 예 9, 4, 나 12 $\frac{7}{8}$

13 $\frac{3}{11}$, $\frac{6}{11}$, $\frac{9}{11}$, $\frac{10}{11}$

12 준우 / 풀이 <, >, 준우

14 준기

15 (1단계) 예 오전 관람객 수가 전체의 $\frac{1}{3}$이고 $3-1=2$이므로 오후 관람객 수는 전체의 $\frac{2}{3}$입니다. ▶ 2점

(2단계) 분모가 같으므로 분자의 크기를 비교하면 $1<2$에서 $\frac{1}{3}<\frac{2}{3}$입니다. 따라서 관람객이 더 적었던 때는 오전입니다. ▶ 3점

답 오전

16 화요일 17 튤립

13 $\frac{4}{8}$, $\frac{5}{8}$ / 풀이 3, 6, 4, 5

18 4개

10 $\frac{5}{9}$가 $\frac{8}{9}$보다 표시한 부분이 더 짧으므로 $\frac{5}{9}$는 $\frac{8}{9}$보다 더 작습니다.

11 채점 가이드 '$\frac{1}{12}$이 ■개인 수는 $\frac{■}{12}$, '12분의 ▲'는 $\frac{▲}{12}$임을 알고 □ 안에 서로 다른 한 자리 수를 각각 써넣어 서로 다른 분수를 만들었는지 확인합니다. □ 안에 더 작은 수를 써넣어 만든 분수가 더 작다고 답하면 정답으로 인정합니다.

12 분모가 모두 8로 같으므로 분자의 크기를 비교합니다.

$7>5>4$ → $\frac{7}{8}>\frac{5}{8}>\frac{4}{8}$

13 분모가 모두 11로 같으므로 분자의 크기를 비교합니다.

$3<6<9<10$ → $\frac{3}{11}<\frac{6}{11}<\frac{9}{11}<\frac{10}{11}$

14 분모가 같으므로 분자의 크기를 비교하면 $5>2$에서 $\frac{5}{6}>\frac{2}{6}$입니다.

→ 철사를 더 많이 사용한 사람은 준기입니다.

16 분자가 모두 1이므로 분모의 크기를 비교하면 $3<7<14$에서 $\frac{1}{3}>\frac{1}{7}>\frac{1}{14}$입니다.
→ 가장 긴 거리를 달린 요일은 화요일입니다.

17 분모가 15로 같으므로 분자의 크기를 비교하면 $7>6>2$에서 $\frac{7}{15}>\frac{6}{15}>\frac{2}{15}$입니다.
→ 화단의 가장 넓은 부분에 심은 꽃은 튤립입니다.

18 분모가 10인 분수 중에서 분자가 4보다 크고 9보다 작은 분수는 $\frac{5}{10}$, $\frac{6}{10}$, $\frac{7}{10}$, $\frac{8}{10}$로 4개입니다.

162쪽 2STEP 유형 다잡기

19 (1단계) 예 분모가 7보다 작은 단위분수는 $\frac{1}{6}$, $\frac{1}{5}$, $\frac{1}{4}$, $\frac{1}{3}$, $\frac{1}{2}$입니다. 이 중에서 $\frac{1}{3}$보다 작은 분수는 $\frac{1}{6}$, $\frac{1}{5}$, $\frac{1}{4}$입니다. ▶4점
(2단계) 따라서 조건에 알맞은 분수는 모두 3개입니다. ▶1점
답 3개

14 $\frac{1}{2}$, $\frac{1}{6}$, $\frac{1}{7}$ / 풀이 1, 2, 6, 7

20 $\frac{4}{6}$, $\frac{1}{6}$ **21** $\frac{1}{9}$

15 13, 14, 15에 ○표 / 풀이 12, 13, 14, 15

22 6, 7, 8, 9 **23** 5개

20 만들 수 있는 분수는 $\frac{1}{6}$, $\frac{3}{6}$, $\frac{4}{6}$, $\frac{2}{6}$입니다.
분수의 크기를 비교하면 $\frac{4}{6}>\frac{3}{6}>\frac{2}{6}>\frac{1}{6}$입니다.
($\frac{4}{6}$: 가장 큰 수, $\frac{1}{6}$: 가장 작은 수)

21 만들 수 있는 단위분수는 $\frac{1}{3}$, $\frac{1}{9}$입니다.
$\frac{1}{3}>\frac{1}{9}$ → 만들 수 있는 가장 작은 단위분수: $\frac{1}{9}$

22 $\frac{1}{\square}<\frac{1}{5}$이므로 $\square>5$입니다. → □ 안에 들어갈 수 있는 수는 5보다 커야 하므로 6, 7, 8, 9입니다.

23 $\frac{3}{14}<\frac{\square}{14}<\frac{9}{14}$이므로 $3<\square<9$입니다.
□ 안에 들어갈 수 있는 수는 3보다 크고 9보다 작아야 합니다. → 4, 5, 6, 7, 8로 모두 5개입니다.

163쪽 1STEP 개념 확인하기

01 $\frac{4}{10}$, 0.4, 영 점 사 **02** 0.6, 영 점 육
03 0.7, 1.7, 일 점 칠 **04** 영 점 팔
05 구 점 사

01 전체를 똑같이 10으로 나눈 것 중 4만큼 색칠했으므로 분수로 나타내면 $\frac{4}{10}$, 소수로 나타내면 0.4입니다.

164쪽 1STEP 개념 확인하기

01 > **02** <
03 '작습니다'에 ○표 **04** 4, 6, <
05 39, 43, < **06** 4.1에 ○표
07 5.9에 ○표
08 (위에서부터) 0.1, 영 점 일 / $\frac{4}{10}$, 영 점 사 / $\frac{7}{10}$, 0.7
09 7.3 **10** 9.2
11 2 **12** 8
13 72 **14** 3.5
15 < **16** >
17 > **18** <
19 4.5 **20** 8.7
21 0.8에 ○표, 0.1에 △표
22 6.8에 △표, 8.1에 ○표

01 색칠한 부분은 0.8이 0.3보다 더 넓습니다.
→ $0.8>0.3$

02 색칠한 부분은 0.5가 0.7보다 더 좁습니다.
→ $0.5<0.7$

유형책 6 단원

04 4 < 6이므로 0.4 < 0.6입니다.

05 39 < 43이므로 3.9 < 4.3입니다.

06 소수점 왼쪽의 수를 비교합니다.
4 > 2이므로 4.1 > 2.5입니다.

07 소수점 왼쪽의 수가 같으므로 소수점 오른쪽의 수를 비교합니다. 8 < 9이므로 5.8 < 5.9입니다.

09 칠 점 삼 → 7.3 (7 . 3)

10 구 점 이 → 9.2 (9 . 2)

11 0.■는 0.1이 ■개입니다.

12 $\frac{1}{10}$=0.1이므로 0.8은 $\frac{1}{10}$이 8개인 것과 같습니다.

13 ▲.●는 0.1이 ▲●개입니다.

14 0.1이 ▲●이면 ▲.●입니다.

15 0.1 < 0.3 (1 < 3)

16 6.1 > 4.7 (6 > 4)

17 3.8 > 3.7 (8 > 7)

18 5.6 < 5.9 (6 < 9)

19 4.5 > 3.4 (4 > 3)

20 8.1 < 8.7 (1 < 7)

21 소수점 왼쪽의 수가 모두 같습니다.
소수점 오른쪽의 수를 비교하면 8 > 2 > 1이므로 0.8 > 0.2 > 0.1입니다.

22 소수점 왼쪽의 수를 비교하면 8 > 7 > 6이므로 8.1 > 7.3 > 6.8입니다.

166쪽 2STEP 유형 다잡기

16 예 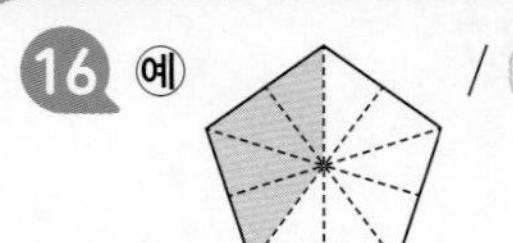 / 풀이 4, 4

01 0.3

02 $\frac{6}{10}$, 0.6

03 0.5

04 1단계 예 색칠한 부분이 전체의 0.7이 되려면 전체를 똑같이 10칸으로 나눈 것 중의 7칸을 색칠해야 합니다. ▶ 3점

2단계 5칸이 색칠되어 있으므로 7−5=2(칸)을 더 색칠해야 합니다. ▶ 2점

답 2칸

05 '영 점 오'에 색칠

06 ㉡

17 (위에서부터) $\frac{3}{10}$, 0.2, 0.7 / 풀이 0.2, $\frac{3}{10}$, 0.7

07 (1) $\frac{4}{10}$ (2) $\frac{6}{10}$

08 0.9, 영 점 구

09 리아

10 $\frac{5}{10}$, 0.5

18 3.4컵 / 풀이 4, 0.4, 3.4

11 2.6, 2.6 / 이 점 육

12 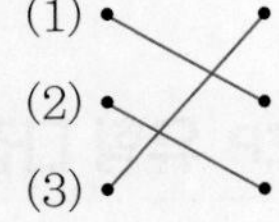

01 전체 1을 10으로 나눈 것 중 0에서부터 3번째 칸입니다. → 0.3

02 색칠한 부분은 전체를 똑같이 10으로 나눈 것 중의 6이므로 $\frac{6}{10}$=0.6입니다.

05 0.2=$\frac{2}{10}$=(0.1이 2개인 수)=(영 점 이)
따라서 나타내는 수가 다른 하나는 영 점 오입니다.

06 ㉠ 0.8은 0.1이 8개입니다. → □=8
㉡ 0.1이 9개이면 0.9입니다. → □=9
8 < 9이므로 □ 안에 알맞은 수가 더 큰 것은 ㉡입니다.

09 리아: $\frac{1}{10}$이 8개인 수는 0.8입니다.

10 4보다 크고 6보다 작은 수는 5입니다.
분모가 10이고 분자가 5이므로 분수로 나타내면 $\frac{5}{10}$이고, 소수로 나타내면 0.5입니다.

11 2와 1을 똑같이 10으로 나눈 것 중의 6이므로 2와 0.6만큼인 2.6입니다.
→ 2.6은 이 점 육이라고 읽습니다.

12 (1) 0.1이 51개인 수는 5.1입니다.
(2) 4와 0.8만큼인 수는 4.8입니다.
(3) 육 점 칠은 6.7입니다.

168쪽 2STEP 유형 다잡기

13 (1단계) 예 0.7은 0.1이 7개입니다. → ■=7
0.1이 52개인 수는 5.2입니다. → ▲=5 ▶ 4점
(2단계) ■+▲=7+5=12입니다. ▶ 1점
답 12

14 (　) (○) (　)

19 8.5 cm / 풀이 0.1, 5, 8.5

15 (1) 0.2 (2) 9.4　**16** 0.8 m, 0.4 m

17 3.7 cm　**18** ②

20 0.5 / 풀이 10, 5, $\frac{5}{10}$, 0.5

19 0.6 m, 0.2 m　**20** 1.2컵

21 0.7

22 (1단계) 예 6 cm보다 8 mm 더 긴 길이는 6 cm 8 mm입니다. ▶ 2점
(2단계) 1 mm는 0.1 cm이므로 오늘 콩나물의 길이는 6 cm 8 mm=6.8 cm입니다. ▶ 3점
답 6.8 cm

14 삼 점 이: 3.2
0.1이 35개인 수: 3.5

15 (1) ▲ mm=0.▲ cm (▲가 한 자리 수)
(2) ■ cm ▲ mm=■.▲ cm

16 • 빗자루는 1 m를 똑같이 10칸으로 나눈 것 중의 8칸이므로 0.8 m입니다.
• 신발주머니는 1 m를 똑같이 10칸으로 나눈 것 중의 4칸이므로 0.4 m입니다.

17 옷핀의 길이는 3 cm 7 mm입니다.
1 mm=0.1 cm이므로
3 cm 7 mm=3 cm+0.7 cm=3.7 cm입니다.

18 ② 104 mm=100 mm+4 mm
=10 cm+0.4 cm
=10.4 cm

19 • 주연: 1 m를 똑같이 10조각으로 나눈 것 중의 6조각
→ $\frac{6}{10}$ m=0.6 m
• 선미: 1 m를 똑같이 10조각으로 나눈 것 중의 2조각
→ $\frac{2}{10}$ m=0.2 m

20 연수가 마신 주스는 1과 0.2만큼이므로 소수로 나타내면 1.2컵입니다.

21 지수가 먹은 부침개는 전체를 똑같이 10조각으로 나눈 것 중 3조각입니다. 남은 부침개는 10−3=7(조각)이므로 전체의 $\frac{7}{10}$이고 소수로 나타내면 0.7입니다.

170쪽 2STEP 유형 다잡기

21 0.9 / 풀이 <, >, 0.9

23 예 [그림], 0.5, <, 0.8

24 연서　**25** 3개

22 8.2에 색칠 / 풀이 <, <

26 [수직선: 2, 3, 4, 5, 6 / 2.5, 5.4] /
'큽니다'에 ○표

27 사과　**28** ㉠

29 6.2, 5.3, 1.8, 1.4

23 < / 풀이 0.4, <, 0.4, <

30 (　) (○)　**31** 학교

32 (1단계) 예 분수를 소수로 나타내면
$\frac{2}{10}$=0.2, $\frac{7}{10}$=0.7입니다. ▶ 2점
(2단계) 0.9>0.7>0.6>0.2이므로 가장 큰 수는 0.9입니다. ▶ 3점
답 0.9

33 ㉠, ㉢, ㉡

23 채점 가이드 ■가 한 자리 수일 때 0.1이 ■개인 수는 0.■임을 알고 각각 색칠하여 서로 다른 소수를 만들었는지 확인합니다. □ 안에 적은 두 소수의 크기를 바르게 비교했으면 정답으로 인정합니다.

24 주경이가 말한 수: 0.6, 연서가 말한 수: 0.3
0.3<0.4<0.6이므로 가장 작은 소수를 말한 사람은 연서입니다.

25 0.8>0.5>0.4>0.3>0.2>0.1
→ 0.4보다 작은 소수는 3개입니다.

유형책
6 단원

26 수직선에서 오른쪽에 있는 수가 더 큰 수이므로 5.4는 2.5보다 더 큽니다.

27 9.6 > 8.7이므로 8.7을 따라갑니다.
➔ 1.4 < 4.8 < 6.2이므로 1.4를 따라가면 사과가 나옵니다.

28 ㉠ 0.1이 31개인 수는 3.1입니다.
㉡ 4와 0.2만큼은 4.2입니다.
➔ 3.1 < 4.2이므로 더 작은 수는 ㉠입니다.

29 소수점 왼쪽의 수를 비교하면 6 > 5 > 1이므로 가장 큰 수는 6.2, 두 번째로 큰 수는 5.3입니다.
소수점 왼쪽의 수가 같은 1.8과 1.4의 소수점 오른쪽의 수를 비교하면 1.8 > 1.4입니다.
➔ 6.2 > 5.3 > 1.8 > 1.4

30 • $\frac{5}{10}$를 소수로 나타내면 0.5이므로
0.3 < 0.5, 0.3 < $\frac{5}{10}$입니다.
• $\frac{7}{10}$을 소수로 나타내면 0.7이므로
0.7 < 0.9, $\frac{7}{10}$ < 0.9입니다.

31 $\frac{6}{10}$ = 0.6이므로 소수의 크기를 비교하면 0.5 < 0.6입니다. ➔ 석이네 집에서 더 가까운 곳은 학교입니다.
다른 풀이 0.5 = $\frac{5}{10}$이므로 분자의 크기를 비교하면 5 < 6에서 $\frac{5}{10}$ < $\frac{6}{10}$입니다.
➔ 석이네 집에서 더 가까운 곳은 학교입니다.

33 ㉠ 10분의 8은 $\frac{8}{10}$이고, $\frac{8}{10}$ = 0.8입니다.
㉡ 1과 0.9만큼의 수는 1.9입니다.
㉢ 일 점 오는 1.5입니다.
➔ 0.8 < 1.5 < 1.9이므로 ㉠ < ㉢ < ㉡입니다.

172쪽 2STEP 유형 다잡기

24 식용유 / 풀이 0.4, 0.4, <, 식용유
34 아인
35 1단계 예 해바라기: 1.2 m, 튤립: 0.7 m, 산세베리아: 0.8 m ▶ 3점
2단계 1.2 > 0.8 > 0.7이므로 키가 가장 작은 것은 튤립입니다. ▶ 2점
답 튤립
36 민재, 시우, 리아
25 8.5 / 풀이 8, 5, 2, 8, 5, 8.5
37 0.3
38 9.5, 2.4
26 8, 9 / 풀이 7, 8, 9
39 1, 2, 3에 ○표
40 4개
27 0.9 / 풀이 0.8, 0.9
41 0.8, 0.9
42 0.5

34 1.2 < 2.1 ➔ 더 멀리 뛴 사람은 아인입니다.
(1 < 2)

36 시우: 8 cm 3 mm = 8.3 cm, 리아: 7.9 cm,
민재: $\frac{7}{10}$ cm = 0.7 cm이므로 8 cm보다 0.7 cm 더 긴 길이와 같습니다. → 8.7 cm
➔ 8.7 > 8.3 > 7.9이므로 긴 연필을 가지고 있는 사람부터 차례로 이름을 쓰면 민재, 시우, 리아입니다.

37 가장 작은 소수는 ■에 가장 작은 수인 0을 놓고, ▲에 두 번째로 작은 수인 3을 놓아 만든 0.3입니다.

38 • 가장 큰 소수는 ■에 가장 큰 수인 9를 놓고, ▲에 두 번째로 큰 수인 5를 놓아 만든 9.5입니다.
• 가장 작은 소수는 ■에 가장 작은 수인 2를 놓고, ▲에 두 번째로 작은 수인 4를 놓아 만든 2.4입니다.

39 $\frac{4}{10}$ = 0.4이므로 0.□ < 0.4입니다. 소수점 왼쪽의 수가 같으므로 소수점 오른쪽의 수를 비교하면 □ < 4입니다.
따라서 □ 안에 들어갈 수 있는 수는 1, 2, 3입니다.

40 소수점 왼쪽의 수가 같으므로 소수점 오른쪽의 수를 비교합니다.
찢어진 곳의 수를 □라 하면 3 < □ < 8이므로 □ 안에 들어갈 수 있는 수는 4, 5, 6, 7입니다.
➔ 찢어진 곳에 들어갈 수 있는 수는 모두 4개입니다.

41 1보다 작으므로 소수점 왼쪽의 수가 0입니다.
0.□이고 $\frac{7}{10}$ = 0.7보다 크므로 0.8, 0.9입니다.

42 ㉠ 0.2와 0.7 사이의 소수: 0.3, 0.4, 0.5, 0.6

㉡ ㉠의 수 중에서 $\frac{6}{10}$(=0.6)보다 작은 수는 0.3, 0.4, 0.5입니다.

㉢ ㉠의 수 중에서 0.1이 4개인 수(=0.4)보다 큰 수는 0.5, 0.6입니다.

→ ㉠, ㉡, ㉢을 모두 만족하는 소수는 0.5입니다.

174쪽 3STEP 응용 해결하기

1 $\frac{4}{10}$, 0.4

2
❶ 윤지가 마시고 남은 우유는 전체의 얼마인지 분수로 나타내기 ▶ 2점
❷ 호석이가 마시고 남은 우유는 전체의 얼마인지 분수로 나타내기 ▶ 2점
❸ 남은 우유가 더 많은 사람은 누구인지 구하기 ▶ 1점

예 ❶ 4−3=1이므로 윤지가 마시고 남은 우유는 전체의 $\frac{1}{4}$입니다.

❷ 9−8=1이므로 호석이가 마시고 남은 우유는 전체의 $\frac{1}{9}$입니다.

❸ $\frac{1}{4}>\frac{1}{9}$이므로 남은 우유가 더 많은 사람은 윤지입니다.

답 윤지

3 6.4 cm

4 보라색, 파란색, 노란색

5
❶ 주어진 수를 소수로 나타내기 ▶ 3점
❷ $\frac{7}{10}$보다 크고 1.3보다 작은 수는 모두 몇 개인지 구하기 ▶ 2점

예 ❶ $\frac{7}{10}$=0.7, $\frac{3}{10}$=0.3, $\frac{9}{10}$=0.9,

(1과 0.4만큼인 수)=1.4,

($\frac{1}{10}$이 8개인 수)=$\frac{8}{10}$=0.8

❷ $\frac{7}{10}$(=0.7)보다 크고 1.3보다 작은 수는 1.1, $\frac{9}{10}$(=0.9), $\frac{1}{10}$이 8개인 수(=0.8)로 모두 3개입니다.

답 3개

6 $\frac{5}{12}$

7 (1) 6, 7, 8, 9 (2) 4, 5, 6, 7 (3) 6, 7

8 (1) 0, 1, 2 (2) 0.5, 1.4, 2.3 (3) 3개

1 그림의 가장 작은 조각과 모양과 크기가 같은 조각이 되도록 전체를 똑같이 나눕니다.

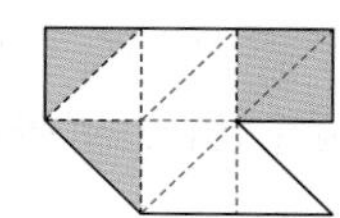

색칠한 부분은 전체를 똑같이 10으로 나눈 것 중의 4이므로 분수로 나타내면 $\frac{4}{10}$이고, 소수로 나타내면 0.4입니다.

3 (색 테이프 2장의 길이)
=3 cm 5 mm+3 cm 5 mm=7 cm
(이어 붙인 색 테이프의 전체 길이)
=7 cm−6 mm=6 cm 4 mm
→ 1 mm=0.1 cm이므로 6 cm 4 mm=6.4 cm 입니다.

4 • $\frac{1}{6}$과 $\frac{3}{6}$의 분자의 크기를 비교하면 1<3이므로 $\frac{1}{6}<\frac{3}{6}$입니다.

• $\frac{1}{6}$과 $\frac{1}{8}$의 분모의 크기를 비교하면 6<8이므로 $\frac{1}{6}>\frac{1}{8}$입니다.

→ $\frac{1}{8}<\frac{1}{6}<\frac{3}{6}$이므로 가장 적게 있는 구슬의 색깔부터 차례로 쓰면 보라색, 파란색, 노란색입니다.

6 (강빈이가 먹고 남은 케이크의 조각 수)
=12−3=9(조각)

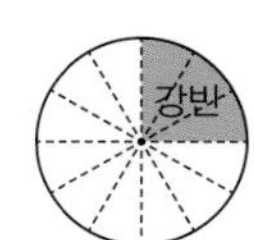

강빈이가 먹고 남은 케이크의 $\frac{4}{9}$만큼은 남은 9조각을 똑같이 9로 나눈 것 중 4이므로 지훈이가 먹은 케이크는 4조각입니다.

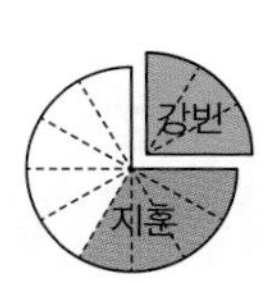

강빈이와 지훈이가 먹고 남은 케이크는 12−3−4=5(조각)이므로 전체의 $\frac{5}{12}$입니다.

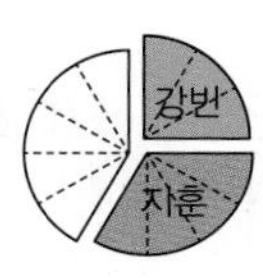

유형책 6 단원

7 (1) 단위분수이므로 분모의 크기를 비교하면 $5<\square<10$입니다. ➔ □ 안에 들어갈 수 있는 수는 6, 7, 8, 9입니다.

(2) 분모가 같은 분수이므로 분자의 크기를 비교하면 $3<\square<8$입니다. ➔ □ 안에 들어갈 수 있는 수는 4, 5, 6, 7입니다.

(3) □ 안에 공통으로 들어갈 수 있는 수는 6, 7입니다.

8 (1) ■.▲가 2.5보다 작아야 하므로 ■가 될 수 있는 수는 0, 1, 2입니다.

(2) ■=0일 때 0+▲=5에서 ▲=5입니다. ➔ 0.5
■=1일 때 1+▲=5에서 ▲=4입니다. ➔ 1.4
■=2일 때 2+▲=5에서 ▲=3입니다. ➔ 2.3

(3) 조건을 만족하는 소수는 0.5, 1.4, 2.3으로 모두 3개입니다.

177쪽 6단원 마무리

01 나 **02** 0.3, 0.8

03 (1) 0.9 (2) 0.7 (3) $\frac{3}{10}$ (4) $\frac{6}{10}$

04 2.4, 이 점 사

05 (위에서부터) 4, 2 / >

06 $\frac{4}{9}$, $\frac{5}{9}$ **07**

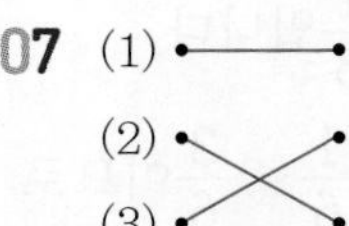

08 예

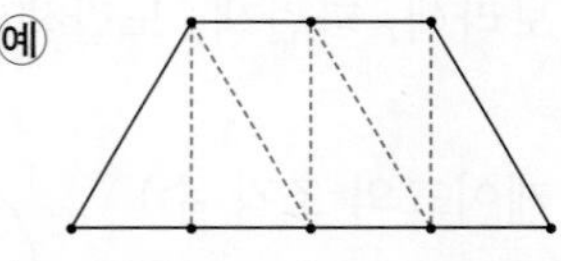

09 (×) ( ) **10** ㉡

11 ㉠ **12** $\frac{1}{5}$, $\frac{1}{20}$

13 정수

14 ❶ 남자 입장객 수는 전체의 얼마인지 분수로 나타내기 ▶ 3점
❷ 야구장에 누가 더 많이 입장했는지 구하기 ▶ 2점

예 ❶ 여자 입장객 수는 전체의 $\frac{1}{4}$이고 $4-1=3$이므로 남자 입장객 수는 전체의 $\frac{3}{4}$입니다.

❷ 분자의 크기를 비교하면 $1<3$이므로 $\frac{1}{4}<\frac{3}{4}$입니다.

따라서 야구장에 남자가 더 많이 입장했습니다.

답 남자

15 6 **16** ㉠, ㉢, ㉡

17 ❶ 사용하고 남은 조각 수 구하기 ▶ 2점
❷ 사용하고 남은 색 테이프의 길이를 소수로 나타내기 ▶ 3점

예 ❶ (혜린이가 사용하고 남은 조각 수)
$=10-7=3$(조각)

❷ 따라서 1 m를 똑같이 10조각으로 나눈 것 중 3조각의 길이는 $\frac{3}{10}$ m이므로 소수로 나타내면 0.3 m입니다.

답 0.3 m

18 $\frac{5}{8}$

19 노란색, 빨간색, 파란색

20 ❶ □ 안에 들어갈 수 있는 수 모두 구하기 ▶ 4점
❷ □ 안에 들어갈 수 있는 수의 개수 구하기 ▶ 1점

예 ❶ 소수점 왼쪽의 수가 같으므로 소수점 오른쪽의 수를 비교합니다. ➔ $4<\square<8$이므로 □ 안에 들어갈 수 있는 수는 5, 6, 7입니다.

❷ 따라서 □ 안에 들어갈 수 있는 수는 모두 3개입니다.

답 3개

01 가, 다, 라는 나누어진 조각들의 모양과 크기가 같지 않습니다.

03 $\frac{■}{10}$=0.■

04 색칠한 부분이 2와 0.4만큼이므로 소수로 나타내면 2.4이고, 이 점 사라고 읽습니다.

05 $4>2$이므로 $\frac{4}{6}>\frac{2}{6}$입니다.

06 전체를 똑같이 9로 나눈 것 중 4만큼 색칠하고, 5만큼 색칠하지 않았습니다.

➔ 색칠한 부분: $\frac{4}{9}$, 색칠하지 않은 부분: $\frac{5}{9}$

07 (1) (2) (3)

09 단위분수는 분모가 작을수록 큰 수입니다.
$8<9$이므로 $\frac{1}{8}>\frac{1}{9}$입니다.

10 ㉠, ㉢ 전체를 똑같이 5로 나눈 것 중의 2 ➔ $\frac{2}{5}$
㉡ 전체를 똑같이 6으로 나눈 것 중의 2 ➔ $\frac{2}{6}$

11 ㉠ 0.1이 54개이면 5.4입니다. → □=54
㉡ 3.9는 0.1이 39개입니다. → □=39
54>39이므로 □ 안에 알맞은 수가 더 큰 것은 ㉠입니다.

12 분자가 모두 1이므로 분모의 크기를 비교합니다.
$5<6<20$ ➔ $\frac{1}{5}>\frac{1}{6}>\frac{1}{20}$
가장 큰 수 ($\frac{1}{5}$), 가장 작은 수 ($\frac{1}{20}$)

13 분자의 크기를 비교하면 $7>5$이므로 $\frac{7}{12}>\frac{5}{12}$입니다.
➔ 멜론을 더 많이 먹은 사람은 정수입니다.

15 $\frac{1}{□}>\frac{1}{7}$이므로 $□<7$입니다.
➔ □ 안에 들어갈 수 있는 수는 2, 3, 4, 5, 6이므로 가장 큰 수는 6입니다.

16 ㉠ 6과 0.7만큼의 수는 6.7입니다.
㉡ $\frac{1}{10}$=0.1이므로 0.1이 62개인 수는 6.2입니다.
㉢ 육 점 오는 6.5입니다.
➔ 6.7>6.5>6.2이므로 ㉠>㉢>㉡입니다.

18 진우와 교원이가 먹고 남은 파이: $8-2-1=5$(조각)
따라서 남은 파이는 전체를 똑같이 8로 나눈 것 중의 5이므로 전체의 $\frac{5}{8}$입니다.

19 파란색 실의 길이를 소수로 나타내면
$\frac{4}{10}$ m=0.4 m입니다.
➔ 소수의 크기를 비교하면 1.5>0.7>0.4이므로 많이 사용한 실부터 차례로 색깔을 쓰면 노란색, 빨간색, 파란색입니다.

180쪽 1~6단원 총정리

01 9, 6, 5
02 6, 50, 15
03 각 ㅈㅊㅋ(또는 각 ㅋㅊㅈ)
04 8, 7 / 7, 8
05 나, 다
06 188
07

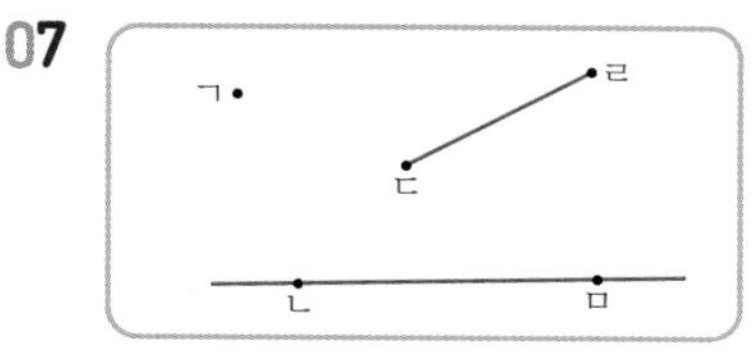

08 (1) (2) (3)
09 <
10 유빈, 65
11 ㉡
12 64 cm
13
❶ 나타내는 수 구하기 ▶ 2점
❷ 나타내는 수보다 248만큼 더 작은 수 구하기 ▶ 3점

예 ❶ 100이 9개, 10이 2개, 1이 6개인 수는 926입니다.
❷ 926보다 248만큼 더 작은 수는 $926-248=678$입니다.
답 678

14 초록색
15
❶ 두 분수의 크기 비교하기 ▶ 3점
❷ 색종이를 더 적게 사용한 사람은 누구인지 구하기 ▶ 2점

예 ❶ 분모가 같으므로 분자의 크기를 비교하면 $7>5$에서 $\frac{7}{9}>\frac{5}{9}$입니다.
❷ 따라서 색종이를 더 적게 사용한 사람은 효진입니다.
답 효진

16 8.5 cm
17 133, 168, 301(또는 168, 133, 301)
18 5
19 ㉠
20 8개
21
❶ 어떤 수 구하기 ▶ 3점
❷ 어떤 수를 3으로 나눈 몫 구하기 ▶ 2점

예 ❶ 어떤 수를 □라 하면 □÷4=6에서 6×4=□, 6×4=24이므로 □=24입니다.
❷ 어떤 수를 3으로 나눈 몫은 $24\div3=8$입니다.
답 8

22 

23 6　　24 $\frac{1}{6}$

25 10개

02 초바늘이 3을 가리키므로 6시 50분 15초입니다.

03 각을 읽을 때에는 꼭짓점이 가운데에 오도록 읽습니다.

04 $8\times7=56$　$8\times7=56$
$56\div8=7$　$56\div7=8$

05 나, 다: 나누어진 조각들의 모양 또는 크기가 같지 않습니다.

06
$$\begin{array}{r} 94 \\ \times\ \ 2 \\ \hline 188 \end{array}$$

07 • 선분 ㄷㄹ: 점 ㄷ과 점 ㄹ을 잇는 곧은 선을 긋습니다.
• 직선 ㄴㅁ: 점 ㄴ과 점 ㅁ을 지나는 곧은 선을 긋습니다.

08 (1) $20\times3=60$, $15\times4=60$
(2) $21\times6=126$, $42\times3=126$
(3) $14\times4=56$, $28\times2=56$

09 $706-251=455$, $832-360=472$ ➔ $455<472$

10 유빈: 일의 자리 계산 $3\times5=15$에서 십의 자리로 올림한 수 1을 빠뜨리고 계산하였습니다.
➔ 바르게 계산하면 $13\times5=65$입니다.

11 ㉡ 9000 m=9 km

12 정사각형은 네 변의 길이가 모두 같습니다.
(네 변의 길이의 합)$=16+16+16+16=64$ (cm)

14 47 mm=4 cm 7 mm
➔ 4 cm 7 mm<5 cm 1 mm이므로 길이가 더 긴 끈은 초록색 끈입니다.

16 8 cm보다 5 mm 더 긴 길이는 8 cm 5 mm입니다.
1 mm=0.1 cm이므로 5 mm=0.5 cm입니다.
따라서 파란색 색연필의 길이는 8.5 cm입니다.

17 두 수의 합이 가장 작으려면 가장 작은 수와 두 번째로 작은 수를 더해야 합니다.
$133<168<254<351$ ➔ $133+168=301$

18 $36\div6=6$이므로 6>□이어야 합니다.
따라서 □ 안에 들어갈 수 있는 가장 큰 한 자리 수는 5입니다.

19 ㉠ 4와 0.2만큼인 수는 4.2입니다.
㉡ $\frac{1}{10}=0.1$이므로 0.1이 39개인 수는 3.9입니다.
㉢ 사 점 일은 4.1입니다.
➔ $4.2>4.1>3.9$이므로 가장 큰 수는 ㉠입니다.

20
• 작은 삼각형 1개짜리:
①, ②, ③, ④, ⑤, ⑥ → 6개
• 작은 삼각형 4개짜리:
①+②+③+④, ③+④+⑤+⑥ → 2개
➔ $6+2=8$(개)

22 왼쪽 시계가 나타내는 시각은 6시 12분 15초입니다.
(40분 50초 후의 시각)
=6시 12분 15초+40분 50초
=6시 52분 65초
➔ 60초=1분이므로 6시 53분 5초입니다.

23 • 일의 자리 계산: $5\times2=10$이므로 ㉡=0이고 십의 자리로 올림한 수 1이 있습니다.
• 십의 자리 계산: ㉠$\times2=13-1$, ㉠$\times2=12$이므로 ㉠=6입니다.
➔ ㉠+㉡$=6+0=6$

24 단위분수이고 분모가 7보다 작은 분수는 $\frac{1}{6}$, $\frac{1}{5}$, $\frac{1}{4}$, $\frac{1}{3}$, $\frac{1}{2}$입니다.
이 중에서 $\frac{1}{5}$보다 작은 분수는 $\frac{1}{6}$입니다.

25 (간격의 수)$=32\div8=4$(군데)
(한쪽에 필요한 쓰레기통의 수)$=4+1=5$(개)
➔ (양쪽에 필요한 쓰레기통의 수)$=5\times2=10$(개)
주의 양쪽에 필요한 쓰레기통의 수를 구해야 하므로 한쪽에 필요한 쓰레기통의 수를 구한 뒤 2배해야 합니다.

1 덧셈과 뺄셈

서술형 다지기

02쪽

1 조건 276, 248, 345
풀이 ❶ 248, 248, 524
❷ 345, 524, 345, 179
❸ 524, 276, 179, 사과, 참외, 망고
답 사과, 참외, 망고

1-1 풀이 ❶ 노란색 테이프의 길이 구하기
예 (노란색 테이프의 길이)
=(빨간색 테이프의 길이)−167
=556−167=389 (cm) ▶ 2점
❷ 파란색 테이프의 길이 구하기
(파란색 테이프의 길이)
=(노란색 테이프의 길이)+317
=389+317=706 (cm) ▶ 2점
❸ 가장 긴 색 테이프부터 차례로 쓰기
706>556>389이므로 가장 긴 색 테이프부터 차례로 쓰면 파란색, 빨간색, 노란색입니다. ▶ 1점
답 파란색, 빨간색, 노란색

1-2 1단계 예 ㉰는 325이고 ㉯는 ㉰보다 178만큼 더 작은 수이므로 ㉯=325−178=147입니다. ▶ 2점
2단계 ㉯는 147이고 ㉮는 ㉯보다 298만큼 더 큰 수이므로 ㉮=㉯+298=147+298=445입니다. ▶ 2점
3단계 ㉮는 445, ㉯는 147, ㉰는 325이므로
㉮+㉯+㉰=445+147+325=917입니다. ▶ 1점
답 917

04쪽

2 조건 319, 495, 192
풀이 ❶ 319, 495, 814
❷ 814, 814, 192, 622
답 622

2-1 풀이 ❶ 집에서 병원까지의 거리와 학교에서 우체국까지의 거리의 합 구하기
예 (집 ~ 병원)+(학교 ~ 우체국)
=416+467=883 (m) ▶ 2점
❷ 집에서 우체국까지의 거리 구하기
(집 ~ 우체국)=883−(학교 ~ 병원)
=883−299=584 (m) ▶ 3점
답 584 m

2-2 1단계 예 (㉮ ~ ㉰)+(㉯ ~ ㉱)
=478+435=913 (cm) ▶ 2점
2단계 (㉯ ~ ㉰)
=913−(㉮ ~ ㉱)
=913−768=145 (cm) ▶ 3점
답 145 cm

06쪽

3 조건 4, 5, 7, 6
풀이 ❶ 5, 4, 854
❷ 6, 7, 167
❸ 854, 167, 1021
답 1021

3-1 풀이 ❶ 정하가 만들 수 있는 가장 작은 수 구하기
예 정하의 수 카드의 크기를 비교하면 1<4<5입니다. ➔ 만들 수 있는 가장 작은 수: 145 ▶ 1점
❷ 현수가 만들 수 있는 가장 큰 수 구하기
현수의 수 카드의 크기를 비교하면 8>4>2입니다. ➔ 만들 수 있는 가장 큰 수: 842 ▶ 1점
❸ 두 사람이 만든 수의 차 구하기
842>145이므로 두 사람이 만든 수의 차는
842−145=697입니다. ▶ 3점
답 697

3-2 (1단계) 예 5장의 수 카드의 크기를 비교하면 9>6>5>2>0이므로 만들 수 있는 가장 큰 수는 965입니다. ▶1점

(2단계) 0은 백의 자리에 놓을 수 없으므로 만들 수 있는 가장 작은 수는 205이고, 두 번째로 작은 수는 206입니다. ▶1점

(3단계) 가장 큰 수와 두 번째로 작은 수의 합은 965+206=1171입니다. ▶3점

답 1171

서술형 완성하기

08쪽

1 (풀이) ❶ 예나가 읽은 쪽수 구하기

예 (예나가 읽은 쪽수)=(민호가 읽은 쪽수)−195
=313−195
=118(쪽) ▶2점

❷ 승주가 읽은 쪽수 구하기

(승주가 읽은 쪽수)=(예나가 읽은 쪽수)+144
=118+144=262(쪽) ▶2점

❸ 책을 많은 읽은 사람부터 차례로 쓰기

313>262>118이므로 책을 많이 읽은 사람부터 차례로 쓰면 민호, 승주, 예나입니다. ▶1점

답 민호, 승주, 예나

2 (풀이) ❶ ㉯ 구하기

예 ㉰는 662이고 ㉯는 ㉰보다 257만큼 더 큰 수이므로 ㉯=662+257=919입니다. ▶2점

❷ ㉮ 구하기

㉯는 919이고 ㉮는 ㉯보다 337만큼 더 작은 수이므로 ㉮=㉯−337=919−337=582입니다. ▶2점

❸ 가장 큰 수와 가장 작은 수의 차 구하기

919>662>582이므로 가장 큰 수와 가장 작은 수의 차는 919−582=337입니다. ▶1점

답 337

3 (풀이) ❶ 학교에서 경찰서까지의 거리 구하기

예 (학교~경찰서)
=(학교~소방서)+(소방서~경찰서)
=459+265=724 (m) ▶2점

❷ 학교에서 서점까지의 거리 구하기

(학교~서점)
=(학교~경찰서)−(서점~경찰서)
=724−328=396 (m) ▶3점

답 396 m

4 (풀이) ❶ ㉮에서 ㉰까지의 길이와 ㉯에서 ㉱까지의 길이의 합 구하기

예 (㉮~㉰)+(㉯~㉱)
=384+534=918 (m) ▶2점

❷ ㉯에서 ㉰까지의 길이 구하기

(㉯~㉰)=918−(㉮~㉱)
=918−729=189 (m) ▶3점

답 189 m

5 (풀이) ❶ 진영이가 만든 세 자리 수 구하기

예 진영이가 가지고 있는 수 카드의 크기를 비교하면 6>4>3입니다.

→ 가장 큰 수: 643, 두 번째로 큰 수: 634 ▶1점

❷ 민채가 만든 세 자리 수 구하기

민채가 가지고 있는 수 카드의 크기를 비교하면 7>2>0입니다.

→ 가장 큰 수: 720, 두 번째로 큰 수: 702 ▶1점

❸ 두 사람이 만든 수의 합 구하기

두 사람이 만든 수는 634, 702이므로 합은 634+702=1336입니다. ▶3점

답 1336

6 (풀이) ❶ 만들 수 있는 두 번째로 큰 수 구하기

예 5장의 수 카드의 크기를 비교하면 8>6>5>4>2이므로 만들 수 있는 가장 큰 수는 865이고, 두 번째로 큰 수는 864입니다. ▶1점

❷ 만들 수 있는 가장 작은 수 구하기

만들 수 있는 가장 작은 수는 245입니다. ▶1점

❸ 만든 두 수의 차 구하기

만든 두 수의 차는 864−245=619입니다. ▶3점

답 619

2 평면도형

서술형 다지기

10쪽

1 풀이 ❶ 5, 1, 3
❷ 5, 3, 1, ㉠, ㉢, ㉡
답 ㉠, ㉢, ㉡

1-1 풀이 ❶ ㉠, ㉡, ㉢의 직각의 수 각각 구하기
예 직각의 수를 각각 구하면 ㉠ 6개, ㉡ 4개, ㉢ 8개입니다. ▶ 3점
❷ 직각이 많은 도형부터 차례로 기호 쓰기
8>6>4이므로 직각이 많은 도형부터 차례로 기호를 쓰면 ㉢, ㉠, ㉡입니다. ▶ 2점
답 ㉢, ㉠, ㉡

1-2 1단계 예 직각의 수를 각각 구하면 ㉠ 6개, ㉡ 10개, ㉢ 3개입니다. ▶ 3점
2단계 10>6>3이므로 직각이 가장 많은 도형은 ㉡이고, 직각이 가장 적은 도형은 ㉢입니다.
직각의 수가 가장 많은 도형과 가장 적은 도형의 직각의 수의 차는 10−3=7(개)입니다. ▶ 2점
답 7개

12쪽

2 조건 8, 1, 2
풀이 ❶ 1, 8, 2, 4
❷ 8, 4, 12
답 12

2-1 풀이 ❶ 작은 직사각형의 수에 따라 찾을 수 있는 직사각형의 수 구하기
예 • 작은 직사각형 1개짜리: 6개
• 작은 직사각형 2개짜리: 6개
• 작은 직사각형 3개짜리: 2개
• 작은 직사각형 4개짜리: 1개 ▶ 3점
❷ 찾을 수 있는 크고 작은 직사각형의 수 구하기
도형에서 찾을 수 있는 크고 작은 직사각형은 모두 6+6+2+1=15(개)입니다. ▶ 2점
답 15개

2-2 1단계 예 • 작은 정사각형 1개짜리: 1개
• 작은 정사각형 4개짜리: 4개
• 작은 정사각형 9개짜리: 3개 ▶ 3점
2단계 색칠한 정사각형을 포함하는 크고 작은 정사각형은 모두 1+4+3=8(개)입니다. ▶ 2점
답 8개

14쪽

3 조건 7, 16
풀이 ❶ 7, 7
❷ 16, 16
❸ 7, 16, 23
답 23

3-1 풀이 ❶ 선분 ㅂㄷ의 길이 구하기
예 사각형 ㅂㄷㄹㅁ은 한 변의 길이가 5 cm인 정사각형이므로
(선분 ㅂㄷ)=(선분 ㄷㄹ)=(선분 ㄹㅁ)=5 cm입니다. ▶ 2점
❷ 선분 ㅅㄷ의 길이 구하기
(선분 ㄴㄷ)=(선분 ㄴㄹ)−(선분 ㄷㄹ)
=13−5=8 (cm)
사각형 ㄱㄴㄷㅅ은 한 변의 길이가 8 cm인 정사각형이므로 (선분 ㅅㄷ)=(선분 ㄴㄷ)=8 cm입니다. ▶ 2점
❸ ㉮의 길이 구하기
(㉮의 길이)=(선분 ㅅㄷ)−(선분 ㅂㄷ)
=8−5=3 (cm) ▶ 1점
답 3 cm

3-2 1단계 예 사각형 ㄱㄴㄷㅅ, 사각형 ㅂㄷㄹㅁ은 정사각형이므로
(선분 ㅅㄷ)=(선분 ㄱㄴ)=11 cm,
(선분 ㅂㄷ)=(선분 ㄹㅁ)=7 cm입니다.
➔ (선분 ㅅㅂ)=(선분 ㅅㄷ)−(선분 ㅂㄷ)
=11−7=4 (cm) ▶ 3점

서술형 강화책 2 단원

2단계 선분 ㄱㅅ, 선분 ㄱㄴ, 선분 ㄴㄷ의 길이는 각각 11 cm, 선분 ㅂㅁ, 선분 ㅁㄹ, 선분 ㄷㄹ의 길이는 각각 7 cm입니다.

➔ (도형을 둘러싼 굵은 선의 길이)

=11+11+11+7+7+7+4=58 (cm) ▶ 2점

답 58 cm

서술형 완성하기

16쪽

1 풀이 ❶ ㉠, ㉡, ㉢의 직각의 수 각각 구하기

예 직각의 수를 각각 구하면 ㉠ 6개, ㉡ 5개, ㉢ 8개입니다. ▶ 3점

❷ 직각이 많은 도형부터 차례로 기호 쓰기

8>6>5이므로 직각이 많은 도형부터 차례로 기호를 쓰면 ㉢, ㉠, ㉡입니다. ▶ 2점

답 ㉢, ㉠, ㉡

2 풀이 ❶ ㉠, ㉡, ㉢의 직각의 수 각각 구하기

예 직각의 수를 각각 구하면 ㉠ 3개, ㉡ 16개, ㉢ 5개입니다. ▶ 3점

❷ 직각이 가장 많은 도형과 가장 적은 도형의 직각의 수의 차 구하기

16>5>3이므로 직각이 가장 많은 도형은 ㉡이고, 직각이 가장 적은 도형은 ㉠입니다. 직각이 가장 많은 도형과 가장 적은 도형의 직각의 수의 차는 16−3=13(개)입니다. ▶ 2점

답 13개

3 풀이 ❶ 직사각형의 수에 따라 찾을 수 있는 직사각형의 수 구하기

예 • 직사각형 1개짜리: 6개
• 직사각형 2개짜리: 7개
• 직사각형 3개짜리: 2개
• 직사각형 4개짜리: 2개
• 직사각형 6개짜리: 1개 ▶ 3점

❷ 찾을 수 있는 크고 작은 직사각형의 수 구하기

도형에서 찾을 수 있는 크고 작은 직사각형은 모두 6+7+2+2+1=18(개)입니다. ▶ 2점

답 18개

4 풀이 ❶ 색칠한 삼각형을 포함하는 직각삼각형은 몇 개인지 작은 직각삼각형의 수에 따라 각각 구하기

예 • 작은 직각삼각형 1개짜리: 1개
• 작은 직각삼각형 2개짜리: 1개
• 작은 직각삼각형 4개짜리: 2개 ▶ 3점

❷ 색칠한 삼각형을 포함하는 크고 작은 직각삼각형의 수 구하기

색칠한 삼각형을 포함하는 크고 작은 직각삼각형은 모두 1+1+2=4(개)입니다. ▶ 2점

답 4개

5 풀이 ❶ 선분 ㄷㄹ의 길이 구하기

예 선분 ㄱㄷ의 길이가 19 cm이므로

(선분 ㅂㅁ)=(선분 ㅅㄹ)=(선분 ㄹㅁ)

=19 cm입니다.

(선분 ㄷㄹ)=(선분 ㄷㅁ)−(선분 ㄹㅁ)

=30−19=11 (cm) ▶ 2점

❷ 선분 ㅅㅇ의 길이 구하기

선분 ㄷㄹ의 길이가 11 cm이므로

(선분 ㅅㅇ)=(선분 ㄴㅇ)=11 cm입니다. ▶ 2점

❸ 선분 ㅇㄹ의 길이 구하기

(선분 ㅇㄹ)=(선분 ㅅㄹ)−(선분 ㅅㅇ)

=19−11=8 (cm) ▶ 1점

답 8 cm

6 풀이 ❶ 정사각형의 한 변의 일부분인 두 곳의 길이 구하기

예

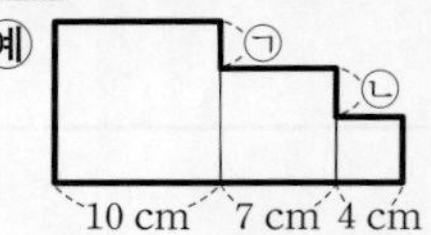

(㉠의 길이)=10−7=3 (cm)

(㉡의 길이)=7−4=3 (cm) ▶ 3점

❷ 도형을 둘러싼 굵은 선의 길이 구하기

길이가 10 cm인 부분이 3곳, 길이가 7 cm인 곳이 2곳, 길이가 4 cm인 부분이 3곳, 길이가 3 cm인 곳이 2곳입니다.

➔ (도형을 둘러싼 굵은 선의 길이)

=10+10+10+7+7+4+4+4+3+3

=62 (cm) ▶ 2점

답 62 cm

3 나눗셈

서술형 다지기

18쪽

1 조건 63, 32
풀이 ❶ 63, 7, 9
❷ 32, 4, 8
❸ 8, 9, 선재
답 선재

1-1 풀이 ❶ 정우가 햄버거 한 개를 만드는 데 걸린 시간 구하기
예 (정우가 햄버거 한 개를 만드는 데 걸린 시간)
$=40\div8=5$(분) ▶ 2점
❷ 찬서가 햄버거 한 개를 만드는 데 걸린 시간 구하기
(찬서가 햄버거 한 개를 만드는 데 걸린 시간)
$=30\div5=6$(분) ▶ 2점
❸ 햄버거 한 개 만드는 데 걸린 시간이 더 많은 사람 구하기
5분<6분이므로 햄버거 한 개를 만드는 데 걸린 시간이 더 많은 사람은 찬서입니다. ▶ 1점
답 찬서

1-2 1단계 예 (목걸이 한 개를 만드는 데 걸린 시간)
$=72\div8=9$(분)
(팔찌 한 개를 만드는 데 걸린 시간)
$=35\div7=5$(분) ▶ 2점
2단계 (목걸이 5개를 만드는 데 걸린 시간)
$=9\times5=45$(분)
(팔찌 5개를 만드는 데 걸린 시간)
$=5\times5=25$(분) ▶ 2점
3단계 $45+25=70$(분)
→ 70분=60분+10분=1시간 10분 ▶ 1점
답 1시간 10분

20쪽

2 조건 45, 30, 5
풀이 ❶ 45, 45, 9
❷ 30, 30, 6
❸ 9, 6, 54
답 54

2-1 풀이 ❶ 종이의 긴 변을 4 cm씩 나누었을 때 몇 칸으로 나눌 수 있는지 구하기
예 종이의 긴 변의 길이는 32 cm이므로
$32\div4=8$(칸)으로 나눌 수 있습니다. ▶ 2점
❷ 종이의 짧은 변을 4 cm씩 나누었을 때 몇 칸으로 나눌 수 있는지 구하기
종이의 짧은 변의 길이는 24 cm이므로
$24\div4=6$(칸)으로 나눌 수 있습니다. ▶ 2점
❸ 만들 수 있는 정사각형은 몇 개인지 구하기
만들 수 있는 정사각형은 $6\times8=48$(개)입니다. ▶ 1점
답 48개

2-2 1단계 예 $3\times3=9$이므로 정사각형을 가로로 3개씩 3줄 만든 것입니다.
정사각형의 한 변을 3칸으로 나누어야 합니다. ▶ 3점
2단계 정사각형의 한 변의 길이는 $21\div3=7$ (cm)입니다. ▶ 2점
답 7 cm

서술형 완성하기

22쪽

1 풀이 ❶ 현주가 만두 한 개를 만드는 데 걸린 시간 구하기
예 (현주가 만두 한 개를 만드는 데 걸린 시간)
$=24\div6=4$(분) ▶ 2점
❷ 민재가 만두 한 개를 만드는 데 걸린 시간 구하기
(민재가 만두 한 개를 만드는 데 걸린 시간)
$=27\div9=3$(분) ▶ 2점
❸ 만두 한 개 만드는 데 걸린 시간이 더 많은 사람 구하기
4분>3분이므로 만두 한 개를 만드는 데 걸린 시간이 더 많은 사람은 현주입니다. ▶ 1점
답 현주

2 풀이 ❶ 크림빵을 담은 접시 수 구하기
예 (크림빵을 담은 접시 수)
$=28\div4=7$(접시) ▶ 2점
❷ 단팥빵을 담은 접시 수 구하기
(단팥빵을 담은 접시 수)$=54\div6=9$(접시) ▶ 2점
❸ 어느 빵이 몇 접시 더 많은지 구하기
7접시$<$9접시이므로 단팥빵이 $9-7=2$(접시) 더 많습니다. ▶ 1점
답 단팥빵, 2접시

3 풀이 ❶ 별 모양 한 개, 꽃 모양 한 개를 만드는 데 걸린 시간 각각 구하기
예 별 모양 한 개를 만드는 데 걸린 시간은
$42\div7=6$(분), 꽃 모양 한 개를 만드는 데 걸린 시간은 $81\div9=9$(분)입니다. ▶ 2점
❷ 별 모양 6개, 꽃 모양 6개를 만드는 데 걸린 시간 각각 구하기
별 모양 6개를 만드는 데 걸린 시간은
$6\times6=36$(분), 꽃 모양 6개를 만드는 데 걸린 시간은 $9\times6=54$(분)입니다. ▶ 2점
❸ 걸린 시간은 모두 몇 시간 몇 분인지 구하기
$36+54=90$(분)
➔ 90분$=$60분$+$30분$=$1시간 30분 ▶ 1점
답 1시간 30분

4 풀이 ❶ 종이의 긴 변을 7 cm씩 나누었을 때 몇 칸으로 나눌 수 있는지 구하기
예 종이의 긴 변의 길이는 56 cm이므로
$56\div7=8$(칸)으로 나눌 수 있습니다. ▶ 2점
❷ 종이의 짧은 변을 7 cm씩 나누었을 때 몇 칸으로 나눌 수 있는지 구하기
종이의 짧은 변의 길이는 28 cm이므로
$28\div7=4$(칸)으로 나눌 수 있습니다. ▶ 2점
❸ 만들 수 있는 정사각형은 몇 개인지 구하기
만들 수 있는 정사각형은 $8\times4=32$(개)입니다. ▶ 1점
답 32개

5 풀이 ❶ 정사각형의 종이를 몇 칸으로 나누어야 하는지 구하기
예 종이의 한 변은 $42\div7=6$(칸), 다른 한 변은 $42\div6=7$(칸)으로 나눌 수 있습니다. ▶ 3점
❷ 만들 수 있는 직사각형은 몇 개인지 구하기
만들 수 있는 직사각형은 $7\times6=42$(개)입니다. ▶ 2점
답 42개

6 풀이 ❶ 주어진 정사각형의 한 변을 몇 칸으로 나누어야 하는지 알아보기
예 $6\times6=36$이므로 정사각형을 가로로 6개씩 6줄 만든 것입니다.
정사각형의 한 변을 6칸으로 나누어야 합니다. ▶ 3점
❷ 만든 정사각형의 한 변의 길이 구하기
정사각형의 한 변의 길이는 $48\div6=8$ (cm)입니다. ▶ 2점
답 8 cm

4 곱셈

서술형 다지기

24쪽

1 조건 3, 8
풀이 ❶ 3, 8, 8, 3, 24
❷ 24, 96
답 96

1-1 풀이 ❶ 어떤 수 구하기
예 (어떤 수)$+6=53$이므로
(어떤 수)$=53-6=47$입니다. ▶ 2점
❷ 어떤 수에 5를 곱한 값 구하기
(어떤 수에 5를 곱한 값)$=47\times5=235$ ▶ 3점
답 235

1-2 1단계 예 잘못 계산한 식은 (어떤 수)$\div7=8$이므로
(어떤 수)$=8\times7=56$입니다. ▶ 2점
2단계 (바르게 계산한 값)$=56\times7=392$ ▶ 3점
답 392

26쪽

2 조건 10, 36
풀이 ❶ 10, 10, 90
❷ 36, 36, 72
❸ 90, 72, 바지락, 90, 72, 18
답 바지락, 18

2-1 풀이 ❶ 세발자전거의 바퀴 수 구하기
예 (세발자전거의 바퀴 수)=28×3=84(개) ▶ 2점
❷ 두발자전거의 바퀴 수 구하기
(두발자전거의 바퀴 수)=69×2=138(개) ▶ 2점
❸ 공원에 있는 자전거의 전체 바퀴 수 구하기
공원에 있는 세발자전거와 두발자전거의 바퀴는 모두 84+138=222(개)입니다. ▶ 1점
답 222개

2-2 1단계 예 (오늘 팔린 장미의 수)=31×5
=155(송이)
(오늘 팔린 백합의 수)=25×8=200(송이)
(오늘 팔린 국화의 수)=44×6=264(송이) ▶ 3점
2단계 264>200>155이므로 가장 많이 팔린 꽃은 국화로 264송이이고, 가장 적게 팔린 꽃은 장미로 155송이입니다.
따라서 가장 많이 팔린 꽃은 가장 적게 팔린 꽃보다 264−155=109(송이) 더 많이 팔렸습니다. ▶ 2점
답 109송이

28쪽

3 조건 33, 5
풀이 ❶ 33, 33, 231
❷ 1, 6, 6, 30
❸ 231, 30, 201
답 201

3-1 풀이 ❶ 색 테이프 9장의 길이의 합 구하기
예 길이가 46 cm인 색 테이프 9장입니다.
(색 테이프 9장의 길이의 합)
=46×9=414 (cm) ▶ 2점
❷ 겹쳐진 부분의 길이의 합 구하기
겹쳐진 부분은 9−1=8(군데)입니다.
(겹쳐진 부분의 길이의 합)
=8×8=64 (cm) ▶ 2점
❸ 이어 붙인 색 테이프의 전체 길이 구하기
(이어 붙인 색 테이프의 전체 길이)
=(색 테이프 9장의 길이의 합)
−(겹쳐진 부분의 길이의 합)
=414−64=350 (cm) ▶ 1점
답 350 cm

3-2 1단계 예 길이가 52 cm인 색 테이프 8장입니다.
(색 테이프 8장의 길이의 합)
=52×8=416 (cm) ▶ 2점
2단계 이어 붙인 색 테이프 전체 길이가 374 cm이므로
(겹쳐진 부분의 길이의 합)
=416−374=42 (cm)입니다. ▶ 1점
3단계 겹쳐진 부분이 8−1=7(군데)이므로
(겹쳐진 한 부분의 길이)=42÷7=6 (cm)입니다.
▶ 2점
답 6 cm

서술형 완성하기

30쪽

1 풀이 ❶ 어떤 수 구하기
예 (어떤 수)−5=77이므로
(어떤 수)=77+5=82입니다. ▶ 2점
❷ 어떤 수에 3을 곱한 값 구하기
(어떤 수에 3을 곱한 값)=82×3=246 ▶ 3점
답 246

2 풀이 ❶ 어떤 수 구하기
예 잘못 계산한 식은 (어떤 수)÷8=4입니다.
(어떤 수)=4×8=32 ▶ 2점
❷ 바르게 계산한 값 구하기
(바르게 계산한 값)=32×8=256 ▶ 3점
답 256

3 풀이 ❶ 수영이가 포장한 사탕 수 구하기
예 (수영이가 포장한 사탕 수)
=35×4=140(개) ▶ 2점
❷ 경호가 포장한 사탕 수 구하기
(경호가 포장한 사탕 수)=18×7=126(개) ▶ 2점
❸ 수영이와 경호가 포장한 전체 사탕 수 구하기
수영이와 경호가 포장한 사탕은 모두
140+126=266(개)입니다. ▶ 1점
답 266개

4 풀이 ❶ 오늘 팔린 사과, 배, 복숭아의 수 각각 구하기
예 (오늘 팔린 사과의 수)$=21\times7=147$(개)
(오늘 팔린 배의 수)$=16\times9=144$(개)
(오늘 팔린 복숭아의 수)$=28\times6=168$(개) ▶ 3점
❷ 가장 많이 팔린 과일은 가장 적게 팔린 과일보다 몇 개 더 많이 팔렸는지 구하기
$168>147>144$이므로 가장 많이 팔린 과일은 복숭아로 168개이고, 가장 적게 팔린 과일은 배로 144개입니다.
따라서 가장 많이 팔린 과일은 가장 적게 팔린 과일보다 $168-144=24$(개) 더 많이 팔렸습니다. ▶ 2점
답 24개

5 풀이 ❶ 색 테이프 5장의 길이의 합 구하기
예 길이가 73 cm인 색 테이프 5장입니다.
(색 테이프 5장의 길이의 합)
$=73\times5=365$ (cm) ▶ 2점
❷ 겹쳐진 부분의 길이의 합 구하기
겹쳐진 부분은 $5-1=4$(군데)입니다.
(겹쳐진 부분의 길이의 합)
$=11\times4=44$ (cm) ▶ 2점
❸ 이어 붙인 색 테이프의 전체 길이 구하기
(이어 붙인 색 테이프의 전체 길이)
=(색 테이프 5장의 길이의 합)
−(겹쳐진 부분의 길이의 합)
$=365-44=321$ (cm) ▶ 1점
답 321 cm

6 풀이 ❶ 색 테이프 9장의 길이의 합 구하기
예 길이가 49 cm인 색 테이프 9장입니다.
(색 테이프 9장의 길이의 합)
$=49\times9=441$ (cm) ▶ 2점
❷ 겹쳐진 부분의 길이의 합 구하기
이어 붙인 색 테이프 전체 길이가 377 cm이므로
(겹쳐진 부분의 길이의 합)
$=441-377=64$ (cm)입니다. ▶ 1점
❸ 겹쳐진 한 부분의 길이 구하기
겹쳐진 부분은 $9-1=8$(군데)입니다.
(겹쳐진 한 부분의 길이)$=64\div8=8$ (cm) ▶ 2점
답 8 cm

5 길이와 시간

서술형 다지기

32쪽

1 조건 100, 9730, 5, 400
풀이 ❶ 9000, 9, 730, 5, 400, 10, 300
❷ 10, 300, 100, 9, 730, 학교, 병원, 공원
답 학교, 병원, 공원

1-1 풀이 ❶ 각 건물까지의 거리를 몇 km 몇 m로 나타내기
예 (이서네 집 ~ 우체국)$=8700$ m
$=8000$ m$+700$ m
$=8$ km 700 m
(이서네 집 ~ 미술관)
$=2$ km 800 m$+5$ km 500 m
$=8$ km 300 m ▶ 3점
❷ 가까운 건물부터 차례로 쓰기
8 km 150 m$<$8 km 300 m$<$8 km 700 m이므로 이서네 집에서 가까운 건물부터 차례로 쓰면 도서관, 미술관, 우체국입니다. ▶ 2점
답 도서관, 미술관, 우체국

1-2 1단계 예 • 14일: 2 km 800 m$+$3 km
$=5$ km 800 m
• 15일: 1500 m$+$3700 m
$=5200$ m$=5000$ m$+200$ m
$=5$ km 200 m
• 16일: 5 km
• 17일: 1 km 300 m$+$4 km 200 m
$=5$ km 500 m ▶ 3점
2단계 5 km 800 m$>$5 km 500 m$>$5 km 200 m$>$5 km이므로 가장 긴 거리를 달린 날은 14일입니다. ▶ 2점
답 14일

34쪽

2 조건 2, 42, 33

풀이 ❶ 10, 5, 35, 10

❷ 5, 35, 10, 8, 17, 43

답 8, 17, 43

2-1 풀이 ❶ 시계가 나타낸 시각 알아보기

예 초바늘이 5를 가리키면 25초이므로 시계가 나타내는 시각은 8시 10분 25초입니다. ▶ 2점

❷ 1시간 28분 45초 전의 시각 구하기

구하려는 시각: 8시 10분 25초－1시간 28분 45초

＝6시 41분 40초 ▶ 3점

답 6시 41분 40초

2-2 1단계 예 숙제를 시작한 시각은 6시 45분 20초이고, 숙제를 끝낸 시각은 9시 12분 5초입니다. ▶ 2점

2단계 (숙제를 하는 데 걸린 시간)

＝9시 12분 5초－6시 45분 20초

＝2시간 26분 45초 ▶ 3점

답 2시간 26분 45초

36쪽

3 조건 8, 200, 8

풀이 ❶ 40

❷ 40, 8, 200, 8, 200, 32, 800

답 32, 800

3-1 풀이 ❶ 자동차가 달린 시간 구하기

예 (자동차가 달린 시간)＝5시－4시＝1시간 ▶ 2점

❷ 자동차가 달린 거리는 몇 km 몇 m인지 구하기

1시간＝60분이고

15분＋15분＋15분＋15분＝60분입니다.

→ (자동차가 달린 거리)

＝16 km 100 m＋16 km 100 m

＋16 km 100 m＋16 km 100 m

＝64 km 400 m ▶ 3점

답 64 km 400 m

3-2 1단계 예 12분＋12분＋12분＋12분＝48분입니다.

(연아가 자전거를 탄 거리)

＝1 km 600 m＋1 km 600 m＋1 km 600 m

＋1 km 600 m

＝6 km 400 m ▶ 2점

2단계 8분＋8분＋8분＋8분＋8분＋8분＝48분입니다.

(성훈이가 자전거를 탄 거리)

＝900 m＋900 m＋900 m＋900 m＋900 m

＋900 m

＝5400 m＝5 km 400 m ▶ 2점

3단계 6 km 400 m＞5 km 400 m이므로 자전거를 탄 거리가 더 긴 사람은 연아입니다. ▶ 1점

답 연아

서술형 완성하기

38쪽

1 풀이 ❶ 등산로 1길, 2길, 3길의 거리를 몇 km 몇 m로 나타내기

예 (등산로 1길의 거리)

＝3 km 50 m＋3 km 500 m

＝6 km 550 m

(등산로 3길의 거리)

＝8200 m

＝8000 m＋200 m＝8 km 200 m ▶ 3점

❷ 가장 짧은 길부터 차례로 쓰기

6 km 550 m＜6 km 900 m＜8 km 200 m이므로 가장 짧은 길부터 차례로 쓰면 1길, 2길, 3길입니다. ▶ 2점

답 1길, 2길, 3길

2 풀이 ❶ 날짜별 달린 거리를 각각 구하여 몇 km 몇 m로 나타내기

예 • 20일: 4 km 800 m

• 21일: 2 km 300 m＋1 km 800 m

＝4 km 100 m

• 22일: 4300 m＝4000 m＋300 m

＝4 km 300 m

• 23일: $2050\,\mathrm{m}+2500\,\mathrm{m}$
$=4550\,\mathrm{m}$
$=4000\,\mathrm{m}+550\,\mathrm{m}$
$=4\,\mathrm{km}\ 550\,\mathrm{m}$ ▶ 3점

❷ 가장 긴 거리를 달린 날 구하기
$4\,\mathrm{km}\ 800\,\mathrm{m} > 4\,\mathrm{km}\ 550\,\mathrm{m} > 4\,\mathrm{km}\ 300\,\mathrm{m} > 4\,\mathrm{km}\ 100\,\mathrm{m}$이므로 가장 긴 거리를 달린 날은 20일입니다. ▶ 2점

답 20일

3 풀이 ❶ 시계가 나타낸 시각 알아보기
예 초바늘이 7을 가리키면 35초이므로 시계가 나타내는 시각은 2시 45분 35초입니다. ▶ 2점

❷ 3시간 37분 18초 후의 시각 구하기
구하려는 시각:
2시 45분 35초+3시간 37분 18초
=6시 22분 53초 ▶ 3점

답 6시 22분 53초

4 풀이 ❶ 수영을 시작한 시각과 끝낸 시각 알아보기
예 수영을 시작한 시각은 2시 44분 55초이고, 수영을 끝낸 시각은 4시 22분 10초입니다. ▶ 2점

❷ 수영을 한 시간 구하기
(수영을 한 시간)
=4시 22분 10초−2시 44분 55초
=1시간 37분 15초 ▶ 3점

답 1시간 37분 15초

5 풀이 ❶ 자동차가 달린 시간 구하기
예 (자동차가 달린 시간)=10시−9시=1시간 ▶ 2점

❷ 자동차가 달린 거리는 몇 km 몇 m인지 구하기
1시간=60분이고 20분+20분+20분=60분입니다.
(자동차가 달린 거리)
$=23\,\mathrm{km}\ 700\,\mathrm{m}+23\,\mathrm{km}\ 700\,\mathrm{m}+23\,\mathrm{km}\ 700\,\mathrm{m}$
$=71\,\mathrm{km}\ 100\,\mathrm{m}$ ▶ 3점

답 71 km 100 m

6 풀이 ❶ 지훈이가 30분 동안 인라인스케이트를 탄 거리는 몇 km 몇 m인지 구하기
예 15분+15분=30분입니다.
(지훈이가 인라인스케이트를 탄 거리)
$=2\,\mathrm{km}\ 500\,\mathrm{m}+2\,\mathrm{km}\ 500\,\mathrm{m}$
$=5\,\mathrm{km}$ ▶ 2점

❷ 선후가 30분 동안 인라인스케이트를 탄 거리는 몇 km 몇 m인지 구하기
10분+10분+10분=30분입니다.
(선후가 인라인스케이트를 탄 거리)
$=1\,\mathrm{km}\ 900\,\mathrm{m}+1\,\mathrm{km}\ 900\,\mathrm{m}+1\,\mathrm{km}\ 900\,\mathrm{m}$
$=5\,\mathrm{km}\ 700\,\mathrm{m}$ ▶ 2점

❸ 인라인스케이트를 탄 거리가 더 긴 사람 알아보기
$5\,\mathrm{km} < 5\,\mathrm{km}\ 700\,\mathrm{m}$이므로 인라인스케이트를 탄 거리가 더 긴 사람은 선후입니다. ▶ 1점

답 선후

6 분수와 소수

서술형 다지기

40쪽

1 조건 1, $\frac{1}{5}$, 10

풀이 ❶ $\frac{1}{5}$, '큽니다'에 ○표, 10, 6, 7, 8, 9

❷ $\frac{1}{6}$, $\frac{1}{7}$, $\frac{1}{8}$, $\frac{1}{9}$

답 $\frac{1}{6}$, $\frac{1}{7}$, $\frac{1}{8}$, $\frac{1}{9}$

1-1 풀이 ❶ 분모가 될 수 있는 수 모두 구하기

예 단위분수이므로 $\frac{1}{■}$로 나타낼 수 있습니다.

$\frac{1}{■} > \frac{1}{8}$이므로 ■<8입니다. 조건에서 ■>4이므로 ■가 될 수 있는 수는 5, 6, 7입니다. ▶ 3점

❷ 조건에 알맞은 분수 모두 구하기

조건에 알맞은 분수는 $\frac{1}{5}$, $\frac{1}{6}$, $\frac{1}{7}$입니다. ▶ 2점

답 $\frac{1}{5}$, $\frac{1}{6}$, $\frac{1}{7}$

1-2 1단계 예 분모가 15인 분수이므로 $\frac{■}{15}$로 나타낼 수 있습니다. $\frac{■}{15}<\frac{11}{15}$이므로 ■<11입니다.

조건에서 분자는 짝수이므로 ■가 될 수 있는 수는 2, 4, 6, 8, 10입니다. ▶ 3점

2단계 조건에 알맞은 분수는 $\frac{2}{15}$, $\frac{4}{15}$, $\frac{6}{15}$, $\frac{8}{15}$, $\frac{10}{15}$이므로 5개입니다. ▶ 2점

답 5개

42쪽

2 조건 0.8, $\frac{5}{10}$, 0.9

풀이 ❶ $\frac{5}{10}$, 0.5

❷ 0.9, 0.8, 0.5, 다혜

답 다혜

2-1 풀이 ❶ 병원까지의 거리를 소수로 나타내기

예 병원까지의 거리를 소수로 나타내면

$\frac{9}{10}$ km=0.9 km입니다. ▶ 2점

❷ 창섭이네 집에서 가장 가까운 곳 구하기

소수의 크기를 비교하면 0.7<0.9<1.2이므로 창섭이네 집에서 가장 가까운 곳은 서점입니다. ▶ 3점

답 서점

2-2 1단계 예 $0.3=\frac{3}{10}$입니다. ▶ 1점

2단계 초콜릿 10조각 중에서 희수는 2조각, 윤주는 3조각 먹었으므로 남은 초콜릿은

10−2−3=5(조각)입니다.

남은 초콜릿을 연우가 먹었으므로 연우가 먹은 초콜릿은 전체의 $\frac{5}{10}$입니다. ▶ 2점

3단계 분수의 크기를 비교하면 $\frac{5}{10}>\frac{3}{10}>\frac{2}{10}$이므로 초콜릿을 많이 먹은 사람부터 차례로 쓰면 연우, 윤주, 희수입니다. ▶ 2점

답 연우, 윤주, 희수

44쪽

3 조건 10

풀이 ❶ 5, 5

❷ 10, 10, 5, 50

답 50

3-1 풀이 ❶ $\frac{8}{11}$은 $\frac{1}{11}$의 몇 배인 수인지 구하기

예 $\frac{8}{11}$은 $\frac{1}{11}$이 8개인 수이므로

$\frac{8}{11}$은 $\frac{1}{11}$의 8배입니다. ▶ 2점

❷ 달팽이가 $\frac{8}{11}$ m를 기어 가는 데 걸리는 시간 구하기

달팽이가 $\frac{1}{11}$ m를 기어 가는 데 9분이 걸리므로

$\frac{8}{11}$ m를 기어 가는 데 걸리는 시간은

9×8=72(분)입니다. ▶ 3점

답 72분

3-2 1단계 예 밭 전체를 6으로 나눈 것 중 1만큼 감자를 캤으므로 남은 밭은 6으로 나눈 것 중 5만큼입니다.

따라서 남은 밭은 전체의 $\frac{5}{6}$입니다. ▶ 2점

2단계 $\frac{5}{6}$는 $\frac{1}{6}$이 5개인 수이므로 $\frac{5}{6}$는 $\frac{1}{6}$의 5배입니다. ▶ 1점

3단계 감자를 밭 전체의 $\frac{1}{6}$만큼 캐는 데 20분이 걸리므로 감자를 밭 전체의 $\frac{5}{6}$만큼 캐는 데 걸리는 시간은 20×5=100(분)입니다.

1시간=60분이므로 100분=1시간 40분입니다.

▶ 2점

답 1시간 40분

서술형 완성하기

46쪽

1 풀이 ❶ 분모가 될 수 있는 수 모두 구하기

예 단위분수이므로 $\frac{1}{■}$로 나타낼 수 있습니다.

$\frac{1}{■} > \frac{1}{6}$이므로 ■$<6$입니다.

조건에서 ■>1이므로 ■가 될 수 있는 수는 2, 3, 4, 5입니다. ▶ 3점

❷ 조건에 알맞은 분수 모두 구하기

조건에 알맞은 분수는 $\frac{1}{2}$, $\frac{1}{3}$, $\frac{1}{4}$, $\frac{1}{5}$입니다. ▶ 2점

답 $\frac{1}{2}$, $\frac{1}{3}$, $\frac{1}{4}$, $\frac{1}{5}$

2 풀이 ❶ 0.1이 31개인 수보다 큰 소수 ■.▲ 구하기

예 0.1이 31개인 수는 3.1입니다.

3.1보다 큰 소수 ■.▲는 3.2, 3.3, 3.4, 3.5, 3.6, 3.7, 3.8, 3.9, ...입니다. ▶ 2점

❷ ❶에서 구한 소수 중에서 3과 0.7만큼인 수보다 작은 수의 개수 구하기

3과 0.7만큼인 수는 3.7이므로 구하려는 소수는 3.2, 3.3, 3.4, 3.5, 3.6으로 5개입니다. ▶ 3점

답 5개

3 풀이 ❶ 서울에 내린 비의 양을 소수로 나타내기

예 서울에 내린 비의 양을 소수로 나타내면 $\frac{8}{10}$ cm$=$0.8 cm입니다. ▶ 2점

❷ 비가 가장 많이 내린 도시 구하기

소수의 크기를 비교하면 $1.5>0.8>0.7$이므로 비가 가장 많이 내린 도시는 대전입니다. ▶ 3점

답 대전

4 풀이 ❶ 준이가 먹은 호두파이의 양을 분수로 나타내기

예 $0.1=\frac{1}{10}$입니다. ▶ 1점

❷ 민규가 먹은 호두파이의 양을 분수로 나타내기

호두파이 10조각 중에서 현우는 5조각, 준이는 1조각 먹었으므로 남은 호두파이는 $10-5-1=4$(조각)입니다.

남은 호두파이를 민규가 먹었으므로 민규가 먹은 호두파이는 전체의 $\frac{4}{10}$입니다. ▶ 2점

❸ 호두파이를 많이 먹은 사람부터 차례로 쓰기

분수의 크기를 비교하면 $\frac{5}{10}>\frac{4}{10}>\frac{1}{10}$이므로 호두파이를 많이 먹은 사람부터 차례로 쓰면 현우, 민규, 준이입니다. ▶ 2점

답 현우, 민규, 준이

5 풀이 ❶ $\frac{7}{10}$은 $\frac{1}{10}$의 몇 배인 수인지 구하기

예 $\frac{7}{10}$은 $\frac{1}{10}$이 7개인 수이므로 $\frac{7}{10}$은 $\frac{1}{10}$의 7배입니다. ▶ 2점

❷ 욕조의 $\frac{7}{10}$만큼을 채우는 데 걸리는 시간 구하기

욕조의 $\frac{1}{10}$만큼을 채우는 데 15분이 걸리므로 욕조의 $\frac{7}{10}$만큼을 채우는 데 걸리는 시간은 $15\times7=105$(분)입니다. ▶ 3점

답 105분

6 풀이 ❶ 남은 화단의 양을 분수로 나타내기

예 화단 전체를 9로 나눈 것 중 1만큼 물을 주었으므로 남은 화단은 전체를 9로 나눈 것 중 8만큼입니다.

따라서 남은 화단은 전체의 $\frac{8}{9}$입니다. ▶ 2점

❷ 남은 화단은 $\frac{1}{9}$의 몇 배인 수인지 구하기

$\frac{8}{9}$은 $\frac{1}{9}$이 8개인 수이므로 $\frac{8}{9}$은 $\frac{1}{9}$의 8배입니다. ▶ 1점

❸ 남은 화단에 모두 물을 주는 데 걸리는 시간은 몇 시간 몇 분인지 구하기

화단 전체의 $\frac{1}{9}$에 물을 주는 데 12분이 걸리므로 화단 전체의 $\frac{8}{9}$에 물을 주는 데 걸리는 시간은 $12\times8=96$(분)입니다.

1시간$=$60분이므로 96분$=$1시간 36분입니다. ▶ 2점

답 1시간 36분

큐브 유형

정답 및 풀이 | 초등 수학 3·1

연산 | 전 단원 연산을 다잡는 기본서

개념 | 교과서 개념을 다잡는 기본서

유형 | 모든 유형을 다잡는 기본서

큐브 찐-후기

시작만 했을 뿐인데 완북했어요!

시작만 했을 뿐인데 그 끝은 완북으로! 학습할 땐 힘들었지만 큐브 연산으로 기초를 튼튼하게 다지면서 새 학기 때 수학의 자신감은 덤으로 뿜뿜할 수 있을 듯 해요^^

초1중2민지사랑민찬

결과는 대성공! 공부 습관과 함께 자신감 얻었어요!

겨울방학 동안 공부 습관 잡아주고 싶었는데 결과는 대성공이었습니다. 다른 친구들과 함께한다는 느낌 때문인지 아이가 책임감을 느끼고 참여하는 것 같더라고요. 덕분에 공부 습관과 함께 수학 자신감을 얻었어요.

스리마미

아이 스스로 얻은 성취감이 커서 너무 좋습니다!

아이가 방학 중에 개념 공부를 마치고 수학이 세상에서 제일 싫었다가 이제는 좋아졌다고 하네요. 아이 스스로 얻은 성취감이 커서 너무 좋습니다. 자칭 수포자 아이와 함께 이렇게 쉽게 마친 것도 믿어지지 않네요.

초5 초3 유유

엄마표 학습에 동영상 강의가 도움이 되었어요!

동영상 강의가 있어서 설명을 듣고 개념 정리 문제를 풀어보니 보다 쉽게 이해할 수 있었어요. 엄마표로 진행하는 거라 엄마인 저도 막히는 부분이 있었는데 동영상 강의가 많은 도움이 되었네요.

3학년 칭칭맘

자세한 개념 설명 덕분에 부담없이 할 수 있어요!

처음에는 할 수 있을까 욕심을 너무 부리는 건 아닌가 신경 쓰였는데, 선행용, 예습용으로 하기에 입문하기 좋은 난이도와 자세한 개념 설명 덕분에 아이가 부담없이 할 수 있었던 거 같아요~

초5워킹맘

심리적으로 수학과 가까워진 거 같아서 만족해요!

아이는 처음 배우는 개념을 정독한 후 문제를 풀다 보니 부담감 없이 할 수 있었던 것 같아요. 매일 아이가 제일 먼저 공부하는 책이 큐브였어요. 그만큼 심리적으로 수학과 가까워진 거 같아서 만족스러워요.

초2 산들바람

수학 개념을 제대로 잡을 수 있어요!

처음에는 어려웠던 개념들도 차분히 문제를 풀어보면서 자신감을 얻은 거 같아서 아이도 엄마도 즐거웠답니다. 6주 동안 큐브 개념으로 4학년 1학기 수학 개념을 제대로 잡을 수 있어서 너무 뿌듯했어요.

초4초6 너굴사랑